BIBLIOTHEQUE DES PHILOSOPHES, modèle

ALCHIMIQUES,

OU HERMETIQUES,

TOME QUATRIE'ME.

8°R
18675

BIBLIOTHEQUE DES PHILOSOPHES,
ALCHIMIQUES,
OU HERMÉTIQUES;

CONTENANT

Plusieurs Ouvrages en ce genre très-curieux & utiles, qui n'ont point encore parus, précédés de ceux de Philalethe, augmentés & corrigés sur l'Original Anglois, & sur le Latin.

TOME QUATRIEME.

A PARIS,
Chez ANDRÉ-CHARLES CAILLEAU, Libraire, Quay des Augustins, à l'Espérance & à S. André.

M. DCC. LIV.

Avec Approbation & Privilége du Roy.

Les trois premiers Volumes se vendent chez le même Libraire.

TABLE
DES TRAITÉS

Contenus dans ce quatriéme Volume.

PREMIERE PARTIE.

I. Philalethe, ou l'Amateur de la Vérité; Traité de l'entrée ouverte du Palais fermé du Roy,   Page 1

II. Explication de ce Traité de Philalethe par lui-même;   121

III. Expériences de Philalethe sur l'opération du Mercure philosophique,   138

IV. Explication par Philalethe de la Lettre de Georges Riplée, à Edouard IV. Roi d'Angleterre,   148

V. Principes de Philalethe, pour la conduite de l'Oeuvre hermétique,   174

VI. L'Arche ouverte, ou la Cassette du petit Paysan,   186

VII. Abrégé de l'Oeuvre hermétique, par Philippe Rouillac Piedmontois Cordelier,   234

SECONDE PARTIE.

VIII. L'Elucidation, où l'éclaircissement du Testament de Raymond Lulle par lui-même, 297

IX. Explication très-curieuse des Enigmes & Figures hyéroglifiques, physiques, qui sont au grand Portail de l'Eglise Cathédrale & Métropolitaine de Notre-Dame de Paris, par Esprit Gobineau de Montluisant, Gentilhomme Chartrain, Amateur & Interprète des vérités hermétiques, avec une Instruction préliminaire sur l'antique situation & fondation de cette Eglise, & sur l'état primitif de la Cité, 307

X. Le Pseautier d'Hermophile, envoyé à Philalethe, 394

XI. Traité d'un Philosophe inconnu, sur l'Oeuvre hermétique, 461

XII. Lettre Philosophique de Philovite à Héliodore, 511

XIII. Préceptes & Instructions d'Abraham Arabe, à son fils, 552

XIV. Traité du Ciel terrestre de Vincelas Lavinius de Moravie, 566

XV. Dictionnaire abrégé des termes de l'Art hermétique, 570

APPROBATION.

J'Ai lû par ordre de Monseigneur le Chancelier, un Manuscrit qui a pour titre : *Suite de la Bibliothéque des Philosophes Alchymiques, ou Hermétiques*, dans lequel je n'ai rien trouvé qui puisse en empêcher l'impression. A Paris, ce 17 Octobre 1753.

CASAMAJOR.

PRIVILEGE DU ROI.

LOUIS, PAR LA GRACE DE DIEU, ROI DE FRANCE ET DE NAVARRE : A nos amés & féaux Conseillers, les Gens tenans nos Cours de Parlement, Maître des Requêtes ordinaires de notre Hôtel, Grand Conseil, Prévôt de Paris, Baillifs, Sénéchaux, leurs Lieutenans Civils, & autres nos Justiciers qu'il appartiendra ; SALUT. Notre amé CAILLEAU, Libraire à Paris ; Nous a fait exposer qu'il désireroit faire imprimer & donner au Public un Ouvrage qui a pour titre : *Bibliothéque des Philosophes Alchymiques ou Hermétiques*, s'il Nous plaisoit lui accorder nos Lettres de Privilége pour ce nécessaires. A CES CAUSES, voulant favorablement traiter l'Exposant, Nous lui avons permis & permettons par ces Présentes de faire imprimer ledit Ouvrage, autant de fois que bon lui semblera, & de le vendre, faire vendre & débiter par tout notre Royaume, pendant le tems de *six années* consécutives, à compter du jour de la date des Présentes ; Faisons défenses à tous Imprimeurs, Libraires & autres personnes, de quelque qualité & condition qu'elles soient, d'en introduire d'impression étrangére dans aucun lieu de notre obéïssance ; comme aussi d'imprimer ou faire imprimer, vendre, faire vendre, débiter ni contrefaire ledit Ouvrage, ni d'en faire aucun Extrait, sous quelque prétexte que ce puisse être, sans la permission expresse & par écrit dudit Exposant, ou de ceux qui auront droit de lui, à peine de confiscation des Exemplaires contrefaits, de trois mille livres d'amende contre chacun des contrevenans, dont un tiers à Nous, un tiers à l'Hôtel-Dieu de Paris, & l'autre tiers audit Exposant, ou à celui qui aura droit de lui, & de tous dépens, dommages & intérêts ; à la charge que ces Présentes seront enregistrées tout au long sur le Régistre de la Communauté des Imprimeurs & Libraires de Paris dans trois mois de la date d'icelles ; que l'impression dudit Ouvrage sera faite dans notre

Royaume, & non ailleurs, en bon papier & beaux caractères, conformément à la feuille imprimée, attachée pour modéle sous le contre-scel des Présentes : Que l'Impétrant se conformera en tout aux Réglemens de la Librairie, & notamment à celui du dix Avril mil sept cent vingt-cinq ; Qu'avant de l'exposer en vente le Manuscrit qui aura servi de Copie à l'impression dudit Ouvrage, sera remis dans le même état où l'Approbation y aura été donnée, ès mains de notre très-cher & féal Chevalier Chancelier de France, le Sieur DE LAMOIGNON, & qu'il en sera ensuite remis deux Exemplaires dans notre Bibliothéque publique, un dans celle de notre Château du Louvre, un dans celle de notredit très-cher & féal Chevalier Chancelier de France le Sieur DE LAMOIGNON, & un dans celle de notre très-cher & féal Chevalier Garde des Sceaux de France, le Sieur DE MACHAULT, Commandeur de nos Ordres : le tout à peine de nullité des Présentes ; du contenu desquelles Vous mandons & enjoignons de faire jouir ledit Exposant & ses ayans Causes pleinement & paisiblement, sans souffrir qu'il leur soit fait aucun trouble ou empêchement. Voulons que la Copie des Présentes qui sera imprimée tout au long au commencement ou à la fin dudit Ouvrage, soit tenue pour dûement signifiée, & qu'aux Copies collationnées par l'un de nos amés & féaux Conseillers-Secretaires, foi soit ajoutée comme à l'Original. Commandons au premier notre Huissier ou Sergent sur ce requis, de faire pour l'exécution d'icelles, tous Actes requis & nécessaires, sans demander autre permission, & nonobstant clameur de Haro, Charte Normande, ou Lettres à ce contraires : CAR tel est notre plaisir. DONNÉ à Versailles, le vingt-neuviéme jour du mois de Décembre, l'an de Grace mil sept cent cinquante-trois; Et de notre Regne le trente-huitiéme. Par le Roi en son Conseil.

PERRIN.

Registré sur le Registre XIII. de la Chambre Royale des Libraires & Imprimeurs de Paris, N°. 271. Fol. 215. conformément aux anciens Réglemens, confirmés par celui du 28 Février 1723. A Paris, le 11 Janvier 1754.

DIDOT, Syndic.

PHILALETHE.

PHILALETHE,
OU
L'AMATEUR DE LA VÉRITÉ.
TRAITÉ
DE
L'ENTRE'E OUVERTE
DU PALAIS 'FERME'
DU ROI.

Revû, corrigé & augmenté sur l'Original Anglois, & sur la Traduction Latine,

Par PH... UR... Amateur de la Sagesse.

PRÉFACE.

E suis un Philosophe adepte, qui ne me nommerai point autrement que PHILALETHE, nom anonyme, qui signifie *Amateur de la Vérité*; l'an de la rédemption du Monde, mil six cent quarante-cinq, ayant à l'âge de trente-trois ans acquis la connoissance des secrets de la Médecine, de l'Alchymie, &

Tome IV.   A

de la Physique, j'ai résolu de faire ce petit Traité, pour rendre aux Enfans de la Science ce que je leur dois; & pour tendre la main à ceux qui sont engagez dans le Labyrinthe de l'erreur [afin de les en retirer.] Désirant par même moyen faire connoître aux Philosophes adeptes que je suis leur Egal & leur Confrere, & donner une lumiere à ceux qui sont égarez par les impostures des Sophistes, qui les puisse ramener dans le bon chemin, pourvû qu'ils la veuillent suivre. Car je prévois qu'il y en aura plusieurs qui seront éclairez par mon Livre.

Ce ne sont point des Fables, ce sont des Expériences réelles & effectives, que j'ai vû, & que je sçai certainement, comme tout homme, qui sera Philosophe, le pourra aisément connoître par cet Ecrit. Et parce que je ne le fais que pour le bien du Prochain, je puis dire hardiment, & l'on doit se contenter de l'aveu que j'en fais, que de tous ceux qui ont écrit sur ce sujet, il n'y a personne qui en parle si clairement que moi, & que j'ai été tenté plusieurs fois d'en abandonner le dessein, croyant que je ferois beaucoup mieux de déguiser la vérité sous le masque de l'envie. Mais Dieu, à qui je n'ai pu résister, & qui seul connoît les cœurs, m'y a forcé. C'est ce qui me fait croire que dans ce dernier âge du Monde, il y en aura plusieurs qui auront le bonheur de posséder ce précieux trésor, parce que j'ai écrit sincérement, & que je ne laisse aucun doute, pour ceux qui commenceront à s'appliquer à l'étude de cette Science, que je n'aye parfaitement éclairci.

Je connois même plusieurs personnes qui sçavent ce Secret aussi-bien que moi, & je ne doute point qu'il n'y ait encore plusieurs autres Philosophes, dont j'espére d'acquérir la connoissance de jour à autre, & en peu de tems. Dieu fasse par sa sainte volonté ce qu'il lui plaira. Je confesse que je suis indigne qu'il se serve de moi pour faire ces choses. Je ne laisse pas en ces mêmes choses d'adorer sa sainte volonté, à laquelle toutes les créatures doivent être soumises, puisque c'est pour lui seul qu'il les a crées, & que c'est pour lui seul qu'il les conserve, comme étant leur centre, & le point d'émannation & de retour de toutes les lignes de l'Univers.

CHAPITRE PREMIER.
De la nécessité du Mercure des Sages, pour faire l'œuvre de l'Elixir.

Qui voudra jouir de cette Toison d'or, doit sçavoir que notre Poudre aurifique, que nous appellons autrement notre Pierre, n'est autre chose que l'Or vulgaire qui a été porté par la digestion jusqu'au souverain dégré de pureté, & d'une subtile fixité, & que ce n'est que par la Nature, & par un industrieux artifice de notre Mercure, qu'il peut être poussé à cette dernière perfection. Et cet Or, qui étant ainsi *essensifié*, est appellé lors notre Or, ou l'Or des Philosophes, & non plus l'Or du vulgaire, est le chef-d'œuvre de la Nature & de l'Art, & tout ce qu'ils peuvent faire de plus parfait. Je pourrois sur ce sujet rapporter l'autorité de tous les Philosophes, mais je n'ai pas besoin de témoins, puisque je suis Philosophe moi-même, & que j'en écris plus clairement que pas un n'a fait avant moi. Le croie, le désaprouve, & le contredise qui voudra, & qui pourra, je suis assuré que toute la récompense qu'il en aura, ce sera une profonde ignorance. Je sçai bien que les esprits rafinés se forgent mille chiméres (sur notre Ouvrage;) mais celui qui sera bien avisé, trouvera la vérité dans la voie simple de la Nature.

Il faut donc poser pour un fondement assuré, qu'il n'y a qu'un seul & véritable principe pour de l'Or vulgaire en faire l'Or des Philosophes. Mais il faut remarquer que notre Or, qui est celui que nous demandons pour notre Ouvrage, est de deux sortes; car il y en a un qui est un Or mûr & fixe, que l'on appelle le Laton rouge, qui dans son intérieur & dans son centre est un pur feu; il est notre Mercure, Or solaire, soufre & teinture du Soleil, Or philosophique, & le germe de l'Or vulgaire. Voilà pourquoi il conserve son corps dans le feu & lui résiste; il s'y purifie (& s'y rafine;) de sorte qu'il n'est point soumis à sa tyrannie ni à sa violence, & n'en reçoit aucun dommage. C'est lui qui fait la fonction de mâle * dans notre Ouvrage, & c'est pour cela qu'on le conjoint avec notre Or blanc, qui est plus crud, & qui est la sémence féminine dans laquelle il jette la sienne. Et enfin, ils se joignent & s'unissent tous deux ensemble par un lien *indissoluble*, & cet Or blanc est l'Or vulgaire, indigeste, & qui veut être cuit, meurit, & parfait par notre Or, son principe & feu de nature. C'est ainsi que se fait notre Hermaphrodite qui est mâle & fémelle. L'Or corporel est donc mort avant qu'il soit conjoint à son mâle, avec lequel le soufre *coagulant* qui est dans l'Or, est renversé & tourné du dedans en dehors [& d'interne & de caché qu'il étoit, devient externe & apparent.] Ainsi la hauteur est cachée, & la profondeur est rendue manifeste. Ainsi le fixe est fait volatil pour un tems, afin de posséder après par droit d'héritage un état plus noble, dans lequel il acquiert une fixation très-puissante.

Il est donc évident que tout le Secret ne consiste que dans le Mercure. Aussi le Philosophe parlant de lui, a dit : *Tout ce que cherchent les Sages est dans le Mercure.* Et Geber, *loué soit*, dit-il, *le Très-Haut qui a créé notre Mercure, & qui lui a donné une*

---
* Voyez la Note sur l'Art. XXIX. de l'explication faite par Philalethe, en la deuxiéme Conclusion de la Lettre de Georges Riplée à Edouard IV. Roi d'Angleterre.

nature qui surmonte tout. Car on peut bien dire que sans ce Mercure, les Alchymistes auroient beau se vanter, tout leur ouvrage ne seroit rien.

Il s'ensuit de-là que ce Mercure n'est pas le Mercure vulgaire, mais celui des Philosophes. Car tout le Mercure du vulgaire est mâle, c'est-à-dire est corporel, *spécifié* & mort : mais le nôtre est spirituel, femelle vivante & vivifiante, quoique comme androgin il fasse fonction de mâle sur l'Or en son lien conjugal, comme l'ame sur l'esprit.

Remarque donc bien tout ce que je dirai du Mercure, parce que, comme dit le Philosophe, *notre Mercure est le sel des Sages, sans lequel quiconque travaille ressemble à un homme qui voudroit tirer d'un arc sans corde.* Et si pourtant il ne se trouve point en aucun lieu sur la terre. Mais ce Mercure est un enfant que nous avons formé, non pas en le créant, mais en le tirant hors des choses dans lesquelles il est ; & cela se fait par la *coopération* de la Nature, par un moyen admirable, & par un industrieux artifice.

CHAPITRE II.
Des principes qui composent le Mercure des Sages.

LA plûpart de ceux qui travaillent en cet Art, n'ont point d'autre intention que de purger le Mercure de diverses maniéres,

Car il y en a qui le subliment par le moyen des sels qu'ils lui ajoûtent ; d'autres [le nettoyent] de ses *fœces* & impuretés. Les autres le *vivifient* par lui-même, & ils s'imaginent après avoir réiteré leurs opérations, que moyennant cela le Mercure des Philosophes est fait. Et tous ceux-là se trompent, parce qu'ils ne travaillent pas dans la Nature, qui seule s'amende dans sa nature.

Qu'ils sçachent donc que notre Eau est composée de plusieurs choses, ce qui n'empêche pourtant pas qu'elle ne soit qu'une seule & unique chose, faite de diverses substances incorporées & unies ensemble, qui sont toutes d'une même essence. Car il faut que dans la façon de notre Eau il y ait premierement un feu, qui est le feu de toutes choses, & notre dragon igné. Secondement que le suc ou la liqueur de la saturnie végétale y soit ; & en troisiéme lieu le lien du Mercure.

Le feu qui s'y trouve, c'est le feu minéral du soufre, qui n'est pourtant pas proprement minéral, tant s'en faut qu'il soit métallique. Mais c'est une chose qui tient le milieu entre la mine & le métal, qui n'est ni l'une ni l'autre, & qui participe de tous les deux. C'est un Cahos ou un Esprit, parce que notre Dragon *ignée*, quoiqu'il surmonte tout, est néanmoins pénétré par l'odeur de la saturnie végétale ; par l'union qui se fait de son sang avec le suc de la saturnie, il se forme un corps admirable, qui n'est pourtant pas corps, parce qu'il est tout volatil, & n'est pas aussi esprit, parce qu'il ressemble à du métal fondu dans le feu. Il est donc effectivement un cahos, qui est à l'égard de tous les métaux comme leur mere ; car je sçai extraire & tirer toutes choses de lui, & même je sçai *transmuer* par lui le Soleil & la Lune sans l'Elixir ; & qui l'a vû comme moi, en peut rendre témoignage.

On appelle ce Cahos *notre Arsenic, notre Air, notre Lune, notre Aimant, notre Acier*; toutefois sous diverses considérations, parce que notre Matiere passe par divers états [& souffre divers changemens] auparavant que le Diadême Royal soit tiré du Menstrue de notre Prostituée.

Apprends donc à connoître quels sont les Compagnons de Cadmus, quel est le Serpent qui les devora ; ce que c'est que le chêne creux, * contre lequel Cadmus perça le Serpent d'outre en outre. Apprends à connoître quelles sont les Colombes de Diane, qui vainquent le Lion en le flattant : Je veux dire le Lion vert, qui est en effet le Dragon Babylonien, qui tue tout avec son venin. Enfin, apprends à sçavoir ce que c'est que le Caducée de Mercure, avec lequel il fait des merveilles : Et ce que c'est que ces Nymphes, qu'il infecte par ses enchantemens, si tu veux jouir de ce que tu souhaites.

* Expression de Flamel, pour signifier les Cendres.

CHAPITRE III.

De l'Acier des Sages.

LEs Sages ont laiſſé à la poſterité beaucoup de choſes qu'ils ont dit de leur Acier, & ils ne lui ont pas pu attribué de vertu. De-là vient cette grande diſpute qui eſt entre les Alchymiſtes vulgaires, pour ſçavoir ce qu'il faut entendre par ce nom d'Acier : pluſieurs l'ont expliqué diverſement. L'Auteur de *la nouvelle Lumiere Chymique* [qui eſt connu ſous le nom de Coſmopolite] en parle ingénuement, mais avec obſcurité. Pour moi, qui ne veux rien céler par envie à ceux qui s'appliquent à cette Science, je le décrirai ſincérement.

Notre Acier eſt la véritable clef de notre Oeuvre, ſans lequel le feu de la Lampe ne peut être allumé, par quelqu'artifice que ce ſoit ; car il n'y a point d'autre genre ou eſpéce de feu externe pour l'œuvre purement phyſique. Notre Acier eſt la Mine de l'Or, l'Eſprit très-pur aude-là de toutes choſes. C'eſt le feu infernal, ſecret, extrémement volatil en ſon genre ; le Miracle du Monde, le *Syſtême* (ou la compoſition, l'aſſemblage & la concordance) des vertus ſupérieures dans les inférieures. C'eſt pourquoi le Tout-Puiſſant l'a marqué d'un ſigne remarquable, la naiſſance duquel eſt annoncée par l'Orient philoſophique dans l'horiſon de ſa sphére microcosmique. Les Sages l'ont vû dans leur terre de vie & de sapience, laquelle est l'orient de tout être animé, & ils en ont été étonnés; ils ont reconnu tout aussitôt qu'un Roi sérenissime étoit né dans le monde.

Toi, quand tu verras son étoile, suis-là jusqu'à son berceau. Là, tu verras un bel Enfant, fais ensorte qu'il soit dégagé des ordures & des fœces, & rends honneur à cet Enfant Royal, ouvre le trésor, présente-lui de l'Or. Ainsi enfin après sa mort il te donnera sa Chair & son Sang, qui est la souveraine Médecine dans les trois Monarchies de la terre; (c'est-à-dire dans les trois Régnes, minéral, végétal, & animal.

CHAPITRE IV.
De l'Aimant des Sages.

Comme l'Acier est attiré vers l'Aimant, & que de lui-même l'Aimant se tourne vers l'Acier, de même aussi l'Aimant des Sages attire [à soi] leur Acier. Ainsi, comme j'ai dit que l'Acier [des Sages] étoit la Mine de l'Or, de même aussi notre Aimant est la véritable Mine de notre Acier.

Mais outre cela, je dis que notre Aimant a un centre caché, qui est abondant en Sel, que ce Sel est le Menstruë dans la Sphére de la Lune, & qu'il peut calciner l'Or. Ce centre, par une inclination, qui lui vient de l'Archée, se tourne vers le Pôle, où la vertu de l'Acier est élevée en dégrez. Dans le Pôle est le cœur de Mercure, qui est un véritable feu, où est le repos de son Seigneur. Celui qui ira sur cette grande Mer, doit aborder à l'une & l'autre Inde [Orientale & Occidentale,] & gouverner sa course par l'aspect de l'Etoile du Nord, que notre Aimant fera apparoir.

Le Sage s'en réjouira, & cependant le fol n'en fera point d'état, & il n'apprendra point la sagesse, encore qu'il voie le Pôle central tourné du dedans en déhors, qui sera marqué du signe remarquable du Tout-puissant. *Ils ont la tête si dure, que quelques signes & quelques miracles qu'ils puissent voir, ils n'abandonneront point leurs Sophistications, & n'entreront point dans le droit chemin.*

CHAPITRE V.
Le Cahos des Sages.

Que le Fils des Philosophes écoute ici tous les Sages, qui d'un commun consentement concluent que cet Ouvrage doit être comparé à la création de l'Univers *Au commencement donc, Dieu créa le Ciel & la Terre, & il n'y avoit rien sur la Terre, qui étoit nüe. Et l'Esprit de Dieu étoit porté sur la face des Eaux. Et Dieu dit que la Lumiere soit, & la Lumiere fut.*

Ces paroles suffiront au Fils de la Science; car il faut que le Ciel soit conjoint avec la Terre sur le lit d'amitié, par ce moyen il régnera avec honneur pendant toute sa vie. La Terre est un corps pésant qui est la matrice des Minéraux, parce qu'elle les garde dans son sein, quoiqu'elle fasse voir les arbres & les animaux (qu'elle produit, sur sa surface.) Le Ciel est le lieu où les grands Luminaires font leurs révolutions avec les astres, & il influe ses vertus dans les choses inférieures au travers de l'air: mais au commencement toutes choses étant en confusion, firent le cahos.

Je proteste que je viens de découvrir sincérement, ou saintement la vérité. Car notre cahos est comme une terre minérale à cause de sa *coagulation*, & est pourtant un air volatil, au dedans duquel est le Ciel des Philosophes dans son centre. Et ce centre est véritablement astral, qui illumine la terre par sa splendeur jusques sur sa surface. Et qui sera l'homme assez prudent, qui *infére* de ce que je viens de dire, qu'il est né un nouveau Roi, qui a une domination absolue sur toutes choses, qui rachetera ses Freres, les Métaux imparfaits, de l'impureté originelle: Roi, qui doit nécessairement mourir, & être exalté, afin qu'il donne sa Chair & son Sang pour être la vie du monde?

O Dieu de bonté, que ces Ouvrages que vous avez fait sont admirables! Vous avez fait ces choses, & elles paroissent un miracle à nos yeux. Je vous rends graces, ô Pere, Seigneur du Ciel & de la

Terre, de ce que vous avez caché ces choses aux Sages & aux Prudens du siécle, & que vous les ayez révélé aux Petits, humbles de cœur, vos véritables Sages.

CHAPITRE VI.
L'Air des Sages.

Le Ciel étendu, ou le Firmament est appellé air dans l'Ecriture Sainte. Notre Cahos est aussi appellé Air, & en cela il y a un grand secret. Car de même que l'Air firmamental est ce qui sépare les eaux, aussi fait notre Air, & par conséquent notre œuvre est effectivement le systême du grand monde.

Car comme nous, qui vivons sur la terre, voyons les eaux qui sont au-dessous du Firmament, & comme elles nous apparoissent; mais que celles qui sont au-dessus sont hors de notre vûe, parce qu'elles sont trop éloignées de nous : Aussi dans notre Microcosme [ou petit monde] il y a des eaux minérales excentrales [c'est-à-dire hors de leur centre] qui paroissent; mais celles qui sont enfermées au dedans, nous ne les voyons point, quoiqu'il y en ait effectivement.

Ce sont ces eaux dont l'Auteur de *la nouvelle Lumiere* dit qu'il y en a, mais qu'elles n'apparoissent pas jusqu'à ce qu'il plaise à l'Artiste. Tout ainsi donc que l'air fait une séparation entre les eaux, de même notre

Air empêche que les eaux qui font hors du centre ne puiſſent en aucune maniere entrer avec celles qui font dans le centre ; car ſi elles y entroient, & qu'elles vinſſent à ſe mêler enſemble, elles ſe joindroient tout auſſitôt d'une union *indiſſoluble*.

Je dirai donc que le ſoufre externe, vaporeux, comburant, eſt opiniâtrement attaché à notre cahos, à la tyrannie duquel ne pouvant réſiſter, il s'envole tout pur du feu, en façon d'une poudre ſéche. Que ſi tu ſçais arroſer cette terre aride & ſéche de l'eau de ſon genre par une humectation naturelle, tu élargiras les pores de la terre, & ce Larron extérieur ſera jetté dehors avec les Ouvriers de méchanceté ; l'eau, par l'*addition* du véritable ſoufre, ſera nettoyée de l'ordure de la lépre, & de l'humeur ſuperflue qui la rend hydropique, & tu auras en ta puiſſance la *Fontaine du Comte Tréviſan*, les eaux de laquelle ſont proprement dédiées à la Vierge Diane.

Ce Larron eſt un méchant qui eſt armé d'une malignité arſénicale, que Mercure, ce jeune homme qui a des aîles a en horreur, & fuit. Et quoique l'eau centrale ſoit l'épouſe de ce jeune homme, il n'oſe pas toutefois faire paroître le très-ardent amour qu'il a pour elle, à cauſe des embûches que lui dreſſe ce Larron, qui a des ruſés preſque inévitables.

Tu as beſoin ici que Diane te ſoit favorablé, elle qui sçait dompter les bêtes sauvages, qui a deux colombes qui tempéreront avec leurs aîles la malignité de l'air, & ces deux colombes volant sans aîles, se trouvent dans les forêts de la Nymphe Venus. Sçache que ce jeune homme entre aisément par les pores, il ébranle d'abord les cataractes & les réservoirs qui sont dans l'air, il ouvre ces eaux qui n'ont point été surprises par les mauvaises odeurs, & il forme une nuée déplaisante. Alors fais venir les eaux par-dessus, jusqu'à ce que la blancheur de la Lune apparoisse. Et par ce moyen les *ténébres qui étoient sur la face de l'abysme* seront chassées par l'Esprit qui se meut dans les eaux.

Ainsi, par le commandement de Dieu, la Lumière apparoîtra. Sépare par sept fois la lumière d'avec les ténébres, & notre création philosophique du Mercure sera accomplie. Et le septiéme jour sera pour toi un Sabbath & jour de repos. De sorte que depuis ce tems-là, jusqu'à ce qu'une année après soit parachevée & révolue, tu pourras attendre la génération du fils surnaturel du Soleil, qui viendra dans le monde vers la fin des siécles, c'est-à-dire des époques & iliades philosophiques, pour délivrer ses Freres de toute leur impureté originelle, & les régénérer avec vertu prolifique.

CHAPITRE VII.

De la premiere Opération de la préparation du Mercure philosophique, par les Aigles volantes.

Sois instruit, mon Frere, que l'exacte préparation des Aigles des Philosophes, est estimée le premier dégré de perfection; & que pour le connoître, il faut être habile & avoir bon esprit. Car ne t'imagine point que pas un de nous soit parvenu à cette Science par hazard, ou par une imagination fortuite, comme le vulgaire ignorant le croit sottement. Nous avons beaucoup & long-tems sué & travaillé, nous avons passé plusieurs nuits sans dormir, & nous avons bien pris de la peine pour découvrir la vérité. Toi donc, studieux commençant, qui désire parvenir à cette Science, sois fortement persuadé que si tu ne travailles beaucoup, & si tu ne te donnes de la peine, tu ne feras jamais rien. J'entens dans la premiere opération qui est épineuse; car dans la seconde, c'est la Nature toute seule qui fait tout l'ouvrage, sans qu'il soit besoin d'y mettre la main, si ce n'est pour entretenir seulement un feu moderé au dehors.

Conçois donc bien, mon frere, ce que veulent dire les Philosophes, quand ils disent qu'il faut mener leurs Aigles pour dévorer le Lion ; & que moins il y a d'Aigles,

plus

plus le combat est rude, & qu'elles demeurent plus long-tems à le vaincre ; mais lorsqu'il y a ou sept ou neuf Aigles, cette opération se fait parfaitement bien. Le Mercure philosophique est par exemple l'Oiseau d'Hermes, qui est tantôt appellé Oye, tantôt Faisan, tantôt celui-ci, & tantôt celui-là.

Mais quand les Philosophes parlent de leurs Aigles ils parlent en plurier, & en comptent depuis trois jusqu'à dix. Ce n'est pas qu'ils veuillent dire par là qu'il faille mettre autant de poids d'eau contre chaque poids de terre, (comme ils disent qu'il faut d'Aigles.) Car (par leurs Aigles) ils entendent parler du poids intérieur, c'est-à-dire qu'il faut faire rejoindre autant de fois à la terre l'eau, qu'elle en aura été rendue aiguë [& rectifiée,] qu'ils disent qu'il faut d'Aigles. Et cette acuité ou [rectification] se fait par la sublimation. De sorte que chaque sublimation du Mercure des Philosophes est prise pour une aigle, & la septiéme sublimation *exaltera* tellement ton Mercure, qu'il sera alors un bain très-propre pour ton Roi. Afin donc de t'expliquer bien cette difficulté, [& que tu n'ayes plus aucun doute là-dessus,] écoute-moi bien attentivement, & ne m'impute pas ton ignorance.

Il faut prendre de notre Dragon *ignée* qui cache dans son ventre l'Acier magique, quatre parties ; de notre aimant, neuf parties ; mêle-les ensemble par un feu brûlant en forme d'eau minérale, au-dessus de laquelle il surnagera une écume à mettre à part. Laisse la coquille & prends le noyau, que tu mettras séparément ; purge-le & le nettoye trois fois par le feu & le sel ; & cela se fera aisément si Saturne a vû & consideré sa beauté dans le miroir de Mars.

De-là se fera le Chaméléon, ou notre Cahos, dans lequel sont cachés tous les secrets en puissance & vertu, & non pas actuellement. C'est là l'enfant hermaphrodite, qui dès son berceau a été infecté par la morsure du chien enragé de Corascene, ce qui fait que l'*hydrophobie* (c'est-à-dire la crainte continuelle qu'il a de l'eau) le rend fol & insensé ; jusques-là que quoique l'eau lui soit plus proche qu'aucune autre chose naturelle, il en a pourtant horreur & la fuit : quels destins !

Il y a toutefois deux Colombes dans la Forêt de Diane qui adoucissent sa rage furieuse, si l'on sçait les y appliquer par l'art de la Nimphe Venus ; alors de peur qu'il ne retombe dans l'*hydrophobie*, (& afin qu'il n'aye plus aversion de l'eau,) plonge-le & le submerge dans les eaux, en sorte qu'il y périsse. Ce chien qui se noircit de plus en plus, & toujours enragé, ne pouvant souffrir ces eaux, presque noyé & suffoqué, montera & s'élévera sur la surface des eaux. Chasse-le en faisant pleuvoir sur lui, & en le battant fais-le fuir bien loin ; ainsi les ténèbres disparoîtront.

La Lune étant pleine & resplendissante, donne lors des aîles à l'Aigle, & elle s'envolera, laissant mortes derriere elle les Colombes de Diane, lesquelles ne peuvent profiter de rien, si elles meurent à la premiere rencontre. Fais cela sept fois, & lors enfin tu auras trouvé le repos, n'ayant plus rien à faire qu'à décuire simplement, ce qui est un très-grand repos, un jeu d'enfans & un ouvrage de femmes.

✳✳✳✳✳✳✳✳✳✳✳✳✳✳✳✳✳✳✳✳✳✳

CHAPITRE VIII.
Du travail ennuyeux de la premiere préparation, ou opération.

Quelques ignorans, qui font les Chymistes, ont voulu s'imaginer que tout notre Ouvrage, depuis le commencement jusqu'à la fin n'est qu'une récréation pleine de divertissement, & qu'il n'est aucunement pénible ; mais qu'ils se repaissent à la bonne heure de leur imagination. Il est certain que dans un ouvrage qu'ils se persuadent être si aisé, ils ne recueilleront que du vent de leur vaine imagination & de leur opération fainéante. Pour nous, nous sommes assurés qu'après la bénédiction de Dieu & une bonne racine, c'est le travail, l'industrie & le soin qui font le principal de notre affaire.

Certes, le travail qu'on employe dans le tracas du ménage, qui doit plutôt passer pour un jeu & pour un divertissement que pour une peine, ne nous peut pas donner la satisfaction que nous souhaittons si passionnément. Au contraire, il ne faut pas, comme dit Hermés, prétendre épargner sa peine, quand on en devroit incommoder sa santé ; car autrement, ce que le Sage a prédit dans ses Paraboles se trouvera véritable, c'est à sçavoir que *le désir du paresseux le tuera*. Et il ne faut pas s'étonner si tant de personnes qui travaillent à l'Alchymie deviennent pauvres, parce qu'ils n'aiment pas le travail, & n'épargnent pas toutes sortes de dépenses inutiles.

Mais nous qui sçavons ce que c'est que l'œuvre, & qui l'avons fait, nous avons trouvé par l'expérience qu'il n'y a point de travail plus ennuyeux qu'est notre premiere préparation. C'est pourquoi Morien exhorte sérieusement là-dessus le Roi Calid, en lui disant : *Que plusieurs Philosophes s'étoient plaints de l'ennui que donne ce premier travail*. Et je ne crois pas que l'on doive entendre ceci métaphoriquement, parce que je ne regarde pas présentement les choses comme elles paroissent dans le commencement de l'œuvre surnaturel, mais de la maniere & telles que nous les avons premiérement trouvé.

Le plus rude travail, la peine toute entiere
Est à parfaitement préparer la matiere.
Il ajoûte :
Hercule te fait voir par ses travaux si grands,

Combien pénible à faire est ce que tu prétends,
Que de rudes travaux, que de peine on endure,
A préparer la masse & la matiere impure.
Dit le Poëte Augurel, Liv. II. de la Chrysopéei

C'est ce qui a fait dire au fameux d'*Espagne* Auteur du secret hermétique, que ce premier travail est un travail d'Hercule, parce qu'il y a dans nos Principes beaucoup de superfluités *hétérogénées*, (c'est-à-dire de différentes natures) qui ne peuvent jamais être rendues assez pures, pour servir à notre Ouvrage, & qu'il faut par conséquent entiérement évacuer. Ce qu'il est impossible de pouvoir faire, sans avoir la théorie & la connoissance de nos secrets, par laquelle nous enseignons un moyen par lequel on peut extraire le Diadême royal du sang menstrual de notre Prostituée. Et après que l'on aura connu ce moyen ou milieu, il faut encore un très-grand travail, & si grand, que le Philosophe a dit que plusieurs avoient abandonné l'art & l'œuvre sans l'achever, à cause des peines épouvantables qu'il y a à souffrir.

Ce n'est pas que je veuille dire qu'une femme ne puisse être capable de faire ce travail, pourvû qu'elle en fasse sa tâche principale, & non pas un jeu ni un divertissement. Mais quand une fois on a le Mercure tout préparé par la premiere opération, très-longue, ennuyeuse & difficile, quoique naturelle, & que Bernard de Trévisan appelle *la Fontaine*, alors on a trouvé le repos, *qui est plus à souhaitter qu'aucun travail*, comme dit le Philosophe.

✳✳✳✳✳✳✳✳✳✳✳✳✳✳✳✳✳✳✳✳✳✳

CHAPITRE IX.
De la vertu de notre Mercure sur tous les Métaux.

Notre Mercure est le Serpent qui dévora les Compagnons de Cadmus, & il ne s'en faut pas étonner, puisqu'il avoit déja dévoré Cadmus lui-même, qui étoit beaucoup plus fort qu'eux. A la fin pourtant Cadmus percera ce Serpent d'outre en outre, quand par la vertu de son soufre il l'aura coagulé.

Sçache donc que ce Mercure (c'est-à-dire le nôtre) a la domination & la puissance sur tous les corps métalliques, & qu'il les résout dans leur plus proche matiere mercurielle, en séparant leurs soufres. Sçache de plus que le mercure d'un aigle, ou de deux, ou au plus de trois, commande à Saturne, à Jupiter & à Venus, c'est-à-dire au plomb, à l'étain & au cuivre. Il commande à la Lune, c'est-à-dire à l'argent, depuis trois aigles jusqu'à sept; & enfin quand il a jusqu'à dix aigles il commande au Soleil, c'est-à-dire à l'or.

Partant, je déclare que ce mercure est plus proche du premier être (ou matiere) des

ou l'Amateur de la Verité. 25
Métaux que par un autre mercure. C'est pour cela qu'il pénétre *radicalement* les corps métalliques, & qu'il rend manifestes & fait apparoître en dehors leurs profondeurs cachées.

CHAPITRE X.
Du Soufre qui est dans le Mercure Philosophique.

IL n'y a rien de si merveilleux que de ce que dans notre Mercure, il y a un soufre non-seulement actuel, [c'est-à-dire qui y est réellement & effectivement] mais encore qui est actif (& agissant,) & cependant qu'avec cela il garde & conserve toutes les proportions & la forme du mercure. Il faut donc nécessairement qu'une forme ait été mise & introduite dans le mercure par notre préparation ; & cette forme c'est le soufre métallique ; & ce soufre, c'est un feu qui putréfie & pourrit l'or composé ou disposé pour s'unir à lui, comme étant l'ame générale du monde.

Ce feu *sulphureux*, c'est la semence spirituelle que notre Vierge a contracté & reçû, ne laissant pas pour cela de demeurer toujours vierge, parce que la virginité peut bien souffrir un amour spirituel sans en être corrompue, comme le dit l'Auteur *du Secret hermétique*, & comme l'expérience le fait voir. Notre mercure est hermaphrodite à cause de ce soufre, parce qu'il renferme

& contient en lui tout à la fois & en même tems, un principe qui est tout ensemble actif & passif, & qui est rendu évident & apparent par le même degré de digestion. Car étant joint avec l'or il le ramollit, le liquifie & le dissout par une chaleur accommodée & proportionnée à *l'exigence* du composé. Par le moyen de cette même chaleur il se coagule soi-même, & en se coagulant il donne & produit l'or & l'argent philosophique, selon le degré de la seconde opération, & le desir de l'Artiste.

Ce que je vas dire te semblera peut-être incroyable, mais il est pourtant vrai ; c'est à sçavoir que le mercure qui est homogéné pur & net, étant par notre artifice engrossé d'un soufre interne se coagule soi-même, étant aidé seulement d'une chaleur convenable externe ; & qu'il se coagule à la façon de fleur ou crême de lait ; sur la surface des eaux ce mercure-nage en forme d'une espéce de terre subtile ; mais lorsqu'il est joint avec l'Or, non-seulement il ne se coagule pas, mais étant ainsi composé il paroît de jour en jour plus mol, jusqu'à ce que les corps étant presque dissous, les esprits ayent commencé à se coaguler dans une couleur très-noire, & une odeur très-puante.

Il est donc évident que ce soufre spirituel métallique est effectivement le premier mobile qui fait mouvoir la roüe, & qui fait tourner l'essieu en rond, mais c'est ce mercure

cure qui est véritablement l'Or volatil, non pas encore assez cuit ni assez digeré, cependant assez pur. Aussi par une simple digestion il se change en Or ; il est vrai que quand l'Artiste en est à l'opération de joindre notre mercure à l'Or qui est déja parfait, il ne se coagule pas tant, mais il dissout l'Or corporel, & l'ayant dissout il demeure sous une même forme avec lui, quoiqu'il faille nécessairement que la mort précéde cette parfaite union, afin qu'après cette mort ils se puissent tous deux unir, non-seulement dans une unité simplement parfaite, mais dans une perfection qui est parfaite plus qu'au milliéme dégré.

CHAPITRE XI.

Comment on a trouvé le parfait Magistere.

Tous les Sages qui ont autrefois acquis la connoissance de cet Art sans aucun Livre, ont été poussés par l'inspiration de Dieu, à le rechercher & à l'acquerir de la maniere que je vas dire. Car je ne sçaurois croire que personne l'ait jamais eu immédiatement par révélation. Si ce n'est peut-être qu'on veuille dire que Salomon l'ait eu ainsi, ce que j'aime mieux laisser indécis que de me mêler de le vouloir décider. Mais quand il seroit vrai qu'il l'auroit eû, peut-on conclure de-là qu'il ne l'ait pas acquis par la recherche & par l'étude, puisqu'il ne demanda à Dieu feulement que la Sageffe, qu'il lui donna de telle forte, qu'il eut tout enfemble avec elle les richeffes & la paix, puifque la Sageffe les procure aifément. Puifque donc il étudia & examina foigneufement la nature des Plantes & des Arbres, depuis le Cédre qui eft au Liban, jufqu'à l'Hyffope des murailles, qui fera l'homme de bon fens qui puiffe nier qu'il ne fe foit auffi appliqué à la connoiffance de la nature des Minéraux, qui n'eft pas moins agréable que l'autre, & qu'il n'en ait eu l'intelligence.

Mais reprenons notre difcours. Nous difons qu'il y a bien de l'apparence que les premiers qui ont poffédé ce Magiftere, comme Hermés, qui n'avoient aucun Livre d'où ils pûffent apprendre, ont premiérement recherché, non pas à faire la perfection plus que parfaite, mais feulement à pouffer & élever les métaux imparfaits jufqu'à la perfection & à la condition royale de l'Or. Et parce qu'ils s'apperçûrent que tout ce qui eft métallique eft d'origine mercurielle, & que le mercure étoit très-femblable au plus parfait des métaux, qui eft l'Or, en poids & en *homogénéité* ; ils effayérent de le pouffer par la cuiffon jufqu'à la maturité & à la perfection de l'Or ; mais ils n'en pûrent venir à bout par quelque maniere & dégré de feu qu'ils pûffent faire.

Ils s'aviserent donc que pour faire ce qu'ils prétendoient, outre la chaleur extérieure, il leur falloit encore à tout le moins un feu interne. Ils se mirent donc à chercher ce feu en plusieurs choses. Et premiérement ils tirerent des eaux extrémement chaudes des moindres minéraux, avec quoi ils rongérent le mercure (& le réduisirent en parties imperceptibles.) Mais quelque artifice qu'ils pussent y employer, ils ne pûrent par cette voye là faire que le mercure changeât ses propriétés intérieures, parce que toutes les eaux corrosives ne sont que des agens extérieurs, & qui agissent seulement par dehors, comme fait le feu, quoique différemment; & que d'ailleurs ces eaux, qu'ils appelloient menstrües, ne demeuroient pas avec le corps dissout.

Etant confirmés par cette même raison, ils ont laissé toute sorte de sels, hormis un seul sel, qui est le premier être de tous les sels, qui dissout quelque métail que ce soit, & par même moyen coagule le mercure; ce qu'il ne fait pourtant que par une voye violente. Voilà pourquoi cet agent est derechef séparé des choses qu'il a dissout, sans qu'il y ait aucun déchet en son poids, & qu'il se perde rien de sa vertu & de ses forces.

C'est pourquoi les Sages connurent enfin que ce qui empêchoit la digestion & cuisson du mercure, étoit qu'il avoit des crudités aqueuses & des *fœces* terrestres, lesquelles étant *intimement* enracinées dans lui, ne pouvoient en être chassées, qu'en renversant tout le composé. Ils reconnurent, dis-je, que si le mercure pouvoit être dépouillé & purifié de ces deux choses, il seroit tout aussitôt fixe, parce qu'il a en soi un souffre qui a une vertu fermentative, & duquel le plus petit grain est capable de coaguler tout le corps du mercure, pourvu qu'on en pût ôter & séparer les *fœces* & les crudités. Ils essayèrent donc de le faire, en le purgeant diversement ; mais ce fut en vain, parce que pour faire cette opération, il faut tout ensemble mortifier & revivifier, ou réengendrer, ce qui ne se peut faire sans un agent.

Enfin, ils connurent que dans les entrailles de la terre le mercure avoit été destiné pour être fait métail, & que pour y parvenir il conservoit un mouvement journalier, autant de tems que le lieu & les autres choses extérieures ont demeuré bien disposées ; mais que ces choses ayant été corrompues par accident, cette production qui n'étoit pas mûre tomboit d'elle-même, & que c'est pour cela que (ce mercure) paroît en quelque façon privé de mouvement & de vie. Or il est impossible de pouvoir immédiatement retourner de la privation à l'habitude.

Ainsi ce qui auroit dû être actif & agent dans le mercure est passif ; de sorte qu'il faut introduire en lui une autre vie de même nature, qui, lorsqu'on la lui introduit réveille & ressuscite la vie du mercure qui est cachée. Ainsi la vie reçoit la vie, & c'est alors enfin qu'il est changé entiérement & jusques dans le profond; & les *fœces* ou ordures sont alors d'elles-mêmes jettées hors du centre, ainsi que nous avons dit bien au long dans les Chapitres précédens. Cette vie est dans le seul soufre métallique ; les Sages l'ont cherché dans Venus & dans les substances semblables, mais inutilement.

Enfin, ils ont essayé sur l'enfant de Saturne, c'est-à-dire sur la saturnie végétale, & ils ont reconnu par l'expérience qu'il étoit la racine générative & l'épreuve de l'Or; & parce qu'il a le pouvoir de séparer les *fœces* de l'Or mûr, ils croyoient qu'à plus forte raison il feroit la même chose sur le mercure, par un raisonnement & par une conséquence qu'ils tiroient du plus au moins. Mais l'expérience leur fit connoître que cet enfant de Saturne avoit lui-même des impuretés qu'il gardoit toujours, & ils se souvinrent du Proverbe commun, qui dit: *Soyez purs vous-mêmes, vous qui voulez purifier les autres*. C'est pourquoi ayant entrepris de le vouloir purger, ils trouverent qu'il étoit absolument impossible de le faire, parce qu'il n'avoit en soi aucun soufre métallique, quoiqu'il eût abondance d'un sel naturel très-pur.

Comme ils remarquerent que dans le mercure il n'y avoit que bien peu de souffre, & qui étoit seulement passif, ils n'en trouvèrent dans cette race de Saturne aucun qui y fût actuellement, mais seulement en puissance ; c'est pourquoi elle a fait alliance avec le souffre arsénical brûlant, & étant folle quand elle est sans lui, elle ne peut subsister dans une forme coagulée ; & cependant elle est si stupide, qu'elle aime mieux demeurer avec cet ennemi qui la tient étroitement en prison, & commettre un concubinage, que de le quitter & de paroître sous une forme mercurielle.

Les Mages donc cherchant plus à fond le souffre actif, ils l'ont enfin si bien recherché, qu'ils l'ont trouvé très-profondément caché dans la maison d'Aries * ils reconnurent que la même race de Saturne avoit alors dans cette maison reçu ce souffre avec grande avidité, parce qu'elle est une matiere métallique très-pure, fort tendre & très-prochaine du premier être des métaux qui n'a aucun souffre actuel, mais qui a la puissance de recevoir le souffre ; c'est pourquoi elle l'attire à soi comme un Aimant, & elle l'engloutit & le cache dans son ventre. Et le Tout-puissant, pour embellir & orner parfaitement cet ouvrage, le marque de son Sceau royal. Les Mages furent d'abord fort ré-

* Le Cosmopolite dit dans le ventre d'Aries, qui commence le dixiéme jour de l'Equinoxe de Mars, c'est-à-dire, le premier Avril.

jolis, voyant qu'ils n'avoient pas seulement trouvé le souffre, mais qu'il étoit même tout prêt.

Ayant enfin essayé de purger le mercure par ce souffre, ils n'en eurent pas l'issue qu'ils espéroient, parce qu'il y avoit encore de la malignité arsénicale mêlée avec ce souffre, qui avoit été engloutie dans la race de Saturne; & quoiqu'il y eût lors fort peu de cette malignité à l'égard de la grande quantité qu'il y en avoit quand ce souffre étoit dans sa nature minérale, toutes fois ce peu qui y restoit ne laissoit pas d'empêcher que ce souffre ne pût avoir ingrès en aucune maniere; c'est pourquoi ils œuvrérent autrement ce souffre mercuriel saturnien, & ils trouverent par l'épreuve qu'ils en firent, que cette malignité de l'air étoit corrigée & tempérée par les colombes de Diane, & cette expérience les rendît satisfaits. Alors ils mêlerent la vie avec la vie, & ils humecterent la sèche par la liquide, & ils aiguiserent la passive par l'active, & par la vivante ils vivifiérent la morte. Ainsi le Ciel pour un tems fut couvert de nuées, & après de longues pluyes il redevint clair & serain.

Lors le Mercure sortit hermaphrodite; ils le mirent donc dans le feu, & ils ne furent pas long-temps à le coaguler; & dans sa coagulation ils trouverent le Soleil & la Lune très-purs.

Enfin, rentrant en eux-mêmes, ils s'aviférent que ce mercure, quoiqu'épuré, n'étant pas encore coagulé, n'étoit pas encore métail, mais cependant aſſez volatil, juſqu'à ne laiſſer dans ſa diſtillation aucunes *fœces* ni réſidence dans le fonds du vaiſſeau; ils l'appellerent pour ce ſujet un Soleil *indigeſte*, & qui n'étoit pas mûr, & leur Lune vive.

Ils conſidérerent de plus, parce qu'il étoit le véritable premier être de l'Or, étant encore volatil, que par conſéquent il pouvoit bien être le champ dans lequel l'Or étant ſemé, il s'augmenteroit & multiplieroit en vertu.

Voilà pourquoi ils mirent l'Or dans ce mercure. Et (ce qui donne d'abord de l'admiration) dans ce même mercure le fixe fut fait volatil, le dur fut rendu mol, & le coagulé fut diſſous, au grand étonnement de la Nature même. C'eſt pourquoi ils mariérent ces deux choſes enſemble, les enfermérent dans un vaiſſeau de verre, les mirent ſur le feu; & ils gouvernerent l'ouvrage ſelon le beſoin & l'exigence de la Nature durant long-tems. Ainſi celui qui étoit mort fut vivifié, & celui qui étoit vivant mourut. Le corps ſe pourrit, & l'eſprit reſſuſcita glorieux, & l'ame fut exaltée juſqu'à une quinteſſence qui fut une médecine ſouveraine pour les animaux, les métaux & les végétaux.

CHAPITRE XII.
La maniere en général de faire le parfait Magistere.

Nous devons à jamais rendre graces à Dieu, de ce qu'il lui a plû nous montrer ces secrets de la Nature, qu'il a caché aux yeux de plusieurs. C'est ce qui nous oblige de découvrir gratuitement & fidélement à ceux qui sont comme nous amateurs de cette Science, ce que nous avons reçu gratuitement de la libéralité de ce grand Bienfaiteur.

Sçache donc que le plus grand secret de notre opération n'est autre chose qu'une cohobation des natures l'une sur l'autre, jusqu'à ce que la vertu parfaitement digérée & cuite soit extraite du digéré par le moyen du crud.

Pour cet effet, il faut premierement avoir, préparer & accommoder exactement toutes les choses qui entrent dans l'œuvre. Secondement, il faut bien disposer les choses du dehors. En troisiéme lieu, les choses étant ainsi prêtes & préparées, il faut un bon régime. Quatriémement, il faut avant de travailler avoir la connoissance & sçavoir les couleurs qui apparoissent dans l'œuvre, afin de ne pas travailler en aveugle. Cinquiémement & en dernier lieu, il faut de la patience afin qu'on ne hâte pas l'ouvrage, ou que l'on ne le gouverne & ne le pousse pas avec précipitation. Nous parlerons de toutes ces choses par ordre, & l'une après l'autre ; & nous en dirons tout ce qu'un frere en peut dire à son frere.

CHAPITRE XIII.

De l'usage du Souffre mûr dans l'œuvre de l'Elixir.

Nous avons parlé de la nécessité du mercure, & nous en avons découvert beaucoup de secrets, qui avant nous étoient assez rares & inconnus dans le monde, parce que presque tous les Livres de Chymie ne sont pleins que d'énigmes ou d'opérations sophistiques, ou enfin d'un entassement & d'une confusion de paroles insipides.* Pour moi je n'ai pas agi de la sorte, soumettant en cela une véritable volonté au bon plaisir de Dieu, qui doit ce me semble ouvrir & révéler ces trésors en ce dernier âge du monde.

Ainsi je ne crains plus que cet Art devienne vil & méprisable ; je souhaite que cela n'arrive pas, & il ne se peut faire, parce que la véritable Sagesse se conserve d'elle-même, & se maintient dans un honneur éternel. Mais plût à Dieu que l'Or & l'Ar-

* Il y a dans le Latin *Verborum scabioserum congerie*, c'est-à-dire, d'un entassement de paroles galeuses.

gent, ces deux grandes idoles, qui ont jusqu'à préfent été adorées de tout le monde, devinffent auffi méprifables que la boüe & le fumier. Car moi qui fçai l'art de les faire, je ne ferois pas tant en peine de me cacher que je fuis. De forte qu'il femble que la malédiction de Caïn foit tombée fur moi, (ce que je ne fçaurois penfer fans verfer des larmes & fans foupirer) & que je fois comme lui chaffé de devant la face du Seigneur, me voyant privé de l'agréable compagnie de mes amis, avec qui j'avois autrefois converfé en toute liberté. Mais à préfent il femble que je fois pourfuivi par les Furies, & je ne puis demeurer long-tems en aucun lieu en affurance ; ce qui m'oblige bien fouvent de faire en gémiffant la plainte que Caïn faifoit à Dieu : *Voici que quiconque me trouvera me tuera.*

Je n'ofe pas même prendre le foin de ma famille, étant vagabond & errant, tantôt dans un pays, tantôt dans un autre, fans avoir aucune demeure affurée ni arrêtée. Et quoique je poffède toutes les richeffes, je ne puis néanmoins m'en fervir que de bien peu. En quoi eft-ce donc que je fuis heureux, fi ce n'eft dans la fpéculation, dans laquelle j'avoue que j'ai une très-grande fatisfaction d'efprit ? Il y en a plufieurs qui n'ont pas la connoiffance de cet art, qui s'imaginent que s'ils en avoient la poffeffion, ils feroient bien des chofes. Je croyois bien autrefois de même ; mais les dangers que j'ai couru m'ayant rendu plus sage, j'ai choisi une méthode plus particuliere & plus secrette ; car quiconque est une fois échappé d'un péril où il a couru risque de sa vie, il en est plus sage par la suite. On dit en commun proverbe, que les femmes de ceux qui ne sont pas mariés, & les enfans des pucelles, sont bien vêtus & bien nourris.

J'ai trouvé le monde dans un état très-corrompu & perverti, & je n'ai vû presque personne, quelqu'apparence qu'il eût d'honnête homme, & quelque affectionné qu'il parût pour le bien public, qui n'agît pour un intérêt sordide & indigne d'un homme d'honneur. On ne peut rien faire tout seul, & sans se communiquer, surtout en ce qui regarde les œuvres de miséricorde, [& la compassion pour le prochain.] Et cependant si l'on le veut faire on se met en danger de sa vie, comme je l'ai expérimenté en des Pays étrangers, où ayant donné ma médecine à des moribons & à d'autres malades abandonnés, ou qui avoient des maladies fâcheuses & fort difficiles, & les ayant guéris, comme par miracle, on a commencé à dire que cela s'étoit fait par l'Elixir des Philosophes. De sorte que je me suis trouvé plusieurs fois bien en peine, & j'ai été contraint de changer d'habits, de me raser, de prendre la petruque, & ayant changé de nom de me sauver la nuit pour ne pas tomber entre les mains de très-méchantes gens, qui m'en vouloient sur le seul soupçon qu'ils avoient que je possédois ce secret, & par l'envie & l'avidité détestable d'avoir de l'Or.

Je pourrois raconter beaucoup de choses qui me sont arrivées sur ce sujet, qui paroîtroient incroyables & sembleroient ridicules à quelques-uns ; car il me semble que je leur entends dire : Si je sçavois ce secret, je me comporterois bien autrement ; mais ils doivent sçavoir que les personnes d'esprit ont bien de la peine à converser avec des gens stupides. Les spirituels d'autre côté sont adroits, subtils, pénétrans & clairvoyans comme des Argus. Il y en a même de curieux, & d'autres qui suivent les maximes de Machiavel, qui s'informent très-curieusement de la vie, des mœurs, & des actions des personnes ; & il est bien mal aisé de se pouvoir cacher à ceux-là, sur-tout si l'on a tant soit peu de familiarité avec eux.

Si je parlois à quelqu'un de ceux qui ont cette imagination, que s'ils avoient la Pierre Philosophale, ils feroient ceci ou cela, & que je leur dise : Vous connoissez particuliérement une personne qui la sçait faire ; tout aussi-tôt faisant reflexion là-dessus, il me répondroit : Cela ne peut être ; il se pourroit bien faire que je verrois une fois un Philosophe sans le connoître, mais si j'avois conversé familiérement avec lui, il est impossible que je ne m'en apperçuſſe. Toi donc qui as cette opinion de toi-même, penſes-tu que les autres n'ayent pas autant d'eſprit, & ne ſoient pas auſſi clair voyans que toi, pour te pouvoir découvrir? Car il faut néceſſairement converſer avec quelqu'un, autrement tu paſſerois pour un Cynique, comme un autre Diogene.

Tu ne peux pas ſans te faire mépriſer, avoir familiarité avec des gens de la lie du peuple. Que ſi tu fais amitié avec des perſonnes prudentes, il faut que tu ſois bien aviſé, & que tu prennes bien garde que les autres ne te puiſſent reconnoître auſſi facilement, que tu crois pouvoir découvrir un Philoſophe, & tirer ſon Secret de lui, pourvû ſeulement que tu euſſes ſa converſation. Encore aurois-tu bien de la peine à t'appercevoir qu'il eût ce ſoupçon de toi, ſans que tu en reçuſſes bien de l'incommodité; outre qu'il ſuffit pour te faire dreſſer des embûches, qu'on ait la moindre conjecture du monde de ton Secret. Les hommes ſont ſi méchants, que je ſçai qu'il y en a eu de pendus ſur ce ſimple ſoupçon, qui pourtant ne ſçavoient rien. Il ſuffiſoit que quelques gens déſeſpérés euſſent ſeulement oui parler de cette Science, & que ceux qu'ils en ſoupçonnoient euſſent la réputation de la ſçavoir.

Je ſerois trop long & trop ennuyeux ſi je voulois raconter tout ce que j'ai expérimenté, vû & oui dire sur cette affaire, & plus en ce tems ici, qu'en aucun autre des siécles passés. Et de vrai ne voit-on pas que l'Alchymie est un vrai prétexte dont tout le monde se sert; de sorte que si tu fais la moindre chose en secret, à peine pourras-tu faire trois pas, que tu ne sois trahi? La précaution que tu apporteras à te cacher, fera naître l'envie aux curieux de t'observer de plus près, ils feront courir le bruit que tu fais la fausse monnoye. Enfin que ne diront-ils point? Que si tu veux agir plus ouvertemet, les choses que tu feras seront surprenantes & extraordinaires, soit dans la Médecine, soit dans l'Alchymie; si tu as quelque gros lingot d'Or ou d'Argent que tu veuilles vendre, on s'étonnera de voir une si grande quantité d'Or fin, & d'Argent si pur, & on sera en peine d'où cela peut venir, d'autant qu'il ne vient point d'Or si fin d'aucun endroit; si ce n'est peut-être de la Barbarie, & de la Guinée, qu'on en apporte de fort fin, qui est en menus grains comme du sable. * Et celui que tu auras étant encore d'un plus haut Karat, & en lingot, cela donnera un grand sujet de murmurer.

Les Marchands ne sont pas si niais, quoi qu'ils disent comme les enfans qui jouent, nous avons les yeux fermez, venez nous ne voyons goutte : si tu es assez facile pour y aller, d'un seule clin d'œil ils en découvri-

* On pêche cet Or dans le Fleuve Niger.

ront plus qu'il ne faut pour te faire bien du mal & de la peine. Pour l'Argent fin, il n'en vient point d'aucun endroit qui le soit tant que celui que nous faisons par notre Art. On en apporte de fort bon d'Espagne, qui n'est pourtant gueres meilleur que l'Argent Sterling d'Angleterre, & si la monnoye en est bien plus mal faite, & on ne le peut transporter qu'en cachette, à cause qu'il est défendu par les Loix du pays. Si tu vas donc vendre une grande quantité d'Argent fin, tu te découvriras par-là, & si tu le veux allier, n'étant pas Orfévre ni Monnoyeur, tu mérites la mort par les Loix de Hollande & d'Angleterre, & de presque toutes les Nations, qui défendent sur peine de la vie à qui que ce soit, qui n'est pas Maître Orfévre ou Monnoyeur, de faire aucun alliage à l'O & à l'Argent, encore qu'il n'y en ait que le poids qu'il faut.

J'en puis bien parler avec certitude, parce qu'étant dans un pays étranger, déguisé en Marchand, & ayant voulu vendre un lingot d'argent très-pur d'environ 1200 marcs, (parce que je n'avois pas osé y mettre de l'alliage, à cause que chaque pays a son Titre particulier pour l'Argent, & son Karat pour l'Or, que les Orfévres & les Monnoyeurs connoissent tout aussi-tôt; de maniere que si vous pensiez dire que cet Argent ou cet Or vint ou d'ici ou delà, le connoissant par la touche, ils vous arrêteroient; ceux à qui

je

je le voulois vendre me dirent tout auſſi-tôt que c'étoit de l'argent fait par artifice; & quand je leur demandai à quoi ils le connoiſſoient? Ils ne me répondirent autre choſe, ſinon qu'ils n'étoient pas apprentis, & qu'ils connoiſſoient fort bien l'Argent qui venoit d'Angleterre, d'Eſpagne, d'ailleurs, & que celui-là n'étoit du Titre de pas un de ces pays là. Ce qu'ayant oüi, je m'évadai ſans dire mot, & je laiſſai-là la Marchandiſe & l'argent que j'en devois retirer, ſans que je l'aye jamais redemandé depuis.

Que ſi vous vouliez ſuppoſer qu'on eût apporté d'étrange pays un gros lingot d'Or, ou ſur-tout d'Argent, cela ne ſe peut pas faire ſans que l'on en ait oüi parler. Le Patron du Navire dira, je n'ai point apporté tant d'argent que cela, & on ne l'a point pû mettre dans mon Vaiſſeau, ſans que quelqu'un en ait eu connoiſſance. Ce que entendant les autres Marchands, qui vont en ces lieux-là pour trafiquer, ils s'en riront & diront; quoi, y a t'il apparence que cet homme ait pû acheter tous ces lingots d'or & d'argent, & les charger ſur un Navire, contre de ſi étroites défenſes, & contre la recherche ſi exacte qu'on en fait? Et ainſi cette affaire ſe divulguera non-ſeulement en ce pays-là, mais encore dans tous les pays circonvoiſins. De ſorte qu'étant devenu ſage à mes dépens, j'ai réſolu de me tenir caché, & de te communiquer la Science, à toi qui fais tant de

D

belles résolutions là-dessus, pour voir ce que tu feras pour le bien public, quand tu en auras la possession.

Je dis donc qu'ayant ci-devant fait voir que le Mercure étoit nécessaire pour l'Oeuvre, ayant même dit des particularitez du Mercure, que pas-un des Anciens n'avoit déclaré avant moi ; maintenant je dis tout de même, que le Souffre d'autre côté y est aussi fort nécessaire, parce que sans lui le Mercure ne recevra jamais de congelation, qui puisse être profitable à l'Oeuvre surnaturelle.

Ce Souffre dans notre Ouvrage fait la fonction de Mâle, & quiconque sans le Souffre entreprend de vouloir faire l'Art de la Transmutation, ne fera jamais rien. Car tous les Philosophes assûrent d'un commun accord, qu'il est impossible de faire aucune Teinture sans leur Laton ou Airain. Et leur Airain est l'Or vulgaire sans aucune ambiguité, ils l'appellent de la sorte, & il est la femelle. C'est ce qui a fait dire au fameux Sandivogius: *Que le Philosophe connoît notre Pierre jusques parmi les fumiers ; & l'ignorant ne peut pas comprendre ni croire qu'elle soit même dans l'Or.*

C'est donc dans l'Or, je veux dire dans l'Or des Philosophes, qui provient du Souffre Mercuriel des Sages ; & de l'Or vulgaire décuits & recuits ensemble en un seul corps exalté, qu'est cachée la Teinture de l'Or;

& quoique l'Or soit un corps parfaitement digeré, il se *reincrude* néanmoins dans notre seul Mercure, & c'est du Mercure qu'il reçoit la multiplication de sa semence, non pas tant en poids, comme en vertu. Et quoi qu'il semble que plusieurs Philosophes veuillent dire que cet Or ne soit pas Philosophique, la chose est pourtant véritablement, comme je la viens de dire : parce qu'ils disent que l'Or vulgaire est mort, que leur Or au contraire est vif ; mais on peut dire aussi que le grain du Froment est mort ; c'est-à-dire que l'action & l'activité de germer est supprimée & offusquée en lui. Et il demeureroit toujours de la sorte (sans germer ni produire) s'il étoit toujours gardé dans un lieu & dans un air sec. Mais si on le seme, & qu'on le jette en terre, ce grain reçoit tout aussi-tôt la vie fermentive ; il s'enfle, il mollit, & il germe.

Voilà proprement ce qui se fait dans notre Or ; il est mort, c'est-à-dire, que sa vertu vivifiante est scellée & cachée sous l'écorce corporelle, comme est celle du grain de Froment, quoique différemment. Car il y a grande différence entre un grain qui est végétable, & l'Or qui est un métal. Mais l'Or de même que le grain de Froment demeure toujours sans être changé, s'il est tenu dans un air sec, & il est détruit dans le feu, & ne peut être réduit (en sa semence) que dans notre Eau seulement ; & alors notre grain est vivant.

Tout ainsi que le Froment étant semé dans le champ, change de nom, & s'appelle la Semence du Laboureur, qui tandis qu'il étoit au grenier n'étoit que Froment, & étoit aussi propre à faire du pain ou quelqu'autre chose semblable, qu'à être Semence ; ainsi l'Or tandis qu'il est sous la forme d'une bague, ou d'un vase, ou d'une piéce de Monnoye, alors c'est l'Or vulgaire. Et consideré en cette premiere maniere, on l'appelle mort ; parce qu'il pourroit demeurer de la sorte sans être changé jusques à la fin du monde. Mais consideré en cette derniere, & seconde maniere, (c'est-à-dire en tant qu'il est joint avec le Mercure des Philosophes) on l'appelle Or vivant, parce qu'étant ainsi conjoint, il est en puissance (de recevoir la vie) laquelle puissance peut-être réduite en acte, en fort peu de jours. Et lors cet Or ne sera plus Or, mais ce sera le Cahos des Philosophes.

Les Philosophes ont donc raison de dire que l'Or Philosophique est différent de celui vulgaire, & toute cette différence ne consiste qu'en la composition (de l'Or avec leur Mercure.) Car de même que l'on dit qu'un homme est mort, à qui on a prononcé l'arrêt de mort, ainsi l'Or est appellé vif, lorsqu'il est mêlé par cette composition, & qu'il est mis à un feu fait de telle maniere, qu'en fort peu de tems il recevra nécessairement la vie germinative, & que même il fera paroître dans peu de jours par ses actions, qu'il commence d'avoir vie.

C'est pourquoi les mêmes Philosophes qui disent que leur Or est vif, te commandent, à toi qui recherches cet Art, de revifier le mort. Si tu sçais faire cela, & que tu ayes preparé l'Argent, (en sorte qu'il soit tout disposé & tout prêt;) & si tu mêles ton Or comme il faut, il ne tardera gueres à être fait vivant; & dans cette vification, ton Menstruë, qui est vif, mourra. C'est pour cela que les Philosophes commandent de vivifier le mort & de mortifier ou faire mourir le vivant. Et néanmoins premierement & tout d'abord, ils appellent leur Eau, Vivante: & ils disent que la mort de l'un des principes a la même durée & tout le même période que la vie de l'autre.

D'où il est évident que leur Or se prend mort, & que l'Eau se prend vivante; mais en composant & unissant ces deux choses ensemble, l'Or qui est mort se vivifie bientôt par la cuisson, & le Mercure qui est vif, meurt: c'est-à-dire que l'Esprit est coagulé, le Corps étant dissout; & ainsi ils pourrissent tous deux ensemble, & deviennent comme du fumier ou de la boüe, jusques à ce que tous les membres du composé soient séparés & détachés en atômes, (& en parties presque imperceptibles.) C'est-là la nature & l'essence de notre Magistere.

Le mystere que nous cachons avec tant de soin, c'est la préparation du Mercure, duquel il est ici véritablement dit : *Qu'il ne se peut trouver sur la terre tout prêt & préparé pour notre Ouvrage*, & ce pour des raisons toutes particulieres, qui sont connues aux Philosophes. Dans ce Mercure nous amalgamons très-bien de l'Or pur en limaille ou en lamines, & purifié jusques au souverain dégré de pureté, & ayant mis cet amalgame dans un vaisseau de verre bien bouché, nous le cuisons continuellement. L'Or par la vertu de notre Eau se dissout, & est résoût dans sa plus prochaine matiere, dans laquelle la vie de l'Or qui y est enfermée, est mise en liberté, & reçoit la vie du Mercure qui le dissout, & qui est la même chose à l'égard de l'Or, qu'est une bonne terre à l'égard du grain de Froment.

L'Or étant donc dissout dans ce Mercure il s'y pourrit, & il faut que nécessairement cela se fasse ainsi, par la nécessité de la Nature. C'est pourquoi après la pourriture de la mort, un nouveau Corps ressuscite, qui est de même essence que le premier, mais qui est d'une substance plus noble, laquelle reçoit les dégrés de vertu avec proportion, selon la différence qui se trouve entre les quatre qualités des Élémens. Voilà en quoi consiste tout notre Ouvrage ; c'est-là toute notre Philosophie.

J'ai donc eu raison de dire qu'il n'y a rien de caché dans notre Oeuvre que le seul Mercure, le Magistere [ou Maîtrise] duquel consiste à le bien préparer, & à le joindre & le marier ensuite, dans une juste & dûe proportion avec l'Or, & enfin à gouverner cette composition dans le feu selon l'exigence du Mercure. Parce que l'Or lui-même ne craint point le feu. Et partant tout le travail & tout l'ouvrage n'est qu'à si bien proportionner les dégrés de la chaleur, que le Mercure la puisse souffrir.

Or celui qui n'aura pas bien préparé son Mercure par la premiere opération, quoiqu'il mêle de l'Or avec lui, son Or ne sera que de l'Or vulgaire, parce qu'il sera joint avec un Agent qui n'a aucune vertu ni efficace, & dans lequel il demeure sans s'alterer ni se changer, non plus que s'il demeuroit dans le coffre. Et quelque regime & dégré de feu qu'on lui puisse donner, il ne se dissoudra point; mais il demeurera toujours dans sa masse, & dans sa nature corporelle, parce qu'il n'a point d'Agent vivant. Notre Mercure n'est pas de la sorte, il est une ame vivante & vivifiante; voilà pourquoi notre Or est Spermatique, de même que le Froment quand il est semé, est Semence qui néanmoins demeurant au grenier, ne serviroit que pour la provision, & demeureroit toujours Bled, & mort; encore qu'on l'enterrât dans une boëtte, comme font ceux des Indes Occidentales, qui pour conserver leurs provisions les mettent dans des fosses qu'ils couvrent, afin qu'il n'y entre point d'eau. Ce Froment, dis-je demeure mort, s'il ne rencontre une vapeur humide dans la terre, sans quoi il ne sçauroit produire de fruit, & il ne vegetera jamais.

Je sçai bien qu'il y en a plusieurs qui reprendront ce que j'enseigne ici, & qui s'étonneront de ce que j'assure que le sujet matériel (ou la matiere) de la Pierre est l'Or vulgaire & le Mercure coulant philosophique. Car diront-ils, nous sommes assurés du contraire. Mais venez-ça, Messieurs les Philosophes, consultez vos bourses, & puisque vous sçavez cela, je vous demande, avez-vous la Pierre des Philosophes ? Pour moi je déclare que je l'ai, non pas que je la tienne de personne que de Dieu seul, ni que je l'aie dérobé. Je l'ai, dis-je, je l'ai fait, & je l'ai tous les jours en ma possession.

Distillez & brouillez donc bien vos *Eaux de pluyes*, vos *Rosées de Mai*, vos *Sels*: dites hardiment tout ce qu'il vous plaira de votre Sperme plus puissant que le démon même, dites-moi bien des injures, croyez-vous que je me fâche pour toutes vos infâmes calomnies ? Oui je le dis encore, que le seul Or & le Mercure sont nos Matéreaux, & je n'écris rien que je ne sçache fort bien, & Dieu qui est le Scrutateur des cœurs, sçait que ce que je dis & ce que j'écris, est véritable.

Personne ne me doit accuser d'envie, parce que j'écris hardiment & sans crainte, que j'écris des choses extraordinaires, & qui
n'ont

OU L'AMATEUR DE LA VERITÉ. 49

n'ont jamais été écrites de la maniere que je les écris ; & cela je le fais pour rendre honneur à Dieu, pour l'avantage de mon prochain, pour le mépris du monde & des richesses. Car déja *Elie l'Artiste est né*, & on commence *à dire des choses glorieuses de la Cité de Dieu*. Je puis assurer avec vérité que je possede plus de richesses que ne vaut toute la Terre connue, mais je ne puis m'en servir, à cause des embûches des méchans.

J'ai conçû avec raison un dédain & une horreur pour l'Or & l'Argent, que tout le monde idolâtre si passionnément, avec quoi il met le prix à toutes choses, & qui sont les instrumens de ses pompes & de ses vanités. Ah crime infâme ! ah néant plus que néant ! croit-on que ce soit par envie & par jalousie que je cèle cette Science ? Non, non. Car je confesse hautement que je me plains du plus profond de mon cœur de me voir errant & vagabond sur la terre, comme si j'étois chassé de devant la face du Seigneur.

Mais sans tant faire de discours inutiles, je déclare ce que j'ai vû, ce que j'ai touché, ce que j'ai fait & travaillé de mes mains ; ce que j'ai, ce que je possede & ce que je sçais : je le déclare, dis-je, par la seule compassion que j'ai de ceux qui s'adonnent à cette Science, & par l'indignation que j'ai conçû contre l'Or, l'Argent & les pierreries ; non pas en tant que ce sont des créatures de Dieu. Non, car en cette maniere je les honore, & je crois qu'on

Tome. IV.   E

les doit honorer; mais le mal est que le peuple Israëlite, & tout le reste du monde les adorent également; qu'il soit donc par conséquent réduit en poudre comme fut le * Serpent d'Airain.

J'espere (& j'espere de vivre assez pour le voir) que dans peu d'années le bestial servira d'Argent & de monnoye comme autrefois, & que cet appui & ce soûtien de cette bête de l'Antechrist, [parce qu'elle est opposée, & contraire à l'esprit du Christianisme] tombera en ruine. Le Peuple est insensé, les Nations sont affolées, & ne reconnoissent point d'autre Dieu que cette masse de Métal pésant & inutile. Est-il possible que ces choses pûssent accompagner notre rédemption, que nous attendons depuis si long-tems, & qui doit bien-tôt arriver, quand *la Jerusalem nouvelle aura ses Places pavées d'Or, que ses Portes seront faites toutes entieres de Pierres précieuses d'une seule piece; & que l'Arbre de vie au milieu du Paradis donnera ses feuilles pour la santé des Nations.*

Je sçai, oui je sçai que cet Ecrit que je publie servira à plusieurs d'Or le plus fin, & que par ce même Ecrit, l'Or & l'Argent deviendront aussi méprisables que le fumier. Oui, croyez ce que je vous dis, vous jeunes Etudians, & apprentis de cette

---

* Ce fut le Veau d'Or que Moyse réduisit en poudre par le moyen de son Art secret.

Science; croyez-le, vous Vieillards & Philosophes, que le tems est proche & qu'il ne s'en faut gueres qu'il ne soit venu, (je n'écris pas ceci par une vaine imagination, mais je le prévois en esprit & par revélation) que nous qui sçavons & possédons cette Science, reviendrons des quatre coins de la Terre, & que nous rendrons des actions de graces & de louange au Seigneur notre Dieu. Mon cœur conçoit & dit en lui-même des choses qui n'ont point encore été entendues, mon esprit s'éleve & bat avec joie & allegresse dans ma poitrine, en l'honneur du Dieu de tout Israël.

J'annonce & je publie ces choses dans le monde comme un Avant-coureur & un Trompette, afin que je ne meure pas sans avoir rendu quelque service au monde. Mon Livre servira de précurseur à *Elie*, qui préparera la voie Royale au Seigneur. Et plût à Dieu que tout ce qu'il y a de gens d'esprit dans le monde sçussent cet Art. Alors l'Or, l'Argent, les Perles étant si communes & en si grande abondance par-tout, personne n'en feroit état, sinon en tant qu'elles contiendroient la Science. Ce feroit alors qu'enfin la vertu toute nue, étant aimable d'elle même, seroit en honneur.

J'en connois plusieurs qui possédent cet Art, & qui en ont une véritable connoissance, qui tous souhaitent fort qu'on le tienne fort secret. Mais pour moi je ne suis pas dans ce sentiment & j'en juge autrement par la confiance que j'ai en mon Dieu. C'est ce qui m'a obligé à écrire ce Livre, dont pas un de mes confreres les Philosophes n'a connoissance : parce que je suis comme si j'étois dans le tombeau ou mort au monde.

Dieu en qui j'ai mis une très-ferme confiance, a donné du repos & de la tranquillité à mon cœur, & je crois assurément que je rendrai service par ce moyen, & par l'usage que je fais du talent qui m'a été donné ; & à Dieu de qui je l'ai reçu, & à mon prochain, principalement à Israël ; je suis assuré que personne ne sçauroit faire si bien profiter son talent que je fais le mien. Car je prévois qu'il y aura pour le moins cent personnes qui seront éclairés par cet Ecrit.

Ainsi je n'ai point consulté ni la chair ni le sang, & je n'ai point recherché le consentement de mes confreres pour publier cet Ouvrage. Je prie Dieu qu'il lui plaise pour la gloire de son saint Nom, que je puisse arriver à la fin que je prétends. Alors du moins tous les Philosophes qui me connoissent se réjouiront de ce que j'aurai mis ce Livre en lumiere.

CHAPITRE XIV.

Des circonstances qui arrivent, & qui sont requises en général, pour faire l'Oeuvre.

J'Ai retranché de l'Art d'Alchimie toutes les erreurs du vulgaire, & ayant renversé tous les Sophismes, toutes les rêveries & les curiosités des imaginatifs, j'ai fait voir que l'Art se devoit faire de l'Or & du Mercure. J'ai montré que le Soleil étoit l'Or sans aucune métaphore, & j'ai déclaré que le Mercure étoit sans aucune ambiguité le Vif-argent, non pas le vulgaire.

J'ai dit que le premier, qui est l'Or, étoit parfait par la nature, que c'étoit celui qui se vendoit & qui s'achetoit ; & que le dernier, [c'est-à-dire le Mercure] devoit être fait par l'Artiste : j'en ai apporté des raisons si claires & si évidentes, qu'à moins que tu veuilles fermer les yeux, pour ne pas voir la lumiere du soleil, il est impossible que tu n'en sois persuadé. J'ai déclaré, & je déclare encore, que j'ai avancé ce que j'ai dit, non point sur la créance que j'aie aux Ecrits des autres. J'ai vû & je sçai ce que je déclare fidélement ; j'ai fait, j'ai vû, & j'ai en ma possession la Pierre qui est le grand Elixir, & je ne serois point fâché que tu en eusses la connoissance ; au contraire je souhaite que tu l'apprennes de ces Ecrits que je te donne.

Au reste j'ai déclaré que la préparation du véritable Mercure philosophique est difficile, & qu'elle l'est tant, que sans une particuliere grace de Dieu, personne ne peut en avoir une parfaite connoissance. Le principal nœud consiste à trouver les Colombes de Diane, lesquelles sont enveloppées dans les continuels embrassemens de Venus, & ne sont vues que du véritable Philosophe ; cette seule Science de la théorie parfait l'Oeuvre de la pratique, elle honore le Philosophe & lui découvre tous nos secrets ; c'est le nœud gordien, qu'aucun commençant ne pourra jamais dénouer sans le secours du doigt de Dieu ; il est si difficile à trouver qu'il faut une grace particuliere de Dieu à celui qui désirera en acquerir la parfaite connoissance.

Pour moi, j'ai dit tant de choses touchant sa composition & la maniere de le faire, que personne avant moi n'en avoit tant dit : & je ne sçaurois en dire davantage, si je ne voulois donner ce que j'ai reçu de Dieu, & encore l'ai-je fait, si ce n'est que je n'ai pas nommé les choses par leur propre nom. Il ne me reste plus qu'à en écrire l'usage & la pratique, par laquelle tu pourras aisément connoître la bonté ou le défaut du Mercure. Et par ce moyen tu le pourras corriger & l'amender pour le rendre propre à ton ouvrage. Quand tu auras donc le Mercure animé & l'Or, il n'y aura plus qu'à donner, tant au Mercure qu'à l'Or, une purgation accidentelle, puis à les marier ensemble, & en troisiéme lieu à leur donner un bon régime.

CHAPITRE XV.

De la purgation accidentelle du Mercure & de l'Or.

ON trouve dans les entrailles de la terre de l'Or parfait, & il s'en trouve par fois en petits morceaux & en grains comme du sable. Si tu en peux recouvrer de celui-là, tel qu'il se trouve, & sans être mélangé, il est assez pur : sinon il le faudra purger & purifier, en le passant par l'Antimoine, ou par la Coupelle, ou après l'avoir mis en grenaille, le faisant bouillir & dissoudre dans l'eau forte, ou régale ; après quoi il le faudra fondre par un feu de fusion, puis le mettre en limaille, & il sera prêt & bien préparé.

Notre Or fait par la nature, & que nous avons perfectionné, est un Or secret que j'ai trouvé & dont j'ai fait usage avec succès ; il est inconnu de cent mille Artistes, à moins d'une entiere connoissance du regne minéral : d'ailleurs il est dans un sujet présent à tout le monde ; mais comme il est mêlé avec beaucoup de superfluités, nous le mettons à beaucoup d'épreuves & de mélanges jufqu'à ce que toutes les *fœces* & faletés foient regetées & qu'il refte pur; cependant cela ne fe fait pas fans qu'il garde quelque héterogenéité; mais nous ne le faifons point fondre, parce qu'ainfi le feu feroit périr fon ame tendre, & il deviendroit mort auffi-bien que l'Or vulgaire : pourquoi il faut le laver dans une eau où il foit entierement confumé, fans que notre matiere jointe s'y confume : alors par cette lotion & confomption de l'Or, notre corps, ou compofé devient noir comme le bec d'un corbeau.

Mais le Mercure a befoin d'une purgation interne & effentielle, qui eft l'addition qu'on y doit faire du véritable Souffre par dégrez, felon le nombre des aigles, (qui y font requifes) & alors il eft purifié & nettoyé radicalement. Ce Souffre n'eft autre chofe que notre Or; fi vous fçavez le féparer fans violence, & exalter l'un & l'autre féparément, puis les rejoindre, vous aurez de leur union une conception qui vous donnera un fils plus noble qu'aucune fubftance fublunaire.

Diane fçait achever cette Oeuvre, fi elle fe trouve toujours enveloppée dans les embraffemens inviolables de Venus : priez le Tout-Puiffant qu'il vous revèle ce miftere que j'ai déja découvert & expliqué à la Lettre dans mes Chapitres précédens, où ce Secret a été entierement traité : il n'y a ici aucune parole, n'y aucun point superflu, & rien ne manque pour l'instruction & la pratique.

Mais outre cette purgation essentielle du Mercure, & qui est requise, il lui faut encore donner une purgation accidentelle de ses impuretés extérieures, & qui fasse passer & jetter du centre à la circonférence celles intérieures, pour les laver & purger, par l'opération de notre vrai Souffre intrinseque.

Ce n'est pas que ce travail soit absolument nécessaire ; néanmoins parce qu'il est cause que l'Oeuvre en est plutôt faite, il est bon de le faire.

Prens donc de ton Mercure que tu auras préparé par le nombre des aigles qui lui est nécessaire, & sublime-le trois fois avec le sel commun & les *Scories de Mars*, les broyant ensemble avec du Vinaigre & un peu de sel Ammoniac, jusques à ce qu'il ne paroisse plus de Mercure, puis desseche-le & le distille par une cornue de verre, augmentant le feu par dégrez, jusqu'à ce que tout le Mercure soit monté. *Reitère* quatre fois cette opération : ensuite fais bouillir le Mercure avec de l'esprit de Vinaigre une heure durant dans une cucurbite, ou dans quelque autre vaisseau de verre qui ait le fond large & le col étroit, & ait soin de le remuer fortement de fois à autre. Alors verse le Vinaigre par *inclination*; & pour ôter toute l'acrimonie qu'il pourroit avoir laissé au Mercure, lave-le avec de l'eau de fontaine, que tu verseras à diverses fois. Après quoi fais dessecher le Mercure, & il sera si clair & si resplendissant, que tu en seras surpris.

Tu pourras bien, si tu veux, pour t'épargner la peine de ses sublimations qui ne sont pas naturelles, laver ton Mercure avec de l'urine ou avec du vinaigre & du sel, incontinent après que tu l'auras préparé avec le nombre des aigles qui lui est convenable, & le distiller ensuite au moins quatre fois, sans lui rien ajouter, en lavant à chaque distillation la cornue, qui doit être d'acier, avec de la cendre & de l'eau. Enfin il le faudra faire bouillir dans du vinaigre distillé durant une demi-journée (c'est-à-dire douze heures) le remuant fortement de fois à autre, puis tu verseras le vinaigre qui sera noirâtre, & en remettras d'autre, & à la fin lave-le avec de l'eau chaude. Tu peux en redistillant l'esprit de vinaigre, le dépouiller de cette noirceur, & il sera aussi bon qu'à la premiere fois.

Tout cela n'est que pour ôter au Mercure l'ordure & la crasse extérieure, qui n'est pas adhérante au dedans & au centre, & qui toutefois s'attache opiniâtrement sur la superficie & voici comme tu le reconnoîtras. Fais l'amalgame de ton Mercure avec de l'Or très pur sur du papier bien blanc & bien net. Tu verras que l'amalgame aura taché le papier d'une noirceur brune & obscure. On lui ôte ses *fœces* & ordures en le distillant, le faisant bouillir, & le remuant comme il a été dit; & cette préparation aide beaucoup à l'ouvrage, parce qu'elle est cause qu'il se fait plutôt; cependant il ne faut pas prendre à la lettre ce que j'ai dit ici du Mercure à préparer.

CHAPITRE XVI.

De l'Amalgame du Mercure & de l'Or, & du poids requis de l'un & de l'autre.

Quand tu auras ainsi bien préparé tes matieres, tu prendras de l'Or bien purifié qui soit en lamines, ou en limaille fort menue, une partie: de mercure, deux parties; mets-les dans un mortier de marbre qui soit échauffé dans l'eau bouillante, de laquelle étant retiré il se desseche tout aussitôt & retient fort long-tems sa chaleur: broye-les ensemble avec un pilon d'yvoire, de verre, de pierre, ou de fer (qui n'est pas si bon) ou de buis; il vaut pourtant mieux de verre ou de pierre; celui dont je me sers est de corail blanc.

Broye les, dis-je fortement, jusqu'à ce qu'ils deviennent impalpables, & broye-les aussi exactement que les Peintres ont accoutumé de broyer leurs couleurs. Après cela considére-en la consistance, qui sera bonne si ton amalgame est maniable & ployable comme du beurre qui n'est pas trop chaud, ni aussi trop froid ; mais qu'il soit de telle maniere qu'en le penchant le Mercure ne s'en détache, ni ne coule point, comme fait l'eau dans le ventre des hydropiques quand ils se retournent d'un côté sur l'autre ; la consistance, dis-je, en sera bonne de cette façon, sinon il faudra y ajouter de l'eau (c'est-à-dire du Mercure) autant qu'il sera nécessaire pour lui donner cette consistance.

La régle du mêlange & de l'amalgame est qu'il faut qu'il soit d'abord bien ployable & bien mol & souple, & que néanmoins on en puisse former comme de petites pelottes ou boulettes, comme l'on en fait de beurre, qui quoiqu'il céde & obéisse lorsqu'on ne fait seulement que le toucher du bout du doigt : néanmoins les femmes qui le lavent en forment aisément de petites pelottes. Suis l'exemple que je te propose, parce que je ne t'en sçaurois donner de plus exacte, ni qui soit plus semblable ; car comme en penchant le beurre il n'en sort rien du côté qu'on l'incline qui soit plus liquide qu'est toute la masse, de même en doit-il être de notre mêlange.

Pour ce qui est de la nature & composition interne du Mercure, voici la proportion qu'il faut garder : il faut qu'il y ait le double ou le triple de Mercure à l'égard du corps, ou qu'il y ait trois parties de corps contre quatre parties d'esprit; ou deux parties de corps contre trois d'esprit. Et selon la différence de la proportion du Mercure l'amalgame sera ou plus mol ou plus dur; mais souviens-toi toujours qu'il faut qu'on en puisse former des boulettes, & que ces boulettes ou pelotes étant posées séparément elles se soutiennent & ayent une telle consistance, que le mercure n'apparoisse pas plus vif & plus coulant dans le fonds que dans le haut; car tu dois remarquer que si on laisse reposer l'amalgame, il s'endurcit de lui-même; c'est donc lorsqu'on le mêle & qu'on le broye, qu'il faut juger de sa consistance.

Lorsque l'on verra qu'il sera ployable comme du beurre, & qu'on en pourra faire des pelottes, qui étant posées sur du papier bien net s'affermiront d'elles-mêmes en les laissant reposer; de sorte que le bas & le fond de ces pelottes ne soit pas plus liquide que le haut: on peut dire alors que la proportion a été bien observée, & qu'ainsi l'amalgame est d'une bonne consistance.

Cela étant fait, prends de l'esprit de vinaigre, (c'est-à-dire du vinaigre distillé,) & dissous dans cet esprit la troisiéme partie de sel ammoniac, lors mets dans cette liqueur ton Or & ton Mercure que tu auras auparavant amalgamé (de la façon que nous avons dit.) Puis mets le tout dans un vaisseau de verre qui ait le col long, & les fais bouillir un quart-d'heure à gros bouillons ; ensuite retire cette composition du vaisseau, & en sépare la liqueur fais chauffer un mortier & les broye fortement & soigneusement, comme tu as déja fait ; puis ôtes-en la noirceur en lavant avec de l'eau chaude.

Remets ton amalgame dans cette même liqueur dont tu l'as ôté, & dans le même vaisseau fais-le bouillir derechef, puis broye-le exactement & le lave une seconde fois ; réitere cette opération jusqu'à ce que l'amalgame ne laisse plus aucune tache ni noirceur, quelque chose que tu y puisses faire ; il sera alors clair & luisant comme de l'argent très-fin & bien poli, & d'une blancheur qui t'étonnera. Prens bien garde derechef à sa consistance, & que l'amalgame soit exactement fait selon les régles que je t'ai prescrit ; que s'il ne l'étoit pas, il faut que tu en fasses la proportion juste, & que tu procédes ensuite comme il a été dit. Cette opération est pénible, mais tu seras bien récompensé de ta peine, par les marques & les signes qui apparoîtront dans l'Oeuvre.

Enfin fais bouillir ton amalgame dans de l'eau toute pure, la versant ensuite par inclination, & réitére cette *ebullition* jusqu'à ce qu'il n'y ait plus de salure ni d'acrimonie dans l'eau ; alors verse-là & fais sécher ton amalgame, qui sera bientôt sec.

Mais afin que tu sois bien assuré de ton

procedé, (parce que s'il y avoit trop d'humidité cela gâteroit ton ouvrage, & casseroit ton vaisseau, quelque grand qu'il fût, à cause des vapeurs qui s'en éléveront,) mets ton amalgame sur du papier bien blanc, & le remue d'un lieu à l'autre avec la pointe d'un couteau jusqu'à ce qu'il soit bien sec, & puis tu procéderas comme je te le vas dire.

CHAPITRE XVII.
De la proportion du Vaisseau, de sa forme, de sa matiere, & comment on le doit boucher.

TU auras un vaisseau de verre fait en ovale, ou qui soit rond & assez grand pour contenir deux onces d'eau distilée dans toute la capacité de son rond (ou de sa panse) & pas moins, s'il se peut; mais prens-le le plus approchant que tu pourras de cette grandeur. Il faut qu'il ait le col aussi long comme est la main, qu'il soit d'un verre clair & épais; car il sera meilleur plus il aura d'épaisseur, pourvû qu'on puisse remarquer toutes les opérations qui se feront au dedans; il ne faut pas qu'il soit plus épais dans un endroit que dans l'autre

Tu mettras dans ce vaisseau une demi-once d'Or avec deux onces de Mercure, & si tu mets le triple de Mercure (c'est-à-dire une once & demie) toute la composition n'ira toujours qu'à deux onces ; c'est là l'exacte proportion qu'il faut garder. Au reste, je t'avertis que si ton vaisseau n'est épais, il ne pourra pas durer ni résister au feu, parce que les vents qui se formeront de notre embrion le feront casser. Il le faut scéler par haut, avec cette précaution qu'il n'y ait ni fente ni aucun trou, autrement ton ouvrage seroit perdu.

Par là tu pourras juger que toute l'Oeuvre dans ses principes matériels ne coûte pas plus de trois écus d'or ; & même à l'égard de la composition de l'eau on en peut faire une livre qui ne reviendra guéres davantage qu'à deux écus ; il est vrai qu'outre cela il faut quelques instrumens, mais ils ne coûtent pas beaucoup. Et qui auroit un vaisseau à distiller comme j'en ai un, n'auroit que faire d'en acheter de verre, qui est une matiere fragile & sujette à se casser.

Il y en a pourtant qui s'imaginent que toute la dépense qu'il faut pour faire l'Oeuvre ne va pas à plus d'un ducat ; mais je puis dire à ces gens là, que par là ils font bien voir qu'ils n'ont jamais fait notre Oeuvre : car il y a d'autres choses qui coûtent, & qui sont pourtant nécessaires pour la faire ; mais ils me répliqueront que les Philosophes assurent que

Tout ce qui coûte bien cher
Dans notre Oeuvre est mensonge.

Je leur réponds en leur demandant, & qu'est-ce que notre Oeuvre ? C'est, diront-ils, de faire la pierre. Il est vrai que c'est notre derniere Oeuvre ; mais pour la faire, il faut auparavant trouver une humidité ou liqueur, dans laquelle l'Or se fonde comme la glace dans l'eau tiéde : pouvoir trouver cela, c'est notre Oeuvre.

Il y en a plusieurs qui se tourmentent à trouver le mercure de l'Or, d'autres le mercure de l'Argent, mais c'est toute peine perdue ; car dans cette premiere Oeuvre, (qui est de trouver cette liqueur,) tout ce qui coûte beaucoup est mensonger & trompeur. Je proteste avec verité que pour un Florin on peut avoir & acheter autant de matiere, qui est le principe de cette eau, qu'il en faut pour animer deux livres entiéres de mercure, afin d'en faire le véritable Mercure des Philosophes, que l'on se donne tant de peine à chercher ; c'est de cette eau & de cet Or que nous opérons la confection solaire & aurifique, qui étant Or parfait, vaut plus pour l'Artiste que s'il l'achetoit au prix de l'Or le plus pur ; car notre Or résiste à toute épreuve, & c'est le meilleur & le plus excellent pour notre Oeuvre, puisqu'alors il est vivant, animant, spiritualisant, générarif, prolifique & multiplicatif.

Cependant il y a quelque dépense à faire pour avoir des vaisseaux de verre & de terre, du charbon, un fourneau, & quelques vaisseaux & instrumens de fer (dont on ne sçauroit se passer.) Que ces Sophistes cessent donc leurs caquets & leurs mensonges impudens, avec quoi ils en séduisent tant. Sans le corps parfait, qui est notre Airain, c'est-à-dire l'Or, on ne sçauroit avoir de teinture; & notre pierre est d'un côté vile, crue, volatile & n'est pas mûre; & d'autre côté elle est parfaite, prétieuse & fixe; & ces deux espéces, ce sont le corps ou l'Or; & l'esprit, c'est-à-dire l'Argent vif philosophique.

CHAPITRE XVIII.

Du Fourneau, ou de l'Athanor des Philosophes.

J'Ai assez parlé du Mercure, de sa préparation, de sa proportion & de sa vertu. J'ai aussi assez discouru du Soufre, de sa nécessité & de son usage en notre Oeuvre. J'ai averti comme il les falloit préparer; j'ai montré comme il les falloit mêler; & j'ai déclaré beaucoup de choses touchant le vaisseau dans lequel on les doit mettre & sceller. Mais je donne avis que tout ce que j'ai dit se doit entendre avec un grain de sel, (& avec prudence & discrétion,) de peur que si l'on prétendoit prendre les choses à la lettre, & procéder mot à mot, comme je l'ai dit, on ne fît souvent des fautes.

J'avoue que c'est ainsi que j'ai tellement entremêlé les subtilités de la Philosophie avec une ingénuité toute extraordinaire, que si l'on ne s'avise d'expliquer & d'entendre métaphoriquement plusieurs choses que j'ai dit dans les Chapitres précédens; on n'en recueillera point d'autre fruit que de la perte & de la dépense inutile. Pour exemple, lorsque j'ai dit que sans aucune ambiguité l'un des principes ou des matiéres étoit le Mercure, & l'autre que c'étoit l'Or; que l'un se vendoit, & que l'autre se devoit faire par art; tu dois sçavoir que notre Mercure donne de l'Or de lui-même, & si tu ne sçais pas que c'est le sujet de nos Secrets, tu n'as qu'à le vendre pour l'Or vulgaire, étant véritable Or à toutes sortes d'épreuves; ainsi il est *vénal*, c'est-àdire, qu'on le peut vendre à qui que ce soit sans aucun scrupule. Et partant notre Or se peut vendre publiquement s'il est réduit en metal par la voie & l'effet de sa projection sur les métaux imparfaits, mais on ne le trouve pas communément à acheter, à tel prix d'argent que ce soit, quand bien même on en offriroit une Couronne ou un Royaume; car c'est un don de Dieu. Notre Or perfectionné n'est pas le vulgaire, & ne se peut trouver que par notre art; tu pourrois aussi cependant par notre même art le chercher & trouver dans l'Or & l'Argent vulgaire. Si tu les veux opérer méthodiquement avec notre eau, son principe; pourquoi notre Or est la matiere prochaine de notre pierre, comme l'Or & l'Argent & les autres métaux en sont la matiere éloignée, les autres choses non métalliques n'en sont que la matiere très-éloignée, ou plutôt étrangere.

Moi-même je l'y ai cherché, & je l'ai trouvé dans l'or & l'argent ordinaire; mais la pierre est plus aisé à faire par l'extraction de notre matiere & de l'Or joint que par l'extraction de notre sujet véritable de tout métal vulgaire, parce que notre Or est le cahos, l'ame duquel n'a point été chassée par le feu. Et l'Or du vulgaire est celui de qui l'ame pour se mettre en sureté contre la tyrannie de Vulcain, s'est retirée dans une forteresse fermée. C'est ce qui a fait dire aux Philosophes que le feu est la cause de la mort artificielle des métaux; de sorte que dès qu'ils ont été mis en fusion ils sont privés de la vie. Si tu as l'esprit de t'appliquer à connoître ce que je te marque, alors il ne t'est pas besoin d'autre clef, que de l'Or vulgaire qui est ton corps imparfait, & du dragon igné, qui est notre eau acuée à laquelle cet Or se doit marier, pour se spiritualiser & astraliser. Mais si tu cherches notre Or, cherche-le dans une chose qui est *mitoyenne*, & qui tient le milieu entre le parfait & l'imparfait, & tu le trouveras; sinon ôte les barriéres, (& ouvre les serrures), de l'Or vulgaire, ce qui s'appelle la premiere préparation, par laquelle on délie le charme & l'enchantement de son corps, sans quoi il ne peut faire le devoir ni la fonction de mari, ce qui est dit travail d'Hercule.

Si tu prends la premiere voie, tu dois y procéder par un feu fort doux & tempéré, depuis le commencement jusqu'à la fin; mais si tu veux suivre la seconde, tu es obligé d'implorer l'assistance de Vulcain brûlant; je veux dire que tu dois te servir d'un feu qui soit violent & au même degré que doit être celui dont nous nous servons pour faire la multiplication, lorsque l'on employe le corps de l'Or & celui de l'Argent vulgaires pour servir de ferment, afin de donner la derniere perfection à l'Elixir. Tu trouveras ici un labyrinte d'où tu ne sortiras pas aisément, si tu ne sçais le moyen de t'en dégager.

Toutefois, laquelle des deux voies que tu veuilles suivre, & lequel des deux procédés que tu veuilles faire en opérant, soit dans l'Or vulgaire, soit dans notre Or philosophique, tu as besoin d'une chaleur égale & continuelle, & sçaches que dans l'un & l'autre travail, quoique le mercure soit radicalement unique, il diffère néanmoins en sa préparation, tu dois être assuré de deux choses; la premiere, que notre Or achevera & parfera ton Oeuvre deux ou trois mois plutôt que notre matiere premiere extraite de l'Or ou de l'Argent vulgaires; l'autre, que la vertu de l'Elixir qui se fera avec notre Or sera dans son premier dégré de perfection d'une plus grande vertu, que l'autre le seroit à la troisiéme circulation. Outre cela si tu fais l'Oeuvre avec notre Or, il faudra que tu lui donnes à manger, que tu lui donnes à boire, que tu le fermentes, &c. (& c'est ce qu'on appelle cibation, imbibition, fermentation,) & par ce moyen sa vertu se multipliera à l'infini; mais si tu fais l'Oeuvre avec l'Or vulgaire, il te faudra l'illuminer & l'inférer comme il est enseigné bien au long dans le grand Rosaire.

D'ailleurs, si tu travailles avec notre Or, tu pourras calciner, putrifier & blanchir par le moyen & par l'aide du feu intérieur de nature, qui est doux & benin, en lui administrant au dehors une chaleur de bain imitant celle de fumier, ou vaporeuse. Que si tu travailles avec le vulgaire, tu dois disposer tes matieres par la sublimation & l'ébullition, afin qu'après cela tu puisses les unir, (& les conjoindre) avec le lait de la Vierge.

Mais lequel des deux procédés que tu choisisses, & que tu veuilles faire, tu ne peux rien faire pour tout sans le feu. C'est pourquoi ce n'est pas sans sujet que le *véridique* Hermés établit pour tiers & gouverneur de l'ouvrage le feu qui est le plus approchant du Soleil & de la Lune, l'un pere de l'Or, l'autre mere de l'Argent. Mais je t'avertis que par ce feu là il ne faut entendre autre chose que notre fourneau, qui est véritablement une chose secrette, & que jamais l'œil corporel n'a vû.

Il y a néanmoins un autre fourneau, que nous appellons le fourneau commun & ordinaire, qui peut être fait ou de briques ou de terre à Potier, ou de *lamines* de fer, ou d'airain, qui seront bien jointes & enduites par-dessus avec du lut. Nous appellons ce fourneau là *athanor*; je n'en trouve point de meilleur que celui qui est fait avec une tour & un nid.

Pour le bien faire il faut faire une Tour qui ait environ deux pieds de haut, & neuf doigts de large, ou un empan ordinaire, l'épaisseur des murs de tous côtés doit être de deux doigts, de façon que l'élévation aille de bas en haut, toujours en diminuant, se terminer à sept ou huit doigts d'ouverture de diamétre à la superficie. Au-dessus du sol ou plancher il faut faire une porte ou ouverture, afin d'en pouvoir ôter les cendres, qui ait trois ou quatre pouces en quarré, avec une pierre qu'on y ajustera. *Immédiatement* au-dessus de cette porte on posera la grille, & un peu au-dessus de la grille il faudra faire deux trous qui ayent environ un doigt de tout sens, par lesquels la chaleur puisse entrer & se communiquer à l'*athanor* qui sera tout joignant, & qui y tiendra ; la capacité ne doit pas être plus grande que pour contenir trois ou quatre œufs de verre. Au reste, il faut que cette Tour & ce nid n'ait pas la moindre petite fente ni crevasse, & que la couverture du nid ne descende point en dehors des bords de son bassin, mais que la pointe de la langue de feu puisse frapper immédiatement le cul du nid, & sortir par deux, trois ou quatre trous; ce nid aura à son couvercle une fenêtre ou visiere à chacun des deux côtés d'opposite, & ce sera dans ce nid qu'on placera droit & à demeure le vaisseau de verre philosophique de près d'un pied de haut.; il faut qu'il y ait un vuide entre la grille & le cul du bassin.

Tout étant ainsi disposé, le fourneau sera mis stablement dans un lieu clair; l'on mettra les charbons par le haut de la Tour, & d'abord il en faudra mettre qui soient allumés & tout rouges; puis on en mettra d'autres sans être allumés, & ensuite il faudra fermer bien exactement l'ouverture d'en haut, en la couvrant de son dôme adapté. Ayant un fourneau fait de cette manière, tu pourras accomplir l'Oeuvre selon ton intention.

Que si tu es curieux, tu pourras fort aisément trouver d'autres maniéres de faire le feu, tel qu'il est nécessaire, sans charbons; il doit être humide, digérant, doux, subtil, renfermé, aërien, circulant, environnant, altérant & non brûlant, linéaire, égal & continuel. Tu dois donc faire ton athanor de de telle façon, qu'après y avoir mis ta matiere tu puisses sans bouger ton vaisseau, y faire tel *degré* de feu qu'il te plaira, & selon que tu en auras besoin, depuis une *chaleur* semblable à celle de la *fièvre*, jusqu'au feu du petit *reverbere*, ou d'un rouge obscur; qu'il puisse durer de lui-même, & sans qu'il y faille toucher dans sa plus forte chaleur pour le moins huit ou dix heures, c'est-à-dire sans qu'il soit nécessaire d'y admettre d'autre & nouveau feu; car s'il duroit moins, ce seroit un travail bien fatiguant à faire : pour lors la porte de l'Oeuvre t'est ouverte.

Mais quand tu auras fait la pierre, tu pourras pour ta commodité faire un petit fourneau portatif, tel que j'en ai fait un moi-même, parce que les autres opérations ne seront point difficiles ni si laborieuses; car elles sont plus courtes, & par ces raisons elles n'exigent point un si grand fourneau, qui seroit bien plus difficile à transporter; alors il faut & moins de tems, & un feu naturel bien plus doux, pour multiplier la pierre, ce qui est l'ouvrage peut-être d'une semaine, ou tout au plus de deux ou trois.

CHAPITRE XIX.
Du progrès de l'Oeuvre durant les premiers quarante jours.

Quand tu auras préparé notre Mercure par la cuisson, & notre Or par la purgation, enferme-les dans notre vaiſſeau, & gouverne-les par notre feu; dans quarante jours tu verras que toute la matiere ſera changée en un *ombre*, c'eſt-à-dire en atomes (noirs) ſans que l'on puiſſe remarquer qui fait cette action, ni que l'on puiſſe appercevoir aucun mouvement ſenſible, ni que l'on ſente aucune chaleur en touchant le vaiſſeau, ſi ce n'eſt qu'on s'apperçoit ſeulement que la matiere s'échauffe.

Mais ſi tu ne ſçais pas encore le myſtère de notre Or & de notre mercure, ne travaille pas davantage, car il ne t'en reſteroit qu'une dépenſe inutile. Que ſi tu ne connois pas encore parfaitement le ſecret de notre Or dans toute ſon étendue, que tu ayes néanmoins une parfaite connoiſſance de notre mercure, & comment l'Or dans ſa préparation doit être uni au corps parfait, ce qui eſt un grand myſtère, en ce cas là prens une partie de l'Or vulgaire qui ſoit bien purifié, & trois parties de notre mercure illuminé & préparé par la premiere opération ; joins & amalgames ces deux matiéres enſemble, comme je t'ai enſeigné ci-devant, & mets-les au feu avec un tel dégré de chaleur qu'elles puiſſent bouillir, qu'elles ſuent, que leur ſueur ſe *circule* ſans intermiſſion, & que cette opération ſe faſſe jour & nuit par l'eſpace de quatre-vingt dix jours, & autant de nuits ; tu verras que ce mercure aura ſéparé tous les élémens de l'Or vulgaire, & que de rechef il les aura conjoint & réuni.

Fais encore bouillir cette matiere par cinquante autres jours, & tu verras alors que notre mercure aura converti l'Or vulgaire en notre or philosophique, qui est une médecine du premier ordre.

C'est donc là alors notre souffre, mais il ne sera pas encore *tingent*; & je t'assûre que plusieurs Philosophes ont suivi cette voie dans leur ouvrage, & ils ont trouvé la vérité; mais c'est une voie bien ennuyeuse, & qui est bonne pour les grands Seigneurs. Car quoiqu'on aye trouvé & fait ce souffre, il ne se faut pas imaginer pour cela que l'on aye la pierre, l'on ne possède seulement alors que la vraie matiere de la pierre, qui en cet état est une chose imparfaite; avec laquelle cependant en moins d'une semaine tu peux chercher & trouver cette pierre par une voie facile & rare qui nous est propre, & que Dieu a réservé pour les pauvres qui sont méprisés des hommes, & pour ses Saints qui sont rejettés de la société du monde.

Je veux maintenant en parler bien au long, quoiqu'en commençant ce Livre j'eusse résolu de n'en pas dire un seul mot; c'est un des plus grands *Sophismes* que fassent tous les Adeptes. Les uns parlent de l'Or & de l'Argent vulgaires, & ils disent vrai. Les autres disent que ce n'est rien moins que cela, & ils disent vrai tout de même. Pour moi étant ému de charité, je m'en vais tendre la main aux Amateurs de la Science ; j'appelle ici tous les Adeptes, & je soutiens qu'ils ont tous été envieux ; je le voulois être aussi-bien qu'eux, mais Dieu m'a changé & détourné contre la résolution que j'avois prise ; qu'il en soit éternellement béni & sanctifié.

Je dis donc que ces deux voyes sont vraies, parce qu'elles sont une suite l'une de l'autre, & une seule voie pour la fin de l'Oeuvre, quoiqu'elles n'ayent point le même commencement ; car tout notre secret consiste (& est) dans notre mercure & dans notre Or. Notre mercure est notre voie, & sans lui l'on ne fera rien. Notre Or de même n'est pas l'Or du vulgaire, & néanmoins il est dans l'Or du vulgaire ; car autrement, comment les métaux seront-ils homogénes & de même nature ?

Si donc tu sçais la méthode d'illuminer notre mercure selon l'art requis, tu pourras au lieu de notre Or joindre notre mercure avec l'Or vulgaire, (quoi qu'à dire vrai, la préparation de notre mercure doive être différente à l'égard des deux Or,) par un régime tel qu'il doit être, ils te donneront notre Or dans cent cinquante jours, parce que notre Or provient naturellement de notre mercure.

Si l'Or du vulgaire est résous & divisé en ses élémens, & puis remis & réuni en sa nature par notre mercure ; cette composition se convertira toute en notre Or par le moyen du feu. Et si cet Or est joint ensuite avec notre mercure préparé, que nous appellons notre lait virginal, il donnera assurément toutes les marques & tous les signes qui ont été décrits par les Philosophes, pourvû que l'on lui donne le feu tel qu'ils l'ont dit.

Mais si tu prétends a présent mettre notre même mercure sur notre décoction de l'Or vulgaire, quelque pur qu'il soit, & qui selon notre usage doit être mis sur notre Or philosofique; quoiqu'à généralement parler, ces deux Or fluent de la même source, & que tu y administres le même régime de chaleur que les Sages en leur Livre ont appliqué à notre pierre; par ce procédé tu es assurément dans la voie de l'erreur. Et c'est là le grand labyrinthe ou presque tous ceux qui commencent à travailler sont arrêtés tout court, parce que les Philosophes parlent dans leurs Livres de l'une & de l'autre de ces deux voies & manieres, qui ne sont pourtant en effet & fondamentalement qu'une seule maniere & une seule voie, si ce n'est qu'il y en a une qui est plus droite & plus courte que l'autre.

Ceux donc qui parlent de l'Or vulgaire (comme je fais dans ce petit Traité, & comme ont fait aussi Artephius, Flamel, Riplée & beaucoup d'autres dans leurs Ecrits) ne veulent dire autre chose, si ce n'est que l'Or philosophique est fait de l'Or vulgaire & de notre mercure; & que cet Or étant ensuite, & par réitération dissous & liquéfié, donnera le souffre & l'argent vif fixe, incombustible & tingent à toute sorte d'épreuve.

Semblablement, & en ce sens, notre pierre est en chaque métal & minéral, parce que l'on peut, par exemple, tirer de chacun d'eux l'Or vulgaire, duquel ensuite on peut avoir notre Or très-prochain ; je veux dire que notre Or est dans tous les métaux vulgaires, mais qu'il est plus près & plus proche dans l'Or & dans l'Argent affinés.

C'est ce qui a fait dire à Flamel que plusieurs ont travaillé sur Jupiter ou l'Etain, d'autres sur Saturne ou le Plomb, *mais moi, dit-il, j'ai travaillé dans l'Or, & j'ai trouvé l'Or philosophique.*

Il y a pourtant une chose unique dans le régne métallique d'une admirable origine, dans laquelle notre Or est plus proche que dans l'Or & l'Argent vulgaires ; si tu le cherches à l'heure de sa naissance, c'est un souffre solaire qui se liquifie, se résout & se fond dans notre mercure son humide radical, comme fait la glace dans l'eau chaude ; & cependant ce souffre liquide est en quelque façon semblable à l'Or. Tu ne trouveras pas cela immédiatement dans la manifestation de l'Or vulgaire, mais par la révélation du secret qui est en notre mercure ; cette même chose étant digérée se peut trouver dans notre mercure par l'espace de cent cinquante jours en la premiere opération. C'est là notre Or solaire, qu'on acquiert par une plus longue voie ; cependant il ne sera pas encore aussi puissant que celui que la Nature nous a laissé entre les mains.

Mais en le circulant, & tournant la roüe pour la troisiéme fois, tu trouveras le même dans tous les deux ; avec cette différence toutes fois, que tu le trouveras dans le premier en sept mois ; & qu'il te faudra un an & demi, ou peut-être deux ans, pour le trouver dans le dernier par la seconde opération. Je sçai l'une & l'autre de ces deux voies, j'approuve néanmoins davantage celle qui est la plus aisée, & je la recommande aux gens d'esprit ; mais je n'ai décrit que la plus difficile, de peur d'attirer sur moi l'anathéme & la malédiction de tous les Philosophes ; cependant ces deux opérations se suivent & sont nécessaires, ainsi que la troisiéme.

Sçaches donc que l'on ne trouve que cette seule difficulté en lisant les Livres des Philosophes les plus sincéres, qui est que tout tant qu'ils sont, donnent le change dans le seul régime : & que lorsqu'ils parlent d'un ouvrage, ils mettent le régime & la pratique de l'autre. J'ai été long-tems embarrassé dans ces filets, (& dans ces difficultés) avant que d'avoir pu m'en délivrer. C'est pourquoi je déclare que la très-bénigne chaleur de nature est celle convenable dans notre œuvre, si tu sçais bien comprendre notre ouvrage.

Mais si tu travailles dans l'Or vulgaire, cet ouvrage n'est pas proprement le nôtre, il te conduira pourtant tout droit à notre œuvre, en son tems déterminé. Or tu as besoin d'une coction ou cuisson forte dans celui-là, & d'un feu qui soit proportionné. Puis tu procéderas par un feu très-doux, que tu feras dans notre *athanor* avec sa Tour, que je trouve très-propre pour nos opérations.

Ainsi si tu as travaillé avec l'Or vulgaire, ayes la précaution & le soin de faire les Nôces de Diane & de Venus, dans le commencement de celles de ton mercure; fais-le ensuite reposer en son nid, & par le moyen d'un feu, tel qu'il est nécessaire, tu verras l'emblême ou la figure du grand œuvre, sçavoir le Noir, la queue de Paon, le Blanc, l'Orangé & le Rouge. Après cela recommence cet ouvrage avec le mercure, que l'on appelle *le lait de la Vierge*, en lui donnant le feu du Bain de rosée; & pour le plus le *feu de sable* tempéré avec les cendres; & alors tu verras non-seulement *le noir, mais le noir plus noir que le noir, & toute la noirceur*; & tout de même, *& le blanc & le rouge parfait*; & cela se fait ainsi par un doux procédé, & la volonté de Dieu; car Dieu n'étoit point dans le feu, & dans un vent fort, mais il appella *Elie* par une voix muette, c'est-à-dire que son souffre spirituel, attira doucement à lui l'humide radical de nature.

C'est pourquoi si tu sçais l'art, tire notre Or de notre mercure, alors tous les mystères cachés seront représentés en un seul personnage, & tu accompliras tout l'ouvrage d'une seule chose; ce qui sera, je t'assure, plus parfait que tout ce qu'il y a de parfait dans le monde; comme le dit le Philosophe. *Si tu peux*, dit-il, *faire l'Oeuvre du mercure tout seul, tu auras assurément trouvé l'Oeuvre le plus précieux de tous*. Dans cet ouvrage il n'y a rien de superflu, mais je te jure par le Dieu vivant, que tout est changé en pureté, parce que l'action se fait dans un seul sujet, qui est l'Or philosophique solaire. Mais si tu commences ton travail sur l'ouvrage de l'Or vulgaire, lors il y a action & passion dans deux choses, & de ces deux choses là, l'on n'en prend que la moyenne substance toute seule, parce que l'on en ôte les *fœces* & les impuretés. Pense bien & médite profondément sur ce que je viens de dire ici en peu de paroles; car si tu les entends, tu as la clef pour ouvrir & accorder toutes les contradictions qui paroissent être dans ce que les Philosophes ont écrit. Pourquoi Riplée enseigne dans le Chapitre de la calcination, *qu'il faut tourner la roue pour la troisième fois*, & en ce lieu là il parle expressément de l'Or vulgaire, & il le faut entendre ainsi. Cet Auteur est fort mistique & obscur, & sa triple doctrine des proportions s'accorde à ce qui est rapporté, parce que les trois proportions dont il parle servent pour trois ouvrages différens & méthodiques.

Des trois ouvrages l'un est fort secret, & purement naturel, & celui-là se fait dans notre mercure avec notre Or solaire. C'est à cet ouvrage qu'il faut attribuer tous les signes que les Philosophes décrivent; c'est un ouvrage qui ne se fait ni avec le feu ni avec les mains, mais par la chaleur intérieure toute seule, & la chaleur du dehors ne fait autre chose que chasser & empêcher le froid, & surmonter & corriger ses symptômes ou accidens.

L'autre & second ouvrage se fait dans l'Or vulgaire & notre mercure; pour le faire il faut se servir d'un feu doux & clair, & il y faut beaucoup de tems, pendant lequel ces deux matieres se cuisent, par l'entremise de Venus, jusqu'à ce que la plus pure substance de l'une & de l'autre soit tirée & exprimée, & c'est ce que l'on appelle *le suc de la Lunaire*. Ici lorsque par le travail naturel les fœces & les ordures ont été jettées, & qu'il n'en subsiste plus dans le compôt, il faut prendre le suc; car en cet état il n'est pas encore la pierre, mais il est pourtant notre véritable souffre : l'on doit alors le cuire avec notre mercure, qui est son sang approprié, & en faire une pierre de feu, qui sera extrémement pénétrante & tingente.

Enfin le troisiéme ouvrage est mixte ou mêlé. Il se fait en mêlant l'Or vulgaire avec notre mercure en poids convenable, à quoi l'on ajoûte autant de ferment de notre souffre qu'il en est de besoin : alors *sont accomplis tous les miracles du monde* ; car il se fait un élixir qui peut donner & les richesses & la santé.

Employe donc toutes tes forces & toute ton industrie à chercher notre soufre, que je t'assure que tu recueilleras dans notre mercure, *si les destins te sont favorables*. Que si tu ne l'y peux pas trouver, tu mettras notre Or & notre Argent philosophiques dans l'Or vulgaire par une chaleur propre, & avec le tems qui est nécessaire pour cela ; mais c'est une voie pleine d'épines, (& un procedé où il y a mille difficultés.) Et j'ai fait vœu & promis à Dieu & à l'Equité, de ne déclarer jamais en propres termes ni l'un ni l'autre des régimes distinctement & séparément ; car je jure en bonne foi que j'ai découvert la vérité dans les autres choses décrites.

Prens donc ce mercure que je t'ai expliqué, & le marie avec l'Or qui lui est fort ami ; & avec notre régime de chaleur, tu verras certainement ce que tu désires dans sept mois, ou neuf, ou dix au plus ; mais notre Lune paroîtra pleine dans l'espace de cinq mois. Ce sont là les véritables termes, (& le tems préfix) pour parachever ces soufres ; mais si tu crois qu'en cet état ils soient nos pierres (au rouge ou au blanc) tu te trompes encore : mais par une réitérée décoction de ces souffres, en réitérant & recommençant ton travail avec un feu qui soit du moins sensible, tu posséderas notre pierre & le véritable élixir des teintures, & tout cela dans un an & demi philosophiques, moyennant la grace & l'aide de Dieu, à qui la gloire en soit rendue éternellement.

CHAPITRE XX.
De l'arrivée de la noirceur dans l'œuvre du Soleil & de la Lune, ou de l'Or & de l'Argent.

SI tu as travaillé dans l'Or & dans l'Argent pour y chercher notre souffre, à l'aide de notre Mercure, regarde si tu verras ta matiere enflée comme de la pâte, & bouillante comme de l'eau, ou pour mieux dire comme de la poix fondue, parce que notre Or solaire, ainsi que notre mercure, a une représentation *emblématique* dans l'Oeuvre de l'Or vulgaire avec notre mercure. Ton fourneau étant échauffé, attends dans la chaleur bouillante par l'espace de vingt jours, auquel tems tu remarqueras beaucoup de couleurs variées: mais vers la fin de la quatriéme semaine (pourvû que la chaleur ait été continuelle) tu verras l'aimable verdeur, qui durera sans disparoître dix jours ou environ.

Tu as lors sujet de te réjouir, car assurément tu verras bientôt après toute ta matiere aussi noire qu'un charbon; & tous le membres (ou parties) de ta composition seront réduits en atomes. Car cette opération n'est autre chose que la résolution du fixe dans le non-fixe, afin qu'étant ensuite unis & conjoints l'un avec l'autre, ils ne fassent qu'une même matiere, qui soit en partie spirituelle, & en partie corporelle. C'est pourquoi le Philosophe dit : *Prens le Chien de Corascene, & la Chienne d'Armenie, joints-les ensemble, & ils t'engendreront un fils de la couleur du Ciel.* Parce que ces natures par la décoction seront bientôt changées en un bouillon qui ressemblera à l'écume de la mer, ou à un brouillard épais, qui se teindra d'une couleur livide & noirâtre; & je te jure en bonne foi que je ne t'ai rien caché que le régime, & si tu es prudent tu pourras aisément le concevoir par ce que j'en ai dit.

Quand tu sçauras le régime, prens la pierre qui t'a été montrée ci-dessus, & gouverne-la comme tu sçais; & tu verras ensuite apparoître plusieurs choses fort remarquables que voici.

Premierement, dès aussitôt que la pierre aura senti son feu, le souffre & le mercure se fondront & seront *fluents* (ou coulants) sur le feu comme de la cire, le souffre sera brûlé, & il changera les couleurs de jour à autre; & le mercure demeurera *incombustible*, si ce n'est que pour un tems il sera teint des couleurs du souffre, mais il n'en sera pas taché, ainsi il lavera entiérement le làton, & le nettoyera de ses ordures. Fais ensorte que le Ciel se joigne à la Terre, & le fais tant de fois, jusqu'à ce que la Terre ait conçû une nature céleste.

O sainte Nature ! qui faites toute seule ce qui est absolument impossible à quelque homme que ce soit !

C'est pourquoi quand tu auras vû dans ton vaisseau de verre, ou œuf philosophique, que les natures se mêlent ensemble, comme si c'étoit du sang caillé & brûlé, sois assuré que la fémelle a souffert les embrassemens du mâle. Et partant dans dix-sept jours, après que ta matiere aura commencé à se dessécher, tu dois t'attendre que les deux natures se changeront en une *bouillie grasse*, & se contourneront ensemble en façon d'un brouillard épais, ou comme l'écume de la mer, ainsi qu'il a été dit, & cela sera d'une couleur fort obscure. Alors crois fermement que l'Enfant royal est conçû, parce que de-là en avant tu verras des vapeurs verdoyantes, jaunes, noires & bleues dans le feu, & aux côtés du vaisseau. Ce sont là ces vents qui se font ordinairement lorsque notre *embrion* se forme, lesquels il faut retenir adroitement de peur qu'ils ne fuyent, & que l'ouvrage ne soit anéanti.

Tu dois tout de même prendre garde que l'odeur ne s'exhale par quelque fente, parce que la force & la vertu de la pierre en souffriroit un dommage confidérable ; c'eſt pour cela que le Philoſophe commande *de conſerver ſoigneuſement le vaiſſeau avec ſa ligature*. Et je t'avertis de ne point ceſſer ton opération, & de ne mouvoir ni ouvrir ton vaiſſeau, ni d'interrompre un ſeul moment ta décoction, mais de continuer à toujours cuire juſqu'à ce que tu voyes qu'il n'y ait plus d'humidité, ce qui arrivera dans trente jours. Voyant cela, réjouis-toi hardiment, & ſois aſſuré que tu es dans la droite voie.

Alors ſois aſſidu à ton ouvrage, parce que peut-être dans deux ſemaines après ce tems-là tu verras que toute la terre ſera ſéche & fort noire. C'eſt ici la mort du Compoſé, les vents ont ceſſé, & tout eſt dans le calme & dans le repos. C'eſt-là cette grande Eclipſe du Soleil & de la Lune tout enſemble, c'eſt-à-dire de l'Or & de l'Argent qui ſont engendrés par ces deux Aſtres, & qui tiennent de la nature de leurs Progéniteurs ; pendant cette Eclipſe *on ne verra aucun luminaire ſur la Terre, & la Mer diſparoîtra*. C'eſt alors que ſe fait notre cahos, duquel par le commandement de Dieu tous les miracles du monde ſortiront par ordre, & l'un après l'autre : car c'eſt ici le labyrinthe, qui a ſept portes, l'hydre à ſept têtes, le Chandelier à ſept branches, le Ciel des ſept Planettes, la Fontaine des ſept Métaux, l'Ether des ſept dons de ſageſſe & de lumière, le Globe des ſept eſprits influans vie, le Foyer des ſept illuminations, ou fublimations ; la Lanterne magique des sept opérations naturelles, la Boëte des sept phioles aurifiques de parfums odoriférans & salutaires, & l'Habitacle de tous les tréfors célestes dans notre Microfcome.

CHAPITRE XXI.
De la Combustion *des Fleurs, & comment on la peut empêcher.*

CE n'est pas un manquement de peu de conféquence, & qui se fait pourtant aifément, que la combustion ou brûlure des Fleurs auparavant que les natures encore tendres foyent bien extraites hors de leur profondeur & de leur centre. Il faut principalement prendre garde à ne pas faire cette faute après la troisiéme femaine. Car au commencement il y a une si grande abondance d'humeur, que si tu donnes le feu plus fort qu'il ne faut, ton vaisseau qui est fragile, ne pourra pas résister à la quantité des vents qui s'y formeront, & qui d'abord le feront éclater, si ce n'est qu'il soit plus grand qu'il ne faut. Et si cela arrivoit, l'humidité fera tellement difperfée & répandue, qu'elle ne retournera plus en fon corps, du moins en telle quantité qu'elle puisse être fuffifante pour lui donner des forces & de la vigueur.

Mais quand la Terre aura commencé de retenir une partie de fon eau, alors ne fe

faifant

faisant plus de vapeurs, on pourra bien augmenter le feu plus qu'il ne faut, sans crainte que le vaisseau en puisse être aucunement endommagé ; mais aussi cela sera cause que l'Oeuvre en sera gâté, qu'il prendra la couleur de pavot sauvage, & que toute la composition deviendra enfin une poudre séche, qui se sera faite rouge inutilement. Cette marque te fera connoître que le feu aura été plus fort qu'il ne falloit, c'est-à-dire si fort, qu'il aura empêché que la véritable conjonction ne se soit faite.

Tu dois donc sçavoir que notre œuvre demande un véritable changement des natures, ce qui ne se peut faire si la derniere union des deux natures ne se fait, & elles ne se peuvent unir qu'en forme d'eau ; car il ne se fait point d'union des corps, mais c'est seulement une contusion ou *broyement*, tant s'en faut qu'il puisse y avoir d'union du corps avec l'esprit par le mélange qui se fait des atomes, c'est-à-dire des plus petites parties les unes avec les autres. Mais pour ce qui est des esprits ils se pourront bien aisément unir ensemble. C'est pourquoi (pour l'union des natures) il faut nécessairement une eau métallique homogénée, à laquelle on prépare la voie par la calcination qui la précéde, (& qui se fait auparavant.)

Cette exsiccation, ou desséchement, n'est donc pas véritablement une *exsiccation* ; mais c'est une réduction en atômes de l'eau avec la terre par le crible de la nature, & ces atômes sont plus déliés & plus subtils que l'eau ne requiert & qu'il est nécessaire, afin que la terre reçoive le ferment transmutatif de l'eau. Mais cette nature spirituelle, par un feu trop violent & plus fort qu'il n'est nécessaire, est comme si elle étoit frappée du marteau de la mort, & lors ce qui étoit *actif* devient *passif*, le spirituel est rendu corporel, c'est-à-dire qu'il s'en fait un précipité rouge, qui est inutile pour notre Oeuvre, parce que la couleur noire du Corbeau ne se fait que dans une chaleur qui lui est propre & convenable; & quoiqu'elle soit noire, c'est pourtant une couleur que l'on doit beaucoup souhaiter.

Il est vrai cependant qu'au commencement du véritable Oeuvre il apparoît une rougeur, & qui est même remarquable; mais il faut que pour cela il y ait une suffisante quantité d'eau, c'est un témoignage que le Ciel a eu *copulation*, & a couché avec la Terre, & que le feu de la Nature a conçû; pourquoi Hermes dit, que *notre feu sulfureux uni à notre humide radical, est ce Roi qui descend du Ciel, l'ame qu'il faut rendre à son corps, & qui le doit ressusciter*, ce qui fera que tout le vaisseau sera teint au dedans d'une couleur dorée; mais cette couleur ne durera pas, & elle produira bientôt la couleur verte. Tu auras ensuite le noir en peu de tems, & tu verras ce que tu désires, si tu as patience.

Sur tout *hâte-toi lentement*, continue pourtant ton feu assez bien, & conduit ta barque en Pilote bien expert entre les écueils de *Scylle* & *Charibde*, si tu veux gagner les richesses des deux Indes (Orientale & Occidentale.) Cependant tu verras par fois comme de petites Isles, des épics & des bouquets en touffes, & de petites ombres de diverses couleurs, qui s'éleveront dans les eaux & aux côtés (du vaisseau) & se dissiperont incontinent, pour faire place à d'autres qui naîtront & paroîtront ensuite. Cela vient de ce que la Terre, qui ne demande qu'à germer, produit toujours quelque chose, de sorte qu'il te semblera par fois de voir dans ton vaisseau des oiseaux, des bêtes, des serpens, des reptiles, & d'autres couleurs agréables, mais qui ne sont pas considérables, & disparoîtront bientôt.

Le principal est que tu continues incessamment le feu dans le dégré qu'il doit être, & tout cela se déterminera avant le cinquantiéme jour dans une couleur très-noire, & dans une poudre, dont les parties n'auront aucune liaison ensemble. Que si cela n'arrive pas, tu t'en devras prendre, ou à ton mercure, ou au régime (du feu), que tu donnes, ou à la matiere qui ne sera pas bien disposée, pourvû que tu n'ayes point bougé ou remué ton vaisseau, car cela pourroit ou retarder ou ruiner absolument ton Ouvrage, & notre Pierre se sublime, se dissout, s'engrossit, se coagule, & se fixe d'elle-même, sans aucune interposition des mains.

CHAPITRE XXII.
Le Régime de Saturne, ce que c'est, & pourquoi on l'appelle ainsi.

Tous les Mages, c'est-à-dire les Sages, qui ont écrit de ce travail de la Sagesse, ont parlé de l'Oeuvre & du régime de Saturne, ce qui a été cause qu'il y en a eu plusieurs qui ne les entendant pas bien, ou les prenant dans un sens contraire à l'esprit occulte, se sont jettés dans beaucoup d'erreurs, & se sont trompés dans leur opinion. Il y en a eu qui ainsi deviés pour s'être laissé surprendre par trop de confiance à la lettre des Ecrits, ont travaillé sur le plomb, avec espérance & sans fruit ni profit. Mais sçache que notre plomb est plus précieux qu'aucun Or que ce soit ; car c'est la boüe & le limon dans lequel l'ame de l'Or se joint avec le mercure, afin de produire ensuite le mâle & la femelle, Adam & Eve sa femme.

C'est pourquoi l'Or qui étoit le plus haut & le plus élevé, s'est humilié ici pour être fait le plus bas, en attendant la rédemption de tous les Freres les métaux dans son sang. Donc ce que nous appellons Saturne dans notre ouvrage, c'est le tombeau où notre Roi, c'est-à-dire l'Or est enseveli, & c'est la clef du tréfor de l'Art tranfmutatoire. Heureux celui qui peut faluer cette Planette qui va fi lentement. Prie Dieu, mon Frere, qu'il te faffe cette grace, car c'eſt une bénédiction *qui ne dépend pas de celui qui court pour l'avoir, ni de celui qui la fouhaite, mais du feul Pere des lumiéres.*

CHAPITRE XXIII.

Des différens régimes de cette Oeuvre.

STudieux Tyron de notre Science, fois affuré que dans tout l'ouvrage de la Pierre, il n'y a que le feul régime qui foit celé. Ce qu'un Philofophe en a dit eſt très-véritable, que *quiconque en aura la parfaite connoiſſance fera honoré des Princes & des Grands de la Terre.* Et je te jure fur ma foi, que fi l'on difoit feulement le régime ouvertement (& comme il fe doit faire) il n'y auroit pas même jufqu'aux fols qui ne fe mocquaffent de notre Art.

Car quiconque connoît une fois le régime, fçait que *tout le reſte n'eſt qu'un ouvrage de femmes & un jeu d'enfans,* n'y ayant plus autre chofe à faire qu'à décuire & à cuire. Et c'eſt ce qui a obligé les Philofophes à cacher ce fecret avec grand artifice ; & crois affurément que j'ai fait fondamentalement la même chofe, quoique j'aye paru parler du dégré de chaleur. Néanmoins puifque je me fuis propofé d'agir fincèrement & de bonne foi dans ce petit Traité, & que je l'ai promis, je me trouve obligé à faire quelque chose de particulier, pour ne pas tromper l'espérance & la peine des personnes d'esprit qui liront ce Livre.

Sçaches donc que dans tout notre ouvrage nous n'avons qu'un seul régime *linéaire*, qui n'est autre chose que de décuire & digérer. Et néanmoins ce seul régime-là en comprend plusieurs autres en soi, que les envieux ont caché en leur donnant beaucoup de noms qui sont différens, & en parlant comme si c'étoient différentes opérations. Pour moi, à cause que j'ai promis candeur & sincérité, j'en traiterai beaucoup plus ouvertement; de sorte que tu seras obligé d'avoüer que je suis en cela plus ingénu que pas un; car ce n'est pas notre coûtume de parler clairement d'une chose de cette importance.

CHAPITRE XXIV.

Du premier Régime de l'Oeuvre, qui est celui du Mercure philosophique.

JE commencerai par le Régime de Mercure, qui est un secret, dont pas un des Philosophes n'a jamais parlé. Penses bien qu'ils ont tous commencé par le second ouvrage, c'est-à-dire par le régime de Saturne, & ils n'ont donné aucune lumière à l'Artiste commençant, de ce qui se fait avant que la *noirceur* apparoisse, laquelle est un des principaux signes de l'Oeuvre. Le bon Bernard, Comte de Trévisan, n'en a même rien dit ; car il enseigne dans sa Parabole, que le Roi lorsqu'il vient à la Fontaine, ayant laissé toutes les personnes étrangères, entre tout seul dans le Bain, ayant une Robe de drap d'Or, qu'il dépouille & la donne à Saturne, qui en échange le couvre d'un vêtement de velours noir. Mais il ne dit point en combien de tems le Roi quitte & dépouille cette Robe de drap d'Or, & ainsi il passe sous silence tout un régime entier, qui peut être de quarante jours, & par fois de cinquante. Durant ce tems-là les pauvres Apprentis se fondent sur des expériences qu'ils ne connoissent pas. Depuis qu'une fois la noirceur commence à paroître jusqu'à la fin de l'œuvre, les nouveaux signes qui paroissent tous les jours dans le vaisseau, donnent assez de satisfaction à l'Artiste ; mais il faut avouer qu'il est ennuyeux d'être cinquante jours dans une telle incertitude, sans guide, & sans aucune marque qui puisse assurer ceux qui travaillent.

Je dis donc que depuis que le compôt a commencé à sentir le feu (dans le fourneau) jusqu'à ce que la noirceur apparoisse ; tout cet intervale, c'est le régime du mercure, c'est-à-dire du mercure philosophique, qui travaille tout seul durant tout ce tems-là, son compagnon (l'Or vulgaire) demeurant mort un espace de tems convenable : & c'est ce que personne n'a encore découvert avant moi.

Quand tu auras donc conjoint ensemble les matieres, qui sont l'Or & notre Mercure, ne t'imagine pas, comme font les vulgaires Alchymistes, que l'Occident (ou dissolution) de l'Or doive arriver tout aussi-tôt après. Non, je t'assure que cela ne se fait pas ainsi. J'ai attendu long-tems avant que la paix & le calme fussent faits entre le feu & l'eau. Et de ceci les envieux n'ont dit qu'un seul mot, lorsque dans le premier ouvrage ils ont appellé leur matiere *Rebis*, c'est-à-dire une chose qui est faite de deux choses, ainsi que le Poëte l'a dit :

Rebis n'est qu'une chose, étant faite de deux ;
Toutes deux unies en une.
Il se dissout, afin qu'en Soleil, ou qu'en Lune
Les Spermes soient changés, qui sont principes d'eux.

Sçaches donc certainement qu'encore que notre mercure dévore l'Or, néanmoins cela ne se fait pas de la maniere que le pensent les Chymistes Philosopâtres. Car quoique tu ayes conjoint l'Or avec notre mercure, tu retireras un an après le même Or tout entier, sans qu'il soit aucunement alteré ni dans sa substance ni dans sa vertu, si tu ne lui donnes le feu au dégré qu'il faut pour le décuire. Qui dira le contraire n'est pas Philosophe.

Ceux

Ceux qui sont dans la voie de l'erreur s'imaginent que la dissolution des corps est si aisée à faire, que dès aussitôt que l'Or est jetté & submergé dans notre mercure, il est dévoré (& dissout) en un clin d'œil, se fondant sur ce passage de Bernard Comte de la Marche Trévisane, qu'ils expliquent mal, lorsqu'il parle de son *Livret d'Or*, qui étant tombé *dans la fontaine se perdit*, & il ne put plus l'en retirer. Mais ceux qui ont eu la peine de travailler à la dissolution des corps peuvent rendre témoignage de la difficulté qu'il y a à la pouvoir faire. Moi-même qui en ai vû & fait l'expérience plusieurs fois, je proteste que c'est un travail qui requiert une grande industrie de gouverner le feu si bien & avec une telle justesse, après que la matiere est préparée, que par sa chaleur il fasse dissoudre les corps, sans qu'il brûle leurs teintures. Remarques donc bien ce que je te vais dire.

Prens le corps que je t'ai montré, c'est-à-dire l'Or vulgaire, & le mets dans l'eau de notre *Mer*, laquelle ne perde point la chaleur qu'elle a acquise auparavant pendant un grand nombre de mois qu'elle aura été travaillée & disposée : décuis continuellement cet Or avec un feu qui lui soit propre, de sorte que dans ton vaisseau tu voies monter une rosée & un brouillard, qui retomberont incessamment en gouttes jour & nuit. Je t'apprends que dans cette *circulat-*

tion le mercure monte tout tel qu'il est en sa premiere nature, & que le corps demeure en bas (au fonds du vaisseau) tout de même en sa premiere nature, jusqu'à ce que par un assez longtems le corps commence à retenir quelque peu de l'eau, & ainsi le corps & l'eau sont faits l'un & l'autre participans des dégrés (& des qualités) qu'ils ont chacun séparément, (c'est-à-dire que le corps communique sa fixité à l'eau, & l'eau fait part de sa volatilité au corps.)

Mais parce que dans la sublimation qui se fait alors, toute l'eau ne monte pas, & qu'il en reste une partie avec le corps dans le fonds du vaisseau ; si tu considéres souvent & attentivement cette opération, tu remarqueras que le corps bouls & se crible dans l'eau, qui demeure en bas, & que par le moyen de cette même eau les gouttes qui retombent percent & ouvrent le reste du corps, & que l'eau par cette circulation continuelle devenant plus subtile, elle tire à la fin l'ame de l'Or doucement & sans violence.

Ainsi par l'entremise de l'ame, l'esprit est réconcilié avec le corps, & ils s'unissent tous deux dans la couleur noire, & cela arrive dans cinquante jours au plus tard. Cette opération s'appelle le régime du mercure, parce qu'il se circule, étant élevé en haut, & que le corps de l'Or est bouilli en bas dans le fonds du vaisseau en ce même mercure. Et dans cette opération le corps est passif jusqu'à ce que les couleurs apparoissent, qui commencent à se faire voir tant soit peu vers le vingtiéme jour, pourvû que l'*ébullition* se fasse bien & sans aucune interruption ni relâche. Ensuite ces couleurs s'augmentent & se multiplient, se changent & se diversifient jusqu'à ce qu'elles se terminent dans la noirceur très-noire, qui arrivera au cinquantiéme jour, si les destins favorables t'appellent à ce bonheur.

CHAPITRE XXV.

Du second Regime de l'Oeuvre qui est celui de Saturne, ou du Plomb.

LE Regime de Mercure étant achevé, (ce que l'on reconnoît par ce que son opération est de dépouiller le Roi, c'est-à-dire l'Or de ses habits dorés, d'attaquer & lasser par divers combats le Lyon jusques à ce qu'il soit aux derniers abois) le Regime prochain de Saturne lui succede. Car c'est la volonté de Dieu que l'ouvrage qui est commencé soit parachevé de la maniére qu'il le doit être, & c'est la regle de cette Tragédie, que lorsque l'un des Personnages sort de dessus le Théâtre, l'autre y entre en même tems, & que l'un ayant joué son rôle l'autre commence le sien aussi-tôt. La Loi de la nature, est que la mort phisique d'un Etre, est la vie d'un autre, la fin & la corruption de celui-ci est l'origine & la génération de celui-là ; la vie se perpétue sous différentes formes succeffives l'une à l'autre, par une continuelle métamorphose. Ainsi le Regime de Mercure n'est pas plutôt achevé, que Saturne qui est son succeffeur & à qui le Royaume appartient par droit de succeffion, prend incontinent sa place. Par le Lyon mourant naît le Corbeau de bon augure.

Et ce Regime est fort droit & linéaire à l'égard de la chaleur, parce qu'il n'y a qu'une couleur seule & unique qui est le noir très-noir, qui paroiffe ; mais il n'y a ni fumée, ni vent ni aucun simbole (ou indice) de vie, & l'on n'y remarque autre chose, si ce n'est que la Composition paroît quelquefois toute seche, & par fois on voit qu'elle bout en façon (& consistance) de poix fondue. O que c'est une chose affreuse à voir ! Auffi est-ce proprement une représentation de la mort éternelle, & un deuil de la Létargie physique : mais que c'est une chose qui doit causer de joye à l'Artiste qui en suit la conduite ! Car ce n'est pas une noirceur ordinaire qui paroît ici, mais c'est une noirceur si exceffive, qu'à force d'être noire elle paroît luisante & resplendiffante. Que si tu vois une fois la Matiére s'enfler comme de la pâte dans le fond du vaisseau, réjouis-toi, car tu dois sçavoir que cela te marque qu'il y a un Esprit vivifiant, qui est renfermé au dedans, & qui redonnera la vie à ces Corps morts dans le tems que le Tout-puissant a prescrit pour cela.

Je t'avertis ici de prendre sur-tout bien garde à ton feu, que tu dois ménager & conduire bien judicieusement ; car je te jure en bonne foi, que si dans ce Regime-ci, tu fais sublimer quelque chose de tes Matieres, pour avoir trop poussé le feu, tout ton Ouvrage sera perdu sans ressource. Contente-toi donc, comme le bon Trevisan, d'être détenu en prison quarante jours & quarante nuits, & laisse demeurer la Matiere, qui est encore tendre, au fond du vaisseau ; qui est le nid où se fait la conception ; & sois très-assuré que lorsque le tems sera échû, que le Tout-puissant a limité pour l'accomplissement de cette opération, l'Esprit réfuscitera glorieux, & qu'il glorifiera son Corps : je veux dire qu'il montera, & qu'il se circulera doucement & sans violence ; du Centre il montera aux Cieux, puis des Cieux il descendra dans le Centre, *& il prendra la force des choses supérieures & inférieures.*

L'Or vulgaire s'exauçant & dignifiant par la vertu de notre Mercure, manifeste par ordre tous les degrez métalliques qu'il a en lui, & devient ainsi l'Or philosophique animé & animant.

CHAPITRE XXVI.

Du troisiéme Regime qui est celui de Jupiter, ou de l'Etain.

AU noir Saturne, succede Jupiter qui est d'une couleur différente. Car après que la Matiere a été dûement putrifiée & pourrie, & que la conception a été faite dans le fond du vaisseau, tu verras encore par le bon plaisir de Dieu, des couleurs qui se changeront souvent, & une autre sublimation qui circulera. Ce Regime n'est pas long, car il ne dure pas plus de trois semaines. Durant ce tems-là toutes sortes de couleurs que l'on ne se sçauroit imaginer paroîtront, & l'on n'en peut rendre aucune raison certaine. Les pluyes seront alors plus abondantes de jour à autre, & enfin après toutes ces choses qui sont très-agréables à voir, il paroît au côté du vaisseau une blancheur en façon de petits filamens ou comme des cheveux. * Quand tu verras cela, réjouis toi, car c'est une marque que tu as heureusement parachevé le Regime de Jupiter.

Dans ce Regime il y a plusieurs choses à quoi l'on doit prendre garde fort soigneusement. La premiere c'est d'empêcher les petits des Corbeaux de retourner dans leur

---

* Flamel l'appelle blancheur capillaire.

nid, quand il en seront un fois sortis. La seconde est qu'il ne faut pas tellement épuiser l'eau, que la terre qui est affaissée n'en ait point du tout, & qu'elle demeure toute seche & aride dans le fond, ce qui la rendroit inutile. La troisiéme c'est que tu dois prendre garde à ne pas tant arroser ta terre qu'elle en soit tout à fait suffoquée & noyée. On évitera toutes ces erreurs & ces inconvéniens, par le secours du bon Regime de la chaleur exterieure.

CHAPITRE XXVII.

Du quatriéme Regime qui est celui de la Lune, ou de l'Argent philosophique.

LE Regime de Jupiter étant parachevé, sur la fin du quatriéme mois le signe du croissant de la Lune t'apparoîtra, & tu dois sçavoir que tout le Regime de Jupiter a été employé à laver le Laton. L'Esprit qui fait cette *lotion* [ou qui le lave] est fort blanc & pur en sa nature, mais le corps qui doit être lavé est d'un noir très-noir, à cause de ses impuretés : dans le passage du noir au blanc, paroissent toutes les couleurs intermédiaires qui disparoissant font que tout devient blanc, non pas pourtant qu'il soit parfaitement blanc dès le premier jour; mais du blanc il viendra au très-blanc peu-à-peu, & par dégrez.

Tu dois sçavoir que dans ce Regime tout le compôt devient à la vûe comme de l'Argent-vif coulant, & c'est ce qu'on appelle sceller la mere dans le ventre de son enfant qu'elle a enfanté auparavant. Et dans ce Regime on verra plusieurs belles couleurs variées, qui ne feront que se montrer, & qui disparoîtront aussi-tôt, mais qui tiendront pourtant plus de la blancheur que de la noirceur; de même que dans le Regime de Jupiter elles s'approchoient plus du noir que du blanc, & sçache qu'en trois semaines le Regime de la Lune ou de l'Argent, sera accompli.

Mais avant que ce Regime soit achevé, le composé prendra mille formes différentes. Car les Fleuves venant à se grossir avant toute sorte de coagulation, le composé se *liquifiera* & se coagulera cent fois dans un jour. Par fois il paroîtra comme des yeux de poissons. D'autres fois on le verra en forme d'un arbre d'argent très-fin & bien poli avec de petites branches & des feuilles. En un mot dans ce Regime-ci tu seras surpris & ravi d'admiration de voir tant de diverses choses qui paroîtront à toute heure. A la fin tu auras de petits grains très-blancs, qui ressembleront aux atomes du Soleil, & d'ailleurs si beaux, que jamais homme n'en a vû de pareils.

Rendons des graces immortelles à Dieu, qui a eu la bonté de conduire l'œuvre jusques à cette perfection. Car c'est alors la véritable teinture parfaite pour le blanc, quoi qu'elle ne soit encore que du premier ordre, & par conséquent qu'elle n'ait que peu de vertu & d'efficacité, en comparaison de cette puissance admirable qu'elle acquerera si l'on réitere, & refait sa préparation du second ordre.

CHAPITRE XXVIII.

Du cinquiéme Regime, qui est celui de Venus, ou du Cuivre.

C'Est une chose la plus surprenante & admirable de toutes dans notre Pierre, de ce qu'étant à présent entiérement parfaite, & pouvant [dans l'état où elle est] communiquer une teinture parfaite pour le blanc, elle s'humilie encore d'elle même, & qu'une seconde fois elle veuille devenir volatile, sans que l'on y touche, ni que l'on y mette la main. Néanmoins si tu pensois l'ôter de son vaisseau, pour la remettre dans un autre, quand elle sera une fois refroidie, tu ne la sçaurois plus pousser à un plus haut dégré de perfection, c'est-à-dire au rouge, quelque artifice que tu fasses. Et ni moi ni pas un des anciens Philosophes ne sçaurions donner une raison convaincante pourquoi cela se fait ainsi, & nous ne pouvons dire autre chose, si ce n'est que c'est le bon plaisir de Dieu que cela arrive de la sorte.

Ici tu dois bien prendre garde à bien conduire ton feu. Car c'est une maxime indubitable, que la pierre, pour être parfaite doit être fusible. Ainsi si tu lui donnes le feu plus fort qu'il ne faut, ta Matiere se vitrifiera, & étant fondue, elle s'attachera aux côtés de ton vaisseau, & tu n'en sçaurois rien faire de plus, (ni lui donner davantage de perfection.) Et c'est-là cette vitrification de la Matiere que les Philosophes avertissent si souvent qu'il faut éviter & qui (si l'on n'y prend bien garde) a accoûtumé d'arriver devant que l'Oeuvre soit au blanc parfait, & lors qu'elle y est. Et cela arrive depuis le milieu du Regime de la Lune, jusqu'au septiéme ou dixiéme jour de celui de Venus.

Il faut donc augmenter seulement un peu le feu, & de telle sorte, que la chaleur ne puisse pas faire devenir la composition vitrifiée, c'est-à-dire coulante comme du verre fondu. Mais il faut que la chaleur soit douce, parce que par ce moyen la Matiere se fondra & s'enflera d'elle même, & avec l'aide de Dieu, elle recevra un esprit qui volera & montera en haut, portera & enlevera la Pierre avec soi, & il produira & fera naître de nouvelles couleurs. La premiere de toutes sera la verdeur de Venus, qui durera long-tems ; car elle ne disparoîtra point entierement qu'après vingt jours. Ensuite viendra la couleur bleue, puis la livide ou plombée, & sur la fin du Regime de Venus la couleur de pourpre pâle & obscure.

Ce à quoi tu dois prendre garde dans cette Opération, c'est de ne pas trop irriter ni pousser l'Esprit : car lors il est plus corporel qu'il n'étoit auparavant, & si par le feu tu le contrains de voler au haut du vaisseau, à peine le pourras-tu faire retourner de lui-même. Il faut avoir la même précaution dans le Regime de la Lune, lorsque l'Esprit aura commencé à s'épaissir [& à se faire corps:] car lors il faudra le traiter doucement & sans violence, de peur que si on le faisoit fuir au haut du vaisseau, tout ce qui est dans le fond ne soit brûlé, ou du moins qu'il ne se vitrifiât, ce qui causeroit la perte totale de ton Ouvrage.

Quand donc tu verras la verdeur, sçaches qu'elle contient & enferme dans soi la vertu de germer. Ainsi prends bien garde en cet endroit que cette agréable verdeur ne se change en vilain noir par la trop grande chaleur, mais gouverne ton feu avec prudence ; & par ce moyen tout ce Regime sera fait dans quarante jours, & tu y remarqueras toute la vertu amoureuse de la regénération & végétation.

CHAPITRE XXIX.

Du sixiéme Regime qui est celui de Mars, ou du Fer.

LOrsque le Regime de Vénus est parachevé, dont la principale couleur a été verte, & tirant un peu sur le rouge obscur de pourpre, & par fois sur le livide; dans le tems duquel l'Arbre Philosophique a fleuri & a paru avec des feuilles & des branches diversifiées de plusieurs couleurs, le Regime de Mars prend sa place. La couleur dominante dans ce Regime est une ébauche & un commencement d'orangé mêlé & lavé d'un jaune tirant sur le brun limoneux, & outre cela il fait parade des couleurs de l'Iris & de celles de la queue de Paon; mais elles ne font que passer.

Dans ce Regime la consistance de la composition est plus seche, & il semble que la Matiere prenne plaisir à se déguiser en prenant diverses formes. La couleur de l'Hyacinthe mêlée avec tant soit peu d'Orangé, paroîtra fort souvent dans ces jours-là. C'est ici que la mere qui a été scellée dans le ventre de son enfant s'éleve & s'épure afin qu'il ne s'y trouve aucune pourriture, à cause de la trop grande pureté dans laquelle notre Composé se doit terminer. Mais pendant tout ce Regime, l'on voit dans le fond du vaisseau des couleurs obscures qui se promenent, & il se forme d'autres couleurs moyennes qui paroissent fort calmes.

Sçaches que *notre Terre vierge* reçoit lors sa derniere façon, afin que le fruit du soleil, c'est-à-dire de l'Or y soit semé, & qu'il meurisse. Ainsi tu dois continuer à entretenir toujours une bonne chaleur, & assurément vers le trentiéme jour de ce Regime tu verras paroître la couleur orangée, qui dans deux semaines après qu'elle aura commencé de paroître, teindra toute la Matiere de sa couleur.

CHAPITRE XXX.

Du septiéme Regime qui est celui du Soleil ou de l'Or philosophique.

TE voilà maintenant bien proche de la fin de ton Oeuvre, & tu l'as presque achevé. Tout paroît dans le vaisseau, comme si tout étoit de l'Or très-fin, & le laict de la Vierge, qui s'y circule, avec lequel tu fais *imbibition* & abreuve cette Matiere, devient fort orangé.

C'est ici que tu es obligé de rendre des graces immortelles à Dieu, qui est le libéral dispensateur de tous les biens, de ce qu'il t'a fait la grace de parvenir jusques-là. Prie-le bien humblement, qu'il lui plaise de si bien conduire ton dessein pour ce qui te reste à faire, que pour vouloir hâter ton Ouvrage, qui est presque parachevé, tu ne le ruines entierement.

Considére qu'il y a presque sept mois que tu attends, & qu'il n'est pas à propos de détruire & de perdre tout en moins d'une heure. C'est pourquoi tu dois agir avec très-grande précaution, d'autant plus que tu es plus proche de la fin, & de la perfection de ton œuvre.

Si tu te comportes prudemment, voici ce qui arrivera de remarquable dans ton Ouvrage. Premierement tu verras une certaine sueur citrine ou orangée dans ton corps; & à la fin le corps venant à s'affaisser, tu remarqueras des vapeurs orangées, qui seront teintes de couleur de violette, & parfois de pourpre obscure.

Après avoir attendu douze ou quatorze jours tu remarqueras dans ce Régime du Soleil ou de l'Or Philosophique, que la plus grande partie de la Matiere deviendra humide, même en quelque façon pesante; cependant elle ne laissera pas d'être toute emportée *dans le ventre du vent.*

Enfin vers le vingt-sixiéme jour de ce Régime elle commencera à se dessecher, puis elle se *liquifiera*, deviendra coulante & se congèlera, & ensuite elle se liquifiera encore cent fois le jour, jusqu'à ce qu'elle commence à se granuler, ensorte que toute la matiere paroîtra divisée en petits grains;

après quoi elle se réunira en une masse, & de jour à autre elle prendra mille formes différentes, & cela durera deux semaines ou environ.

Enfin par l'ordre de Dieu, la lumiere de ta matiere jettera des rayons si vifs, qu'à peine le pourrois-tu imaginer. Quand tu verras paroître cette lumiere tu dois attendre bientôt la fin de ton Oeuvre, car tu verras cette fin désirée trois jours après, parce que la matiere se mettra toute en grains aussi menus que les atômes du Soleil, & elle sera d'une couleur rouge si foncée, qu'à force d'être rouge elle paroîtra noire, comme est le sang d'un homme bien sain, quand il est pris & caillé. Et tu n'aurois jamais pû croire que l'Art eût pû donner une telle teinture à l'Elixir, parce que c'est une créature admirable qui n'a pas sa pareille dans toute l'étendue de la Nature, tant s'en faut qu'il se puisse rien trouver au monde qui lui soit parfaitement semblable.

CHAPITRE XXXI.

La Fermentation de la Pierre.

Enfin, souviens-toi bien que te voilà en possession du souffre rouge incombustible, qui par lui-même, quelque dégré de feu que l'on puisse lui donner, ne pourroit être poussé plus loin par lui-même.

Mais j'avois oublié de t'avertir dans le Chapitre précédent que tu dois soigneusement prendre garde à une chose dans le régime du Soleil orangé, c'est-à-dire de l'Or citrin philosophique, qui est qu'avant la naissance du Fils surnaturel, qui est revêtu de la véritable pourpre de Tyr, tu ne fasses le feu si fort, qu'il vitrifie ta matiere; parce que si elle étoit ainsi, elle ne se pourroit jamais plus dissoudre, & par conséquent elle ne se congéleroit point en ces très-beaux atômes parfaitement rouges. Ménage donc bien ta chaleur, & sois prudent & avisé pour ne te pas priver toi-même d'un si grand trésor.

Cependant quand tu seras parvenu jusqu'ici, ne t'imagine pas que ce soit la fin de tes travaux, & que tu n'ayes plus rien à faire; car tu dois encore passer outre, réiterer & faire une seconde fois la circulation de la roüe (c'est-à-dire recommencer les opérations que tu viens de faire) afin que de ce souffre incombustible tu ayes l'Elixir.

Pour cet effet, prend trois parties d'Or bien pur, & une partie de ce souffre *ignée*; Ou si tu veux, tu peux prendre quatre parties d'Or, avec une cinquiéme partie de ton souffre (c'est-à-dire une partie de souffre contre quatre d'Or) mais la premiere portion est la meilleure. Fais fondre l'Or dans un creuset bien net, & quand il sera en *fusion* jette ton souffre dedans, mais avec précaution

caution, de peur que la fumée des charbons ne le gâte.

Fais les fondre & *fluer* ensemble, puis jette-les dans un autre creuset, & il s'en fera une masse qui se pourra aisément pulvériser, & qui sera d'une couleur très-belle & très-rouge, mais qui ne sera presque pas transparente. Prends de cette masse, que tu auras broyé & mis en poudre, une partie, & de ton mercure des Philosophes deux parties, mêle-les très-bien ensemble, & les mets dans un autre œuf philosophique de verre, que tu boucheras exactement, gouverne-les comme tu as fait ci-devant; & dans deux mois tu verras paroître & passer une seconde fois tous les régimes l'un après l'autre selon l'ordre que je les ai décrit ci-dessus; c'est là la véritable fermentation pour obtenir l'élixir philosophique, & on la peut encore réitérer si l'on veut.

✳✳✳✳✳✳✳✳✳✳✳✳✳✳✳✳✳✳✳✳✳✳✳✳✳

CHAPITRE XXXII.

L'Imbibition de la Pierre.

JE sçai bien qu'il y a beaucoup d'Auteurs qui dans cette œuvre prennent la fermentation pour l'agent interne & invisible, parce qu'ils appellent ferment ce qui a la vertu d'épaissir naturellement les esprits volatils & subtils, sans qu'il soit besoin d'y toucher pour cela. Et ils disent que la maniere de faire la fermentation dont je viens de parler, se doit plutôt appeller *cibation*, (ou nourriture) qui se fait avec le pain & le lait, c'est-à-dire avec le souffre parfait, & le mercure, qui est le lait de la Vierge.) Et c'est ainsi que Riplée en parle. Mais moi, qui n'ai pas accoutumé de citer les autres, ni de m'assujettir à leurs opinions, dans une chose que je sçai aussi-bien qu'eux, j'en ai parlé selon la connoissance & l'expérience que j'en ai.

Il y a donc une autre opération par laquelle la pierre s'augmente plus en poids qu'en vertu. La voici. Prens ton souffre lorsqu'il est parfait, ou au *blanc* ou au *rouge*; & à trois parties de souffre ajoûte-y une quatriéme partie d'eau, (qui est le mercure des Philosophes) & après que cette composition aura portée tant soit peu de noirceur, par une cuisson de six ou sept jours dans un œuf philosophique en l'athanor, ton eau que tu viens de mettre, deviendra aussi épaisse que ton souffre.

Alors ajoûte-y encore une quatriéme partie (d'eau.) Or quand je dis une quatriéme partie, cela ne se doit pas entendre qu'il faille prendre une quatriéme partie d'eau à l'égard de toute la composition que tu viens de faire, dans laquelle contre trois parties de souffre tu as déja mis une partie d'eau, qui a été coagulée; mais on doit entendre cette quatriéme partie d'eau, à l'égard des trois parties de souffre, (& de ce qu'elles pesoient) avant, qu'il eût été abreuvé ou imbibé de cette quatriéme partie d'eau, ce qui s'appelle la seconde imbibition.

Et quand cette seconde quatriéme partie d'eau sera bûe, ajoûte-y encore une semblable quatriéme partie d'eau, que tu coaguleras encore de même par une chaleur convenable, ce sera la troisiéme imbibition.

Pour faire la quatriéme imbibition, prend deux parties d'eau, pour trois parties de souffre premier, que tu as employé avant la premiere imbibition & selon le poids observé; c'est par cette proportion qu'on imbibe & congele pour la quatriéme, cinquiéme & sixiéme fois.

Quand tu auras fait six imbibitions & congélations de cette sorte, en observant toujours la proposition (que je t'ai dit qu'il faut garder de l'eau à l'égard du souffre.) Enfin à la septiéme imbibition tu mettras cinq parties d'eau, toujours à proportion des trois premieres parties de ton souffre, avant la premiere imbibition. Et quand tu auras fait ta composition de cette maniere, tu la mettras dans ton vaisseau, que tu scelleras, & avec le même feu dont tu t'es servi dans ta premiere opération, tu la feras passer par tous les régimes de cette premiere opération, ce qui se fera dans un mois au plus. Tu as alors la véritable pierre du troisiéme ordre, dont une partie fait projection sur dix mille parties (des métaux imparfaits) qu'elle teindra parfaitement (en Or.)

CHAPITRE XXXIII.
De la multiplication de la Pierre.

IL n'y a point d'autre façon pour faire la multiplication, que de prendre la pierre quand elle est parfaite, & en mettre une partie avec trois, ou tout au plus avec quatre parties de mercure de la premiere opération, (c'est-à-dire du mercure des Philosophes) & donner à cette composition un feu convenable sept jours durant, ayant auparavant scellé ton vaisseau bien exactement. Et tu auras un très-grand plaisir à voir qu'elle passera par tous les régimes tout de suite; & le tout sera augmenté en vertu mille fois plus que la pierre ne l'étoit avant cette multiplication.

Si tu fais la même chose une seconde fois, elle passera par tous les régimes en trois jours, & sa vertu *tingente* de la Médecine sera exaltée, & augmentera encore de mille fois autant.

Et tu feras passer ton œuvre par tous les régimes, & par toutes les couleurs dans l'espace d'un jour naturel, si tu réiteres la même opération pour une troisiéme fois.

Enfin tout cela se fera dans une heure, & pour la quatriéme fois tu fais la même chose ; de sorte que tu ne pourras jamais trouver la fin de la vertu de ta pierre, qui sera si grande qu'elle sera infinie, & par conséquent incompréhensible, si tu continue à la multiplier. Etant parvenu là, n'oublie pas de rendre des graces immortelles à Dieu ; car tu as en ta possession tout le trésor de la Nature.

✶✶✶✶✶✶✶✶✶✶✶✶✶✶✶✶✶✶✶✶✶✶✶✶

CHAPITRE XXXIV.

De la maniere de faire la Projection.

PRens une partie de ta pierre lorsqu'elle sera parfaite de la maniere qu'il a été dit, soit au blanc soit au rouge, & selon la qualité (& le dégré) de ta Médecine, prens de l'un ou de l'autre luminaire, c'est-à-dire ou de l'Or ou de l'Argent, quatre parties, que tu feras fondre dans un creuset bien net ; & lors jette la partie de ta pierre blanche ou rouge, selon l'espéce du luminaire que tu auras fondu, ou blanc ou rouge. Et quand tout sera mêlé & incorporé renverse le creuset, & tu trouveras une masse qui se pourra pulvériser.

Prens de la poudre de cette composition une partie, & du vif-argent bien lavé dix parties : Fais-le chauffer jusqu'à ce qu'il commence à pétiller & à frémir ; jette lors ta poudre sur ce vif-argent, ou mercure vulgaire, & elle le pénétrera dans un clin d'œil. Fais fondre tout cela, en augmentant le feu, & le tout sera converti en une médecine *de l'ordre inférieur.*

Prens alors une partie de cette médecine, & fais-en projection sur autant de quelque métail que ce soit (quand il sera en fusion, & qu'il aura été bien purgé) que ta pierre en pourra teindre, & tu auras un Or ou un Argent, meilleur qu'aucun Argent ni Or naturel.

Il est pourtant mieux de faire la projection peu à peu, jusqu'à ce que tu voyes que ta pierre ne pourra plus teindre de métail imparfait; car de cette maniere, elle s'étendra, & elle en teindra davantage, parce que quand on ne projette qu'un peu de la poudre sur beaucoup de métail imparfait, à moins que la projection se fasse sur le mercure vulgaire, il se fait une perte notable de la médecine, à cause des *scories* (& des crasses ou excrémens) qui sont dans les métaux imparfaits. C'est pourquoi plus les métaux sont purifiés & nettoyés avant que de faire la projection sur eux, moins il y a de déchet dans leur transmutation.

CHAPITRE XXXV.
De divers usages de la Pierre.

JE ne vois pas ce qu'un homme, qui par la bénédiction de Dieu, a une fois parfaitement accompli cet œuvre, ait à souhaiter en ce monde après cela, sinon qu'il puisse en toute liberté, & sans craindre les tromperies & les malices des méchans, servir & honorer son Dieu toute sa vie. Car ce seroit une vanité tout-à-fait insupportable, si une personne à qui Dieu auroit fait une si grande grace, avoit l'ambition de paroître avec pompe & avec éclat dans le monde, pour se faire admirer & y aspirer à l'estime du vulgaire. Non, croyez-moi, ceux qui ont cette science sont bien éloignés d'avoir de telles pensées: au contraire il n'y a rien qu'ils méprisent & fuyent davantage.

Mais voici quel est le bonheur & la félicité de celui que Dieu a voulu gratifier de ce talent; c'est un vaste champ ouvert pour lui à tels plaisirs, volupté & contentement, qu'il est infiniment plus digne & prétieux que toute l'admiration du peuple.

Premierement s'il vivoit mille ans, & qu'il eût tous les jours un millier de milliers d'hommes à nourrir & entretenir, il ne manqueroit jamais de rien pour cela, parce qu'il peut à son gré multiplier sa pierre en poids & en vertu. De sorte que cet homme, s'il est adepte, & s'il vouloit, pourroit *transmuer* en Or ou en Argent véritables, tout ce qui se peut trouver de métaux imparfaits dans tout le monde.

Secondement, par le moyen de cet Art il pourra faire des pierres précieuses & des perles incomparablement plus belles & plus grosses qu'aucunes que la Nature ait jamais produit.

Et enfin il a une Médecine universelle, tant pour prolonger la vie, que pour guérir toutes sortes de maladies : de maniere qu'un homme qui est véritablement adepte est seul capable & en état de rendre la santé à tous les malades qui sont dans toute la Terre habitable.

Rendons donc louanges & graces *à jamais au Roi éternel, immortel & tout-puissant* en reconnoissance de ses bienfaits infinis, & de ses trésors inestimables, qu'il met en la main & au pouvoir des hommes sages.

Ainsi j'exhorte celui qui a ce talent de s'en servir à l'honneur de Dieu, & à l'utilité du prochain, afin qu'il ne soit pas convaincu d'ingratitude envers celui qui lui a confié ce bienheureux talent, & qu'il ne soit pas trouvé coupable & condamné au dernier jour.

Cet Ouvrage a été commencé & fini l'an 1645, par moi, qui en ai professé & eu professe l'Art secret, sans chercher les applaudissemens de qui que ce soit ; mais l'objet de mon Traité est d'aider ceux qui cherchent sincérement la connoissance de cette Science cachée, & de leur apprendre que je suis leur Ami & leur Frere, sous le nom soussigné, D'ÉYRENE PHILALETHE, Anglois de naissance, habitant de l'Univers.

GLOIRE A DIEU SEUL,

FIN.

EXPLICATION

EXPLICATION
DE PHILALETHE

Sur son Livre intitulé : *L'Entrée ouverte du Palais fermé du Roy.*

MArs en son intérieur a un esprit & une vertu occulte que personne ne connoît.

Venus, la Déesse des Amours, a une beauté qui charme le Dieu des Armées ; elle contient un sel en son centre, qui pourra avoir ce sel central possédé la clef pour trouver les secrets ; je n'en dis point davantage, personne devant moi n'a découvert ceci.

Entre tous les Dieux il ne s'en trouve pas de si magnanime que Jupiter, mais entre le commun & celui que nous nommons le nôtre, il y a grande différence ; le nôtre provient du vieux Saturne, ce Dieu mélancolique ayant avalé une pierre, s'imagina avoir avalé ou englouti Jupiter en ses entrailles ; mais se trouvant trompé, il devint mélancolique & triste, & l'on ne le pût consoler ; car incontinent que cette pierre *abbadir* fut entrée en son ventre, le mangeur changea en apparence en une autre forme ; mais le vieux *Abbadir*, qui avoit coutume de manger ses enfans, devint fils de cette pierre, dans l'eſtomach de ſon pere ; cela lui fit tant de mal, qu'il en devint mélancolique, & de ce fils eſt provenu le noble *Abbretano.*

La premiere matiere du Mercure métallique eſt une humidité qui ne moüille pas les mains, toutefois fluide ; c'eſt pourquoi nous la nommons eau, ſi commune, que tout le monde l'a & la peut avoir.

Mais ce n'eſt pas l'eau commune ou vulgaire que nous cherchons ; car en la nôtre eſt caché notre feu, il s'égaliſe à tous métaux, puiſque tous contiennent un Mercure en eux ; ſon amitié eſt plus proche à l'Or, puis à la Lune, puis à Jupiter & Saturne, mais moins à Venus, & encore moins à Mars.

Qui ſçait ôter la ſuperfluité au Mercure, & qui ſçait lui donner la vie par le véritable Souffre (car il eſt mort encore qu'il ſoit fluide) celui-là pourra diſſoudre l'Or, & le préparer à une matiere ſpirituelle.

Le Mercure eſt véritabl'ment Or, mais non pas pur, lequel en cas que vous le ſçachiez préparer ſelon la ſcience, donne une ſecrette ſource, mere de notre pierre ; c'eſt ici notre eau, notre feu, notre huile, notre onguent, notre marcaſſite, notre fontaine qui prend ſon cours, des quatre mines ou ſources tombans par le fluide de l'air, & humecte notre Roi, ainſi celui qui paroît être mort vient d'être vivifié, & le voit dans la verdeur.

Après Mercure c'est le vieux Saturne, qui néanmoins en apparence est le fondement de toute notre Oeuvre, par ainsi connoissez que le Mercure est véritablement Or, à le voir saturnien humide & froid.

Le Mercure commun n'est aucunement nécessaire à notre œuvre ; la raison est qu'un corps mort ne peut vivifier un corps mort, ni ce qui est en son impur ne peut purifier autrui, ainsi tout ce qui est mort n'a point d'ame, & ne peut rendre un corps fixe volatil, parce que nul ne peut donner ce qu'il n'a pas.

Comme donc en Saturne est cachée une ame immortelle, qui est prisonniere en son corps déliez-lui ses liens, qui l'empêchent de paroître, alors vous verrez monter une vapeur en forme de perle orientale, ceci est notre Lune, notre Ciel, notre Air, notre Firmament.

A Saturne Mars est lié d'amour fort étroitement, lequel se voit englouti par ce puissant esprit de Mars, qui sépare le corps de Saturne de son ame, ces deux unis donnent une source d'où provient une eau claire & admirable dans laquelle le Soleil perd sa lueur.

Venus est une très-belle étoile, il la faut conjoindre à Mars & qu'il l'embrasse, leurs influences doivent être unies, car elle est seule la médiatrice entre le Soleil & notre Mercure, qui se joignent tellement ensemble, qu'ils ne se peuvent jamais séparer.

Pour faire projection si votre Mercure est au rouge sur le Soleil, ou au blanc sur la Lune, une part sur quatre ou cinq parties de métal, il devient cassant comme du verre, reluisant comme un rubis, mettez ceci sur dix parties de Mercure ; poursuivez jusqu'à ce qu'elle ait perdu sa force, l'issue en est Or ou Argent.

L'Auteur atteste avoir vû un petit grain de la poudre rouge gros comme un grain de froment un peu plus épais, lequel étoit porté en une si haute perfection, qu'il est incroyable, transmuant une si grande partie de métal en Or ; en premier lieu on mit ceci sur une once de métal qui devint toute teinture, laquelle l'on mit sur dix, ce que l'on fit jusqu'à la quatriéme fois, puis l'on en prit une partie que l'on mit sur quatre-vingt-dix mille parties, & devint très-bon Or, *en un an on la peut mener à cette perfection.*

En cas que l'on employe plus de cinquante livres, excepté le feu continuel, l'on ne parviendra jamais à notre Oeuvre, l'Or & le Mercure sont les espéces de cette pierre, si quelqu'un vient à manquer, l'Or & le Mercure demeureront comme ils étoient auparavant.

La véritable eau, c'est le grand secret de notre science ; cette eau provient de quatre sources, lesquelles ne sont que trois, les trois que deux, & les deux qu'un ; c'est l'unique bain où se baigne notre Roi, c'est notre Rosée de May, c'est notre Oiseau d'Hermes, qui vole sur le sommet des montagnes sans voix ni ton.

C'est le descendant de Saturne, qui cache une source dans laquelle Mars se noye; que Saturne contemple alors sa face à la source, lequel paroîtra jeune, frais & tendre, lorsque les ames des deux seront unies ensemble, il faut qu'une ame améliore l'autre, pour lors il tombera une étoile dans cette source, & par sa splendeur la terre viendra à être éclairée. Permettez que Venus y ait toute son influence, car elle est l'amour de notre pierre, le lien de tout Mercure cristallin, ceci est une source où notre Or meurt pour ressusciter plus glorieux.

Sçachez que notre fils de Saturne doit être conjoint avec un Mercure métallique; car le Mercure seul est agent dans notre ouvrage, non le commun, car il est mort, mais il doit être animé par le sel & le Souffre de nature, le sel se trouve dans le descendant de Saturne, dans son intérieur il est pur, c'est lui seul qui peut pénétrer jusques dans le centre des métaux, & entre si bien dans le Soleil, qu'il fait séparation de ses élémens, & ils demeurent ensemble dans la dissolution.

Le Souffre, cherchez-le dans la maison d'Aries, c'est ici le feu des Sages, duquel l'on échauffe le bain du Roi, ce qui peut être préparé en une semaine, ce feu est très-difforme, & en une heure on le fait sortir, & lavez-le avec une petite pluie argentine.

C'est une chose surprenante de voir qu'un si fier métal qui supporte si long-tems le feu, & qui ne se laisse mêler en aucune fonte avec aucun autre métal, toutefois il faut qu'il se plie sous la puissance de notre minéral, & devient étoilé volatil, & entiérement spirituel.

La raison est, que chaque ame a la magnézie de l'autre ame, nous nommons ceci l'urine du vieux Saturne.

C'est ici notre Acier, notre véritable Aimant du Roi, notre Eau que nous nommons ainsi, à cause de sa grande splendeur, notre Or non fixe, un corps cassant, lequel on accommode par l'aide de Vulcain.

Si tu peux joindre son ame avec le Mercure, aucun secret ne te pourra être caché, ceci se rapporte au Mars épuré des Anciens, qui doit être immédiatement mêlé avec Saturne.

Olum ordonne dans la tourbe, que l'on joigne le Combattant avec celui qui n'a point envie de combattre, le Dieu des armées, Mars, joignez-le avec Saturne qui aime la paix.

Tous les Métaux ont leur commencement en Mercure, en cas que du Saturne, du Jupiter & du Venus on en fît un Mercure de tous chacun en particulier, vous connoîtrez cette vérité déterminée.

Toute notre science pourroit être mûe au Mercure des Philosophes, mais à quoi ceci est-il bon, puisque la nature nous donne une Eau que nous pouvons préparer à notre Mercure.

Remarquez donc que le Mercure a des défauts; comme il est différent du nôtre; car nous sommes d'accord qu'ils sont du même poids, couleur & fluidité tous deux métalliques & volatils.

Mais nous cherchons dans le nôtre un souftre que le Vulgaire n'a point; ce souffre le purifie & l'anime, il demeure toutefois eau, car l'eau est la matrice de tous les êtres, & si elle n'a sa chaleur naturelle, elle est incapable de pouvoir engendrer; elle ne peut faire suer notre corps, ni verser sa semence que dans un feu sulphureux comtrempé avec le Mercure.

Ce feu doit avoir une vertu magnétique, & doit être en substance Or, quoique non fixe, toutefois d'une même source, seulement il y a cette différence, que l'un est fixe, & l'autre volatil, dissolvant le fixe.

Il n'y a rien dans ce monde si proche au Mercure que ceci, & rien ne se peut préparer pour notre Oeuvre que de cette substance, qui est le descendant de Saturne, aux Sages très-bien connu & par moi déclaré.

Tous les Métaux peuvent être mêlés avec le Mercure, sçavoir extérieurement, mais ne se joignent pas radicalement ; car par le feu on les sépare fort facilement, par quoi l'on voit qu'il ne se mêle jamais au centre, & que l'un n'améliore jamais l'autre.

La raison est que le Souffre fixe des Métaux est trop compacte, & le non-fixe trop terrestre & impur, le Mercure en a horreur, & ne se mêle point avec eux ; que si tu en sépares les fœces, tu trouveras un Mercure fluide & un Souffre crud, par lequel fut congelée son humidité, comme aussi un sel en forme d'Alun, toutefois ceux-ci différent en qualité beaucoup de l'Or.

Mais notre Minéral tant estimé lui ayant ôté ses fœces crües, ce qui se fait facilement, il contient en soi un Mercure pur, lequel à la puissance de donner aux corps morts la vie par laquelle ils seront capables de produire leur pareil ; mais en soi-même, il n'a point de souffre, toutefois congelé par un souffre brûlant, cassant, & avec des veines reluisantes ; son souffre qui n'est nullement métallique ne diffère point du souffre commun, si l'on le sépare bien selon la science, & si l'on en ôte les fœces, il paroît comme un pepin d'un noyau, & à la vûe comme un métal, lequel l'on peut facilement réduire en poudre : dans lui est une ame très-tendre, montant comme fumée par un très-petit feu (tel que le Mercure congelé) facilement ceci donne pénétration à l'Eau, pénétre jusqu'à la racine des Métaux, & les rend en leurs premieres matieres ; toutefois il lui manque le véritable souffre ; nous le trouvons dans la maison d'Aries, Mars se rend par l'assistance de ce Minéral, & le secours de Vulcain, en Minéral, comme il m'est arrivé plusieurs fois.

C'est notre véritable Vénus, la concubine de Mars, la femme du boiteux Vulcain, qui châtie ces deux de cet action.

En premier lieu, faites que Mars embrasse le Minéral, & tous deux se distrairont de leur terrestréité, & leur sustance métallique paroîtra en peu de jours, & ce sera la marque de notre succès que vous trouviez notre étoile empreinte là dedans ; c'est le sceau que le Tout-puissant a mis sur ce merveilleux sujet, c'est le feu du Ciel, lequel étant une fois allumé dans les corps, y amene un si grand changement, que le noir nous paroît comme un joyau très-resplendissant, & couronne notre jeune Roi d'une couronne très-agréable ; c'est la corruption qui nous annonce une génération prochaine, & prouve que ce Roi réssuscitera.

Joignez à ceci Venus en proportion convenable ; par sa beauté elle surprend Mars ; elle est animée par lui, l'échauffe & l'anime, étant amie à l'Or, comme Mars l'est aussi à Diane : de ceci Vulcain devient jaloux & les couvre tous deux de son retz pour les attraper dans leur union paillarde.

Et afin que ceci ne vous paroisse pas une fable, remarquez comme Cadmus est dévoré par notre monstre; car à la fin il le touche si bien, qu'il en mérite le nom d'un grand Conquerant, car d'un coup de lance il l'attache à un chêne; remarquez aussi l'Etoile qui est solaire, car l'Or se joint avec l'enfant de Saturne, l'ayant premierement nettoyé de ses *fæces*; tout ce qui est pur se met au fonds, étant versé il paroît une étoile, comme il fait avec le Mars.

Mais Venus donne une substance métallique en forme très-prisable, conjointe avec Mars elle est enfermée dans un rets, ce qui est curieux à contempler; les Poëtes subtils l'ont caché par des paroles poëtiques, mais assez connues aux Sages.

L'ame de Saturne & de Mars se joignent ensemble par l'assistance de Vulcain, tous deux également volatils, ne peuvent se séparer, que l'ame ne devienne fixe, pour lors il se défait de Saturne, & en l'épreuve est bon Or, laquelle teinture est réelle & parfaite.

Mais ceci se doit faire par la médiation de Venus; par son association Diane les sépare, autrement il seroit impossible.

Quelques-uns se servent des colombes de Diane pour préparer leur eau, ce qui est un long travail, & une voie non sûre; c'est pourquoi nous recommandons l'autre à tous amateurs de la Science, laquelle est la plus secréte.

Laissez circuler cette eau, jusqu'à ce que les ames laissent leur grossiere substance en arriere, se faisant un, & volans ensemble sur la montagne, mais ne les y laissez pas si long-tems, qu'elles se congélent, car vous ne parviendriez pas à votre Oeuvre.

Prenez deux parties du fils du vieux Saturne, de Cadmus une partie, purgez ceux-ci par Vulcain de leurs *fœces*, jusqu'à ce que la partie métallique soit pure ; ceci se fait en quatre réitérations, l'étoile vous en montrera le chemin ; faites qu'*Aeneis* soit pareille, vous les purifierez bien jusqu'à ce que Vulcain les enferme tous deux ; humectez-les avec de l'eau, & entretenez-les avec chaleur jusqu'à ce que les ames soient glorifiées.

C'est de la rosée du Ciel qu'il les faut nourrir & entretenir, ainsi que la Nature le requiert trois fois pour le moins, ou jusqu'à sept fois par les barres de l'eau & les flammes du feu, selon la raison ; faites en sorte que la tendre Nature ne s'envole, alors vous aurez bien gouverné votre feu.

Sçachez aussi que le Mercure qui doit commencer l'Oeuvre doit être liquide & blanc, ne séchez pas trop l'humidité par un trop grand feu, afin qu'il ne vienne en poudre rouge, car pour lors vous auriez perdu la semence féminine.

Toutefois ne faites pas ensorte que notre Mercure devienne en gomme transparente, ni onguent, ni huile; car vous perderiez votre proportion, & ne pourriez pas venir à la solution; mais tâchez d'augmenter une ame qui manque au Mercure vulgaire; subliniez-le du grossier au Firmament, séparez les *fæces* selon la science, & quand les sept Saisons seront passées, joignez l'Or, & faites ensorte que l'un ne délaisse pas l'autre.

Nous cherchons à multiplier en notre Mercure un souffre, qui est notre Or en maniere de liqueur, de laquelle est la lunaire, étant la seule plante que nous cherchons en notre Ciel terrestre; & néanmoins l'Or que la Nature a créé parfait, peut par la vertu du feu de notre Or, être remis en arriere, s'entend en Souffre & en Mercure, quoique ci-devant il ne se pouvoit séparer par aucune flamme de feu.

Qui ne voit que le Mercure seul est indigne de notre Oeuvre, puisque le souffre lui sert comme d'un habit, qui plait fort à la nature métallique, car sans cela notre Eau ne pourroit être nommé métal.

Ce souffre se trouve dans les matieres métalliques, en quelques-unes pur & mêlé d'impuretés, là où le feu le détruit seulement; Or & Argent sont rendus si clos par un souffre fixe, qu'ils peuvent résister à toutes les forces de Vulcain, & par aucune puissance d'homme, leur souffre ne peut être séparé de leur eau, excepté par notre liqueur, qui change la fixité du Soleil & de la Lune, les fait monter tous deux en haut, non pas seulement ceci, mais ce feu miraculeux sépare le souffre du Soleil dans son centre ; lequel sert comme un vêtement au Mercure, & demeure en une eau dorée ; par dégrez il se fait reculer en arriere, selon que requiert la Nature.

Mais cette liqueur ne détruit pas l'homogénéité des Métaux en sa solution, ne permet pas pourtant qu'ils demeurent l'un avec l'autre, & les met en désordre.

Car le Mercure central s'en va au fonds séparé de la liqueur teinte, de sorte que ce qui donnoit ci-devant le poids à l'Or est plus léger que le Mercure, à le voir par dehors comme une huile ou liqueur onctueuse, ou sel très-noble en toutes sortes de maladies ; finalement s'il y a quelque chose qui soit métallique, qui se dissolût dans cette liqueur, & l'y laisse autant qu'elle a de matiere métallique, son souffre s'y fond quoique difficilement, tant notre liqueur a une force merveilleuse : en ceci s'accordent tous les Philosophes disans que notre Mercure ne prend rien que ce qui lui est allié métallique, c'est la mere de notre Pierre.

Ayant découvert le secret de notre Mercure animé du feu, nous passerons à la pratique sur laquelle vous songerez à réfléchir solidement & mûrement avant de mettre la main à l'Oeuvre.

Prenez de notre Mercure, lequel est notre Lune, joignez-y du Soleil terrestre; ainsi l'Homme & la Femme sont conjoints réellement ensemble; mettez-y pour lors votre esprit, qui donne la vie, & incontinent ils agiront ensemble.

Prenez de l'Homme rouge une partie, de la Femme trois parties, mêlez-les ensemble, pour lors mettez quatre parties de votre eau, cette mixtion est notre plomb.

On le doit régir par un très-petit feu, & l'augmenter jusqu'à ce qu'il sue; vous pourriez aussi suivre ici une partie de l'Or, deux de Lune, quatre d'Eau, qui font ensemblement le nombre de sept, qui vous donnera un Sabat glorieux; car le laton est rouge, mais ne fait rien en notre Oeuvre qu'il ne soit blanchi, encore qu'il ait un esprit dans son centre, il ne paroît jamais que le Mercure n'y soit joint; ce Mercure est un corps alors délicat, l'esprit de l'Or y est resolut incontinent.

Ainsi notre Oeuvre se commence par trois; en premier lieu, le corps & l'ame se joignent ensemble, on leur adjoint l'esprit, l'Or & la Lune ne sont qu'un en leur essence, en nombre réel que deux; car le Soleil se cache & ne reluit plus; deux corps mêlés ensemble, nous les nommons notre plomb, notre Mercure, notre Hermaphrodite, il est rouge par dedans, à le voir, saturnien volatil & blanc, cette nature différente ne se sépare point, mais se conjoint par notre Art inséparablement.

Prenez une once d'Or, de la Magnesie trois onces, ce qui fait ensemble quatre onces; il il faut qu'il soit de la sorte, que l'Or perde son habillement riche, & soit blanchi par l'humidité de la Lune. Il doit être fait par un petit feu, cette masse paroît saturnienne fusible dans la chaleur comme du plomb; joignez-y le poids convenable de votre Mercure, pour lors mettez-le dans un verre spherique ou ovale, sigillé hermétiquement, & assez grand pour qu'il en reste plus d'un tiers de vuide.

Le quart d'une once suffit, ou même vous le feriez d'une dragme, en cas que vous observiez bien votre poids; l'Or est la huitiéme partie du tout, en cas que vous preniez trois parties de la Femme, & une partie de l'Homme, vous mettrez autant pesant d'eau, & si vous prenez deux parties de la Femme & une d'Or, nous prenons pour lors une partie plus de l'esprit que de terre.

Un Athanor est le meilleur fourneau pour cet Oeuvre il contient douze heures de feu, sans qu'il soit besoin d'y revoir, attendu sa construction clibanique.

Incontinent que votre composition sentira le feu, elle fondra comme plomb; ce corps tendre, & qui est l'ame de notre Acier, fait voir une si puissante force, que le Soleil devient bientôt blanc, & est dévoré par lui.

Alors il faut verser le suc de Midas sur eux deux, & en quarante jours il devient noir comme un charbon brûlé, qui est une bonne marque ; continuez votre feu à même dégré, & il parviendra à la blancheur.

Mais surtout, que votre matiere ne rougisse pas devant son tems, qui est près de dix mois philosophiques ; si elle rougit avant ce tems, c'est une marque évidente que vous avez donné trop de feu & avez brûlé ses fleurs, & qu'il s'est fait une précipitée calcination.

Premierement, l'eau se doit épaissir de jour en autre, finalement qu'elle ne monte plus, mais que le tout demeure au fonds, ayant mauvaise odeur, noir & liquide comme de la poix.

Environ les cinquante jours vous appercevrez plusieurs couleurs, qui s'augmenteront de jour en autre comme, azur, verd, citrin, violet pâle, finalement noir parfait, il paroîtra comme s'il fluoit & qu'il y eut des aîles.

En cas que la sécheresse & couleur citrine apparoissent & se multiplient, & que le verd & l'azur ne paroissent point, doutez de votre opération.

Mais en cas que votre sueur circule doucement, vous n'avez rien à craindre, & quand vous aurez le noir en six semaines, la corruption & mortification sera comme les rayons du Soleil, non pas entiérement
secs,

secs, reluisant comme un charbon, luisant comme du velour; vous continuerez à sublimer jusqu'à ce qu'il devienne poudre.

Alors l'on n'augmente pas le feu, & ladite poudre redevient en eau, jusqu'à ce qu'elle s'évanouisse pour se coaguler de nouveau.

Calcination, solution, séparation, conjonction, résolution sont toutes les fonctions de l'esprit ; mais en vérité ne sont qu'une même Oeuvre, qui se fait toute par un même feu, & requiert une même chaleur continuelle ; ce n'est autre chose que la sublimation pour rendre le corps fixe volatil.

Toute l'Oeuvre n'est autre chose que de faire monter les vapeurs & les faire redescendre, que nous nommons séparation. C'est le commencement, le milieu & la fin de notre Oeuvre ; démêlant leurs espéces l'une de l'autre, aussi long-tems qu'elles soient immédiatement conjointes ensemble, & que l'on ne les puisse plus séparer.

Alors ils sont comme l'homme, esprit, ame & corps, lesquels trois ne sont qu'un : ainsi notre Oeuvre, encore que trois, par la continuelle opération du feu ne fait qu'un corps, dont on ne peut plus séparer les parties.

Encore que nous donnions différence à notre Magistere, cependant ce n'est qu'une seule opération ; car qui acheve une Oeuvre peut achever l'autre quand il lui plaira, parce que tout dépend de sçavoir ouvrir & refermer les corps, les diſſoudre & les recongeler, les volatiliſer & figer, les putrifier, & derechef les purifier, les faire mourir, & puis les faire vivre, tout ceci n'eſt qu'une ſeule opération compriſe en pluſieurs ſens.

EXPERIENCES

Sur la préparation du Mercure des Sages pour la Pierre, par le régule de Mars, ou fer, tenant de l'Antimoine, & étoilé, & par la Lune ou l'Argent.

Tirées du Manuſcrit d'un Philoſophe Américain, dit IRENE'E PHILALETHE, Anglois de naiſſance, habitant de l'Univers.

I. *Secret de l'Arſenic philoſophique.*

J'Ai pris une partie du Dragon igné, & deux parties du corps magnétique, je les ai préparé enſemble par un feu de roüe, & par la cinquième préparation, huit onces environ de véritable Arſenic philoſophique ont été faites.

II. *Secret pour préparer le Mercure avec ſon Arſenic, & en ôter les fœces impures.*

Ma méthode étoit de prendre une partie de très-bon Arſenic philoſophique, que j'ai mariée avec deux parties de la Vierge Diane, & les ai uni en un seul corps, que j'ai trituré & réduit en menuës particules ; avec cela j'ai préparé mon Mercure, en travaillant le tout ensemble à la chaleur requise, jusqu'à ce qu'ils fussent fort bien œuvrés ; ensuite j'ai purgé la composition par le sel d'urine pour en faire tomber les *fœces*, que j'ai recueillies séparément.

III. *Depuration du Mercure des Sages.*

Distillés trois ou quatre fois le Mercure préparé, & qui a encore quelque impureté externe, dans un alambic qui lui soit propre, avec une cucurbite calibée, puis lavez-le avec le sel d'urine jusqu'à ce qu'il se clarifie, & qu'il ne laisse aucune queüe en courant.

IV. *Autre purgation fort bonne.*

Prenez dix onces de sel décrepité, & autant des scories de Mars, ou de fer, avec une once & demie de Mercure préparé ; triturez dans un mortier de marbre le sel & les scories, réduisez-les en très-menues parties ; alors mettez-y le Mercure ; broyez encore le tout avec du vinaigre, jusqu'à ce qu'ils soient si bien mêlés, qu'on ne les distingue plus ; mettez le tout dans un vase philosophique de verre, & le distillez dans un alambic aussi de verre par la médiation du nid qui lui sert d'arêne, jusqu'à ce que tout le Mercure monte en sublimation, pur, clair & splendissant; réiterez trois fois cette opération, & vous aurez le Mercure très-bien préparé pour le Magistere.

V. *Secret de la juste préparation du Mercure des Sages.*

Chaque préparation du Mercure avec son arsenic, est une aigle; lorsque les plumes de l'aigle ont été purgées de la noirceur du corbeau, faites ensorte que l'aigle volle jusqu'à sept fois, c'est-à-dire que la sublimation se fasse autant de fois; alors l'aigle ou la sublimation est bien préparée & disposée pour s'élever jusqu'à la dixiéme fois naturellement.

VI. *Secret du Mercure des Sages.*

J'ai pris le Mercure requis, & l'ai mêlé avec son vrai arsenic, la quantité du Mercure a été de quatre onces environ, & j'ai rendu légere la consistance du mélange; je l'ai purgé à la façon convenable, puis je l'ai distillé, & il ma donné le corps de la Lune; ce qui ma fait connoître que j'avois fait ma préparation selon l'Art, & fort bien.

Ensuite j'ai ajouté & augmenté à son poids arsenical de l'ancien Mercure, autant pesant qu'il en a fallu pour que ce même Mercure rendit la composition fluide

& légere, & je l'ai ainsi purgé jusqu'à ce que la noirceur & les ténébres ayent été dissipées, même jusqu'à ce que l'Oeuvre eut presque acquis la blancheur de la Lune.

Alors j'ai pris une demie once d'arsenic, dont j'ai fait le mariage requis. j'ai ajouté cela avec le Mercure en l'y joignant, & il en a été faite une matiére disposée en forme de terre à potier préparée, cependant un peu plus légere.

Je l'ai purgé derechef selon l'usage requis, cette purgation exigeoit bien du travail, ce que j'ai fait avec un long-tems par le sel d'urine, que j'ai trouvé très-bon pour cet ouvrage.

VII. *Autre purgation très-bonne.*

La meilleur voie que j'ai trouvé pour purger la composition, a été par le vinaigre & sel pur Marin; c'est ainsi qu'en douze heures je peu préparer une aigle, ou sublimation.

1°. J'ai fait voler une aigle, Diane est restée au fond de l'œuf philosophique, avec un peu de cuivre.

2°. J'ai entrepris de faire voler une autre aigle, & après avoir fait rejetter les superfluités, j'ai encore fait une sublimation, & de nouveau les colombes de Diane sont restées avec une teinture de cuivre.

3°. J'ai marié l'aigle, en faisant joindre la sublimation avec le compôt, & j'ai encore purgé en écartant les superfluités jusqu'à ce qu'il parut quelque blancheur : alors j'ai fait voler une autre aigle ou sublimation, & une grande partie de cuivre est restée avec les colombes de Diane, puis j'ai fait voler l'aigle deux fois séparément pour opérer toute l'extraction du corps total.

4°. J'ai marié l'aigle en faisant retomber la sublimation sur la confection, & y ajoutant de plus en plus & par dégrez de son humeur ou humidité radicale ; & par là la consistance a été faite en fort bon regime ; l'hydropisie qui avoit regnée dans chacune des trois premieres aigles, ou sublimations a cessée entierement.

Telle a été la bonne voie que j'ai trouvée pour préparer le Mercure des Sages.

Ensuite je mets dans un creuset, & au fourneau en place, la masse amalgamée & mariée selon l'Art ; je fais ensorte cependant qu'il n'y ait point de sublimation pendant une demi-heure ; alors je la retire du creuset, & la triture habilement ; puis je la remet dans le creuset & au fourneau, & après un quart-d'heure ou environ je la retire encore & la triture, & alors je me sert d'un mortier échauffé.

Dans cet ouvrage l'amalgame commence à jetter beaucoup de poudre blanche, je le mets de nouveau dans le creuset & sur le feu, comme la premiere fois, & pendent un tems convenable, de façon qu'il ne se sublime point, mais plus fort est le feu, meilleur il est.

Je continue ce travail en échauffant & broyant ainsi la masse jusqu'à ce presque entiere, elle paroisse en poudre; puis je la nétoye, & ce qu'il y a de fœces se sépare facilement; alors l'amalgame se prend à part; après quoi je le lave & purifie encore par le sel, le remets sur le feu, le triture comme j'ai fait auparavant, je répete ce procédé jusqu'à ce qu'il n'y subsiste plus de fœces & d'impuretés.

VIII. *Triple épreuve de la bonté du Mercure préparé.*

Prenez votre Mercure préparé avec son arsenic, par le travail de 7, 8, 9 ou 10 aigles ou sublimations; versez-le dans l'œuf philosophique, luttez-le bien avec le lut de Sapience, & le placez dans le fourneau en son nid, qu'il y demeure dans une chaleur de sublimation, de façon qu'il monte & descende dans cet œuf de verre, jusqu'à ce qu'il se coagule un peu plus épais que du beurre; continuez ainsi jusqu'à une parfaite coagulation, jusqu'à, dis-je, la blancheur de la Lune.

IX. *Autre & seconde épreuve.*

Si le Mercure, en agitant le vase de verre qui le contient, se convertit naturellement avec le sel d'Urine en poudre blanche impalpable, de maniere qu'il n'apparoisse plus sous la forme mercurielle, & que derechef aussi naturellement il prenne consistance du sec & du chaud, comme un Mercure leger & volatile, cela suffit ; il est cependant meilleur, si on le fait passer en cet état en globules imperceptibles par l'eau de la fontaine des Philosophes : car si le corps réside en grains, il ne sera pas ainsi converti & séparé en particules legeres.

X. *Autre & troisiéme épreuve.*

Distillez le Mercure dans un alembic de verre, par le moyen d'une cucurbite aussi de verre ; s'il passe sans rien laisser après lui, alors l'eau Minerale est bonne.

XI. *Extraction du Souffre hors le Mercure vif, par le moyen de la séparation.*

Prenez tout votre composé d'ame, d'esprit & de corps mêlés ensemble, dont le corps à été coagulé par la voie de la digestion & la vertu de l'esprit volatile, & séparez le Mercure de son souffre par le moyen du distilatoire propre de verre ; alors vous aurez la Lune blanche fixe, qui résiste à l'eau forte, c'est-à-dire l'Argent philosophique, qui est plus pésant que l'Argent vulgaire.

XII. *Secret pour tirer l'Or magique de cet Argent.*

Par la chaleur du feu, vous tirerez le
Souffre

Souffre jaûne qui est Or, de ce Souffre blanc qui est Argent ; c'est une opération manuelle qui aide à la naturelle, & cet Or est le plomb rouge des Philosophes.

XIII. *Façon de tirer l'Or potable de ce Souffre aurifique.*

Vous convertirez ce Souffre jaune en huile rouge comme du sang, en le faisant circuler selon l'Art, avec le menstrue volatile, qui est le Mercure philosophique ; c'est ainsi que vous aurez une panacée admirable.

XIV. *Conjonction grossiere du menstrue avec son Souffre, pour former la production du feu de nature.*

Prenez du Mercure préparé, purgé, & bien tiré par le travail de 7, 8, 9 ou 10 aigles au plus ; mêlez-le avec le Souffre rouge appellé Laton préparé, c'est-à-dire qu'il faut deux ou trois parties au plus d'eau philosophique pour une partie de Souffre pur, purgé & broyé.

XV. *Elaboration du mélange par un travail manuel.*

Broyez & triturez ce mélange sur un marbre en partie très-fines, déliées, & subtiles ; ensuite lavez-le avec le vinaigre, & le sel Armoniac, jusqu'à ce qu'il ait déposé toutes ses fœces noires ; alors vous l'averez toute sa piquante saline & son acrimonie dans l'eau de la Fontaine philosophique ; Fontaine de Salmacis, fontaine de Jouvance, piscine probatique ; puis vous le ferez sécher sur un carton propre, en l'y versant de place en place, & l'agitant avec la pointe d'un couteau, jusqu'à parfaite siccité.

XVI. *Imposition du fœtus dans l'œuf Philosophique.*

Maintenant vous mettrez votre mélange bien sec, dans un œuf philosophique de verre, lequel sera fort blanc & transparant, de la grandeur d'un œuf de poule ; que votre matiere n'excéde pas plus de deux onces dans cet œuf, que vous scellerez hermétiquement ; pourquoi pesez-le avant d'y introduire la matiere, & repesez-le après l'y avoir mise, pour en connoître & regler le poids. Sçachez que notre mélange en son origine est une eau séche qui ne mouille pas les mains : en ceci est un grand secret.

XVII. *& derniere. Regime du feu.*

Ayez un fourneau construit, de façon que vous y puissiez conserver un feu immortel, c'est-à-dire une chaleur continuelle sans interruption depuis le commencement de l'Oeuvre jusqu'à la fin ; vous aurez soin d'y entretenir une chaleur du premier dégré à l'endroit du nid ; dans ce fourneau la rosée de notre composé doit s'élever &

circuler de lui-même, c'est-à-dire par sa propre vertu, continuellement jour & nuit sans aucune intermission, & opérer naturellement toutes les merveilles de l'Oeuvre: dans ce feu, le corps mourra & l'esprit sera renouvellé: enfin il en naîtra une ame nouvelle qui sera glorifiée, & unie à un corps immortel & incorruptible; ainsi sera fait un nouveau Ciel.

Note en forme de suplément & de conclusion.

Remarquez bien que la 16e & 17e expérience de *Philalethe* contiennent ingénument & sincérement l'analyse explicative de toute la conduite de l'Oeuvre hermétique, simple & naturelle; les autres expériences de ce Philosophe, renferment de grandes vérités & instructions; mais elles sont bien fines & captieuses: il semble avoir réservé à mettre sous un seul point de vûe la description des deux articles principaux & essentiels, avec la vérité dont il se fait honneur, & sans aucune obscurité, pour la bonne bouche & la fin de son traité; ce qui dans l'ordre naturel doit en faire le commencement; en quoi il a suivi l'usage des anciens Hébreux, qui commençoient leurs Livres par la fin du volume, en remontant par suite à son commencement, où ils le finissoient; cette révélation sera d'un grand secours pour les vrais Artistes.

LETTRE DE GEORGES RIPLÉE,[*]
A EDOUARD IV,[**]
ROI D'ANGLETERRE.

De l'Explication d'Irenée Philalethe, & de la Traduction de l'Anglois en François.

I. Cette Lettre qui a été écrite immédiatement à un Roi sage & vaillant, contient tout le Secret de l'Oeuvre hermétique, quoique décrit & celé avec beaucoup d'art, comme l'Auteur même l'affirme, & qu'en cette Lettre il promette de denoüer entierement le nœud le plus difficile : de mon côté, je rends témoignage avec lui que cette Lettre, quoique bréve, contient ce qu'un Philosophe peut désirer, tant pour la théorie, que pour la pratique de nos Mystères alchimiques.

II. Il est essentiel que cette Lettre soit la clef de tous les Écrits que j'ai mis au jour, & j'assure que je ne me servirai d'aucun terme douteux ni allégorique, comme dans mes autres Traités, où il paroît que je prouve des choses qui se trouveroient faus-

---

[*] Chanoine Régulier de Bridlinglon en Angleterre.
[**] Ce Prince commença son Régne & mourut aux mêmes années que Louis XI, Roi de France ; c'est-à-dire qu'il régna vingt-deux ans, depuis l'an 1461. jusqu'en 1483. On peut donc juger du tems où vivoit Riplée.

ses, si l'on ne les prend figurément ; ce que j'ai fait afin de cacher cet Art, ainsi qu'il convient ; mon intention n'étant pas que cette clef devienne vulgaire ; je prie fort ceux qui la posséderont de la tenir secrette & cachée, & de ne la communiquer qu'à quelqu'Ami, dont la fidélité lui soit éprouvée & connue, & de la discrétion duquel il soit sûr.

III. Ce n'est pas sans raison que je fais cette exhortation ; car je suis certain que tout ce que j'ai écrit jusqu'à présent n'est pas à comparer à ce que j'en vais expliquer, à cause des contradictions que j'ai entremêlées dans mes autres Ouvrages. C'est pourquoi je ne me servirai en cette Lettre que d'une méthode bien différente de celle que j'ai autrefois employée ; je commencerai par tirer la substance physique que renferme la Lettre de Riplée, puis, je la réduirai en plusieurs définitions & *conclusions*, que je promets d'éclaircir par la suite.

IV. Les huit premieres Stances de cette Lettre en Vers, n'étant que des assurances de respect, je prends la *premiere Conclusion* à la neuviéme Stance ; sçavoir, que tout se multiplie par sa propre espéce, & que par conséquent les Métaux le peuvent être, puisqu'on peut les changer d'imparfaits en parfaits.

V. Dans la dixiéme Stance est renfermée la *seconde Conclusion*, qui est que le fondement le plus sûr pour pouvoir tranſmuer, eſt de réduire tous les Métaux & Minéraux, qui ſont incru de nature & principe métallique, en leur premier Mercure, en les rendant en leur matiere premiere.

VI. La *troiſiéme Concluſion* contenue dans la onziéme Stance, eſt que parmi tous les Souſfres minéraux & métalliques & tous les Mercures, il n'eſt que deux Souſfres qui ſoient propres à notre Ouvrage, avec leſquels le Mercure eſt uni eſſentiellement & radicalement.

VII. La *quatriéme Concluſion*, tirée de la même Stance, porte que celui qui comprend comme il faut ces deux Souſfres & ces deux Mercures, trouvera que l'un eſt le plus pur de l'Or, qui en ſon apparence eſt Souffre, & en ſon occulte eſt Mercure, & que l'autre eſt le Mercure le plus pur & le plus blanc, qui eſt véritable Argent-vif dans ſon extérieur, & Souffre en ſon intérieur ; & ce ſont la les deux principes de notre Oeuvre.

VIII. La *cinquiéme Concluſion*, qui ſe tire de la douziéme Stance, eſt que ſi les principes ſur leſquels travaille un Philoſophe ſon vrais, & les opérations exactes & régulieres l'effet en doit être ſûr, lequel n'eſt autre choſe que le Myſtère véritable des Philoſophes alchymiques.

Ces Concluſions ne ſont pas en grand nombre ; mais elles importent beaucoup, de sorte que leur extension, leur illustration, & même leur éclaircissement, doivent satisfaire un véritable fils de la Science.

Explication de la premiere Conclusion.

IX. Comme notre dessein n'est pas d'engager personne dans l'entreprise de l'Oeuvre & de l'Art hermétique, mais d'y conduire seulement les enfans de la Science, je ne m'arrêterai point à prouver la possibilité & la réalité de l'Alchymie, (ou de la transmutation) puisque je l'ai fait dans un autre Traité bien suffisamment.

X. Que celui qui ne veut pas croire, ne croye point ; que celui qui veut subtiliser, subtilise ; mais celui dont l'esprit est persuadé de la vérité & de la dignité de cet Art, doit être attentif sur l'éclaircissement de ces *cinq Conclusions* ; & il ne manquera pas de sentir son cœur palpiter de joye.

XI. Dans ces Conclusions, je ne m'arrêterai particuliérement qu'à éclaircir les endroits où se trouvent les Secrets de l'Art hermétique.

XII. A l'égard de la *premiere Conclusion*, où il affirme la vérité & la possibilité de l'Oeuvre & de l'Art, que ceux qui voudront satisfaire leur curiosité plus amplement sur cet article, lisent avec attention les témoignages des Philosophes ; mais que ceux qui sont incrédules restent dans leurs erreurs, dès que par la subtilité de leurs discours & de leurs argumens, ils veulent en éluder les preuves, & ne pas croire à tant de personnes, dont plusieurs, dans leur siécle même, se sont acquis une grande réputation.

XIII. Pour expliquer au net cette premiere clef, je ne m'arrêterai qu'au témoignage de Riplée, qui dans la quatriéme Stance de la Lettre que j'explique, assure le Roi, qu'étant à Louvain, il vit pour la premiere fois l'effet de ces grands & admirables Secrets des deux Elixirs, l'un blanc, l'autre rouge; & dans les Vers suivans, il proteste qu'il a aussi trouvé la voie du Secret alchimique, dont il lui promet la découverte, à condition néanmoins de la tenir secrette & cachée : & quoique dans la huitiéme Stance il atteste qu'il ne confiera jamais ces Mystères au papier, il offre pourtant de montrer au Roi, non-seulement l'Elixir blanc & rouge, mais même la maniére de le trevailler & opérer en peu de tems & à peu de frais.

XIV. Ceux donc qui ne croyent pas à cette Philosophie alchimique, regarderoient ce fameux Auteur comme un imbécile, ou un sophiste insensé, d'écrire de telles choses à un Prince, s'il n'avoit pas été capable de les mettre au jour & de les effectuer ; mais son Histoire, ses sublimes Écrits en cet Art, sa réputation, sa gravité, enfin sa profession, le justifient entiérement de cette téméraire calomnie.

XV. *Explication de la seconde Conclusion.*

La *seconde Conclusion* renferme en substance, que tous les Métaux & les corps des principes métalliques peuvent être réduits & réincrudés en leur premiere matiere mercurielle, ce qui est le premier & le plus sûr fondement de la possibilité de la transmutation métallique; c'est sur quoi nous nous étendrons le plus. On doit bien m'en croire, & c'est ici le pivot sur lequel roulent tous nos Mysteres hermétiques.

XVI. Sachez donc principalement que tous les Métaux & la plus grande partie des Minéraux ont pour prochaine matiere un Mercure auquel adhére presque toujours un Souffre externe & non métallique, bien différent de la substance interne ou noyau du Mercure.

XVII. A ce Mercure le Souffre ne manque pas; & c'est par son moyen qu'il peut être précipité en une poudre séche, par une liqueur qui nous est connue, mais qui ne sert point à l'Art de la transmutation. Ce Mercure peut-être fixé au point qu'il endurera toutes sortes de feux, qu'il souffrira l'épreuve de la coupelle même, & cela sans aucune addition ni mélange que la liqueur qui le fixe, laquelle ensuite en peut être séparée toute entiere, sans perdre de son poids ni de sa vertu.

XVIII. Dans l'Or le souffre est fort pur;

mais il l'eſt moins dans les autres Métaux, d'autant qu'il eſt fixe dans l'Or & dans l'Argent, & qu'il eſt volatil dans les autres. Dans tous les Métaux il eſt coagulé ; mais il eſt coagulable dans le Mercure ou Argent-vif. Ce ſouſtre eſt ſi fortement uni dans l'Or, l'Argent & le Mercure, que les Anciens ont toujours cru que le ſouffre & le Mercure n'étoient qu'une ſeule & même choſe.

XIX. Il y a par tout une liqueur dont nous devons dans cette contrée l'invention à Paracelſe, quoiqu'elle ait été & qu'elle ſoit commune parmi les Maures, les Arabes, & que quelques-uns même des plus ſçavans Alchymiſtes ; & c'eſt par le moyen de cette liqueur que nous ſçavons ſéparer en forme d'huile teinte & métallique, le ſouſtre externe & coagulable du Mercure, mais qui eſt coagulé dans les autres Métaux. Pour lors le Mercure reſtera dépouillé de ſon ſouffre, excepté de celui qu'on peut dire interne ou central, qui ne peut être coagulé que par notre Elixir ; car de lui-même il ne peut jamais être fixé ni précipité, ni ſublimé ; mais il demeure ſans altération en toutes les eaux corroſives, & en toutes les digeſtions où on le peut mettre à l'épreuve.

XX. Il y a donc une voie particuliere de réduire le Mercure en huile, auſſi-bien que tous les Minéraux & Métaux. C'eſt par la liqueur *Alkaeſt*, qui de tous les corps composés de Mercure peut séparer un Mercure coulant, ou Argent-vif, duquel tout le souffre est alors ainsi séparé, excepté son souffre interne & central, qu'aucun corrosif ne peut toucher ni dissoudre.

XXI. Outre cette voie universelle de faire la réduction, il s'en voit d'autres Particuliers par lesquelles l'Artiste peut réduire le Plomb, l'Etain, l'Antimoine, & même le Fer en Mercure coulant, & cela se fait par le moyen des sels, qui, parce qu'ils sont corporels, ne sçauroient pénétrer les corps des Métaux aussi radicalement que le fait la liqueur *Alkaest*; & c'est pour cette raison qu'ils ne dépouillent pas entiérement le Mercure de son souffre; mais ils lui en laissent autant qu'on en trouve ordinairement dans le Mercure commun.

XXII. Mais observez que le Mercure des corps a quelques qualités particulieres selon la nature du métal ou du minéral dont il est extrait, pourquoi il est inutile à notre Oeuvre de dissoudre en Mercure l'espéce des Métaux parfaits, il n'a pas plus de vertu que le Mercure commun & vulgaire. Il n'est qu'une seule humidité appliquable à notre vrai Ouvrage, qui n'est assurément ni du plomb, ni du cuivre; elle n'est même tirée d'aucune chose que la Nature ait crée, mais d'une substance requise, composée par la nature, & l'Art du Philosophe hermétique.

XXIII. Or si le Mercure tiré des corps a

une qualité aussi froide, & les mêmes fæces & superfluités que le Mercure vulgaire, jointes à une forme distincte & spécifique, c'est ce qui le rend encore plus éloigné de notre Mercure, que n'est le Mercure commun.

XXIV. L'Art philosophique est d'œuvrer un composé de deux principes ; dans l'un se trouve le sel, & dans l'autre le souffre de la nature : cependant n'étant l'un & l'autre entiérement parfaits, ni imparfaits, & pouvant être changés, exaltés & dignifiés par notre Art, on en vient à bout par le Mercure commun ; il tire non le poids, mais la vertu céleste & astrale du composé ; ce qui ne se pourroit faire si ses principes étoient sans défauts, ou absolument imparfaits. Cette vertu étant d'elle-même fermentative, produit dans le Mercure vulgaire une race bien plus noble que lui, qui est notre vrai Hermaphrodite, notre androgin qui se congéle de soi-même, & dissout tous les corps.

XXV. Examinez avec attention un grain de sémence, où le germe est presque invisible ; séparez ce germe du grain, il meurt aussi-tôt : mais en laissant tout entier le grain avec son foible germe, il s'enfle, fermente, & produit ; il n'y a donc que le germe qui produit la plante. De même il en est de notre corps ; l'esprit fermentatif, vivifiant & générant, qui est en lui, est la moindre partie du composé, & les parties impures & corporelles du corps, se séparent avec la lie du Mercure.

XXVI. Outre cet exemple du grain, on peut encore observer que la vertu ignée & cachée de notre corps purge & purifie l'eau, qui est sa propre matrice, en laquelle il souffle, c'est-à-dire, qu'il en expulse quantité de terre sale, & une grande abondance d'humidité salée; pour en avoir la preuve & en voir l'effet, faites ce que je vais dire.

XXVII. Faites vos lotions avec de l'eau de fontaine bien pure; pesez premierement une pinte de cette eau avec exactitude, & en lavez votre composé en faisant la préparation des huit ou dix aigles ou sublimations, & mettant à part toutes les *fœces* & scories; ensuite après les avoir bien séchées, distillées ou sublimées tout ce qui se pourra distiller ou sublimer, & il en sortira une très-petite quantité de Mercure; mettez le reste de ces *fœces* dans un creuset entre des charbons ardens, & toutes les matieres féculentes du Mercure se brûleront comme du charbon, mais sans produire de fumée.

XXVIII. Après que tout sera consommé, pesez le reste, & vous ne trouverez que les deux tiers du poids de votre corps; l'autre partie étant demeurée dans le Mercure; pesez aussi le Mercure que vous avez distillé, ou sublimé, & celui que vous avez préparé, chacun séparément; le poids de ces deux Mercures n'approchera pas à beaucoup près du Mercure que vous avez pris d'abord ; faites aussi bouillir l'eau qui a servi à vos lotions, & s'évaporer jusqu'à pellicule ; ensuite mettez la au froid, il en résultera des cristaux, qui sont le sel du Mercure crud.

XXIX. Ces opérations ne sont, il est vrai d'aucune utilité ; elles satisfont seulement beaucoup l'Artiste, en lui faisant voir les matieres étrangeres qui se trouvent dans le Mercure, & qui ne se peuvent découvrir que par la liqueur *alkaest* ; mais néamoins elle ne le fait que d'une maniere destructive, & non pas générative, différente en cela de notre opération préparatoire & efficiente, qui se fait naturellement entre le feu & l'eau, la chaleur & l'humide, c'est-a-dire * le male & & la fémelle, dans la propre espéce où se

---

* Quelques Philosophes entendent aussi par l'Or mâle, l'Or vulgaire, qui dans la seconde opération de l'Oeuvre fait fonction de mâle par son union avec le Mercure philosofique de la premiere opération, lequel Mercure est sa compagne, sa fémelle, à laquelle il dépose sa teinture spermatique, sulfureuse & aurifiante, pour l'engrossir, la faire concevoir, & enfanter l'Or philosophique dans la propre espéce, c'est-à-dire dans le Mercure philosophique même, qui est la mere propre qui avoit auparavant engendré cet Or vulgaire, consideré comme son enfant & de son espéce, parce que dans le Mercure philosophique il y a un souffre aurifique solaire & astral, principe de l'Or métallique : & c'est dans ce Mercure philosophique que se trouve ce Souffre ou Or solaire, moteur animant & vivifiant, qui comme ferment spirituel, ou esprit fermentateur, est l'agent opérant toutes les merveilles de l'Oeuvre ; quelquefois encore les Philosophes appellent mâle leur Mercure préparé par la premiere opération pour être marié à l'Or crud vulgaire, comme sa fémelle pour la seconde opération ; la distinction de cette nominale application dépend de l'état & de la grada-

trouve le ferment analogue, qui opére les merveilles que toute autre chofe ne peut faire.

XXX. Par conféquent fi vous faites fermenter votre corps imparfait, & le Mercure féparément, vous tirerez de l'un du fouffre très-pur, & de l'autre un Mercure noir & impur; cependant vous ne ferez jamais rien de ces deux matieres, parce qu'il leur manque la vertu fermentative, qui eft le chef-d'œuvre & le miracle du monde.

XXXI. C'eft cette vertu qui fait que l'eau commune devient herbe, plante, arbre, fruit, fang, chair, pierres, minéraux; enfin, c'eft elle qui forme tout.

Cerchez-la donc feulement, elle le mérite; quand vous la poffederez elle mettra le comble à votre félicité, puifqu'elle eft un tréfor ineftimable; mais je dois vous inftruire en même-tems, que la qualité fermentative ne travaille point hors de fon efpéce, & que les fels n'ont point la puiffance de faire fermenter les Métaux.

XXXII. Si vous voulez fçavoir pourquoi quelques alkalis féparent le Mercure des minéraux & des métaux les plus imparfaits; confidérez qu'en tous les corps le fouffre n'eft point auffi radicalement mêlé, & auffi

---

tion actuelle, où fe trouvent le Mercure philofophique & l'Or vulgaire dans l'Oeuvre; car ce qui eft agent y devient patient, & ce qui eft patient y devient agent, chacun alternativement, jufqu'à ce qu'il en réfulte la perfection, où le plus digne domine fouverainement.

intimement uni, qu'il l'est avec l'Or & l'Argent, & qu'il s'allie avec quelques alkalis qui sont extraordinairement dissous & fondus avec lui ; par ce moyen les parties sont disjointes, & le Mercure se sépare par le feu.

XXXIII. Le Mercure est donc séparé parce moyen de son souffre, autant qu'il est nécessaire seulement, lorsqu'il ne s'agit que d'une dépuration du souffre par une séparation du pur d'avec l'impur ; mais ces alkalis en séparant ce souffre rendent le Mercure d'une qualité inferieure à sa premiere, parce qu'ils l'éloignent de la nature métalique.

XXXIV. Voici un exemple ; le souffre du plomb ne brulera jamais ; quoique vous le sublimiez & le calciniez pour le convertir en sucre ou en verre, il reprendra toujours par le flux & le feu, sa premiere forme ; mais le souffre, en étant comme j'ai dit, séparé, si vous le joignez au nitre, il prendra feu aussi facilement que le souffre commun ; de sorte que les sels agissant sur le souffre, dont ils séparent le Mercure, manquent du ferment, qui ne se peut trouver que dans les substances de même nature.

XXXV. Par la même raison, le ferment du pain n'agira pas sur une pierre, ni celui d'un animal ou d'un végétable sur les métaux & les minéraux. Quoique vous puissiez

puissiez tirer le Mercure de l'Or par le moyen du premier Etre du sel, ce Mercure néanmoins n'accomplira jamais notre Oeuvre; mais une part de Mercure tirée de ce même principe, c'est-à-dire de l'Or, par trois parties de notre Mercure seulement, mettra l'ouvrage à son point de perfection par une digestion continuelle.

XXXVI. Pourquoi notre Mercure est-il superieur en puissance à l'autre ? Ne vous en étonnez pas : c'est qu'il est préparé par le Mercure commun. Le ferment qui survient entre le corps préparé & l'eau cause la mort, puis la regénération, de-là se fait une opération dont-il est l'unique auteur, rien autre ne pourroit même le faire; car outre qu'il sépare du Mercure ce qu'il a de terrestre & qui brûle comme du charbon, & une humidité qui se dissout dans l'eau commune, il lui communique une esprit de vie, qui est le vrai souffre embrionné de notre eau invisi'e, mais dont le progrès du travail est sensible à la vûe.

XXXVII. Nous concluons de-là que toutes les opérations de notre Mercure, exceptée celle qui se fait par le Mercure commun, & par notre corps selon les regles de l'art, sont fausses, & qu'elles ne perfectionneront jamais notre Oeuvre; de quelques manieres que soient travaillés ces Mercures, ils n'auront jamais la vertu du nôtre. C'est le sentiment de tous les Sçavans, & de l'Auteur de la *nouvelle lumiere alchimique*. Aucune eau dans toute l'Isle des Philosopes, dit-il, n'y est propre, sinon celle qui se tire des rayons du Soleil & de la Lune.

XXXVIII. Je vais vous expliquer le sens de ces paroles : le Mercure en son poids est incombustible ; c'est un Or fugitif. Notre corps en sa pureté est appellé la Lune des Philosophes, étant bien plus pûr que les métaux inparfaits, son souffre est aussi pûr que le souffre de l'Or ; ce n'est pas qu'il soit en effet la Lune, ne pouvant seulement demeurer au feu.

XXXIX. Maintenant je viens à la composition de ces trois principes de notre composé, il intervient un ferment tiré de la Lune, hors de laquelle quoique ce soit un corps, il sort néamoins une odeur spécifique. Souvent il arrive qu'elle perd de son poids, si le composé est trop lavé, après avoir été suffisamment purifié.

XL. Si le ferment du Soleil & de la Lune entre dans notre composition, quels avantages n'en résultent-t'il pas ? Il engendrera une race mille fois plus noble que lui, au lieu que si vous travaillez sur notre corps composé par la voie violente des sels, vous aurez à la verité du Mercure ; mais il sera bien moins noble que le corps, parce qu'il sera séparé & non exhalté par cette opération.

Explication de la troisième Conclusion.

XLI. Cette *Conclusion* nous aprend qu'entre tous les souffres minéraux & métalliques, il n'y en a que deux à l'usage de notre Oeuvre, & qui sont unis essentiellement à leur propre Mercure. Ici se dévoile ce grand secret de notre Art, que nous avons toujours caché avec soin aux vulgaires imprudens, en leur donnant le change, & leur insinuant deux voies différentes, comme a fait Riplée. Soyez certain que nous n'avons qu'un seul & vrai principe, qu'une seule maniere, & qu'une seule voie linéaire & uniforme pour nous conduire dans notre travail, & que celui qui s'éloigne de ce principe n'atteindra jamais à la perfection de l'Oeuvre.

XLII. Comme ces deux souffres sont les principes de notre Ouvrage, ils doivent être homogenez, ou rendus de la même nature; c'est uniquement l'Or spirituel que nous cherchons à faire devenir blanc, puis rouge, & cet Or est l'Or vulgaire même, qu'on voit tous les jours, mais dont on n'apperçoit pas l'esprit qui est caché dans son intérieur. Ce principe n'a besoin que de composition, & cette composition doit indispensablement être faite avec notre souffre blanc & crud, qui n'est autre chose que le Mercure vulgaire préparé par de fréquentes cohobations sur notre corps hermaphrodite, jusqu'à ce qu'il se convertisse en eau *ignée* ou ardente.

XLIII. Le Mercure n'a en lui qu'un souftre passif; notre Art consiste à multiplier en lui un soufre actif & vivant, qui sort des reins de notre corps hermaphrodite, qui a pour pere un métail, & pour mere un minéral.

XLIV. Prenez pour parvenir à votre but, la plus chérie des filles de Saturne, qui porte pour armes un cercle d'argent * surmonté d'une croix de sable en champ noir, qui est l'emblême du grand monde; mariez-la au plus vaillant des Dieux **, qui réside dans la maison d'*Ariés*, & vous y trouverez le sel de nature : acuez votre eau avec ce sel du mieux qu'il vous sera possible, il vous en résultera le bain lunaire, dans lequel l'Or veut-être purifié & rectifié.

XLV. Je puis vous assûrer en outre, que quand vous auriez notre corps réduit en Mercure, sans addition de Mercure commun, ou le Mercure de quelqu'autre corps métallique, fait par soi-même, c'est-à-dire sans addition de Mercure, il vous seroit totalement inutile ; car il n'y a que notre Mer-

---

* Toute cette allégorie n'est que pour expliquer l'Antimoine que les Chymistes désignent par un globe, mais c'est l'Antimoine philosophique.

** C'est le Mars ou le Fer, dont se fait le regule étoilé avec l'Antimoine ; mais il faut entendre le Mars philosophique.

cure seul qui ait une forme & un pouvoir céleste, qu'il ne reçoit cependant pas tant de notre composé ou principe, que de la vertu fermentative qui procéde des deux, c'est-à-dire, du corps & du Mercure : c'est de cette conjonction que sort une admirable & merveilleuse créature. Appliquez-vous donc à marier le soufre avec le Mercure; C'est-à-dire, que notre Mercure qui est empreint du soufre doit être marié avec notre Or. Alors vous aurez deux soufres mariés, & deux Mercures d'une même extraction, dont les peres & meres sont l'Or & l'Argent.

Explication de la quatriéme Conclusion.

XLVI. Je vais à présent vous expliquer, & vous rendre sensible tout ce que nous avons dit ci-devant. Cette *Conclusion* contient principalement que ces soufres sont l'un le plus pûr soufre de l'Or, & l'autre le plus pur soufre blanc du Mercure : ce sont la nos deux soufres; l'un qui paroît un corps coagulé, porte néanmoins son Mercure dans son sein; l'autre est en toute maniere vrai Mercure; mais Mercure très-pur qui porte son soufre au-dedans de lui-même, quoique caché sous la forme & la fluidité du Mercure.

XLVII. Ici les Sophistes se trouvent dans un embarras extrême causé par leur ignorance sur l'amour métallique. Ils travaillent sur des substances hétérogènes, où s'ils s'exercent sur des corps métalliques, ils joignent mâle avec mâle, ou femelle avec femelle. Quelquefois ils travaillent sur un corps seul, ou s'ils prennent les deux sexes, le mâle sera impuissant, & la matrice de la femelle sera viciée ; de sorte que par leur inconsidération ils ne remplissent jamais leurs espérances, & ces ignares attribuent à l'Art la faute qu'ils ne doivent justement imputer qu'à leur folie, & qui est une suite de leur inintelligence des Philosophes.

XLVIII. Il est plusieurs de ces Sophistes que je sçai, qui rêvent sur plusieurs pierres végétables, minérales & animales ; quelques-uns même y ajoutent l'*ignée*, l'Angélique & la pierre de Paradis. Ces Opérations, quoique fort inconséquentes, puisqu'ils n'en tirent rien de bon pour la perfection de l'œuvre, n'ont rien qui vous doive surprendre ; le but où ils tendent est trop haut, pour que leur imagination bornée y atteigne ; pour reparer ce défaut de capacité, ils inventent des manieres nouvelles qu'ils croyent être convenables pour y arriver. Ils emploient pour cela deux voyes, l'une qu'ils appellent voye humide, l'autre voye seche. Cette derniere à ce qu'ils prétendent est un l'abyrinthe, qui n'est connu que des plus illustres Philosophes ; l'autre est le seul dédale, oye ailée, de peu de dépense, & que les pauvres même pourroient entreprendre.

XLIX. Quoique puissent dire ces Sophistes, je peux vous protester qu'il n'y a qu'une seule voye, qu'un seul regime dans la conduite de notre Ouvrage; & qu'il n'est point d'autres couleurs que les notres. Ce que nous enseignons de contraire à ces principes uniques, n'est que pour voiler aux yeux du vulgaire & des impudens le plus grand des secrets. Chaque chose doit avoir ses propres causes, donc il n'y a point d'effet qui soit produit par deux voyes sur des principes différens.

C'est pourquoi nous avertissons & assûrons de rechef les Lecteurs, que dans nos premiers écrits nous avons caché beaucoup de choses sous prétexte de deux voyes, que nous y avons insinuées, & que nous allons toucher en peu de mots exactement.

L. L'un de nos Ouvrages est une minutie, qu'un enfant pourroit faire, qu'une femme sçauroit aisément élaborer; ce n'est autre chose que la cuisson par le feu. Nous assûrons que le plus bas dégré de l'Oeuvre est que la matiere soit excitée, & puisse d'heure en heure circuler sans que le vaisseau qui la contient se brise; pour remédier à cet inconvenient, il faut qu'il soit très-fort; mais notre cuisson lineaire ou uniforme, est un Ouvrage interne, qui avance de jour en jour & d'heure en heure, & bien différent de cette chaleur externe; car il est invisible & insensible.

LI. En cet Ouvrage notre Diane est notre corps, lorsqu'il est mêlé avec l'eau, car pour lors le tout est appellé la Lune, parce que tout est blanchi, & la femme gouverne. Notre Diane a un bois, parce que dans les premiers jours de la pierre, que nocorps est blanchi, il pousse plusieurs végétations: dans la suite de l'Ouvrage on trouve dans ce bois deux colombes; car après trois semaines elles sont fortement unies dans les embrassemens perpétuels de Venus: en ce tems la composition est entierement teinte d'une pure verdeur. Et ces colombes sont circulées sept fois; parce que dans le nombre de sept se trouve toute perfection. Elles meurent enfin, car elles ne s'élevent plus, & ne donnent plus aucun signe de mouvement: pour lors notre corps est noir comme le bec d'un corbeau; dans cette Opération tout se change en poudre plus noire que le noir même.

LII. Nous usons souvent de ces allégories, lorsque nous parlons de la préparation de notre Mercure. C'est un trait de notre prudence pour abuser les gens trop simples, qui ne prennant les choses qu'à la lettre, sont indignes de mettre la main à l'Oeuvre; nous le faisons aussi pour obscurcir & embarasser un peu nos traités & nos procédés. Souvent nous parlons de l'un lorsque nous devrions parler de l'autre; si notre Art étoit dévoilé aux yeux de la multitude, tout au long, & dans un ordre méthodique de procéder ; le nombre d'ignorans qui se trouveroient parmi eux qui l'éxerceroient, feroit passer nos Oeuvres pour des folies, & méprifer nos Ouvrages.

LIII. Ayez donc confiance en ce que je dis, que rien n'est plus naturel que nos Ouvrages, & c'est cette naturalité qui nous enhardit à prendre la liberté de confondre le travail des Philosophes, & de l'embarrasser avec ce qui n'est que l'effet de la simple nature ; c'est aussi pour maintenir les imbéciles dans l'ignorance de notre vrai vinaigre, sans le secours & la connoissance duquel tous leurs travaux deviennent inutiles. Pour finir cette *Conclusion*, souffrez que j'ajoûte encore quelques paroles.

XIV. Prenez votre corps qui est l'Or vulgaire, & notre Mercure qui a été acué sept fois par son mariage avec notre corps hermaphrodite, qui est un cachos, & l'éclat de l'ame du Dieu Mars dans la terre & l'eau de Saturne ; mêlez ces deux ensemble en tel poids que la nature le demande. Dans ce mêlange vous possédez nos feux invisibles ; car dans l'eau, ou Mercure, est un souffre actif ou feu minéral ; & dans l'Or il y a un souffre mort & passif, mais cependant actuel. Quand ce souffre de l'Or est excité & revivifié, il se forme du feu de la nature, qui est dans l'Or, & du feu contre nature, qui est dans le

Mercure, un autre feu participant de l'un & de l'autre; c'est l'union de ces deux feux en un seul qui cause la corruption, qui est l'humiliation, d'où vient ensuite la génération, qui est glorification & perfection du composé.

LV. Je crois devoir vous instruire maintenant que l'Or seul gouverne ce feu interne. L'homme en ignore entierement le progrès; tout ce qu'il peut faire est d'être attentif dans le tems son Opération, & d'appercevoir seulement la chaleur : il remarquera que ce feu opére tous les dégrez de chaleur nécessaires à la cuisson. Il n'y a point de sublimation dans ce feu-là, car la sublimation est une exaltation, sans lui on ne peut espérer aucune réussite, & tout le travail tombe dans l'inutilité.

LVI. Tout Notre Ouvrage ne consiste donc en autre chose qu'à multiplier ce feu; c'est-à-dire, circuler le corps jusqu'à ce que la vertu du souffre soit augmentée. De plus ce feu est invisible, & comme il n'a aucune dimension, soit en haut, soit en bas, il étend la Sphere d'activité de notre matiere dans l'œuf, de maniere que sa substance quoique materielle & visible, se sublime & monte par l'action de la chaleur élementaire. Cette vertu spirituelle est cependant toujours existante dans ce qui reste au fond du vaisseau, aussi-bien que dans la matiere plus élevée; la raison est que cette vertu est comme la vie dans le corps de l'homme, laquelle l'anime en toutes ses parties, étant diffusé par toute la capacité & en tout le contenu de la machine en même tems, sans être attachée n'y fixée à une localité particuliere.

LVII. Voilà le fondement de nos Sophismes, & c'est, je crois, avec raison, que nous assurons qu'il n'y a aucune sublimation dans le feu philosophique proprement dit. Le feu est vie, c'est une ame qui n'est pas sujette aux dimensions des corps ; d'où il arrive que l'ouverture de l'œuf, ou le refroidissement de la matiere dans le travail tue cette vie, ou ce feu qui réside dans le souffre secret. Rien de plus commun que de sçavoir allumer & gouverner le feu élémentaire, les enfans même n'en sont pas ignorans. Mais il n'y a que le vrai *Sage* qui puisse discerner avec quelque justesse le vrai feu interne ; en effet, c'est une chose surnaturelle qui agit dans le corps, quoiqu'elle n'en fasse point partie : c'est pourquoi nous disons, que le feu est une partie céleste ; qu'il est toujours le même jusqu'au dernier période de son opération ; alors étant à son point de perfection, il n'agit plus ; car tout agent se sépare, lorsque le terme de son Opération est arrivé.

LVIII. Ainsi lorsque nous parlons de notre feu, qui ne sublime point, n'allez pas vous méprendre, & croire que l'humidité de notre composition, qui existe dans l'œuf, ne doive point se sublimer ; c'est au contraire ce qu'elle doit faire incessamment. Le feu qui ne sublime point est l'amour métallique, qui réside dans toute l'étendue de l'Univers, céleste & terrestre, & dans toute notre matiere.

LIX. Maintenant, il ne me reste pour pour conclure ce que je viens de vous expliquer, qu'à vous recommender l'attention la plus scrupuleuse sur la qualité de la matiere dont vous ferez choix pour votre Oeuvre : cette maxime est certaine. Il ne résulte jamais rien de bon d'un mauvais principe : un méchant Corbeau pond un méchant œuf.

Que votre semence & votre matiere soient pures, elles vous produiront une race noble.

Que le feu externe soit tel, qu'en lui votre confection puisse agir librement de tous côtés dans l'œuf ; par ce moyen & en peu de jours, il produira ce qui fait l'objet de votre attente, c'est-à-dire le bec du corbeau.

Continuez ensuite votre cuisson, & en 130 jours vous verrez la blanche colombe ; 90 jours après, paroîtra l'étincelant Cherubin d'une beauté surprenante.

Explication de la cinquiéme & derniere Conclusion.

LX. Si les operations d'un homme sont

gulieres, & ſes principes vrais, dit ici notre excellent Artiſte, le chef-d'Oeuvre qui en réſultera doit couronner ſes travaux, & le Magiſtere ſera aſſuré.

LXI. Hommes vulgaires, fols & aveugles, s'écrie le célébre Riplée, qui ſans conſidérer que chaque choſe dans le monde à ſa propre cauſe & ſa propre action, ne ſuivez que les conſeils de vos ſtériles idées, croyez vous qu'un pilote puiſſe voguer ſur mer avec un caroſſe quelque beau qu'il ſoit? L'eſſai qu'il qu'il en feroit ſeroit ſans doute une folie. Vous perſuadez-vous qu'avec le plus brillant navire bien équipé, vous puiſſiez aller à la volée, ſans bouſſole & ſans voiles? Jaſon eût-il abordé l'heureuſe Colchide? Loin d'arriver à la côte d'Or, & d'être devenu le Poſſeſſeur de la précieuſe Toiſon, le premier rocher eût mit un obſtacle invincible à ſon bonheur, & ſon naufrage eût été certain. Ce ſont cependant des inſenſés de cette trempe qui cherchent notre ſecret dans des matieres triviales, & qui cependant eſperent de trouver l'Or d'Ophir, l'Or de Corinthe, ou celui du fleuve *Phiſon*; mais leurs recherches ſont vaines: ce bonheur eſt reſervé pour peu de perſonnes, illuminées d'en haut: la voie en eſt droite & ſimple, quoique couverte d'écueils; mais elle n'eſt trouvée & frayée que par un très-petit nombre d'Elûs.

PRINCIPES DE PHILALETHE,

Pour diriger les Opérations dans l'Oeuvre hermetique, Traduits de l'Anglois.

1°. Ne vous livrez jamais à l'entreprise du grand Oeuvre sur les régles que des ignorans, où les Livres des Sophistes pourroient vous suggérer, & ne vous écartez point de ce principe : le but où vous aspirés est l'Or ou l'Argent, l'Or & l'Argent doivent être les uniques objets sur lesquels vous avez à travailler par le moyen de notre Fontaine mercurielle préparée pour les baigner, & cela demande toute votre application.

2o. Ne vous rendez pas aux propos qu'on pourroit vous tenir, en vous disant que notre Or n'est pas l'Or vulgaire, mais l'Or physique : l'Or vulgaire est mort il est vrai, mais de la façon dont nous le préparons, il se revivifie de même qu'un grain de bled mort dans un grenier, se revivifie dans la terre. Après six semaines, l'Or qui étoit mort, devient dans notre Oeuvre, vif, vivant & spermatique, parce qu'il est mis dans une terre qui lui est propre, je veux dire dans notre composé. Nous le pouvons donc appeller notre Or à juste titre, parce que nous le joignons avec un agent, qui certainement lui rendra la vie; comme par une dénomination contraire, un homme condamné au supplice de la mort, est appellé un homme mort, parce qu'il mourra bientôt, quoiqu'il soit encore en vie.

3°. Outre l'Or, qui est le corps, & qui tient lieu de mâle dans notre Oeuvre, vous aurez encore besoin d'un autre sperme, qui est l'esprit, l'ame ou la fémelle ; ce sperme est le Mercure fluide, semblable dans sa forme à l'Argent-vif commun, mais cependant plus net & plus pur. Plusieurs au lieu de Mercure se servent de toutes sortes d'eaux & de liqueurs, qu'ils appellent Mercure philosophique. Ne vous laissez pas séduire par leurs beaux discours, & n'entreprenez pas ce travail, car il est inutile ; on ne sçauroit recueillir ce qu'on n'a pas semé ; l'on moissonne le fruit du grain qu'on a semé ; ainsi si vous semés votre corps, qui est l'Or, dans une terre, ou un Mercure, qui ne soit pas métallique & homogéne aux métaux, au lieu d'un élixir métallique, vous ne retirerez de votre opération qu'une chaux inutile & sans vertu.

4°. Notre Mercure n'est qu'une même chose en substance avec l'Argent-vif vulgaire ; mais il differe dans sa forme, ayant une forme céleste & ignée, & une excellente vertu ; qualités qu'il reçoit de notre Art à sa préparation.

5°. Le secret de cette préparation consiste à prendre un minéral qui approche du genre de l'Or & du Mercure. Il faut l'impreigner avec l'Or volatile, qui se trouve dans les reins de Mars, & c'est avec cela qu'il faut purifier le Mercure au moins sept fois. Cela fait, ce Mercure est préparé pour le Bain du Roi, c'est-à-dire de l'Or.

6°. Depuis sept fois jusqu'à dix le Mercure se purifie de plus en plus, & devient aussi plus actif, étant acué dans chaque préparation par notre vrai souffre; mais s'il excédoit ce nombre de préparations ou sublimations, il deviendroit trop igné; & loin de dissoudre le corps, il se coaguleroit lui-même, & l'Or ne s'y fonderoit ni dissoudroit point.

7°. Ce Mercure ainsi acué ou animé, doit être encore distillé dans une retorte de verre deux ou trois fois, parce qu'il peut lui être resté quelques atômes du corps, à l'instant de la préparation: ensuite il faut le laver avec du vinaigre & du sel armoniac; alors il est préparé pour notre Oeuvre, ce qui doit ici s'entendre métaphoriquement.

8°. Choisissez toujours pour cet Oeuvre un Or pur & sans mélange: s'il n'est pas tel, lorsque vous l'achetés, purifiez-le vous-même par les voies ordinaires. Après cette opération mettez-le en poudre subtile, en le limant ou autrement, ou réduisez-le en feuilles: ou si vous voulez, en le calcinant avec des corrosifs: n'importe de quel moyen vous vous serviez, pourvu qu'il soit très-subtil.

9°. Maintenant venons au mélange; prenez une once ou deux de ce corps préparé, & deux ou trois onces au plus de Mercure animé, comme je viens de vous le dire; mêlez-les dans un mortier de marbre chauffé, autant que l'eau bouillante le pourra faire; broyez & triturez-les jusqu'à ce qu'ils soient incorporés ensemble, puis mettez-y du vinaigre & du sel jusqu'à la parfaite pureté, ensuite vous le dulcifierés avec de l'eau chaude, & le sécherez exactement.

10°. Je puis vous assurer que, quoique ce qui précède soit énigmatique, je vous parle avec candeur, & que la voie que je vous enseigne ici est celle-là même dont nous nous servons; & que tous les anciens Philosophes se sont servi de ce moyen qui est l'unique. Notre Sophisme git seulement dans les deux sortes de feux employés à notre Ouvrage.

Le feu secret interne est l'instrument de Dieu, & ses qualités sont imperceptibles aux yeux des hommes. Nous parlerons souvent de ce feu, quoiqu'il paroisse que nous entendions la chaleur externe: c'est de-là que naissent les erreurs où se plongent les faux Philosophes & les imprudens. Ce feu est notre feu gradué, car la chaleur externe est presque linéaire, c'est-à-dire, égale & uniforme dans tout l'Ouvrage, si ce n'est que dans l'Oeuvre au blanc elle est une sans aucune altération, excepté dans les sept premiers jours, où nous la tenons plus foible pour la sûreté de l'Oeuvre ; mais le Philosophe expérimenté n'a pas besoin de cet avis.

A l'égard de la conduite du feu externe, elle est insensiblement graduée d'heure en heure, & comme il est journellement réveillé par la suite de la cuisson, les couleurs en sont altérées, & le composé meuri. Je viens de vous dénouer un nœud très-difficile & embrassé, conservez-en la mémoire, & gardez-vous de vous laisser surprendre d'orénavant.

11°. Vous devez être pourvû d'un vaisseau, ou matras de verre, sans lequel vous ne pourriez achever votre Ouvrage : qu'il soit de figure ovale ou sphérique, & de contenance convenable à votre composé, c'est-à-dire qu'il soit de capacité à renfermer deux fois autant de matiere que vous y en mettrez : nous l'appellons œuf philosophal ; que le verre en soit épais, fort, transparent, sans aucun défaut ; son col doit être au plus d'un demi pied de longueur. Quand votre matiere y sera mise, scellés le col de cet œuf hermétiquement, de sorte qu'il n'y ait aucune ouverture, car le plus petit évent laisseroit évaporer l'esprit le plus subtil, & perdroit l'Ouvrage.

Pour vous rendre certain de l'exacte sigillation de votre vaisseau, faites l'épreuve suivante, elle est infaillible. Lorsqu'il sera froid, appliquez votre bouche à l'endroit du col où il est scellé, succez avec force, & s'il y a la moindre ouverture, vous attirerez l'air qui est dans le matras, & lorsque vous retirerez de votre bouche le col du vaisseau, l'air rentrera par l'évent avec un sifflement, dont l'oreille entendra le bruit aisément ; jamais cette expérience ne s'est trouvée fausse.

12º. Il vous faut aussi un fourneau, que les Sages appellent *athanor*, dans lequel vous puissiez accomplir tout votre Ouvrage. Dans le premier travail, celui dont vous avez besoin doit être disposé de façon qu'il fournisse une chaleur d'un rouge obscur, ou moindre, à votre volonté, & qu'il puisse se tenir au moins douze heures dans son plus haut dégré de chaleur avec égalité ; si vous en avez un tel, observez cinq conditions.

La premiere, que la capacité de votre nid ne soit pas plus ample qu'il ne faut pour contenir votre bassin, avec environ un pouce de vuide tout autour, afin que le feu qui vient du soupirail de la Tour puisse circuler autour du vaisseau.

La seconde est que votre bassin doit contenir seulement un vaisseau, matras ou œuf, avec environ un pouce d'épaisseur de cendre entre le bassin, le fonds & les côtés du matras ; & souvenez-vous toujours des paroles du Philosophe : *un seul vaisseau, une seule matiere, un seul fourneau*.

Ce bassin doit être placé de façon, qu'il soit précisément sur l'ouverture du soupirail, d'où vient le feu, & qui ne doit avoir qu'une seule ouverture d'environ deux pouces de diamétre, par où, en biaisant & montant se conduira une langue de feu, qui frappera toujours le haut du vaisseau, environnera le fonds, & le maintiendra continuellement dans une chaleur également brillante.

La troisiéme est que, si votre bassin étoit trop grand, comme la cavité de votre fourneau doit être trois ou quatre fois plus spacieuse que son diamétre, le vaisseau ne pourroit jamais être échauffé exactement ni continuellement, comme il est nécessaire qu'il le soit.

La quatriéme est que, si votre tour n'est de six pouces ou environ à l'endroit du feu, vous n'êtes pas dans la proportion, & ne viendrez jamais au point juste de chaleur; & si vous excedés cette mesure, & faites trop flamber votre feu, il sera trop foible.

Enfin, la cinquiéme est que, le devant de votre fourneau doit se fermer exactement par un trou, qui ne doit être que de la grandeur nécessaire pour introduire le charbon philosophique, c'est-à-dire d'environ un pouce, afin qu'il puisse d'en bas répercuter la chaleur avec plus de force.

13°. Les choses étant ainsi disposées, mettez l'œuf où est votre matiere dans ce fourneau, & lui donnez la chaleur que demande la nature, c'est-a-dire foible & non trop violente, commençant où la nature a quitté.

Vous ne devez pas ignorer que la Nature a laissé votre matiere dans le régne minéral, & quoique nous tirions nos comparaisons des végétaux & des animaux, il faut néanmoins que vous conceviez un rapport convenable au régne dans lequel est placée la matiere que vous voulez travailler; si par exemple, je fais comparaison entre la génération d'un homme & la végétation d'une plante, ne croyez pas que ma pensée soit telle que la chaleur, qui est propre pour l'un, le soit aussi pour l'autre; car nous sommes certains que dans la terre, où les végétaux croissent, il y a de la chaleur que les plantes sentent, & même dès le commencement du printems; mais un œuf ne pourroit pas éclore à cette chaleur, & un homme, loin d'en recevoir du sentiment, n'en ressentiroit qu'un froid engourdissement. Certain que votre ouvrage gît totalement dans le régne minéral, vous devez connoître la chaleur qui lui est nécessaire, & distinguer avec précision la petite ou la violente.

Considérez actuellement que, non-seulement la Nature vous a laissé dans le régne minéral, mais encore que vous devez travailler sur l'Or & le Mercure, qui tous deux sont incombustibles; que le Mercure est tendre, & qu'il peut rompre les vaisseaux qui le contiennent, si le feu est trop violent. Qu'il est incombustible, & que le feu ne peut lui nuire; mais qu'il faut cependant le retenir avec le sperme masculin en un même vaisseau de verre, ce qui ne pourroit se faire si le feu étoit trop vif, & vous seriez par conséquent dans l'impossibilité d'accomplir l'Oeuvre.

Ainsi le dégré de chaleur, qui pourra tenir du plomb ou de l'étain en fusion, même un peu plus forte, pas cependant plus que les vaisseaux ne peuvent la souffrir sans se rompre, doit être estimé le dégré requis, ou la chaleur tempérée. Vous voyez par là qu'il est nécessaire de commencer votre dégré de chaleur par celui qui est propre au régne où la Nature vous a laissé.

14°. Tout le progrès de cet Ouvrage, qui est une cohobation de la Lune sur le sol, est de monter en nuées & de retomber en pluie; c'est pourquoi je vous conseille de sublimer en vapeurs continuelles, afin que la Pierre prenne air & puisse vivre.

15°. Mais pour obtenir notre teinture permanente, ce n'est pas encore assez; il faut que l'eau de notre lac bouille avec les cendres de l'arbre d'Hermès. Je vous conseille de la faire bouillir nuit & jour continuellement, afin que dans les travaux de notre mer orageuse, la nature céleste puisse monter, & la nature terrestre descendre. Il est certain que sans l'exactitude de cette opération, qui est de bouillir, nous ne pouvons jamais nommer notre Ouvrage une cuisson, mais une digestion; parce que quand les elprits circulent seulement en silence, & que le composé, qui est en bas, ne se meut point par ébulition, cela se nomme proprement digestion.

16°. Ne précipitez rien dans l'espoir de recueillir avant la maturité de la moisson, je veux dire de l'Oeuvre; mais au contraire travaillés avec constance l'espace de cinquante jours au plus, & vous verrez le bec du corbeau de bon augure.

Plusieurs, dit le Philosophe, s'imaginent que notre solution est fort aisée, mais ceux qui l'ont essayée, ou qui en ont fait l'expérience, sçavent combien elle est difficultueuse. Par exemple, si vous semez un grain de bled, trois jours après vous le trouverez enflé, mais si vous le retirez de la terre il se séchera & retournera dans son premier état. Cependant on l'a mis dans une matrice convenable, la terre est son propre élément; mais il a manqué du tems nécessaire pour la végétation. Les semences les plus dures demandent un plus long séjour dans la terre pour y germer, telles sont les noix & les noyaux des prunes & des fruits; chaque espéce a sa saison, & c'est une marque certaine d'une opération naturelle & fructueuse, lorsqu'elle attend le tems prescrit pour son action, sans précipitation prématurée.

Croyez-vous donc que l'Or, qui est le corps le plus solide qui soit au monde, puisse changer de forme en si peu de tems ? Il faut demeurer dans l'attente jusques vers le quarantiéme jour que le commencement de la noirceur se fait voir. Quand vous l'appercevrez, concluez que votre corps est détruit, c'est-à-dire, qu'il est réduit en une ame vivante, & votre esprit est mort, c'est-à-dire, qu'il est coagulé avec le corps; mais jusqu'à cette noirceur, l'Or & le Mercure conservent chacun leur forme & leur nature.

17°. Prenez garde que votre feu ne s'éteigne, pas même un moment; car si une fois la matiere se refroidit, la perte de l'Ouvrage est certaine.

Il résulte de tout ce que nous venons de dire, que tout notre Ouvrage consiste à faire bouillir notre composé au premier dégré d'une liquéfiante chaleur, qui se trouve dans le régne métallique, où la vapeur interne circule autour de la matiere, & dans cette fumée l'une & l'autre mourront & ressusciteront.

18°. Continuez alors votre feu jusqu'à l'apparition des couleurs, & vous verrez enfin la blancheur. Lorsqu'elle paroîtra, (ce qui arrivera vers la fin du cinquiéme mois) l'accomplissement de la Pierre blanche s'approche. Réjouissez-vous donc; car le Roi, vainqueur de la mort, paroît en Orient environné de gloire, annoncé par un cercle citrin, son avant-coureur, ou ambassadeur

19°. Continuez avec courage votre feu
jusqu'à

jusqu'à ce que les couleurs paroissent de nouveau, & vous allez voir le beau vermillon & le pavot champêtre. Glorifiez-en Dieu, & soyez reconnoissant.

20°. Enfin, quoique votre Pierre soit parfaite, il la faut faire bouillir, ou plutôt cuire de rechef dans la même eau, avec la même proportion & le même régime ; que votre feu soit seulement un peu plus foible ; & par ce moyen vous l'augmenterez en quantité & en vertu, selon que vous le désirerez, ce que vous pouvez à cet effet réitérer autant de fois que bon vous semblera.

Que Dieu, Pere des lumières, Souverain Seigneur, Auteur de toute vie & de tout bien, vous fasse la grace de vous montrer cette régénération de lumière, pour entrer en la terre de vie, terre promise à ses Fidels, & participer un jour à la vie éternelle. Ainsi soit-il.

TRAITÉ DU SECRET
DE L'ART PHILOSOPHIQUE,

Ou l'Arche ouverte, autrement dite la Cassette du petit Paysan.

Commenté par Valachius, corrigé & élucidé par Ph:.... Ur... Amateur de la Sagesse. Premiere Partie.

Nous avons ici en Allemagne un commun & vieux Proverbe, *après beaucoup de pleurs grande joye, après la pluye le beau tems*; il en est tout au contraire, ç'a été à mon grand regret depuis peu d'années, mon sort fatal; la même chose est arrivée quelquefois à d'autres, qui ont commencé l'Ouvrage sans un fondement véritable, comme je le montrerai au long; car pensant tenir en mes mains tout le monde, je n'eus rien moins que cela, d'autant que mon vaisseau de verre sur lequel j'avois appuyé tout mon bonheur, vint à se casser avec grand bruit, & toute la matiere rejaillit sur mes minutes de Philosophie, qui en furent gâtés & salies, ce qui me causa beaucoup de perte, mais je passe cela sous silence; je dis seulement que je fus si fort surpris d'étonnement par ce désastre inopiné, que je ne sçavois où j'en étois, ni ce que je faisois, tant j'étois devenu triste & affligé; car toute ma joye & mon espérance s'étoient tournés en venin, & non pas en l'Or & en l'Argent que j'attendois.

Etant donc un peu revenu & rentré en moi-même, & ayant consideré attentivement la grande perte que j'avois faite, & l'incommodité que je recevois de cet accident; je commençai à deux genoux, les larmes aux yeux, & d'un cœur gémissant, de représenter tout mon malheur à celui qui de toute éternité voit toutes choses; car Dieu donne & ôte à qui il lui plaît. Je lui fis une instante priere, afin qu'il eut pitié de moi, en m'inspirant la vraie voie pour arriver devant sa Divine Majesté par l'esprit de vérité & de sagesse; ce qui me donna aussi de la consolation, fut ce que dit Zachaire, que beaucoup de Philosophes ont failli au commencement, qui néanmoins sont enfin parvenus au bout de leur Ouvrage. Comme donc j'étois presque accablé de diverses pensées pour le fâcheux accident qui m'étoit arrivé sur la rupture de mon vaisseau, il me vint en pensée une question qui tourmentoit mon esprit, sçavoir si le Tout-Puissant voudroit bien permettre que nous autres pauvres pécheurs (venans en ce siécle si pervers & corrompu) puissions parvenir à la connoissance d'un si grand Secret, comme est la Pierre des Philosophes.

Après ces inquiétudes & mouvemens, je fis enfin une résolution de ne plus m'inquiéter l'esprit, considérant que tous ceux qui nous ont précedé, & qui ont atteint a la parfaite connoissance de ce saint mystère, ne laissoient pas d'être pécheurs comme nous, & que ce don de Dieu ne se révéle pas à cause d'aucun mérite qui soit en l'homme; mais c'est une grace particuliere de Dieu, puisque nous ne sommes que très-inutils & pleins d'erreur. Cette considération me fit faire une ferme résolution de me convertir à Dieu, & de n'avoir plus que son honneur pour but, & le secours du prochain pour toutes mes entreprises. Etant en cette ferme volonté, je sentis une sainte extase & certaines émotions qui me donnerent de la clarté parmi mes précédentes afflictions; & me relevant de ma priere, je me trouvai incité à reprendre en main mes Philosophes.

Mais il me sembla que je devois surtout préférer le Comte de Trévisan, lequel, quoiqu'auparavant j'eusse bien feuilleté, je n'y découvrois rien néanmoins qui me donnât un fondement assuré, mais après cette illumination, comme je fus à l'endroit, où l'Auteur traite de la premiere matiere, je me sentis intérieurement éclairé, reconnoissant en quoi consiste vraiment la vertu & puissance de l'Oeuvre, & d'abord je tressaillit de joye, mais examinant continuellement cette science, je trouvai mon entendement tout-à-fait ouvert, où auparavant il avoit été clos & resserré, & quoi qu'avec tant d'étendue &

de soins, je me fusse ci-devant occupé en beaucoup d'opérations, elles avoient toutes fois été faites en vain, car j'étois mal fondé. Partant je louai Dieu, & invoquai avec joye son saint Nom ; je continuai à le prier humblement qu'il me donnât la perfection de ces bons & solides commencemens, qui n'avoient en moi autre fin que sa gloire & mon salut.

A l'instant je continuai à bien comprendre cette matiere, afin que je ne me méprisse plus par les apparences, mais à ce que je misse le doigt sur celle qui se peut dire & nommer matiere prochaine & non éloignée; car celle-là est plus riche & fertille que celle-ci, quoiqu'elle tendent toutes deux à même but, selon le bon Riplée, en ses axiomes des douze Portes, & selon Flamel, *fol. 120. Item, fol. 180, ou 150*, où il dit que c'est surtout un très-grand secret de pouvoir connoître de quelle chose minérale on doit prochainement faire l'Oeuvre.

Or comme j'étois allé faire un voyage, je me rencontrai entre deux montagnes, où j'admirai un homme des champs, grave & modeste en son maintien, vêtu d'un manteau gris, sur son chapeau un cordon noir, autour de lui une écharpe blanche, ceint d'une couroie jaune, & botté de bottes rouges, lequel je saluai. M'étant approché, j'apperçus qu'il tenoit en ses mains deux fleurs très-éclatantes & étoilées à sept rayons ; l'une de ces fleurs étoit blanche, & l'autre rouge. Je les considérai bien, parce qu'elles étoient très-belles, brillantes & de très-belles couleurs, fort odoriférantes & agréables au goût; de plus, l'une tenoit du féminin, & l'autre du masculin, croissantes néanmoins toutes deux d'une même racine & de l'influence de toutes les Planetes.

Je demandai à cet homme quel étoit son dessein sur ces deux fleurs, car j'en avois assez bonne connoissance, mais non pas qu'il y eût en elles une intention distincte, ni qu'elles fussent mâle & fémelle, c'est-à-dire de deux différentes natures. Lors, m'envisageant fixement, il me demanda qui m'avoit adressé en ce lieu inhabité; qu'il étoit, dit-il, recherché des plus grands de ce monde, mais rempli de beaucoup de périls, & presque inaccessible.

Comme je lui eus dépeint le cours de ma vie, mes avantures & emplois, il se sourit, n'en tenant pas grand compte; il me traita toutes fois fort civilement, commençant à me tenir ce discours :

« Tu sçauras que qui que ce soit n'arrive à
» la connoissance de ces deux fleurs, qu'il ne
» soit appellé de Dieu, guidé par la foi &
» par invocation; encore lui arrive-t'il en ses
» recherches de grandes peines, ennuis &
» afflictions, afin que cette haute science
» lui soit à grande vénération lorsqu'il la pos-
» sédera comme un trésor cher acheté.

» Mais puisque tu est parvenu jusqu'en ces » lieux, tu verras que Dieu m'autorise à te » dire, que de ces deux fleurs provient (après » leur conjonction, & non point plutôt) la premiere matiere de tous les Métaux, ce » qui t'est confirmé par Trevisan sur la fin » de sa seconde Partie, où il nomme ces » deux fleurs, homme rouge & femme blan- » che ; mais les Philosophes, pour beaucoup » de raisons, ont dit plusieurs choses sur le » sujet de cette premiere matiere, pour la » couvrir & sa racine comme d'un voile, & » ils se sont aussi donnés de garde de décou- » vrir la seconde matiere : quoiqu'il faille » premierement que tu traite cette seconde » matiere, qui est crue & indigeste, & qui » est toutes fois le sujet de la Pierre, il faut » que tu la tire comme de l'homme & de » la femme, qui après la conjonction de- » vient la matiere premiere que je te déclare » ici avec sincerité.

Je m'étonnois de ce discours, qui pourtant me donnoit de la joye pour le contentement où je me trouvois d'être avec lui ; sur ces choses, je ne pus me tenir de lui dire : Ami, ta simplicité m'eut bien empêché de chercher en toi des choses de si haute intelligence ; il se mit à sourire, & me dit : C'est en vérité cette simplicité qui met tout le monde en erreur, & qui fait que je suis négligé d'un chacun ; car ma forme extérieure les trompe tous, voyant ma bassesse, &

ce qui semble de vil en moi ; mais lorsqu'ils me prient courtoisement de quitter ma jaquette grise, & mon manteau de bure, je les exauſſe, & leur fait fait voir là-deſſous un habillement diamantin, & une fourure de rubis, ou ſi tu veux, une chemiſe très-précieuſe ; mais le Tout-Puiſſant les a preſque tous aveuglés, afin qu'ils ne voyent de quoi ces Métaux ont pris leur origine.

Je lui répartis, cher Ami, habitant des champs, ces fleurs ont un luſtre & éclat très-haut, mais pourtant elles ont auſſi propriété de Médecine. Il répondit, elles ſont bien médicinales, mais leur plus grande propriété eſt cachée en elles, car lorſqu'elles ſont ſur leur propre racine, elles ſont vénéneuſes : c'eſt pourquoi il faut que leur racine ſoit bénignement & délicatement ſublimée avec ſoin, comme je veux croire que tu ſçais ; ce que je juge par tes opérations ; quoiqu'elles t'ayent mal réuſſi juſqu'à préſent, je ne révoque point en doute que tu ne comprennes bien ce que veut dire ici cette ſublimation, laquelle ſe fait ſans qu'il y entre jamais rien de mordicant ni corroſif, qui détruiroit la bonté de ſa nature : & c'eſt de-là que prennent leur naiſſance, ces deux belles fleurs, ſans addition d'autres choſes, étrangéres & différentes, tirées de cette montagne contagieuſe ; & ſi je n'euſſe ſçû ſous quelles Planettes l'on conſtelle les hommes des champs, je ne ſerois jamais arrivé, ni pû me rendre à ce lieu si remarquable.

Je lui dis, cher Ami, tes discours m'engagent à te supplier encore de me dire, si ces deux fleurs prennent naissance & accroissent toutes deux à la fois, & ce qui est de leur production ; car je me propose qu'en cet éclaircissement sont révélés de grands secours de la science : je tiens à honneur & grand avantage d'en être éclairci, parce que les Philosophes en ont très-peu parlé. A cela, au lieu de sourire, il fit quelque branlement de tête, & se tint en silence assez long-tems; puis il me dit, tu me demandes la pierre d'achopement, où plusieurs trébuchent ; car beaucoup connoissent la première matière, mais ils errent au fait de cette maîtrise ; pourtant, sois ici demain de retour à cette même heure, (vingt-quatre heures après) tu m'y trouveras disposé à te donner intelligence de ces choses, tout autant qu'il m'est permis. Je le remerciai, me séparai joyeux, & restai tout ce tems en grande inquiétude de l'heure à venir, que j'observai ponctuellement.

Je le vis donc arriver, tenant les deux fleurs en sa main, & le sommai de sa favorable promesse, le suppliant de croire que je lui étois absolument acquis, quoique je reconnusse bien lui être fort inutile. A quoi il me dit en ces mots ; Pourvû que tu sois bien à Dieu, je serai bien à toi, & toi à moi ;

sinon je serai toujours éloigné de toi, si tu es éloigné de Dieu; mais d'autant que je crois que tu es à Dieu, je te découvre ici tout le procédé, & te répéterai mes premieres paroles, sur chacune desquelles tu dois avoir une particuliere attention, avec prieres continuelles à Dieu. Cette Science est un don spécial de la bonté suprême; prend donc bien garde à toutes mesdites paroles, & examines-les très-exactement. Assis-toi avec moi sur cette verdure, car je suis vieux & d'un naturel froid, je n'ai pas bonnes jambes, ni bien robustes, c'est pourquoi je ne puis pas me tenir long-tems debout, & de plus, je me plais fort à me reposer sur la verdure.

Tu as sans doute lû que nos Mages, Philosophes & Rois, écrivent & disent à tous, suivez la Nature, suivez la Nature; & c'est de-là que tu dois inférer que tous ceux qui veulent produire quelque chose d'avantageux & de grand en cette Science, doivent surtout avoir entiere connoissance de l'origine & fondement de tous les Métaux, de leur naissance, production & différence, de leur sympathie & antipathie, c'est-à-dire, amour & haine.

Sçaches de plus, que tous les Métaux sont provenus d'une même racine, la matiere dont ils prennent leur origine, n'étant qu'une & unique, & ils n'acquerent leur différence que par la cuisson, c'est-à-dire, selon qu'ils sont plus ou moins cuits ou digérez. Les bons Auteurs te confirment cette vérité ; mais ne te dégoûte point de leurs différentes façons ; fuis seulement les donneurs de recettes & de procedés particuliers ; sois donc infatigable à lire les bons Auteurs, & le retardement récompensera ta patience & ta peine.

Mais sçaches en peu de mots, que celui qui comprendra bien l'origine de nos Métaux, connoîtra que la matiere des nôtres doit être métallique, née aussi de miniere métallique sans métail ; car il n'y a point de métail sans lumieres métalliques, ni aussi de lumieres métalliques sans métail ; & ainsi conséquemment l'un se rapporte à l'autre ; car leur être naturel & leur genre est un, qui se nomme électre minéral-mineur non mûr, ou magnesie, ou autrement lunaire ; & de-là vient que les Philosophes parlent toujours en plurier quand ils disent, par exemple, nos métaux.

Mais il faut que je t'en entretienne plus clairement, puisque tu as la véritable connoissance de la vraie matiere, dont cette racine métallique doit être doucement séparée de ce qui lui est contraire, ou contre nature ; je veux dire de ce qu'elle a acquis accidentellement des vapeurs vénéneuses.

Puis il en faut extraire cette blanche & mercurielle liqueur, qui est si délicate & fluide, laquelle il faut rechercher dans sa partie supérieure; & son nom est Azoth, ou glus de l'aigle; mais sa liqueur fixe sulphurée, rouge & incombustible, se doit chercher dans la partie inférieure la plus occulte, & s'appelle laiton, ou lion rouge; à bon entendeur suffit.

Mais s'il te manque quelque lumière, invoque le Nom du Seigneur des lumières, & l'Auteur de toute bonne donation; & remarque surtout avec admiration que ces deux fleurs jamais ne se séchent ni se flétrissent, que l'une se peut convertir en l'autre en toutes formes & figures, & qu'elle a de la pente & de l'inclination à toutes les sept Planettes, auxquelles si une fois elle se joint, elle ne s'en sépare plus : la vertu naturelle & la propriété de ces fleurs ne se peut assez doctement décrire par quelque Philosophe que ce soit.

Tu vois maintenant que ces deux fleurs proviennent d'une même tige, qui est septuple & susceptible de toutes couleurs; mais icelles fleurs sont assez éloignées l'une de l'autre, ce qui provient de leurs différentes natures, & partant il faut trouver le moyen de les joindre & unir, de les faire végéter & croître; il faut que de ces deux se procrée un fruit excellent, indissoluble & perpétuel, ce qui n'arrive pas sans l'expresse permission du Souverain.

Au surplus, sçaches que le compte, où le nombre de la semence ou germe du lys blanc est différent de celle du lys rouge, & que ces deux fleurs n'opérent pas en même tems; ce que les anciens Sages ont tenu fort clos & couvert, & c'est ce qu'ils nomment leurs poids & sans poids: ces deux lys ne s'unissent & ne se mêlent pas par menues parties. Les Anciens parmi les Arabes parlant de ces choses en ces termes, disent que *le poids du mâle est singulier, & celui de la femelle est toujours pluriel*; ce qu'expose le Comte de Trévisan en cette sorte: *La puissance terrienne sur son résistant selon la résistance différée*, c'est l'action de l'agent en cette matiere; entends-tu cela? Je répondis que ces termes sont obscurs; à quoi il me répliqua que je ne m'en misse point en peine; car, dit-il, si tu arrives à l'accroissement de ces deux fleurs de lys, lors tu connoîtras par leur propre essence propriété & nature, ce que tu auras à faire, & non autrement; je te donne avis d'avoir grand soin que la chaleur de ton feu soit *lente & bénigne*; car autrement la semence du lys blanc s'évaporeroit en fumée, & tout ton travail seroit réduit au néant.

Puis je lui dis, tu as fait mention de deux lys, & toutefois les Philosophes disent quelquefois *qu'en une seule chose*, ou *un seul Mercure & Azoth, consiste tout ce que cherchent les Philosophes, ou Sages*; quelquefois ils parlent de trois choses, du Souffre, Mercure & Sel, & le plus souvent d'ame, d'esprit, & de corps; cependant tu n'en fais aucune mention.

Il faut, dit-il, que je me rie de toi, de ce que tu n'entends pas encore les termes des Philosophes, & qu'ils te soient si peu connus, ou bien c'est que tu veux m'éprouver; il faut donc que je te soulage en cela. Sçaches donc que les Philosophes entendent par une seule chose le sel des Métaux, ou Pierre philosophale, & par deux, le corps & l'ame, dont le tiers est l'assemblage de ces deux; à sçavoir l'esprit, lequel on ne peut appercevoir, d'autant qu'il est caché en ces deux; & ainsi l'on peut dire que cet esprit surnage sur les eaux; or tu le peux lire en Moyse : que cela te suffise.

Mais quant à moi je m'en tiens volontiers à ces deux ; c'est pourquoi prends ces deux lys très-clairement polis, & les ayant renfermés en un cristal bien bouché, sans feu, mets-les en une douce & légere chaleur d'athanor : lors le lys blanc s'épandra au large, embrassera & contiendra en soi le lys rouge, & d'autant que le lys rouge est d'une nature ignée, & qu'il reçoit, aide la chaleur externe, il communique & donne son odeur & haleine de beaume chaloureux dans la froideur du lys blanc, d'où leur naît un discord, l'un ne voulant céder à l'autre, ce qui procéde des qualités contraires qui sont en eux, comme tu sçais; puis ils s'élévent tous deux au Ciel, ou pour mieux dire, ils croissent tous deux au Ciel, mais ils sont par après repoussés en bas par le vent, & ce par plusieurs & tant de fois, qu'ils sont devenus las & fatigués du travail de monter & descendre ; ils sont contraints de se reposer en terre, & sçaches que si le bain n'est tellement régi & gouverné, à ce que leurs natures ne s'élèvent toutes deux à la fois, mais chacune à part, ou l'une après l'autre, tu ne jouiras jamais de leur odeur : partant prends bien garde à cette opération grandement remarquable.

Or d'autant qu'à cause de ces deux natures ou qualités ennemies, & contraires, l'un de ces deux lys peut ne se rendre prédominant sur l'autre ; ils se ralient & s'unissent de telle amitié ensemble, qu'ils ne se veulent plus séparer ; puis après, en cette union ou ralliement, tout le Firmament s'émeut semblablement, & le Soleil & la Lune en deviennent ténébreux & obscurcis, autant qu'il plaît au Très-Haut ; après quoi par l'amour du Tout-Puissant, l'Arc-en-Ciel de toutes couleurs se fait voir en l'air, pour marquer qu'alors tu ne peux plus douter que Dieu te sois propice, & que le déluge de ces deux fleurs de lys n'arrivera plus, de quoi tu te dois réjouir.

Tu apperceveras aussi en peu de tems, que la Lune peu à peu se fera voir moins ténébreuse qu'auparavant, & finalement ornée d'une lueur, blancheur & clarté d'un très-beau lustre, mais le Soleil est encore caché derriere la Lune, lequel à cause de l'interposition de la terre ne se peut encore voir; que si tu as les yeux de l'entendement ouvert, tu appercevras quatre Planettes dedans la Lune, lesquelles par l'éclat de sa lueur, tu convertiras & transformeras en sa permanente nature.

Mais quand la Lunaire ou l'Ecrevisse s'approche du Soleil, & que la chaleur se multiplie & croît de plus en plus, lors la Lune est offusquée par les rayons & l'éclat lumineux du Soleil, jusqu'à ce qu'elle soit contrainte de se cacher derriere lui & dans ses rayons; comme au contraire cet éclatant Soleil vient par la conspiration des autres Planettes à se revêtir d'une belle & agréable couleur, & se trouvant tout irrité par leur moyen, il commence à pâlir, puis à se couvrir, & devient rouge comme sang: mais d'autant que ces Planettes s'humilient devant lui, comme devant leur Seigneur, & bon Maître, Dieu l'ayant ainsi ordonné, il les reçoit finalement à grace, & se les rend égaux, en les associant à son régne par une étroite union & amitié. Etant donc ainsi unies & annoblies, ils louent Dieu d'un si grand bienfait, par lequel elles se voyent douées d'un si grand & si merveilleux ornement, & de leur si excellente amélioration elles consacrent le tout à sa loüange & gloire.

Vois maintenant que je t'ai tiré de ton

doute & de ton incertitude, & fois entiérement dans cette croyance, que tu as acquis l'entiere intelligence de toute l'affaire; mais il faut que tu gardes le silence, en priant Dieu qu'il te fasse la grace d'en user droitement avec beaucoup de discrétion, car si tu fais autrement tu ne me reverras jamais.

Je restai à cela tellement étonné & interdit, que je n'avois point de paroles suffisantes pour lui rendre des actions de graces, quoique je fusse porté & enclin à lui témoigner toutes sortes de reconnoissances, je ne laissai pas toutefois avec toute soumission de lui faire encore quelque demande, sçavoir si rien n'étoit plus à ajouter à la Science, & si elle avoit là son terme & accomplissement; à quoi il me répondit gracieusement: Tu sçauras que la vertu & l'efficace de ces deux fleurs de lys s'amplifient & se renouvellent de trois jours en trois jours, qu'elles se multiplient & s'ensemencent à milliers; ce qui advient lorsque la semence est jettée dans la premiere & précédente terre; ainsi au premier jour les ténébres paroissent; au deuxiéme, une claire lueur de Lune se fait voir; & au troisiéme un Soleil chasse les ténébres venant de son couchant, & cette affaire se provigne autant que le Tout-Puissant le veut ou le permet.

De la nature de cette Pierre se forment d'autres pierres précieuses de toutes sortes; mais son grand effet tend à la connoissance

& au culte du Tout-Puissant, ainsi qu'à la longueur & prolongation de la vie ; & même si quelqu'un arrive à la possession de la moindre feuille de ses fleurs de lys, il aura des antidotes contre toutes infirmités & maladies : comme aussi celui qui arrivera à la possession de la moindre fleur de lys, aura de quoi se rendre heureux.

Mais je te reviendrai voir dans neuf mois, & lors je t'exposerai plus au long les propriétés de ces fleurs, car il faut que je me retire ; j'apperçois toutefois que tu es en quelque trouble à cause de mon extérieur, d'autant que tu me vois couvert de cette envelope, ou jacquette grise, de laquelle je me suis revêtu, afin de me voiler aux Puissances qui veulent me ravir & tourmenter par leurs géhennes ; mais ne t'ai-je pas dit que je suis en mon intérieur & dedans revêtu & paré d'Or, de Diamans, d'Emeraudes & de Rubis.

A quoi je répartis en grande soumission, reconnoissance, & très-humbles prieres, qu'il me fut permis pour un plus grand éclaircissement de faire encore cette demande ; je lui dis donc, tous les grands Auteurs nous représentent qu'il y a de grandes observations à faire au régime du feu, & que les grandes choses en dépendent, puisqu'il doit souvent être plus ou moins chaud en ses dégrés ; de plus je souhaiterois fort d'être instruit distinctement qu'elle est la matiere la plus prochaine de la Pierre, de laquelle l'on doit extraire la forme spécifique, ou bien ces deux belles fleurs; car encore que je sçache la matiere générale, je suis pourtant encore en doute en ce premier point touchant la plus prochaine, & ce d'autant que *Clangorbuccinæ* nous dit, qu'à peine peut-on d'une livre de matiere en tirer la pesanteur d'une dragme, dont on puisse utilement opérer en l'Oeuvre, & moi je me proposois que d'une livre on en pourroit préparer plusieurs onces, tant pour le rouge que pour le blanc.

Tu me presses de trop près, me répondit-il, & tout ce que tu tireras encore de moi aujourd'hui, c'est que tu prennes garde que sous cette mienne casaque ou jaquette grise, je porte une chemisette verte & rouge, que si tu la rends polie & perfectionnée avec les pierres ou cailloux à feu & philosophiques, y ajoûtant de la limaille ou rouille de Mars, & de l'Aigle rouge fixe en l'Oeuvre, alors cette chemisette se perfectionnera grandement, & puis quand tu l'auras plongée dans une luisante fontaine d'une très-claire Lune, cette Lune l'enrichira de six autres de Soleil, bons & valables, que tu retireras à chaque opération pour ton usage, & tu pourras chaque semaine te procurer ce profit, dont tu vivras avec honneur & commodité, même jusqu'à très-bons revenus annuels, en attendant la perfection de ton Oeuvre.

C'est ce que l'ami peut ouvertement dire & déclarer à son ami, en gardant toujours le silence sur ce qui fait l'entiere conduite du grand Oeuvre, que Dieu distribue de lui-même ; il s'en est réservé à lui seul la dispensation.

A ces mots mon Docteur s'évanouit & entra dans le vaste & profond de la montagne, & les deux fleurs de lys demeurerent au même endroit, auquel se glissa ledit *Agricola*, c'est-à-dire homme des champs ; je m'avancai pour cueillir ces fleurs, mais étant arrivé à l'endroit où je les avois vû, j'apperçus à leur place un gros tas, ou masse de matiere crue, & la vraie de la Pierre, dont le poids étoit de plusieurs livres, & tout proche étoit un Ecriteau portant ces mots : *Dieu vend ces biens par les travaux* ; ce qui fut la fin de mon entretien.

SECONDE PARTIE.

Lorsque j'eus remercié de tout mon cœur, loué & exalté l'Eternel, seul Dieu Tout-Puissant, Créateur de toutes choses, pour la grace qu'il m'avoit fait de la révélation ci-dessus ; je pris ma seconde matiere (la premiere matiere suivra ci-après ;) je la baisai de joye comme une chose après laquelle j'avois langui & soupiré de tous mes sens, & au sujet de laquelle j'avois vécu tant d'années dans le doute, les misères, tristesses & anxiété ; je la considerai bien avec grand étonnement, surtout à cause qu'elle n'avoit aucune apparence extérieure, & néanmoins elle devoit être capable d'accomplir & parfaire un si haut, important & surnaturel Ouvrage ; il me souvint en ce même moment de ce que le Paysan m'avoit dit, que Dieu en avoit ordonné ainsi pour des raisons très-importantes, afin que les pauvres pareillement, aussi-bien que les riches en pûssent jouir, & qu'aucun n'eut sujet de se plaindre envers Dieu, qu'il ait en cela préferé les riches aux pauvres; non véritablement, les riches ne s'en soucient point, & encore moins croyent-ils qu'une telle vertu se trouve cachée dans une si vile matiere, comme on le peut lire au vingt-huitiéme feuillet du grand Rosaire ; *si nous nommions notre matiere de son propre nom, les fols, les pauvres, & les riches ne croiroient point que ce soit elle* ; ainsi les pauvres la rencontrent plutôt à la main que les riches.

Quand donc j'eus bien enveloppé & enclos ma matiere, je retournai au logis avec joye, chantant le long du chemin le Cantique. Je ne fus pas long-tems au logis, que je commençai à me fournir 1°. d'une bonne partie des choses nécessaires au Particulier, que le bon Paysan m'avoit enseigné, afin qu'avec plus de repos & de fermeté je pûsse vaquer à préparer l'universel ; ainsi je commençai au Nom de Dieu, j'achetai une quantité considérable de charbons, car cela en consomme beaucoup ; je bâtis à même fin des fourneaux & fours, fort utils, & en peu de tems ; j'eus une provision considérable de charbon ; mais le Démon, ennemi du Christianisme, ne pût souffrir cela, il m'excita plusieurs allarmes les unes sur les autres. Les voisins m'accusoient que je mettrois leurs maisons en flammes ; mes amis & autres personnes de connoissance me représentoient qu'il couroit un bruit de fausses monnoyes, & que je me déportasse d'une entreprise si vaine, crainte de tomber dans le soupçon ; que je devois plutôt m'occuper à l'exercice de la Jurisprudence, me disant qu'avec plus de raison j'y trouverois plus de succès & de profit, parce que j'étois Docteur en Droit, & qu'il n'y avoit que cet exercice seul qui fut capable de me fournir amplement ma subsistance.

Mais quoi qu'en bonne conscience je ne pûs gagner mon pain par un tel moyen, je ne laissai pas de faire doubler grandement le prix du charbon, de sorte que les Forgerons & les Orfévres m'accusérent en Justice, comme étant la cause de la cherté, se plaignans qu'ils ne pouvoient pas continuer leurs Métiers, & avoir comme auparavant leur nourriture nécessaire; conséquemment qu'ils ne pouvoient à cause de cela continuer à la République le payement des impôts & contributions, car je payois le charbon plus chérement, afin d'être préféré aux autres; ils traitérent ce sujet tout au long, si bien que le Conseil me fit faire la défense, & sçavoir en même-tems que j'eusse à me désister de cet emploi du charbon, & vivre dans les Loix de ma vacation; en somme le démélé fut si ample, qu'il me fallut abbattre mes fourneaux, partir de-là, & chercher un bon ami qui m'avança de l'argent, afin que je pusse vaquer avec plus de repos à l'universel.

Toutefois je ne déclarai à personne le dessein que j'avois; les mêmes tribulations & incommodités durerent presque jusqu'à la troisiéme année; Dieu sçai qu'elles peines cela me donnoit au cœur d'entendre mal parler de moi, sans pouvoir avancer dans l'Oeuvre; niême je songeois que Dieu ne trouvât pas encore à propos de me le permettre: car il faut suivre le chemin où le destin nous méne & raméne. Le Comte Bernard de Trévisan témoigne semblablement avoir eu toute la science de l'universel parfaitement, deux ans auparavant qu'il l'eut pû mettre à effet à cause de plusieurs empêchemens.

Durant mon voyage je conférai avec des

gens Doctes, j'en devins plus sçavant, & nous nous donnâmes de mutuelles assistances par science & conférence, ainsi qu'on a coutume de faire ; je fis aussi amas de belle matiere, de toutes sortes de mines & de pierres de travail ; mais je trouvai fort peu, non pas même plus de trois personnes qui tinssent le droit sentier physique ; ils vouloient tous se servir du Mercure vulgaire, de l'Or, de l'Antimoine & de la mine de Cinabre, & même des choses plus simples & moindres, en quoi ils erroient tous tant qu'ils étoient, ne travaillant & ne suivant pas le naturel sentier de la nature ; mais s'ils l'eussent suivi, ils n'eussent pas erré si misérablement ; outre cela un don de si grande excellence ne s'accorde pas à tous ; que chacun fasse son compte là-dessus, & s'éprouve bien avant que la perte & le dommage viennent à l'abbattre & surprendre ; remarque cela, celui qui en est capable.

Comme donc j'eus fini le cours de mes voyages, je revins joyeux au logis, alors me vinrent bientôt revoir mes prétendus amis, voulans sçavoir où j'avois été si longtems, ce que j'avois fait, & ce que je voulois faire : je leur fis une bréve réponse : le monde n'est-il pas assez grand, vous pensez peut-être que votre Ville soit tout le monde, & que hors d'icelle on ne se puisse nourrir ; mais si vous aviez tant soit peu

essayé

essayé, vous en jugeriez tout autrement. Il y a, Dieu merci, assez de gens qui reçoivent & reconnoissent avec grand remerciement ce que vous méprisez & rejettez avec mocquerie : & vous sçaurez avec cela que d'orénavant je ne vous causerai pas grande incommodité pour le charbon, car à présent je n'en ai pas besoin.

Ils s'étonnerent fort de ces paroles, & secouoient la tête pour sçavoir où gissoit le liévre, mais je me privai tout-à-fait de leur compagnie; je louai une maison, où je ne pris qu'un garçon avec moi. Après les graces rendues à Dieu, par le grand désir que j'avois de l'Oeuvre, je me résolus de l'accomplir. La patience & la persévérance étant la principale partie de l'Oeuvre entier; car tous les Philosophes l'écrivent, & c'est la clef de l'Art ; chacun peut facilement l'éprouver à sa confusion, en brûlant par le feu les fleurs, ou autrement brûlant la vertu croissante & la germinante nature; c'est pourquoi il me falloit user de grande prudence. Je prenois bien garde aussi qu'il ne m'advint quelque accident par la tardivité, ou par manque de chaleur, comme en parle Theophraste en son Manuel, mais finalement par la bonté de Dieu, tout m'a bien réussi.

Or comme les vapeurs vénéneuses furent retirées de la Pierre, nos deux fleurs parurent, ainſi que notre Payſan l'avoit dit, pouſſans belles, & doucement toutefois. J'apperçûs plutôt la blanche que la rouge, n'étant pas encore parvenue à ſon dégré. Je pris une petite feuille de la blanche, la goûtai, & y trouvai véritablement un goût tout-à-fait doux, excellent & agréable, le ſemblable duquel je n'avois jamais éprouvé, & au ſujet duquel je me réjouis lors grandement, & de bon cœur. Le ſurplus de cette petite feuille, je le mis ſur du fer rouge de feu, elle y coula ſubitement, & tourna en fumée au même inſtant, à quoi je reconnus que c'étoit la fémelle, attendu qu'elle étoit ſi volatille & légere, & par ainſi j'uſai d'une grande prudence, ſi bien qu'avec celle-là je me rendis maître de la rouge, laquelle ne ſe ſoucioit en façon quelconque d'aucun travail, ni ne fuyoit point, mais demeura conſtante & maîtreſſe du feu.

Toutefois, avant que j'euſſe recouvré ces deux lys, j'eus d'aſſez grandes traverſes, dont je ne veux faire ici mention, mais cela fut bientôt oublié, quand j'eus recouvert ces deux lys; je penſai au Payſan, & m'étonnai de ſon profond & ſublime jugement; je ſuivis toujours l'inſtruction qu'il m'avoit donnée, & joignis les deux lys enſemble, & en cette jonction j'apperçûs lors des choſes remarquables, à cauſe de quoi je les enfermai ensuite toutes deux en un beau vaisseau de cristal, que je posai tout doucement en un lieu qui donnoit une grande chaleur.

Or comme le Soleil commença à luire, le lys blanc vint à s'étendre, comme s'il eut été tout eau, & tout ainsi qu'on voit la rosée du matin sur l'herbe, ou comme une larme claire de Soleil reluisante comme la pure Lune, toutefois avec une certaine réflection bleuâtre; & y portant l'œil de plus près, je vis qu'elle avoit consommée en eau & avalée la fleur rouge; ensorte que je n'en pûs pas voir la moindre feuille, elle ne pouvoit pourtant pas cacher tout le rouge, le rouge est d'une complection plus ardente & plus sèche, & la blanche plus froide & plus humide; & comme la lueur du Soleil lui vint extérieurement en aide, elle tâcha de se remontrer, mais elle ne le pût à cause de de la force de la blanche, le naturel de laquelle prédominoit encore : toutefois elles combattirent doucement, s'accordant toutes deux également dans le Ciel, ou verre du Ciel, mais elles en furent rabatues & repoussées par les tourbillons des vents; cela dura jusqu'à ce que toutes deux liées ensemble, furent contraintes de demeurer en bas, car la racine qui les avoit pû faire croître leur étoit retranchée.

Alors commence la premiere matiere de la Pierre & des Métaux, après cela l'obscurité commença peu à peu à paroître, & le Soleil & la Lune furent de plus en plus couverts, cela dura un bon espace de tems, ainsi qu'il se peut lire au Traité du Comte Bernard de Trévisan; cependant parut le signe pacifique & gracieux de l'Arc-en-Ciel, avec toutes sortes de couleurs admirables, dont le Paysan dit que ce seroit un signe de réjouissance, & une augure de bonne foi.

Or, comme la Lune vint à se faire entrevoir, toutes fois pas bien claire, le Soleil commença de luire plus ardemment, jusqu'à ce que la Lune fut plaine, & que transparente elle porta une lueur claire, comme si c'eut été toutes perles, & des morceaux de diamans légérement pillés; de quoi se réjouirent quatre Planettes: car par ce moyen elles peuvent être mués de leur naturel imparfait en la splendeur de la Lune, & en sa nature, ce que ledit Comte Trévisan nomme en sa parabole, la chemise du Roi.

Donnant ensuite le troisiéme dégré de feu, toutes sortes de fruits excellens vinrent à croître & pousser, comme des coings, des citrons, & des oranges agréables à voir, sortant d'un terroir tout de hyacinthe, lesquelles se transmuérent en peu de tems en aimables pommes rouges, qu'on surnomme de Paradis, croissant d'une terre de rubis, & enfin elles se changerent & congelérent en un admirable, clair, pur, & toujours luisant Escarboucle, lequel rend par sa propre lueur, toutes les Planettes obscures, & de couleur sombre, & est luisant, éclairant, & céleste; & cela en fort peu de tems.

Après cela, comme j'eus fait quelques projections sur quantité de livres de Métaux épurés & purgés, que je me réjouissois extrémement, & m'émerveillois de ce que si peu de notre Pierre eut un si grand pouvoir de pénétrer & changer en un moment toutes sortes de Métaux, c'est à sçavoir une partie en mille autres, je me mis à bas, m'assoyant après ma Pierre faite; puis mes actions de graces rendues à Dieu, j'eus la volonté de faire encore une projection, en intention & à dessein que je pûsse approcher de plus près de la connoissance du fondement de la projection.

Justement comme je venois de m'y mettre, voici que ce bon homme de Paysan arrive, il me salue amiablement d'abord; je fus fort surpris, parce que je ne le reconnus pas assez tôt, & qu'il entra subitement, vêtu pour lors d'une robbe de diverses couleurs; je me laissai aller sur le banc, car les jambes me trembloient. Il me dit d'une bouche riante, & avec des gestes agréables, ne crains point, mon cher frere, tu as un don gracieux & clément avec toi, & ce que ton cœur désire au monde. Je te reviens voir maintenant, comme je t'ai promis, pour t'informer davantage des secrets

& d'autres choses plus relevées & sublimes ; car ceci n'est que le commencement ; & pour te les enseigner fondamentalement, entends, que faire la Pierre, c'est une chose de peu d'importance, simple & légére, ainsi que maintenant tu la dois avoüer toi-même, & que Dieu éternel, pour des raisons très-importantes, l'a ainsi disposé ; mais pour ce qui est de comprendre bien & parfaitement, il faut que tous les Philosophes, Adam, Hermes, Moïse, Salomon, & Théophrastes se courbent & s'abaissent devant elle ; reconnoissant publiquement, & faisant connoître à tous leur impuissance en ce point. Comme aussi Zachaire (qui a souvent fait la Pierre) le témoigne ouvertement, fol. 39. disant : Notre Médecine est une Science autant divine que surnaturelle. En la seconde opération, ou conjonction, il est, a été, & sera toujours impossible à tous les hommes de la connoitre & découvrir de soi-même, par telle étude ou industrie que ce soit, fussent-ils les plus grands & experts Philosophes qui jamais furent au monde, car toutes les raisons & expériences naturelles nous défaillent en cela.

Mais afin que, comme je t'ai promis, tu puisses être plus instruit & informé, autant qu'il est permis, & libre d'en révéler & découvrir le secret, je veux te faire entendre la chose fondamentalement.

Sois toujours assidu en prieres ferventes auprès du Souverain ; tu peux suivre la route que je t'ai montré, car de Dieu viennent tous les plus grands trésors de science; alors tu seras sans doute éclairé, illuminé & doué d'une grande intelligence, de toute science & connoissance, suivant le témoignage du très-sage Roi Salomon, au Livre de la Sapience Ch. 7. ℣. 8. *Car l'Eternel Dieu, & avec raison, demande d'en être prié, il la donne aussi volontiers qu'il a fait autrefois à d'autres, à ceux qui de cœur soupirent après, avec dessein d'user d'un si souverain don de Dieu, à son honneur, à leur salut, & au soulagement de leur prochain, & des pauvres nécessiteux.*

Or, parce que j'ai sçû que tu as déja procédé un peu imprudemment, à la projection & à l'établissement de la teinture ; il faut que tu sçaches que tu dois bien purger & nettoyer les Métaux de leurs accidens adustibles, ou saletés sulphureuses, avant que tu fasses les projections, autrement cela te tournera à perte, & la maniere en laquelle on fait ce nétoyement, est décrit aux Livres des Philosophes, & se traite ainsi.

Comme il disoit cela, il prit un morceau de cuivre, le mit dans un creuset, jetta une poudre purgative dessus pour le calciner, & avec un fil de fer courbé il en tira ce qu'il y avoit de terre contraire, rouge puante, qui ne se peut brûler, & empêche la teinture de pénétrer, & laquelle étoit en qualité comme fange, ou écume, tant & si long-tems, que la Venus devint nette & pure, & en fange blanche; & comme je versai alors ma teinture dessus, elle traversa & pénétra subitement jusqu'au dedans, & le corps de Venus fut entiérement changé en un vrai Or excellent, & meilleur que l'Or naturel de Hongrie; surquoi je me réjoüis lors de grand cœur, & je le remerciai humblement de l'avis si précieux qu'il m'avoit donné, car l'orgüeil ni l'amour-propre ne doivent jamais enfler de vanité le cœur d'un vrai Philosophe, qui en cette science universelle & immense, doit toujours se dire ignorant, malgré toutes les connoissances & les découvertes qu'il peut y avoir fait.

Ensuite ce petit Paysan me fit récit pareillement des purifications & nétoyemens des autres Métaux, dont l'essai fut un agréable plaisir & divertissement; il me dit encore: tu dois sçavoir qu'avec cette Pierre blanche, fixe, tu feras toutes sortes de pierres précieuses blanches, comme diamans, des saphirs blancs, des émeraudes, der perles semblables; comme aussi avec la Pierre jaune, avant qu'elle soit en son haut rouge, tu peux faire toutes sortes de pierres jaunes, comme hyacinthes, diamans jaunes, topases; & avec la rouge tu feras des escarboucles

boucles, rubis, grenats; lorsque les pierres sont préparées & apprêtées elles surpassent de beaucoup les Orientales en noblesse, vertu, & magnificence. Je te veux moi-même dresser à cela & t'y donner la main, car on y peut aisément commettre quelque faute.

Mais maintenant je te veux faire voir un secret merveilleux & miraculeux; il faut que tu fermes les fenêtres, & ne t'épouvante de rien, mais plutôt réjouis-toi des hautes merveilles que Dieu a mis dans la Nature.

Je répondis, mon ami & très-cher frere, je désire de tout mon cœur, & veux volontiers apprendre cela & le voir, comme aussi en témoigner ma reconnoissance à mon Créateur; car cela même me fortifiera d'autant plus dans ma foi, tout ignorant que je confesse être, je brûle d'ardeur d'être instruit & de voir la lumiere : ses rayons ne m'éblouiront pas, parce que je suis certain de la vérité, & que ses Phoénomenes excitent ma curiosité d'en apprendre les ressorts secrets & admirables; j'ai pour maxime de me flater de trouver toujours un plus sçavant que moi, & de m'humilier devant lui, en recevant ses instructions : plus je vis, plus j'apprends & connois que j'ai été ignorant, sans être assez présomptueux pour penser & pour dire que je sçai tout, ce qui est l'usage assez ordinaire des ineptes, ignares

& non lettrés, & s'appelle mentir contre l'Esprit Saint, dispensateur de toute science.

Assis-toi donc par terre, me dit le petit Paysan; après cela il prit les sept Métaux, & les tablant & disposant selon le nombre des sept Planettes qui leur sont attribuées, il forma sur chaque table ou métal le caractere ou signe de la Planette qui lui est propre; puis il les mit l'un après l'autre, ainsi que les choses le requiérent dans un creuset sur le feu, les fit fluer & couler ensemble: ensuite il y ajoûta & fit dégouter une agréable vapeur luisante: le feu flamboyant sortant du creuset me causa quelque épouvante & effroi, & je ne peux m'empêcher de dire que je vis véritablement pour lors des secrets & arcanes très-merveilleux & très-curieux, avec l'apparition de toutes les Planettes & du Firmament, entr'elles tournans & roulans à l'entour de lui, en la même façon qu'elles vont & roulent au-dessus de nous. Il ne m'est pas permis, en façon quelconque, de révéler ces choses: je n'aurois jamais cru que telles merveilles eussent été cachées en notre Pierre, si je ne les avois vû moi-même: l'homme peut néanmoins en acquérir l'intelligence céleste, puisque notre Pierre est capable de faire des effets si relevés en choses mortelles.

Mon petit Paysan me conta encore de grands mystères en me révélant plusieurs choses inoüies, m'enseigna comment je pourrois sçavoir combien il y avoit de vrais Philosophes au monde, qui ont eu en ce tems-ci la Pierre : il me montra le moyen de les pouvoir tous connoître, & de me faire connoître d'eux tous, afin qu'ils fissent bientôt connoissance avec moi.

Il me dit encore que si, pendant neuf jours consécutifs, j'usois de neuf gouttes, ou de neuf grains de la Pierre, je serois doüé d'une intelligence Angelique, qu'il me sembleroit être dans le Paradis ; comme en effet je l'ai entendu faire mention d'un nombre presqu'infini d'effets surprenans de ce mystere, & je ne les aurois jamais crû, s'il n'en eut expérimenté mille en ma présence.

Or quoiqu'il en soit, dit-il, je te veux encore montrer une chose merveilleuse, grande & surnaturelle, puis te raconter divers effets, opérations, vertus, & propriétés de notre bénite Pierre ; finalement je veux te dénoüer, éclaircir & résoudre tout au long toutes les paroles douteuses, les énigmes & façons de parler équivoques, dont les Philosophes se servent, par lesquelles tant de personnes sont trompées, s'allambiquent la cervelle & l'esprit, & ne viennent qu'à la longue & à grande peine à la découverte & intelligence du sens des Philosophes.

Enfin j'y ajoûterai aussi volontiers quelques procédures touchant le vrai fondement, afin que tu puisses voir que si tu avois bien premierement entendu les Philosophes, & compris leurs sens, tu aurois pû en venir à bout en son tems bien plutôt, car le défaut n'est pas en la matiere, mais en l'intelligence du déliement, de la solution, & même de la droite voie & composition, comme tu vas entendre : en effet quelques Philosophes en sont heureusement venus à bout, & ont parfait notre Pierre en trois cens soixante & dix-huit jours, & aussi en trente jours, mais ce qui doit s'entendre à certain égard ; car tout l'Oeuvre demande une suite de tems plus long.

Lorsqu'il m'eut dit cela, il ajoûta : aidemoi à assembler un grand tonneau de pluie ou eau céleste ; cela fait, nous la laissâmes putréfier le tems qu'il falloit. Ensuite nous séparâmes par cohobation l'eau claire bleuâtre d'avec les fœces, & nous la mîmes en un autre vaisseau rond de bois, ouvert, bien net, exposé au Soleil ; & aussitôt y ayant fait dégoûter une goutte de notre huile bénite & incombustible, alors survinrent successivement les ténébres, qui couvrirent la surface de tout l'abysme, de même qu'il fut fait le premier jour de la création : ensuite il y jetta deux autres gouttes ; à l'instant les ténébres se retirérent, & la lumiere parut : finalement nous y mîmes à loisir, & selon l'oportunité du tems, trois, quatre, cinq, six gouttes de notre même huile : après tout cela apparut en un agréable

& merveilleux aspect, tout ce qui fut fait & mis en être dans les six jours de la création du monde, accompagné de toutes ses circonstances & magnificences incroyables, pour le récit desquelles le sens & l'entendement me manquent, & il ne m'appartient pas d'expliquer ces choses; ce qui fait dire bien à propos au très-sage Roi Hermes, en sa Table d'Emeraude: ainsi le monde a été créé & placé en ordre. Ah! Seigneur Dieu, dis-je, quels hauts mysteres sont ceux-ci; j'en soupirai profondement, louant celui qui est vivant ès siécles des siécles.

Il continua en disant: cher ami & cher frere, contente-toi maintenant de ceci; car il m'est commandé de ne te découvrir de plus haute science, ni révéler bien d'autres sublimes secrets & arcanes; aye bon cœur, & sois fervent en prieres; s'il m'est donné commandement de t'en révéler davantage, alors je t'éclaircirai & te rendrai intelligent de beaucoup d'autres choses.

Or, passons à présent aux choses que nous avons ci-dessus promises; assis-toi & remarque bien, car cela t'importe beaucoup: mais je veux 1°. parler un peu du fondement des trois principes. 2°. Je passerai au capital de l'affaire; partant prends-y garde en cette sorte.

Comme il y a un Dieu unique, éternel, seul tout-puissant, par lequel toutes choses ont été faites & subsistent; il y a toutes fois dans cet unique trois personnes distinctes; ainsi faut-il que tu sçaches qu'il s'est établi pour Patron & ressemblance, afin que toutes choses en l'Univers subsistent aussi dans l'unité. Or cependant en cette unique essence il y en a deux visibles, l'un volatile, l'autre fixe & constant; l'un l'ame, & l'autre corps, ou l'un blanc & l'autre rouge, mais le troisiéme est caché.

D'où il s'ensuit que toutes choses qui sont de durée doivent être & demeurer quelque chose de bon; il faut même que cela découle d'un seul être à son image & a sa ressemblance; il faut, dis-je, que cet un se puisse séparer en trois; & que les trois puissent être de rechef réunis pour en faire l'un; dont ils ont été tirés: autrement c'est agir contre la signification du Souverain, & il n'en peut provenir quoique ce soit qui vaille: je vais t'expliquer le commencement de l'Oeuvre, dont la voie est humide, car la fin en est la voie séche.

Or ces trois sont célestes, aqueux & terrestres, ou bien Souffre, Mercure & Sel; tous trois ne laissent pas d'être un proprement; après que l'un & l'autre seront réunis & joints ensemble, ils ne feront qu'une seule & même chose, & un seul sujet; comme en l'homme, l'ame, l'esprit & le corps ne font qu'un individu; & ainsi qu'en Dieu, Pere, Fils, & Saint-Esprit ne sont qu'un; il en est tout de même aussi dans toutes les créatures : il y a pere, mere, & enfans.

Pour confirmation de cela, Dieu juste & fidéle voulant montrer sa volonté, régler comment tout devoit être, & aller en ordre, a créé Adam son premier fils à son image & ressemblance, & Adam cet unique & seul homme a été le fils & l'image de Dieu en la nature humaine : le soufle animant du Très-Haut y a imprimé son unité ternaire, c'est-à-dire le sceau de la sacrée triade en Monade, avec le caractere des vertus opérantes & efficientes de son Esprit éternel : note bien qu'Adam a été fait mâle & fémelle en un seul corps, de façon qu'à triple égard, il a été hypostatiquement divin, humain & terrestre. En son individu étoient tous ensemble l'Esprit de Dieu, Adam homme, & Eve sa femme ; son seul être étoit encore Adam, Eve, & toute la génération humaine, comme un gland de chêne est esprit mâle, esprit fémelle, coopérans, & la production de chênes & de glands à l'infini, parce que le gland est chaleur, humide & terre. Eve a été tirée d'Adam ; & la génération humaine en la personne d'Eve, n'a eu pour principe que Dieu & Adam : ainsi de ce seul & unique Adam fils de Dieu, sont provenus & ont existés trois choses, pere, mere & enfans : il en est ainsi de toutes les créatures.

Réfléchis donc que le principe feminale, où la femence premiere de l'être adamique a été le foufle fpirituel, animant & vivifiant de Dieu, l'efprit humide virginal de la Nature, & le limon ou la terre fubftantielle des quatre Elémens, laquelle, comme la matrice, a reçu l'émiffion & infufion de l'ame & de l'efprit; la terre a été la mere de tous les animaux à quatre pieds, des plantes, des arbres, des feuillages & de la verdure; toutefois il y a eu au commencement une feule chofe, à fçavoir, la femence en la terre; ainfi Dieu fit la féparation d'un feul en trois, quand il dit que la terre produife toutes fortes de plantes, feuillages, verdures, & arbres portant fruits qui ayent leurs femences, & engendrent du fruit felon leur efpéce, pour s'en accroître dans leur même efpéce par la vertu folaire. Ainfi maintenant trois chofes font provenues de la feule terre, fçavoir l'être, ou la terre, la femence & fon fruit, lefquelles de rechef portent femence, revenans ainfi toutes en un; elles font devenues trois différentes chofes en une telle féparation, & elles retournent auffi enfemble, en un, duquel elles font iffues; car tous les fruits retournent en terre, & ainfi ils font réunis en un feul; comme auffi l'homme, qui felon le corps pris de la terre, doit retourner en terre, de l'expreffif commandement de Dieu: tu es terre, & il faut que tu retournes en terre.

C'est ainsi que chaque chose ou créature renaît & retourne en ce dont elle est issue; à sçavoir en sa premiere mere qui est la terre, & finalement selon l'opération & l'opportunité de son tems, à Dieu qui en est le premier Auteur par son souffle ou sa parole, c'est-à-dire que tout sort de ce grand mystere des secrets de la Nature, & que tout y rentre, afin que toutes choses demeurent dans l'unité, subsistent, & soient maintenues & conservées en l'Etre unique, qui est Dieu.

Mais celui qui s'en sépare, & qui entreprend aude-là de cet ordre de Dieu, ou qui se détache de lui, est diabolique, ainsi que Lucifer par son orgüeil. L'homme par la transgression du commandement de Dieu, & les créatures par la malédiction qui s'étendit sur elles, à cause de la chûte de l'homme, sont devenus malheureux, corruptibles & mortels: mais l'homme est ramené, régéneré & rétabli un autre Dieu, & Dieu même par la grace & la vertu de Dieu: & ainsi a été faite une teinture ou projection en Christ par l'effusion de son Sang prétieux en la Nature humaine; d'autant que cette effusion étoit de Nature divine, & que Dieu a été de son être & essence vivifique, soufflé comme ame vivante au premier Adam, que Satan a ainsi séduit par le venin mortel de son souffle impur & corruptif: mais, comme j'ai dit, cet Adam a été réparé par le moyen de Jesus-Christ, Dieu & Homme ; c'est-à-dire Fils de Dieu & Fils de l'Homme. Le même bonheur n'a pû arriver au Diable, parce qu'ayant péché volontairement contre Dieu, & trompé pareillement l'Image de Dieu, il est resté de sa nature esprit infernal, damné & maléficiant.

Tout cela a été ainsi permis de Dieu pour démontrer sa toute-puissance & sa miséricorde surabondante, en ce qu'il veut que tout subsiste en l'éternité suivant son ordination ; ce qui fait voir que ceux-là errent grossiérement, lesquels travaillent & entreprennent quelque chose en cette sainte science contre le cours de nature, & l'ordination de Dieu le Souverain.

Il me dit ensuite, comprend bien ce que je te dis ; la Nature peut être transmuée, en sorte que de la Lune, de l'Antimoine & autres Métaux, il en vienne & soit produit de l'Or ou de l'Argent ; mais il faut qu'il se fasse une séparation & un déjet de ce qui ne doit pas entrer avec le résidu, parce qu'il y feroit obstacle. Il est donc nécessaire que ce qu'il y a d'immonde & d'empêchant en soit rejetté, afin que le bon qui y est puisse paroître ouvertement en sa lueur & clarté ; car à cause de la malédiction qui passa de la bouche de Dieu jusqu'à la nature, lorsque l'homme broncha & tomba dans le péché & la corruption par l'impureté qu'il contracta, la nature est devenue fort corrompue, fautive & défaillante. Or celui-là est avec raison & à juste droit, un vrai Philosophe Expert, & Maître en l'Art, qui peut réparer & ôter ce défaut, & qui sçait secourir à point la nature par ses propres moyens, convenables à sa Médecine, dont les Artistes tirent la plus grande perfection, cachée particuliérement dans les fœces.

En effet, chaque chose porte avec soi-même au col sa vie & sa mort, comme la santé & la maladie, & chaque chose est rendue saine ou malade par cela même qui est de l'espéce, nature & propriété de son semblable. En voici un exemple tiré de l'homme : Il est extrait, quant à son être extérieur, du limbe de la terre la plus subtile, & est un extrait de toutes les Créatures terrestres ; à cause de quoi aussi est-il nommé microcosme ou le petit monde ; & c'est avec raison.

Or ce que l'homme mange & boit prend sa forme de la terre, en plus grande partie : les fruits qu'elle engendre, produit & fournit pour sa nourriture, sont les principaux moyens de maladie ou de santé : plus sont nobles les fruits ou créatures de la terre dont l'homme prend sa nutrition, plus il en est sain. Au contraire, plus sont ignobles & de mauvaise qualité, les alimens dont il se nourrit, plus aussi il en est infirme & mal sain : les premiers se rapportent à la santé & à la vie du corps, & les seconds s'entendent relativement à son indisposition & à sa mort.

Nous sçavons qu'il n'y a chose dans la nature plus approchante & qui ait plus de convenance au corps humain, que les métaux même, & principalement les très-pures métaux, comme sont l'Or solaire, & la Lune argentine ; ce qui se voit par leur belle & brillante splendeur, & par la constance qu'ils ont à combattre contre le feu & dans le feu. Ce que les autres métaux ne font pas, car le fer se rouille, le cuivre se change en vert de gris, ou vitriol, le plomb & le vif-Argent sont fuians, & tous s'exhalent en fumée quand ils sont exposés au feu ; il n'y a donc parmi les métaux que l'Or & l'Argent qui se maintiennent, en résistant au feu.

Nous en pouvons conclure facilement que leur teinture, où l'esprit enclos en eux a cette fermeté & vertu en soi-même, & l'opère dans les autres ; c'est pourquoi les deux nobles métaux qui de leur nature sont si égaux & semblables au corps, (je dis qui ont droit de convenance & d'analogie avec le corps humain) peuvent infuser un état si souverain de santé à qui sçaura bien s'en servir, & en préparer l'arcane, que rien ne le surpasse, sinon le seul point du sentier universel ; mais les herbages & les fleurs des plantes qui se corrompent aisément, & deviennent pouries & puantes, ne sont pas à mille dégrés près à comparer aux métaux. Or tu dois sçavoir que tout ceci ne se dois pas entendre à la lettre, mais physiquement, ainsi que je t'ai informé & instruit au commencement.

Il s'ensuit donc conséquemment que ces deux nobles métaux, le Soleil & la Lune, ou l'Or & l'Argent, en cas qu'ils soient mis en bon état extérieurement & intérieurement par la préparation vraye, naturelle, convenable & physique, s'accommodent bien aux Astres célestes, tels que le Soleil & la Lune, qui par leur nette splendeur éclairent jour & nuit le Firmament supérieur & inférieur, & toutes les Créatures, lesquelles perderoient leur lumière, toute leur apparence & splendeur, & même se corrompent & meurent, par la privation de la plus benigne influence de ces deux grands luminaires; car elles ne peuvent nullement par le moyen des cinq autres Planettes, comme Mars, Mercure, Saturne, Jupiter, & Venus, ni par les autres fixes ou non fixes, être conservez ni maintenus, quelque puissance qui leur soit attribuée.

De-là tu peux aisément juger, que ces cinq moindres métaux, comme le fer, le plomb, l'étain, le cuivre, & le vif-Argent, ni tous leurs suppôts, ou microcosmes, (excepté un, qui enclos en soi la propriété de toutes choses en espéce & génération) fussent même toutes les semences, les genres, les espéces, les formes & les vertus génératives, sous quelque nom que se puisse être, ou que l'invention la plus artificielle leur veuille donner, ne peuvent jamais rien opérer, ni faire quoi que ce soit qui approche de la puissance, de la force & de la vertu de l'Or & de l'Argent préparés hermetiquement, pour la santé des autres métaux, ou leur transmutation. L'on monte directement du plus bas dégré au plus haut; c'est-à-dire que l'on passe de l'imperfection à la perfection & à la pureté; la mort ou le néant physique est le premier pas à la vie & à la régéneration : le plus élevé est plus digne, puissant, fort, & vertueux que l'infime : il faut donc qu'en tout tems la Médecine dont on veut se servir contre la maladie soit meilleure & plus noble que le vice, ou l'infirmité, qui est la source & la cause de l'humeur peccante.

C'est pourquoi nécessairement, l'on ne doit chercher & trouver la cure ou transmutation des métaux imparfaits en aucun autre métail, que dans les deux luminaires qui sont l'homme rouge & la femme blanche, le Soufre solaire & l'humide lunaire, la terre rouge & la terre blanche; c'est-à-dire, l'Or rouge solaire, & l'Argent blanc lunaire, qui sont parfaits à certain égard, comme dit très-bien l'excellent Roy Hermes : par exemple Adam, le premier homme, a été créé de Dieu seul, un homme exempt de tout péché ou maladie, & encore plus de la mort de l'ame & du corps ; s'il eût persisté en l'ordination & au mandement de Dieu, il se seroit perpétué en son état & qualité de pureté éminente, mais lorsqu'il les a transgressés, le péché qui y est survenu, est devenu une maladie du corps & de l'ame ; de sorte que à présent nous sommes de pauvres & misérables hommes mortels, sujets à la mort, & inférieurs aux Créatures même, sur lesquelles auparavant nous avions pouvoir, & dont nous étions établis maîtres & seigneurs, en telle maniere, que nous sommes tuez, consommez, & finalement dévorés entiérement par notre propre mere la terre, & par ses enfans qui sont nos freres, d'une même nature, & d'un être tel que nous.

Or néanmoins, nous sommes hommes d'espéce, nature & propriété comme auparavant, & demeurons toujours hommes, mais sujets à l'indigence & à la mort ; ayant perdu plusieurs mille parties de la perfection, nous ne ressemblons presque plus à l'homme avant sa chûte, & à bien considérer l'état auquel vivoit Adam avant sa dégradation, nous ne sommes presque plus lui, ou ses représentans ; c'est pourquoi nos premiers peres ou parens ont à force de priéres, obtenu de Dieu très-Souverain, cette haute Science de Médecine, comme la teinture des Philosophes, le Catholicon Viatique pour l'entretien d'une longue vie, & pour résister à toutes maladies.

Par le moyen de cette Médecine, l'on peut découvrir & faire de belles choses, & des secrets tels que ceux dont je t'ai déja donné l'intelligence en partie, je suis obligé de t'en celer & tenir cachée l'autre partie, jusques à ce qu'il plaise au Souverain Seigneur de te les manifester, & faire connoître plus amplement.

Cependant quelque ignorant me pourroit venir objecter, & dire d'où vient que les métaux auroient une telle sympathie, correspondance, amour & amitié avec les hommes, les animaux & les plantes, d'autant que chair, Or, métaux & mineraux sont à ses yeux aussi éloignés les uns des autres, que le Ciel l'est de la terre; mais cet argument est facile à refuter, si l'on considere par comparaison & maniere de dire, la génération originelle de l'homme, avec celle des métaux.

L'homme n'a point été créé & fait de Dieu tout-puissant, d'une simple & commune pâte de terre, comme s'imaginent ces ignorans & clabaudeurs Philosophes vulgaires, mais bien du meilleur & plus subtil extrait qui fut dans tout le centre de la terre; & je crois que pour un tel ouvrage, dans lequel

lequel aussi Dieu avoit mis, soufflé & planté une étincelle ou rayon de son essence éternelle & de son être, il n'a point pris de la terre commune, mais, comme j'ai dit, il a pris la substance exaltée & élevée, c'est-à-dire la quinte essence, ou l'extraction de tout le quadruple élément; & cela se trouve & vérifie ainsi; lorsque l'homme est résout, il retourne en ces trois principes dont j'ai parlé, la terre ou l'essence adamique se manifeste en eux, d'autant qu'alors, sur la fin, une terre luisante, rouge & belle se fait voir dans la conjonction & assemblage de ces mêmes principes, par la raison naturelle que tout se résout, retourne & termine à ce dont il est créé & constitué.

Nota. *Ici manque la troisiéme & derniere Partie, qui a été promise par l'Auteur, & est demeurée ès mains du Possesseur de ce Traité; il faudra s'en passer, jusqu'à ce que quelqu'un la mette en lumiere; elle doit mériter de voir le jour, car les deux premieres Parties de cet excellent Philosophe sont d'un prix infini pour les Sçavans en cet Art, & font conjecturer de la valeur de la derniere désirée.*

ABREGÉ
DU TRAITÉ DU GRAND OEUVRE
DES PHILOSOPHES,

Par Philippe Rouillac, Piedmontois, Cordelier.

Revû, & corrigé par Ph... Ur...

AU Nom de Dieu, nous commencerons le grand Oeuvre, ainsi nommé d'autant que les hommes ne sçauroient faire en nature chose plus grande que celle-ci, tant pour conserver leur santé, force, & jeunesse, & la renouveller, retardant la vieillesse, se préserver & guérir de toute maladie, que pour chasser toute pauvreté; ce qui n'est autre chose qu'un Elixir & Médecine universelle métallique, composée de Souffre & de Mercure, unis inséparablement par le moyen d'un feu proportionné : cette Médecine est tempérée au plus haut dégré de nature, corrigeant toute superfluité des corps humains & métalliques, soit froide, soit chaude, séche ou humide, gardant & restaurant l'humide radical & la chaleur naturelle en son égale & dûe proportion, & qui est puissante en la fusion des Métaux imparfaits pour en corriger & séparer tous les accidens superflus & corrompus, &

y ajoûter tout ce qui est requis à leur perfection.

Cet Oeuvre se fait avec le Mercure vulgaire philosophique, qui est la matiere de la Pierre; cette voie semble la plus longue de toutes, à cause de la longue préparation qu'il y faut, pour en ôter (avant que d'en user) les accidens qui l'empêchent d'être préparée à cet œuvre; c'est néanmoins la voie la plus courte de toutes; il faut remarquer qu'il y a du Mercure philosophique vulgaire plus propre l'un que l'autre, attendu qu'il faut plus ou moins de coction ou de préparation à chacun, selon qu'il est plus chaud ou plus froid, plus crud ou plus cuit, plus sec ou plus moite, & qu'il a plus ou moins de soufre, bref qu'il est plus ou moins parfait; & il y a tel Mercure, que si on le pouvoit trouver aisément, l'Oeuvre seroit bientôt accompli, à cause qu'il est tout préparé & prêt à mettre en œuvre. Ce Mercure se doit tirer du chef-régne minéral, & il y a du Mercure plus propre l'un que l'autre pour le grand Oeuvre, dont l'un ne se peut fixer en Or ni en Argent, parce qu'il est trop imparfait, trop crud, & qui aussi n'est pas si bon pour l'élixir à cause de sa crudité, humidité & privation de soufre; il est donc de la prudence de l'Artiste de choisir pour *son Oeuvre un Mercure* bien préparé, & ici est le travail d'Hercule.

Je t'avertis que dans cet Oeuvre, tu dois

imiter en tout la nature, laquelle étant aidée de notre simple labeur, & en lui administrant dûement & proportionnément les choses requises à la génération, fait ce que nous prétendons, ou tu dois seulement observer les choses égales en vertu de la matiere, propres & non pas étrangéres, mêler l'espéce avec l'espéce, le genre avec le genre, & prendre les vaisseaux commodes pour l'enfermer jusqu'à la fin de l'Oeuvre, sans l'en tirer ni laisser refroidir, non plus que l'enfant qui est au ventre de sa mere; il faut user du dégré de feu requis & proportionné à la tempérance du composé; puis laisser faire à la Nature le reste, laquelle nous produira ce que nous désirons; & si nous faisons toutes ces choses elle engendrera quelque nouveauté selon la matiere assemblée, selon le poids & le feu que nous administrerons; car elle ne laisse rien subsister sans ame, & elle anime tout.

Sçaches donc que congeler & fixer ne sont pas des choses séparées de l'opération, & ne crois pas que cela se fasse en deux fois de diverses drogues & de divers vaisseaux, tantôt les ôtant de dessus le feu, & les refroidissant, & tantôt les réchauffant.

Quand les Philosophes ont usé de ces trois mots congeler, fixer & teindre, ils n'ont pas voulu introduire trois dégrés ni trois parties séparées, mais bien déclarer trois actions par eux ingénieusement faites en une pratique seule, à cause de trois divers effets qui en proviennent successivement en leur opération ; à sçavoir que le Mercure de sa nature coulant comme l'eau, est incompatible au feu, volatil sur la chaleur, & blanc en la superficie ; par le moyen de cet Oeuvre il est arrêté & teint en rouge ou en couleur blanche permanente, parce que le souffre blanc ou rouge mêlé & incorporé inséparablement avec lui en ses petites parties sur le feu proportionné, le dessèche entierement, le fixe & le teint en blanc ou rouge selon son naturel ; ce qui est facile à entendre par la similitude du mortier des Maçons fait d'eau, chaux & ciment arrosé & abreuvé d'eau claire, s'éclaircissent, épaississent & qui restraignent son corps : & aussi l'on voit trois effets divers en une pratique, l'eau claire, diaphane & coulante ou blanche qui devient opaque, épaisse, arrêtée & teinte en rouge par le ciment ; aussi le Mercure marié avec son souffre sur le premier dégré de feu, se dissout & se mêle avec lui jusqu'aux petites parties, & sur le second dégré le souffre se desséchant dessèche avec lui le Mercure & le congéle ; & sur le troisiéme & sur le quatriéme il le fixe & le teint ; ce que les Philosophes ont donné à entendre, disant la congélation de l'un est la dissolution de l'autre ; & au contraire, car iceux joints ensemble inséparablement en leur profond, le souffre de sa nature ignée & permanente au feu, ne permet pas que le Mercure uni en lui s'en aille & s'envole, d'autant que les choses mêlées ensemble jusqu'à leur profond & en leurs petites parties, sont inséparables, tellement que si l'une s'en va, l'autre l'accompagne ; ainsi le souffre mêlé avec le Mercure l'arrête si bien qu'il endure le feu, il le digére tellement qu'il le soutient, parce qu'il le teint de sa couleur, & le fait métal de son espéce ; le Mercure donc qui étoit blanc auparavant, coulant & impatient de chaleur, devient dur, arrêté, rouge & permanent sur le feu, & après la fusion est métal parfait ; ce qui se doit faire par une seule pratique & à une seule fois, sans lever la matiere de dessus le feu avant sa perfection depuis qu'elle aura été assise, ni sans la refroidir aucunement ni l'ôter de son vaisseau ; que si une fois elle perd sa chaleur premiere qui réduit l'Or en sa premiere matiere, le dissolvant radicalement sous la conservation de son espéce, l'esprit en l'Or se refroidissant, perit sans espérance de lui pouvoir jamais rendre ; & si l'Artiste refroidit la matiere étant congelée après la dissolution, & desséchée avant sa perfection en se refroidissant, elle s'endurcit, restreint & reserre ses pores, tellement qu'elle éteint & dissipe les esprits ; & on ne peut à cause de sa dureté les lui restaurer, parce que la lenteur & douceur du dégré de feu requise pour sa décoction, ne peut pénétrer jusqu'au fonds de la masse de la matière, & échauffer également le dehors & le dedans, sans l'augmenter ; ce que faisant on brûle ou on contraint le Mercure de s'envoler, ne pouvant encore à cause de son immaturité soutenir le feu si âpre à faute de décoction ; ainsi l'Oeuvre périt, aussi fait-il, s'il est ôté de son vaisseau avant qu'il soit cuit parfaitement, car l'air le corrompant le dissipe & fait évanouir les esprits, sans qu'il reste aucun moyen à l'Artiste de les y rappeller.

Il en est de même que de l'Or de Rivière, qui étant emporté en grains en forme de sablon par quelque torrent passant par la minière, & brisant les vaisseaux naturels avant sa parfaite coction, ne peut pas après par aucun feu artificiellement être parfait, ni achever de cuire ; ce que la nature eût pû faire, s'il eût demeuré dans son vaisseau naturel, & sur la chaleur continuelle qu'elle lui administroit par les mouvemens du premier mobile, & des autres Spheres & Globes ignés : ce que les ignorans n'entendans pas, ils veulent incontinent accomplir ce que la nature au ventre de la terre ne peut faire en moins de six ou sept cent ans ; mais les Sages y vont d'une autre maniere, ils prennent les choses déja cuites par la nature, & les assemblent par dose & poids proportionnés en vertu & qualité, les cuisans sur le feu aussi proportionné à la temperature de leur matiere, en imitant la nature, réduisans ses ans en mois, ses mois en semaines, & ses semaines en jours; ainsi avec le tems ils jouissent de leurs desirs, & cueillent le fruit de leur œuvre, non pas cependant sitôt que pensent ceux qui n'y entendent rien : car quelque diligence que sçauroit employer l'Artiste pour observer, compasser & proportionner son feu à la qualité de la matiere pour avoir plutôt fait, il ne peut pourtant accomplir son œuvre sans y employer quelques années, & ne peut l'avancer d'une seule heure; d'autant qu'il faut si bien proportionner son feu, & compasser sa chaleur au temperamment de la matiere soûmise, que la qualité de l'un n'excede l'autre, autrement tout deviendroit à rien; car si la chaleur du feu excédoit la proportion de la ténuité & légereté de sa matiere, il la brûleroit, & la feroit évanoüir; pareillement s'il étoit trop foible, il retarderoit l'effet desiré en celui-ci, il n'y a point de danger hors l'ennui du retardement, mais en l'autre il y a perdition de tout l'œuvre: ce que les Philosophes experts crient sans cesse, disans que toute activité est mauvaise, vient de la part du diable & de l'ennemi, éteint l'espérance de la fin attendue; & au contraire qu'il ne faut point se fâcher, ni s'ennuyer si l'œuvre s'avance peu, d'autant que ce retardement le rendra plus parfait, par ce qu'il

sera

sera moins hâté, & qu'il aura plus de tems à se cuire, à l'imitation de la nature qui ne peut rien engendrer soudainement, quoique soudainement elle détruise toutes choses; ainsi la promptitude tend plutôt à la destruction qu'à la génération, mais la lenteur est la mine de notre pierre.

PREMIERE OPERATION.

Mon fils, prends donc, pour bien commencer ton œuvre, un Mercure composé d'une eau plus parfaite, que celle qui se trouve dans les Mercures des herbes, & des mineraux métaliques, & qui soit tiré d'une terre où le souffre soit plus cuit, & digeré par une grande longueur de tems compétente, dans les minieres de la terre Vierge, au ventre des montagnes où s'engendrent les métaux fluides; ce qui est cause qu'il approche bien près de leur naturel, & est semblable à celui du Levant, ou celui d'Espagne, qui se font aux montagnes où sont les minieres d'Or & d'Argent vulgaires; partant il sera aisé d'en faire Or & Argent, tant par la voye du grand œuvre, que par l'abreviation, pourvû qu'il soit bien choisi; tu connoîtras s'il est bon, si tu en animes avec eau forte une lamine d'argent, & la mets après sur le feu ardent pour faire évaporer le Mercure, lequel en s'envolant s'il ne laisse aucune apparence que l'on l'ait animé, & qu'elle demeure noirâtre, ce Mercure est de ceux qui ne sont guere bons pour l'œuvre; mais si seulement il laisse la lamine jaune, il est fort propre & bon pour faire l'élixir & pour l'abréviation, pourvû qu'il soit bien conduit; tout Mercure est la matiere de la pierre, & pour bien entendre cela, il faut remarquer que l'imparfait en est le menstrue, & le parfait la forme; il faut donc conclure nécessairement que pour faire la pierre il est absolument nécessaire qu'il y ait des deux ensemble, car l'imparfait est froid & humide, il ne sçauroit donc rien faire tout seul, puisqu'il attend à être parachevé; & le parfait est chaud, sec, & masculin, qui ne cherche que sa femelle pour engendrer le Soleil & la Lune; il ne peut donc engendrer tout seul: en outre chacun de ces mercures ne participe que des deux élemens; le premier, que de l'eau & de la terre; le second, que de l'air & du feu, & il faut qu'en toutes générations les quatre élemens soient proportionnés à la qualité & matiere du composé.

SECONDE OPERATION.

Sois averti, mon fils, que notre œuvre est un mariage philosophique, qui doit être composé de mâle & de femelle; car si le mâle agent est seul, de quoi sera-t-il mâle? Sur quoi aura-t-il son action? Il lui faut donc donner une femelle sur laquelle il étende son action, & avec laquelle il se conjoigne pour engendrer leur semblable: que si aussi la femelle étoit seule, que concevroit-elle, & de qui souffriroit-elle l'action? Il faut donc lui donner un mâle, duquel elle reçoive l'action; la semence de laquelle étant engrossée, elle produira un fruit agréable de son espéce; surtout que le mâle & la femelle soient tous deux vigoureux; car s'ils sont tels ils produiront un enfant semblable à eux; or maintenant quel mâle donnerons-nous à cette femelle? & quelle femelle donnerons à ce mâle? Tous deux sont d'une espéce, & non pas d'autre, autrement ils n'engendreroient que des monstres; & parce qu'il n'y a point d'autre femelle de l'espéce du parfait que l'imparfait, nous le lui donnerons pour femme; & aussi de l'espéce de l'imparfait, il n'y a point d'autre mâle que le parfait, nous le lui donnerons pour mari, & les assemblerons tous deux en poids proportionnés en qualité & non en quantité; & ainsi nous ferons un mariage qui nous engendrera & enfantera l'élixir des Philosophes.

Tout le secret de cet Art est de dissoudre, qui n'est autre chose que réduire en mercure, & c'est la premiere action de nos matieres; ceux-là se trompent grandement qui veulent réduire l'Or en mercure, avant que de le conjoindre en son menstrue: car si tu mets l'Or en mercure, il n'y aura point de coït, ni de dissolution ni d'impregnation, & partant l'œuvre ne vaudroit rien.

Ton Or donc en le mariant sera sa forme, il suffit qu'il soit en chaux, & tu verras que son menstrue le réduira en mercure ; il faut que le menstrue soit crud, autrement il ne pourroit dissoudre son souffre, car la seule crudité est cause de la dissolution ; c'est pourquoi tant plus un mercure est cuit, tant moins il dissout ; & tant plus il est crud, plutôt il dissout, mais il se congele plutard, à cause de sa froideur, & est plus long-tems à s'en aller : la congelation ne provient que de la chaleur radicale.

Il y a donc deux extrêmités dans le mercure ; la premiere, quand il est trop cuit, & la seconde, quand il est trop crud, lesquels ne servent de rien pour menstrue ; ils sont utiles néanmoins comme je vais dire : le trop cuit est celui de l'Or & celui de la Lune, & pour cela il ne sçauroit servir de menstrue, mais étant dissout par le menstrue, il lui donne forme parfaite avec le tems & le feu proportionné, & ainsi ils servent de souffre ; le trop crud qui est l'autre extrême est le Mercure vulgaire, par sa crudité extrême il ne peut servir de menstrue ; c'est pourquoi le médiocre est bon ; il n'est ni trop cuit ni trop crud, *mais proportionné à la qualité de son souffre, qui est celui des Métaux imparfaits, & le Philosophique préparé qui est proportionné à celui des imparfaits & aux qualités de son souffre.*

Parlons maintenant de la fixation qui se

fait par le soufire, lequel seul peut fixer & arrêter le Mercure en Or & en Argent ; le soufire donc est chaud, sec, agent, & le masculin de la nature du mercure ; & partant quand il est joint avec ce mercure qui est froid, humide, feminin & le patient de la nature des Métaux, & de leur soufire, désirant sa perfection, ils s'embrassent incontinent afin de parvenir à la perfection métallique ; & alors le soufire mêlé par ses petites parties à cause de sa grande chaleur, doit desseicher l'humidité de ce Mercure qui est de sa nature ; & selon la maxime des Philosophes, toutes les choses seiches boivent subtilement l'humidité de leur espéce ; partant notre soufire qui est de nature seiche boit l'humidité de son Mercure, & le desseiche à cause de sa grande chaleur ; il échaufe sa grande frigidité, & l'échauffant & desseichant il l'épaissit & appésantit ; l'épaississant & appesantissant, il le teint ; & en le teignant, il lui donne sa forme, le transmue, & arrête en métail de son espéce soutenant les essais & les jugemens. Les Sages ont bien rencontré lorsqu'ils ont dit que l'Ame donne la forme, & le corps la matiere, prenans le soufire pour l'Ame, & le Mercure pour la matiere.

Congeler donc le Mercure & le fixer, n'est autre chose que le transmuer en un corps de l'espéce de la chose qui le congele, teint & fixe par le moyen du feu supposé avec proportion.

Ce que nous disons en une maniere *signifiante ce que dessus, sçavoir que la teinture vraye, n'est que le souffre des Métaux*, qui donne sa forme à la matiere, & la rend & fait de sa nature ; le souffre donc est la forme, & le Mercure est la matiere, le recevant avidement pour le désir qu'elle a de sa perfection ; c'est pourquoi nous voyons qu'il faut qu'ils soient d'une même nature, & que le Mercure soit de l'espéce de la chose de quoi il est fixé, autrement rien ne se feroit.

MARIAGE DE LA SECONDE Opération.

Pour donc en faire Or & Argent, & la grande pierre, il le faut fermenter d'Or pour le rouge, & d'Argent pour le blanc ; & le faire cuire sur le dégré de feu proportionné, qui les liera ensemble, & les rendra tels que nous les désirons.

Plusieurs croyent que cet Oeuvre soit difficile, rare & de grands frais, mais ils se trompent bien fort, parce que c'est l'Oeuvre de toutes les Oeuvres la plus aisée, qui se peut commencer & achever en tous temps & saisons, en tous Pays & Nations, avec un petit vaisseau, un petit feu & une grande patience, attendant que nature y ait mis fin, & ait parfait la chose tant désirée sans la hâter aucunement ; car celui qui voudra la hâter d'une seule heure perdra tout.

Mais pour revenir à la matiere, elle est de deux, simples, homogènes & de même nature, qui sont le souffre & le mercure, & ne différent aucunement, sinon que l'un est masculin & l'autre féminin, lesquels assemblés selon l'intention des Philosophes, & gouvernés par proportion & poids de feu, ils engendrent un corps beaucoup plus parfait que celui duquel ils ont pris leur origine, tellement qu'ils peuvent départir aux imparfaits cette abondance de perfection, pour en faire autant de poids que leur vertu abondante surmonte la commune perfection.

Je veux déclarer ici ce que c'est que souffre & mercure ; le souffre donc parfait des Métaux désirés des Philosophes, & par lequel nature accomplit l'Or & l'Argent, est une vapeur métallique de la terre blanche, rouge en son profond glutineuse & huilleuse, sans mauvaise odeur, airée & ignée, active & masculine, chaude & seiche en son intérieur, permanente sur le feu sans brûler à cause de sa parfaite coction, puissante d'y arrêter & conserver les esprits volatifs & fugitifs de son espéce ; notre souffre donc est fixe & permanent sur le feu, & parfait ; je n'entends pourtant parler que de celui que nature a enclos dans l'Or & l'Argent hermetiques ; vrais spermes & matière de notre pierre, car notre mercure Philosophique est le germe métallique

X iiij

Mais le souffre des imparfaits est différent du premier, de coction, fixation & légereté, en ce qu'il ne sçauroit arrêter sur le feu les esprits métalliques, & lui-même ne peut endurer le feu, lesquelles qualités sont requises en celui de notre Oeuvre, autrement nous ne ferions rien & nous travaillerons en vain; c'est pourquoi ce second ne nous sçauroit servir de rien; car il faut que ce qui arrête une autre chose soit permanent & arrêté, d'autant que ce qui est fugitif emporte facilement avec soi ce qui lui est attaché, & que le pesant arrête le léger, si son poids proportionné en qualité & force surmonte le léger; & le léger pareillement emporte le pesant qui lui est attaché, si la qualité en son poids & vertu excede celui du pesant; ainsi ce qui est fixé sur le feu, & qui incombustible est attaché inséparablement & proportionnément avec le volatil de son espéce, le contraint de demeurer sur le feu, l'arrête & le conserve.

Le souffre donc parfait & celui des imparfaits ne différent que de la qualité accidentelle : à sçavoir de coction & non pas d'essence, laquelle décoction par le moyen de la projection par la chaleur de la poudre de l'élixir, est incontinent accomplie sur le souffre des imparfaits, & s'accomplissant ils prennent la couleur & les autres qualités du parfait, duquel la Pierre est faite. Disons donc pour conclusion, que le parfait des parfaits est celui-là seul duquel nous pouvons faire le Soleil & la Lune, & l'élixir, lequel à cause de ses effets admirables, a été caché par les Sages Philosophes, & cela pour allecher les enfans de doctrine à la recherche d'icelui, & pour rebuter les ignorans.

Parlons donc maintenant de la teinture, ainsi dire, teindre n'est autre chose que transmuer la chose teinte en l'espéce de la teinture, par la vertu d'icelle, car la teinture n'est que l'Ame & la forme ; de quoi il s'ensuit deux choses, l'une que la matiere sur quoi elle est jettée doit être de son espéce, autrement la forme ne pourroit se disposer & animer, & la matiere qui seroit incapable ne la recevroit pas ; ce que les Philosophes ne cessent de crier, disans, qu'elle entre soudaiment dans son corps, & n'approche jamais d'un étranger. Et en effet nous ne sçaurions si-tôt disposer une matiere, que son ame ne soit prête d'y entrer incontinent, tant nature est prompte à la génération ; & si nous nous efforçons d'y en faire entrer une d'autre espéce, nous travaillons en vain, d'autant que nature en infondra une autre propre selon que la matiere sera disposée, & non pas celle que nous eussions voulu, ce que tous les vrais Philosophes nous enseignent, nous disant que nature contient nature, nature surmonte nature, nature se joüit en sa nature ; nulle nature n'est amandée, sinon en sa propre nature.

Il s'enfuit secondement que la forme, ou ame transmue en son espéce la matiere en laquelle elle entre, & qui y est apte; car la nature sans forme est chose imparfaite; l'Ame donc & la forme donnent la perfection à toutes les choses; si donc la perfection parfait une matiere imparfaite, la perfection la rendra en son espéce, & non pas en une autre, parce qu'elle ne sçauroit donner ce qu'elle n'a pas, & ne peut donner autre perfection que la sienne; delà les Philosophes ont conclut que la teinture qui peut donner perfection aux Métaux imparfaits, procede du Soleil & de la Lune.

Ceux qui ne sont pas expérimentés croient que blanchir une chose rouge, ou colorer en rouge une chose blanche, c'est lui donner une autre forme; mais ils se trompent grandement; car former c'est donner essence, animer, vivifier; c'est en un mot disposer une matiere, qui sans forme ne pourroit être ni subsister en matiere, tellement que la forme est la même essence de sa matiere, de laquelle retirée, la matiere perit, n'est plus ce qu'elle étoit, & ne peut rester sans reprendre encore sa forme. De maniere qu'elle ne peut subsister sans sa forme en la nature, ni la forme aussi ne peut nous apparoître sans matiere; ensorte que les deux choses ne sont qu'une, & cette une sont deux choses; à sçavoir, la matiere qui est terrestre & corporelle, & la forme qui est spirituelle ; & quoique l'une ne peut paroître à nos yeux sans l'autre, & l'autre subsister en la nature sans elle, ce n'est donc par là qu'une chose.

Voilà pourquoi les Philosophes ont appellé la matiere de leur bénite Pierre *Rebis*, qui est un mot Latin composé de *Res* & de *Bis*, qui est autant à dire une chose deux, nous voulant induire à chercher deux choses, qui ne sont pas deux, mais une seule qu'ils ont nommés Souffre & Mercure.

De quoi il faut conclure qu'ils ont voulu que nous prissions un Souffre non étrange, mais de la nature de notre Mercure, autrement il ne lui pourroit donner sa forme; & pareillement que le Mercure que nous prendrons soit de la nature du Souffre, duquel il désire la perfection & la forme ; autrement ce seroit peine & dépense perdue. Or pour revenir à la vraie teinture blanche & rouge, elle donne forme parfaite aux imparfaites en la fusion, les pénétrant jusqu'en leur profond, s'entrembrassant inséparablement, & leur donnant la forme de son espéce, à sçavoir de Soleil & de Lune; de quoi il s'ensuit nécessairement que le Soleil & la Lune sont le Mercure des Philosophes.

La premiere chose requise à notre Souffre, c'est la fixation qui provient d'une parfaite & mûre décoction, pour laquelle fixation faire, il n'est que d'arrêter le souffre sur le feu, ce qui ne se peut faire par une matiere qui ne peut endurcir. La seconde qualité requise à notre Souffre est la pureté, netteté & mundicité ; mais il faut prendre garde qu'il est impossible à la Nature de fixer les esprits fugitifs des Métaux imparfaits, qu'avec les esprits fixes des parfaits.

Nous avons dit ci-dessus que la bénite Pierre étoit composée de Souffre & de Mercure ; quant au premier j'ai déclaré suffisamment la forme en laquelle il le faut prendre : & pour le dernier il ne reste qu'à déclarer la premiere opération.

Fermentation de la Pierre parfaite sur Argent-vif vulgaire purifié.

Pour donc commencer, tu prendras du Mercure vulgaire ou d'Espagne choisi, duquel la mortification consiste en trois choses ; à sçavoir à le purger, animer & échauffer, lesquelles choses faisant & accomplissant, tu auras la vraie & parfaite mortification du Mercure vulgaire, & pour lors il perd le nom & la qualité d'eau vulgaire, en prenant celui & les qualités du Mercure des Philosophes, parce qu'il est fait apte pour le grand Oeuvre, & pour l'Elixir facile à fixer en Soleil & en Lune par l'abbréviation de l'Oeuvre. & à cause que la mortification ou obstruction de la terre superflue, noire & corrompue, adhérante à la superficie, un peu mêlée avec son souffre pur

& net, & que cette terre noire empêchoit la perfection. Plusieurs considérant cela ils ont inventé trois maniéres de le purger, desquelles la premiere est de peu de conséquence, qui se fait en le mettant au sel & vinaigre.

Purgation de l'Argent-vif vulgaire.

Il y a une maniere de purger le Mercure, très-excellente, qui se fait par amalgame, comme font les Orfévres pour dorer ; il faut prendre de l'Or très-fin purgé par le ciment royal ou passé par l'Antimoine, avec quinze fois son poids de Mercure vulgaire du Levant ou d'Espagne éprouvé sur la lamine d'Argent, puis lave ton amalgame avec eau chaude & vinaigre distillé tiéde, & le lave tant de fois que ton amalgame soit clair & net, puis le séche avec une éponge ou un gros linge blanc ; puis mets-le à distiller, le Mercure montera pur & net, & laissera au fonds sa crasse avec l'Or, lequel tu réfondras après, & amalgameras huit ou dix fois avec le Mercure qui aura monté, à chaque fois tu laveras l'amalgame & distilleras le Mercure, & réfondras l'Or comme il a été dit ci-devant ; alors donc tu auras du Mercure bien purgé & propre pour animer.

Animer, est incorporer inséparablement avec un esprit métallique, qui le puisse rendre propre à recevoir l'ame & teinture du

Soleil ou de la Lune, selon qu'il aura été préparé.

L'ame, entre les Philosophes, est un simple feu & une substance aérée, ou ignée, céleste & divine, éloignée des substances terrestres, desquelles elle est la forme; elle ne la pourroit donner sans un moyen qu'ils appellent esprit, participant de la matiere terrestre & de la nature aérée & ignée, ou divine.

Effet de la Fermentation.

Le Mercure philosophique donc est un corps féminin froid & humide, & le sperme du Soleil est un feu chaud & sec comparé au feu & ame divine, lequel est tout contraire au Mercure vulgaire, sa forme étant médecine moins parfaite sans un esprit participant de tous deux; lequel esprit n'est autre chose que l'Or subtilié & dissout en Mercure coulant avec le Mercure vulgaire, en l'amalgame fait des deux cuits sur le feu continu & propre à la parfaite dissolution de l'Or, lequel alors est esprit qui se conjoint en faisant l'amalgame auparavant la dissolution en Mercure, parce qu'il est composé de Mercure; & après que par cette cuisson & continuelle chaleur de feu ce Mercure l'a dissout parfaitement, il est de la nature du Soufre d'Or & d'Argent, ainsi réduit & dissout en Mercure avec le vulgaire, & entrés l'un dans l'autre jusqu'à leur profondité, se mêlant par leurs petites parties, & finalement ils s'embrasent inséparablement. Voilà comment des deux il se fait une matiere & corps féminin, pour recevoir la forme masculine parfaite, qui n'est autre chose que l'Or plus que parfait que nous appellons Souffre, ferment, levain, & teinture parfaite des Philosophes, sans laquelle il est impossible de faire les transmutations métalliques: autant s'en fait-il sur le blanc avec l'Argent.

Mais il ne faut pas s'émerveiller, si j'ai dit que l'esprit & l'ame n'est que l'Or réduit en Mercure, ce qu'il faut entendre en cette façon, qu'au commencement de la préparation du Mercure vulgaire purgé, tu l'amalgameras pour l'animer, n'y mettant guére d'Or, que si peu que tu en mettes ne le puisse congeler, que le feu aussi sur lequel le Mercure dissout l'Or en esprit, l'échauffe jusqu'au dégré requis pour être menstrué de l'Elixir & puissant de l'aider à dissoudre, à l'échauffer un peu, & n'y être pas congelé. Etant ainsi manié, il est propre à recevoir la teinture & ame du grand Oeuvre, & le souffre d'Or & d'Argent; & quant à l'amalgame pour la grande Pierre, après qu'elle est réchauffée & animée, on lui donne tant d'Or, qu'après qu'il est dissout, il se peut congeler & fixer; & en cet état il est le vrai souffre qui lui donne sa vraie forme, & celle de la Médecine parfaite, se cuisant tous deux à un plus haut dégré de perfection que l'Or ; & pour mieux entendre que cette définition est véritable, & aussi ce que j'ai dit de l'esprit en l'ame, s'ensuit la pratique.

Purification de l'Or pour le mariage, & suite de la seconde Opération.

Passe l'Or par le ciment royal ou par l'Antimoine, & le mets en limaille ou en feuilles subtiles comme celles de quoi on dore sur le fer avec la Pierre sanguine, & le marmorise impalpablement avec du vinaigre distillé, puis le desséche : mets de cette poudre impalpable le poids d'un denier pesant sur une once de Mercure philosophique préparé comme son bain, & l'amalgame, ainsi que font les Orfévres pour dorer, & surtout prends garde à cette proportion. Sur une livre de Mercure il faut une once d'Or mis en poudre impalpable comme dessus ; s'il y a moins de Mercure, mets moins d'Or, proportion gardée ; puis lave ton amalgame tant que l'eau en sorte claire, c'est-à-dire qu'elle surnage sans autre lessive, le tout étant dans un matras à long col, que tu sigilleras du sceau d'Hermes, & de telle grandeur que ton amalgame ne passe pas la troisiéme partie de ton matras de verre bien renforcé, qui puisse soutenir le feu ; cela fait tu le mettras dans son feu de digestion sur le feu d'Egypte, c'est-à-dire de corruption ; tu lui en en donneras le premier dégré un an, qui veut dire un mois, & le second dégré un autre an, sans que le feu s'éteigne, ou que la matiere se refroidisse, sur peine de tout perdre; ainsi ta matiere dissoudra en Mercure ton Or, lequel se mêlant avec lui, lui ôtera sa frigidité, l'échauffera & mortifiera, suivant l'instruction des Philosophes. Sois donc bien diligent à garder les choses susdites, d'autant que si tu mets plus d'un denier d'Or sur une once de Mercure, il congelera le Mercure en son profond, avant qu'être échauffé, & ne vaudra rien pour ton Oeuvre ; & si tu en mets moins, il y en auroit trop peu pour l'échauffer & ôter sa frigidité naturelle, laquelle perdue, il est tout semblable au Mercure tiré des corps imparfaits; il faut sçavoir que quand il a été un an, c'est-à-dire un mois sur le premier dégré du feu d'Egypte, & un autre sur le deuxiéme, il est égal à celui de Saturne ou plomb. Continue-lui encore le second dégré du feu d'Egypte demi-an ; ainsi au bout de deux ans & demi, ce sera le vrai Mercure de Jupiter, au moins il en aura toutes les qualités ; & si au bout de deux ans, tu lui donnes le troisiéme dégré du feu d'Egypte, & lui continues encore un an au bout de ces trois ans, il sera tempéré & égal à celui de Venus ; & si tu veux avoir égard à celui des parfaits, il faut y mettre plus d'Or, & le faire cuire davantage: donc pour la Lune & pour le Soleil tu mettras sur une once de Mercure philosophique préparé, comme nous avons dit, un denier & demi d'Or en poudre impalpable, & pour celui de la Lune quatre deniers & demi d'Argent accoustré comme l'Or, puis tu le mettras sur le premier dégré du feu d'Egypte, un autre an, & deux ans sur le troisième dégré pour la Lune, & trois ans pour le Soleil; tellement que pour le tout il faut cinq ans, pour le moins sur le feu: mais ce sont ans philosophiques, & non pas tels que le Lecteur entend un sur le premier, un sur le second, deux sur le tiers; & en ce faisant tu auras le Mercure de tous les corps, sans avoir la peine de les tirer.

Observe surtout le feu & ses dégrés; que le premier soit fébrile, c'est-à-dire à la température du feu du Soleil, au tems du mois de Février.

Que si tu manques au feu, tu perdras tout, parce que si tu donnes à ton Mercure en cuisant la chaleur du dernier dégré, dès le commencement il s'envolera & ne l'endurera pas, à cause de son humidité & froideur; mais donne-lui au commencement le premier dégré si petit, que les autres doublez & triplez ne le puissent faire évaporer ni dessécher si vite, pour qu'il soit conjoint à la forme du Mercure coulant, car il ne seroit plus sperme ni semence féminine, & il ne vaudroit rien pour conjoindre la grande Pierre s'il étoit sec & altéré, il ne pourroit fondre ni subtilier le premier dégré ; donc il sera si petit qu'il le puisse soutenir, & en le soutenant il l'échauffera & appésantira, ensorte qu'il endurera un plus grand feu ; & au bout de l'an tu lui doubleras & continueras encore un autre an. Ainsi petit à petit il s'accoutumera au feu, & s'appesantira tellement qu'il endurera encore le troisiéme dégré, même deux ou trois mois, sans s'envoler ni altérer ou perdre sa forme. Voilà ce qui touche la proportion du feu du Mercure des Métaux imparfaits & parfaits, requis pour être menstrue de la grande Pierre, & la matiere propre pour la multiplier en quantité : & tout cela se fait naturellement & par une conduite linéaire.

Mais s'il est question de la décoction de la grande Médecine, quoique le premier, second & troisiéme dégré du feu d'icelle, & celui de l'animation & échauffement soient semblables & pareils en qualité, & proportionnés à notre Mercure qui s'altére en poudre noire, blanche & rouge, le fixe, & fait permanent sur le feu à cause de l'abondance du souffre, ce qui est défaillant en celui qu'on anime pour servir au grand Oeuvre ; néanmoins il demeure, ainsi qu'il est nécessaire, en la forme vulgaire de Mercure coulant, sans se fixer parfaitement ; mais après la décoction du grand Oeuvre, il s'échauffe, appésantit & fixe petit à petit, tant qu'il endure le feu excessif & ses jugemens, car le feu éprouve & juge tout.

Enfin les Philosophes nous avertissent d'user du feu d'Egypte, donnant à entendre par ce mot qu'il faut user d'un aussi petit feu que celui d'Egypte pour le commencement de notre Pierre, comme si nous voulions faire éclore des poulets, en la génération desquels si le feu étoit trop grand, il les cuiroit, là où il faut qu'il les corrompe & putrifie sous la conservation de leur espéce, avant qu'ils s'animent, parce qu'il est impossible d'animer une matiere sans la corrompre, & de la putrifier sans l'animer, car toute putréfaction tend à nouvelle génération.

La putréfaction donc pour la génération de notre Médecine parfaite, est requise en l'œuvre de notre Pierre ; cependant il faut user de ce petit feu comme celui des Egyptiens, en esclosant les poulets, afin de corrompre & putrifier nos matieres sous la conservation de leur espéce, autrement il les corromproit radicalement, chassant & faisant évanouir le Mercure en fumée, ou en l'altérant avant le tems avec son souffre en une poudre inutile, ou les brûlant ; mais s'il est proportionné à la qualité de nos matieres, il les putrifiera, & en cette putréfaction la fémelle diffoudra le mâle en fperme, & femblable à elle; & la mafculine l'animera de la forme & ame de fon efpéce; ainfi il faut que toute putréfaction fe faffe avec douce chaleur, lente, humide & requife aux corruptions & générations.

Nous avons affez amplement difcouru du feu, par le moyen duquel notre Pierre eft faite, dont la pratique n'eft que d'affembler & cuire notre Souftre & Mercure enfemble, lefquels les Philofophes ont appellez de divers noms; entr'autres ils ont appellé le Souftre *Roi*, pour ce qu'il eft le plus excellent des Métaux, qu'il a une puiffance occulte de les enrichir & orner comme lui, en donnant aide à la nature par notre Art; ils l'ont aufli appellé *Lion* rougiffant, parce qu'il eft le Roi des animaux, & qu'il a du rouge; & de plufieurs autres noms. Ils ont aufli appellé leur Mercure de divers & étranges noms pour obfcurcir & déguifer leur Oeuvre, le nommant *Dragon volant*, & toujours veillant, à caufe qu'il a un venin mortel, & fi fort qu'il peut tuer le plus noble métal en le mordant, c'eft-à-dire l'Or en le diffolvant; *volant*, pour ce qu'il ne peut endurer le feu, qu'il ne s'en aille & s'envole en l'air & en fumée; & *pugil*, parce qu'il eft toujours flambant & éclairant, & toujours mouvant, fans aucun arrêt, & de divers autres noms. Quelques Philofophes même les ont alliés enfemble, appellant le

Souffre *Gabricius*, & le Mercure *Beia*, le frere & la sœur, disant que pour venir à la Médecine parfaite, il falloit que la sœur tua son frere, & que le frere tua la sœur; ce que vous verrez dans la dissolution, c'est-à-dire que la matiere agente & patiente soient de même espéce, différente seulement de sexe, vû que le frere & la sœur sont tout d'un sang; aussi sont le Souffre & le Mercure de notre Pierre : qui plus est, cette consanguinité dénote que la semence féminine de notre Oeuvre approche si près de la masculine, que peu s'en faut que ce ne soit une même chose, & la différence n'est sinon de la chaleur de l'un, & de la froideur de l'autre.

Préparation de l'Or pour le mariage, en la seconde Opération.

Prends donc au Nom de Dieu, le Pere Tout-Puissant, le Soleil bien purgé au ment royal, ou passé par l'Antimoine, tant qu'il soit bien pur, puis battu en feuille, comme celle dont on dore le fer avec la Pierre sanguine, & le marmorise avec du vinaigre distillé, puis le desseche & remarmorise en poudre impalpable, lequel ainsi préparé est le vrai & vieux Roi des Philosophes, dépouillé de ses habits & ornemens royaux, dépecé par menues piéces, séant sur le bord de la fontaine pour être jetté dedans, afin de recouvrer la santé, & de reprendre un nouveau corps, en recouvrant la fleur de sa jeunesse, avec dix fois plus de force & de beauté qu'il n'avoit, & se revêtissant de plus beaux & précieux ornemens qu'il n'avoit oncques porté, par la vertu de la fontaine son amoureuse qui l'aura tiré à elle. Le Soleil donc, Roi des Métaux, pulverisé, comme j'ai dit, c'est le Roi qui est dépouillé de sa forme, à cause qu'il est tranché & découpé, & est dit pour ce sujet le Roi dépouillé de ses vêtemens, & alors il est prêt d'être amalgamé avec son Mercure; ils disent qu'il s'assit sur le bord de la fontaine, dans laquelle il se jette & se précipite, quand on l'amalgame avec son Mercure.

L'amalgame se fait ainsi : prends une demi-once de Soleil en poudre impalpable accoustré comme dessus, & l'amalgame avec deux onces de Mercure, comme j'ai dit cidessus, d'un poids de Soleil sur quatre de Mercure, cuit deux ans par le feu d'Egypte, un an sur le premier dégré, & l'autre sur le second, puis fais laver ton amalgame avec son eau nette tant de fois qu'elle en sorte claire sans aucune villenie, & le desseche ; il ne faut que deux onces de Mercure & une demie de ferment ; cet amalgame ainsi faite, les Philosophes l'appellent fermentation, parce que le Soleil est vrai levain de l'Elixir : tu prendras donc cette amalgame, & tu la mettras dans un matras de verre, qui puisse soutenir le feu, & duquel l'amalgame n'occupera que la troisième partie ; la matiere étant dedans, il faudra sigiller du sceau d'Hermes, & note que s'il n'est bien fort, tu es en danger de tout perdre.

Les Philosophes l'ont figuré sous le nom d'une chambre claire & diaphane, disant que la fontaine dans laquelle le Roi s'étoit baigné, ou le lit où il étoit couché avec sa mie ou sa femme, étoit une chambre claire & transparente, entendant par sa chambre le matras, lequel il faut mettre dans le four de digestion, pour le cuire à feu d'Egypte quatre mois ou plus, selon l'Almanac philosophique, pour le blanc & le rouge, c'est-à-dire autant de mois qu'il sera de besoin.

Ils ont caché le four sous le nom de muraille de pierre, laquelle avoit ladite chambre, si bien close & fermée, qu'il n'y avoit qu'une seule porte, par laquelle un seul Valet de chambre, sans plus, entroit & administroit au Roi ce qui lui étoit nécessaire ; voulant par cela nous faire entendre que depuis que la matiere est dans le fourneau, il ne faut qu'un homme & qu'une porte pour gouverner & entretenir le feu, le continuer également à chacun des dégrés sans refroidir, s'augmentant de Saison en Saison, en le continuant jusqu'à la fin de l'Oeuvre, sans croître ou décroître la chaleur : & par ces dégrés également proportionnés, tout notre Oeuvre est parfait ; à

toutes

toutes ces choses l'Artiste sera attentif, & ainsi il n'aura pas grande peine.

Les Philosophes l'ont signifié, en disant que la pratique & façon de la Pierre des Philosophes est l'Oeuvre des femmes, pour qui la premiere occupation en leur ménage est d'attiser le feu, & de faire bouillir le pot ; ce qui est plus difficile que d'entretenir notre feu, & le continuer proportionné par ses dégrés ; tu allumeras donc le premier dégré du feu d'Egypte sous notre matiere un an, qui veut dire quarante jours sans l'éteindre, croître, ni diminuer, ni sans ôter la matiere de dessus le feu, en façon que ce soit, ni sans la refroidir pendant ce tems ; à l'aide de ce feu linéaire la dissolution & putréfaction se font par une même action de feu intérieur, & de la matiere féminine agente sur la masculine ; il est ici requis de sçavoir ce que c'est que putréfaction.

Putréfaction est une action tempérée de la chaleur extérieure sur l'humidité de la matiere, qui a pouvoir de corrompre & altérer sa forme, & lui induire une nouvelle ; ce que nous voyons dans la premiere année par le premier dégré de feu d'Egypte, qui aide à l'humidité du menstrue, & corrompt la grosse & solide forme du Mercure, comme lui qui est la vraie solution de la matiere.

Cette solution est une réduction d'une

matiere, laquelle finit aussi-tôt que le Soleil est réduit en Mercure ; ainsi elle n'est qu'une espéce de putréfaction, & quoiqu'il ne se fasse point de dissolution sans putréfaction, cependant la putréfaction peut se faire sans dissolution ; la putréfaction donc dure jusqu'à ce que la matiere soit devenue blanchâtre.

Quand les Philosophes ont dit que le fixe fut fait volatil, & le volatil fut fait fixe, & que ce qui étoit en bas étoit comme ce qui est en haut, & que le haut est comme le bas, ils n'ont pas voulu inférer autre chose, sinon qu'il falloit que le Soleil qui est fixe, & corps terrestre, lequel pour sa pesanteur tombe toujours en bas, fut dissout en Mercure, à cause qu'il est esprit volatil & léger, & s'envole en fumée, cherchant son élément, ainsi que font toutes les choses aërées & ignées qui montent sans cesse, pourvû qu'elles ne soient renfermées : & encore quand elles sont encloses elles ne font que tournoyer & circuler dans leurs vaisseaux, cherchant leur issue pour monter à leur centre ; il faut donc fixer le volatil, c'est-à-dire faire ensorte que le Mercure soit fixé & arrêté de la nature du Soleil, ce qui se fait lorsque la dissolution se fait dûement, continuant le feu par les régles générales des Philosophes, qui disent que cette dissolution est le premier principe de la congélation, & que le ferment étant dissout, aussi-tôt il congéle son menstrue, ce qui se fait, en cuisant continuellement notre matiere par les régles du feu, tant qu'elle soit fixe & arrêtée sur les jugemens & essais.

Notre Soleil donc subtilisé & réduit en sperme, est le vrai souffre & ferment de notre Pierre, lequel étant joint à notre Mercure, & émû par le feu extérieur, ils s'embrasent si amoureusement tous deux, qu'ils se mêlent jusqu'à leurs petites parties en se congelant, car le ferment chaud & sec en son intérieur boit incontinent l'humidité de son menstrue & le desséche, parce qu'il est de son espéce, & le desséchant, il l'endurcit & appésantit, arrête, & fixe avec lui; en telle sorte, qu'ils sont faits tous deux d'une matiere seule & parfaite.

Parlons maintenant de la conversion des élémens, fort nécessaire pour la confection de notre Oeuvre, c'est-à-dire de leur séparation, ce qui est entendu de fort peu de personnes; mais les Philosophes par ce mot de séparation ont voulu dénoter qu'il falloit que la matiere de notre Pierre reçoive de degré en degré la qualité des élémens, avant que de venir à la maturité & perfection requise; & quand ils ont dit, qu'il falloit mettre l'eau à part, & chacun des quatre élémens, ils ont voulu faire entendre que leur matiere doit recevoir la qualité des quatre élémens l'un après l'autre, depuis la plus parfaite jusqu'à la plus imparfaite; parce que l'on ne sçauroit passer d'une extrémité à l'autre sans un milieu & moyen ; la séparation donc des élémens faite selon les Philosophes, il faut retourner à notre solution de la matiere, & déclarer ses effets & les énigmes des Philosophes, & puis nous déclarerons le reste de la putréfaction.

Quand les Philosophes ont dit qu'il falloit que la sœur tuât son frere, parlant du Dragon volant, du Dragon sans aîles, & du Lion rugissant, ils ont voulu signifier que la menstrue, déguisée sous ces noms, dissolve son souffre & ferment, qui est le Soleil, lequel ne sçauroit rien engendrer s'il n'est réduit en sperme, sa premiere matiere ; cela arrivant en la dissolution, il est propre à multiplier son espéce, ce que les Philosophes entendent sous ces paroles obscures, appellant la dissolution coït, & assemblement naturel du mâle & de la fémelle ; après lequel coït s'ensuit la conception, parce que les deux semences qui sont rencontrées demeurent enfermées dans le ventre de la fémelle, c'est-à-dire dans le vaisseau propre du naturel, sur le feu proportionné, lequel par son acte acheve de putrifier les matieres, & en les putrifiant la nature les anime ; c'est alors qu'elles perdent leur forme spermatique, & qu'elles deviennent en boue & en fange noire, qui est le principe de la congélation laquelle se fait ainsi.

Congélation est la dessiccation d'une matiere humide, & la restriction d'une matiere coulante par la chaleur du feu exterieur & interieur, desséchant l'humidité de la matiere.

Au commencement de cette congélation le frere tue la sœur, & la sœur tue le frere, & incontinent venant à putrifier la nature convoiteuse de la génération, les unit & anime; ainsi les deux morts pourrissent ensemble & reprennent une forme plus excellente que n'étoit leur premiere; ce que les anciens Philosophes ont autrement figuré, disant: le Roi être sorti de la fontaine dans laquelle il avoit été noyé, & son corps coupé & desseché, être guéri & consolidé, ayant un corps plus jeune, plus beau, plus robuste, & plus excellent de la moitié que le premier.

Aussi-tôt que l'ame est infuse dans la matiere, l'imprégnation se fait par l'ame qui entre dans icelle, & n'est autre chose que l'entrée du souffre dans le profond des petites parties de son menstrue, lesquelles il fait végéter & croître en son espéce, desséchant leur humidité petit à petit, selon la proportion du feu à ce requise; que si la congélation se fait avant le tems, & si la matiere paroît rougeâtre ou d'autre couleur que noire, l'Artiste se doit déconforter; car le feu qui agit tempérément en la matiere onctueuse, la fait premierement noircir, de plus blanchir, & alors il peut se réjouir, & s'assurer de la fin désirée ; & si au bout du tems compétant il voit que sa matiere se congéle, & se congelant demeure noire, c'est signe de parfaite & mûre dissolution, & que la matiere est animée, de quoi la couleur noire donne assurance certaine, & réjouit le Philosophe.

Les Philosophes ont appellé la tête du Corbeau cette bienheureuse noirceur, parce que tout ainsi que les petits des Corbeaux, nouvellement nés, sont blancs huit ou dix jours, & que leur pere & mere les abandonnent jusqu'à ce qu'ils soient vêtus de plumages noires comme eux, alors ils les reconnoissent pour leurs enfans, & les nourrissent en leurs nids ; notre pierre aussi avant sa dissolution est blanche ; & quelque tems après : ce qui nous empêche de pouvoir juger si la dissolution requise est parfaite, jusqu'à ce qu'elle ait changé de couleur, laquelle si elle est autre que noire en son changement, elle n'engendrera rien au désir de l'espérance ; & pour cela l'opérant la doit abandonner comme font les Corbeaux envers leurs petits.

Mais si elle est noire, c'est signe de parfaite dissolution physique, précedant l'imprégnation, avec assurance de la naissance de l'enfant désiré. Pourquoi l'Artiste doit prendre courage, reconnoître son œuvre légitime, & le noircir jusqu'à sa perfection avec le feu d'Egypte, selon son exigence, lui allumant son second dégré du feu d'Egypte pour lui ôter la noirceur; & à l'heure que l'Artiste voit la couleur noire nager dessus la matiere, qui est la grossiere terre puante, sulphurée, infecte, corrompante & inutile, il la faut séparer d'avec le pur, en lavant & relavant tant de fois avec eau nouvelle, qu'elle en devienne blanche; ce qui se fait par la nature aidée de l'Art, & est entendu de fort peu de gens, qui manquent en ce seul point de lavement de la noirceur de la Pierre, faute d'entendre les Philosophes, qui disent qu'il faut laver & relaver leur matiere avec réitération d'eau nouvelle, tant que la noirceur s'en soit allée: toutefois ils n'entendent pas par ces lavemens & relavemens qu'il faille ôter la matiere de dessus le feu, & y ajoûter nouvelle eau, ni essuyer la taye noire qui nage dessus; mais qu'il faut continuer le feu, en l'augmentant par sa continuité, qui en accroît la force d'un dégré, duquel la chaleur humide & tournoyante échauffe & dessèche la matiere tellement, qu'elle blanchisse.

Que s'ils entendoient bien que le feu purge & nettoye mieux que l'eau, & que par le moyen d'icelui les Philosophes ont signifiée la clarté luisante, continue & mondificative des solutions & ordures de notre Pierre, ils ne tomberoient pas dans l'inconvenient comme ils sont, & ils parviendroient à leur deſſein ; en quoi manquant, ils tuent & privent leur matiere de ſon eſprit, en lui ajoutant de nouveau menſtrue, & en l'ôtant de deſſus le feu, & de ſon vaiſſeau ; par-là ils la refroidiſſent, ce qu'on ne peut faire ſur peine de la rendre inutile ; ils ne s'y tromperoient point, s'ils entendoient ce que c'eſt que ablution.

Ablution n'eſt autre choſe que l'abſtraction de la noirceur, tache, ſouillure & immondicité, laquelle ſe fait par la continuation du ſecond dégré de feu d'Egypte qu'il faut allumer & doubler ſous la matiere auſſi-tôt qu'on la voit noire, le continuer un an entier ſans l'augmenter ni diminuer, ni lever la matiere de deſſus le feu, ni la refroidir ; & cette augmentation de feu procede en ce tems de la continuité.

Le feu donc de notre Pierre par ſa continuation & aſſiduité lavera, nettoyera & purgera la noirceur, puanteur, venin & poiſon de notre matiere, que la putrefaction a engendré ; non pas en les ſéparant d'icelle, mais en les devorant & attirant à lui inviſiblement, à cauſe de la noirceur, dont il donne la marque pour ſigne de ſa mundification, par les couleurs qui apparoiſſent ſur la matiere ; à ſçavoir la griſe, puis la noire, qui eſt le commencement de la deſſiccation, devorement & purgation de l'immundicité, & enſuite la blancheur, qui eſt la parfaite mundification ; puis après elle, apparoît la couleur plus rouge qu'un rubis, qui est l'extrême dessiccation, & la purgation la plus accomplie que l'on sçauroit trouver en ce monde. Lorsque la matiere commence à perdre sa blancheur & à rougir, il apparoit un nuage de toutes les couleurs dans le ventre du matras, comme la couleur d'Iris en la Mer, laquelle s'engendre des rayons du Soleil retenus & refléchis dans la concavité de la nuée humide ; ainsi notre matiere qui a un peu d'humidité, que le quatriéme dégré de feu éleve dans le matras en blanc & diaphane, rend une vapeur rutillante brûlante, qui se reverbere dans le creux du vaisseau, parce qu'elle ne peut sortir, où par le moyen rayon du feu extérieur, elle reçoit diverses couleurs, changeant de tannée en jaune rouge & verte, qui apparoissent dans le ventre & la concavité du matras, comme font les rayons du Soleil dans l'Arc en Ciel que nous appellons Iris.

On voit donc en notre Pierre toutes les couleurs, desquelles la premiere est la noire, pendant laquelle il faut séparer le pur d'avec l'impur, le salubre d'avec le corruptible & venin mortel, que les Philosophes ont ainsi nommé, à cause de la putrefaction qu'elle engendre, & pour signifier l'action du Lion & du Dragon, & finallement à cause des matieres qui étoient mortes ; ce qui n'arriveroit point, si la nature & l'impregnation de notre Enfant Philosophique, ou grand Elixir, ne les eût animés pour le produire & enfanter à nos yeux, à quoi nous ne pouvons parvenir fans le nourrir au ventre de fa mere, jufqu'au tems de fon enfantement; qui n'eft que le matras de verre clair & blanc comme la Lune: ils ufent de ce nom, d'autant qu'il n'y a rien plus femblable à la Lune, que le verre; car il eft clair & pâle comme elle, & reçoit les couleurs des vapeurs auprès du feu, comme elle fait celle du Soleil. Ils ont ainfi appellé ce verre ou matras le ventre de la mere, qui ne veut point d'autre matiere pour nourrir fon enfant, que le vrai foufre & ferment parfait inclus en icelui; & il ne faut que deux onces de menftrue, fur une demi-once d'icelle, & toute la matiere ne doit pefer que deux onces & demie en tout ni plus ni moins felon le poids Philofophique, auquel il faut avoir recours; & les Philofophes appellent le menftrue, la matiere de leur Pierre, le Lion, l'Element de l'eau, le Dragon igné, l'Element terreftre imprigné d'un feu de nature.

Tout ce qui paroît à nos yeux eft compofé de forme & de matiere; defquelles la premiere eft l'air & le feu, l'efprit, la vie, l'Ame, l'effence, & la difpofition qui donnent à leurs fujets action & être; la feconde eft la terre & l'eau, la froideur, l'humidité, la matiere morte, indifpofée, fans mouvement, fans vie, vigueur, ou fubfiftance : & c'est celle qui est le menstrue de la Pierre ; c'est pourquoi elle retient le nom de matiere ; au contraire le souffre retient le nom de forme, parce que sans lui le menstrue ne sçauroit pourvoir à la dignité de la Pierre.

Les Sages ont même dit comment le menstrue est la matiere de la Pierre ; sçavoir, parce qu'elle représente les deux Elemens l'eau & la terre, patientes féminines, lesquelles ne peuvent rien produire, s'ils ne sont échauffés de l'air & du feu masculins & agens, représentés en notre Pierre par le souffre & ferment Philosophal ; & à cette occasion ils en retiennent le nom, à l'exemple des animaux, & ainsi ils les ont nommés semences masculines & féminines, desquelles la premiere est l'ame qui forme & dispose la féminine, qui est une matiere homogene : cela se connoît aux animaux, vû qu'il n'y entre qu'un peu de semence solaire & ignée du mâle & à une fois, laquelle la femelle conçoit en son ventre où elle anime, fomente & nourrit la semence par son sperme lunaire & humide : ainsi en notre Oeuvre, l'enfant est conçû par l'operation du souffre spirituel, & après est nourri de sa propre substance humide maternelle jusqu'à l'enfantement ; ainsi donc un peu de souffre est nourri d'une grande quantité de menstrue, tous deux enclos dans un petit vaisseau, comme un petit germe de cocq dans un œuf, avec une grosse masse de matiere & semence feminine, laquelle il digere & amene à sa perfection, par le moyen de la chaleur continuée, jusqu'à tems que le poulet soit éclos.

Il n'y a génération au monde, qui approche tant de notre Pierre que celle des poulets, ce qui est cause que les Philosophes ont appellé leur matiere enclose dans le matras sigillé du sceau d'hermes, l'œuf des Philosophes; car si à l'un il n'y a qu'un peu de semence masculine sur une grosse masse feminine, ainsi est-il de l'autre; s'il ne faut qu'un petit feu pour amener l'un à sa perfection, l'autre n'en veut point de grand; & si le feu de l'un semble avoir de l'humidité avec sa sécheresse, celui de l'autre est fait des deux: de même, si le feu de l'un doit être continuel sans que sa matiere refroidisse, ou qu'il soit interrompu, ou sans qu'on la puisse cuire a deux fois, à peine de faire mourir le poulet sans jamais pouvoir ressusciter, aussi si le feu de l'autre est éteint, ou discontinué, ou que la matiere refroidisse, l'Oeuvre perira sans aucune espérance de lui pouvoir rendre les esprits vitaux. Ainsi tout ainsi qu'un œuf a tout ce qu'il lui est nécessaire pour la génération du poulet, qu'il n'y faut rien ajouter, & qu'il n'y a rien de superflus qu'il faille ôter, de même aussi il faut enclore en notre œuf tout ce qui est nécessaire à la génération de la Pierre, tout cela est contraire aux lavemens, dont usent, plusieurs mal expérimentés pour ôter la noirceur de leur matiere. Aussi si l'on rompoit les œufs avant le tems que les poulets doivent sortir, ils mourroient, & on ne pourroit trouver moyen de les achever de couver ni éclore, parce que l'esprit solaire seminal & agent, déconcerté en son ouvrage, se dissipant, tourneroit à autre Iliade ; d'ailleurs, l'eau élementaire & extérieure les tueroit & humeroit les esprits essentiels de vie, laquelle cesseroit faute d'archeémoteur ; ce qu'aussi feroit notre matiere si on débouchoit le matras, & si on en tiroit la matiere dehors ; car on dissiperoit & éteindroit les esprits de notre Pierre, lesquels en font le mouvement & l'opération.

Pour conclusion, tu continueras ton feu jusqu'à la fin de l'Oeuvre, lequel tu nourriras de chaleur graduée, de laquelle le second dégré sera doublé de moitié, & continué depuis la noirceur jusqu'au commencement de la blancheur, ce qui doit être 40 jours pour le moins autant que le premier dégré. Après les 40 jours & les deux premiers dégrés de feu finis, tu tripleras ton feu, & le continueras tant que la matiere passe en blancheur toutes les neiges du monde ; & pour le moins aussi long-tems qu'un chacun des premiers dégrés. Maintenant il faut notter, que si la matiere est fermentée de Soleil pour le rouge, elle est parfaite pour le blanc sur le tiers dégré du feu, à l'heure qu'elle est sur le plus haut point de sa blancheur, sans que tu la lui puisses cuire davantage sur le blanc, à peine de perdre & gâter le tout, pendant la couleur blanche, parce qu'elle rougira pour parvenir à sa perfection rouge par l'action du feu, qui achevera de dessécher son souffre & lui ôter son humidité, causée de sa blancheur en laquelle notre Médecine n'est que le Soleil; ce que les Philosophes ont montré, disans, qu'on ne peut transmuer le Soleil en Lune que par la voye de la Pierre, en les cuisant, & que celui qui sçait conduire jusqu'à ce point de parfaite blancheur, sçait tout.

Mais si la Pierre est fermentée de Soleil & Lune après le troisiéme dégré de feu d'Egypte, il lui faut encore donner un autre feu pour la fixer, non pas d'Egypte, car il finit en l'Oeuvre à la fin du troisiéme dégré; mais le quatriéme dégré de feu à la mode de Perse, que tu continueras pour le moins un an, ou même autant que chacun des autres: & finalement jusqu'à ce que la matiere soit fixe sans s'envoler ni fumer sur la lamine de cuivre ardente; que si elle fumoit, il la faudroit encore continuer sur le quatriéme dégré de feu de Perse, jusqu'à ce qu'elle ne fume plus, & en cet endroit il faut remarquer que ce quatriéme dégré de feu de Perse se doit donner & conduire aussi par dégrés; le premier plus doux, le second plus fort, le troisiéme encore redoublé, & le quatriéme renforcé de motié. Toutefois ces 4 dégrés ne doivent non plus durer qu'un des autres dégrés qui est de 40 jours, à la fin duquel tu laisseras mourir ton feu & refroidir ta matiere sur les cendres ; ce qui étant fait, elle sera prête à recevoir l'inseration, après laquelle elle sera parachevée : ainsi est la Médecine rouge, après qu'elle a été fixée sur le dernier dégré du feu de Perse.

Les trois premiers dégrés de feu donc cuisent la matiere, la purgent de toutes mauvaises humeurs, & la mettent au plus haut dégré de blancheur qui soit en la nature, par quoi elle est prête d'être tirée de son vaisseau ; ce qu'étant fait, elle peut vivre, c'est-à-dire porter son exubérance, & donner perfection aux imparfaits par sa perfection, & les parfaire comme une Lune fixe ; mais elle est parachevée de cuire, & digerée par le cinquiéme dégré de feu de Perse ; lorsque la Médecine ne fume plus, & qu'elle prend la couleur rouge, tant qu'elle passe le rubis en beauté & couleur rouge cramoisi, enfin elle est permanente. Pour lors il est tems de l'ôter de dessus le feu, parce qu'elle est parfaite & vivra, c'est-à-dire qu'elle donnera la vie & transmuera les corps imparfaits en fin Soleil, & même guérira toutes les infirmités du corps humain par son extrême chaleur sans excès ; néanmoins elle a acquise une grande vertu & force céleste en son temperamment sur le cinquiéme & dernier dégré de feu de Perse, que les Philosophes ont comparé aux Astres du cinquiéme Ciel, lesquels par leur chaleur desséchent durant le cours de neuf mois, les humeurs nouvellement émûes & amassées sur l'enfant par l'Etoile du huitiéme mois.

Lorsque ta matiere est ainsi rouge, les Philosophes l'appellent chaux du Soleil calciné avec le mercure au four de reverbération, selon l'intention des Sages; mais cette chaux Philosophique n'est pas encore fusible; car elle est comme morte, c'est-à-dire sans assez de vigueur, si elle n'a point encore été incerée; & l'inceration est prise par les Philosophes pour la fixation : il est grandement requis, pour en faire la distinction, de sçavoir ce que c'est qu'inceration.

L'Inceration donc est une fixation molle, ou l'adoucissement d'une matiere séche, aride & sans fusion ni ingrez, qui la rend fusible comme cire, aiglie, permanente dans les corps avec lesquels elle est fondue. Il faut que cette Inceration se fasse avec du mercure pareil, & de même matiere, que celui duquel la Pierre est faite, & non autrement, ce que tu feras ainsi.

Prends une Médecine fixée comme dessus sans s'envoler sur la lamine ardente; tu la réduiras en poudre implacable sur un porphire; puis faits en un amalgame, avec six fois son poids de mercure mortifié, comme j'ai j'ai dit ci-deſſus, & animé, qui ait été deux ans ſur le feu, un ſur le premier dégré, & l'autre ſur le deuxiéme; & pour faire court, il faut qu'il ſoit de celui la même de quoi la Pierre eſt faite, que tu incereras & mollifieras. Sur quoi tu dois notter que la Médecine blanche doit être néceſſairement amollie, adoucie & incerée avec du mercure animé de la Lune pour le blanc, & du Soleil pour le rouge, autrement tu ne feras rien qui vaille, & perdras ta Médecine.

Ton amalgame étant faite, tu la feras laver & relaver avec ſon eau tiéde & claire, tant de fois qu'elle en ſorte claire & nette, puis tu le feras deſſécher naturellement par le travail; il ne reſtera d'humide que ce qui ſuffira pour tenir la matiere un peu plus molle en forme de pâte bien épaiſſe, laquelle reſtant dans ſon matras bien lutté de bon lut par le col, & ſcellé du ſçeau d'hermes, ſe parfera au four d'athanor, ſur le feu Philoſophique, que tu gouverneras par dégrez; le premier ſera petit & moderé, le ſecond plus fort de moitié, & le troiſiéme encore renforcé de moitié, & tu continueras chacun pour trois mois, ou comme tu verras que les couleurs qui apparoîtront, le requereront.

Si tu vo's que ton mercure s'envole, & qu'il ne ſe puiſſe fixer ſi-tôt, ne t'étonne pas pour cela, car il ſuffit que ſon odeur demeure, & qu'il mollifie la matiere sans qu'il la fixe; & s'il y demeure, c'est tout un : & si pour une, deux ou trois fois la matiere n'est pas fusible comme cire, tu la repulveriseras & l'amalgameras avec six fois son poids du même mercure que tu as fait ; & autant qu'il sera requis, fais encore laver ton amalgame, dessèche-le, & après fais cuire comme dessus : continues tant de fois cela que la matiere soit fusible comme cire, & alors elle sera prête à être jettée en projection sur les imparfaits. Elle n'est plus en cet état une matiere impuissante, mais elle méritera le nom de Roi devenu plus beau, plus fort, plus parfait & plus jeune qu'il n'étoit auvant que d'entrer en la fontaine, & enrichi d'une couronne, de vêtemens & ornemens plus précieux & plus riches qu'il n'avoit jamais porté ; par-là seront aussi le frere & la sœur, le Lion & le Dragon, ressuscités plus jeunes & plus beaux qu'ils n'avoient été.

Il nous faut maintenant venir à la projection & enseigner le moyen de la faire sur les corps imparfaits, ou sur le mercure mortifié ou animé, ce que nous enseignerons de dégré en dégré, suivant le discours de cette pratique sur le mercure vulgaire ou argent vif.

Projection est une fusion de la Médecine parfaite sur les corps imparfaits, ou moyens minéraux, chauds & bouillants ; ce qui se fait ainsi.

Fonds cent poids de lune pure, laisse-là bien bouillir, & lorsqu'elle sera bien bouillir, fais des petites pelottes d'un poids de la Medecine rouge, & en jette une sur la lune fondue & bouillante, & quand elle sera consommée, jettes-y en une autre : ce que tu continueras tant que cent poids de ta lune ayent consommé un poids de ta Medecine rouge ; laisse-le tout en bonne fonte, remuant depuis le commencement jusqu'à la fin, avec une verge de coudre ou autre bois ; afin que tout se mêle bien ensemble l'espace d'une heure ou de deux : puis couvre le creuset de charbons, & étant refroidi, romps-le, & en retire la matiere que tu referas fondre & jetteras en lingot, & tu auras Soleil à 24 karats, meilleur que celui de la miniere terrestre.

Il ne faut pas s'étonner si j'ai dit qu'il faut jetter ta médecine rouge sur la Lune, parce que la Lune est plus parfaite que les autres imparfaits, ce qui est cause qu'elle se transmue plutôt, avec moins de peine, & moins de médecine, & plus parfaitement que les imparfaits ; ce que tu peux reconnoître, parce qu'un poids de la médecine rouge ne tombe que sur dix des imparfaits, en ce qu'ils sont si cruds, froids & pleins de villenie, de terre & souffre noir & puant, qu'un si petit poids ne sçauroit teindre, échauffer, cuire & digerer un plus grand nombre, ni le purger de ses imperfections & infections, ce qu'il faut néanmoins que la médecine fasse, autrement elle ne transmuera pas en Soleil ; mais en transmuant la Lune, elle n'a pas beaucoup de peine, car elle est pure & nette, presque assez cuite, & est rouge en son intérieur, tellement qu'il ne faut qu'un peu de médecine pour achever sa digestion, & pour parfaire la teinture occulte.

Si tu veux faire fin Soleil & Lune des imparfaits, choisis celui qui d'entr'eux est le plus parfait ; sçavoir le cuivre, & fais projection sur lui, blanche ou rouge, selon que tu voudras transmuer & en fondre, dix poids ; & quand il sera bien fondu, & si chaud qu'il commencera à tourner en fumée, jettes-y une dixiéme partie de notre médecine, trois fois mise en pelottes, & gouverne le feu comme j'ai dit de la Lune ; puis jette ta matiere en lingot, & tu auras Soleil ou Lune, selon que sera la médecine, meilleur que le naturel ; les autres imparfaits se transmuent aussi en Soleil & en Lune de cette façon, mais ils ne sont pas ni si clairs ni si beaux, que ceux qui sont faits de l'imparfait ci-dessus, parce qu'il est plus beau, plus clair, & plus net que les autres imparfaits, & approche plus de la perfection.

Or si tu veux faire projection de cette médecine sur le mercure vulgaire, tu le peux faire, comme aussi sur le Mercure des corps imparfaits, moyens & minéraux, sans aucune préparation, pourvû qu'en les transmuant, ils ayent été bien séparés & purgés de leur grosse terre, puante & infectée; car autrement la terre empêcheroit la perfection, & ne feroit rien qui vaille.

Notes en cet endroit, que le Mercure vulgaire, animé & réchauffé, se peut convertir en Soleil, quoiqu'il soit fermenté de Soleil ou de Lune, & non au contraire; car le Mercure vulgaire, qui est seulement fermenté de l'Or, comme par exemple d'un poids & demi d'Or sur vingt-quatre poids dudit Mercure, qui par ce moyen est vrai Mercure d'Or, puisqu'il en a toutes les qualités, ne peut se transmuer en Lune, par la médecine blanche, parce qu'il est trop parfait, & qu'en se congelant & fixant avec elle, il tire toujours sur sa couleur d'Or, ou de Mercure; & partant il faut conserver ce Mercure pour la multiplication, ou pour faire l'Or avec la médecine rouge, ou souffre du Soleil pour l'abbréviation.

Mais les autres Mercures que l'on peut tirer des imparfaits, & moyens minéraux, & tous autres Mercures vulgaires préparés, comme nous avons enseigné, excepté celui du Soleil, reçoivent la forme parfaite de la Lune par la médecine blanche, si tu les gouvernes comme s'ensuit.

Mets dans un creuset six poids de Mercure vulgaire, ou de quelqu'autre des imparfaits sur le feu de charbons ardens, & l'y laisse tant qu'il commence à pétiller, & s'envoler ; puis jette sur icelui un autre poids de médecine, qui fondra incontinent, & en fondant elle congelera le Mercure : tous les deux se congeleront & fixeront en une poudre grisâtre, qui ne fera aucun signe de s'en aller ou s'envoler ; lorsque tu verras cela, tu approcheras & accroîtras le feu autour du creuset, & le souffleras doucement, puis continueras, tant que la matiere commence à devenir fort blanche, ou très-rouge ; ensuite couvre tout ton creuset de charbons, & laisse mourir le feu, & refroidir ta matiere ; après quoi fonds-la, & tu auras bon Or ou Argent, selon la nature de ta médecine.

Cette projection a été figurée par les Philosophes, disant que le Roi à l'issue de la fontaine, amande tous ses sujets, & les a fait Rois ; les a couronné de riches couronnes, voulant signifier par les sujets ces corps imparfaits qui reçoivent la perfection par la projection de la médecine ; ils ont aussi figuré la fixation de tous les Mercures en Or ou Lune, disant que les Oiseaux qui passoient par dessus la chambre où étoit le Roi, s'arrêtoient & perdoient leurs aîles, appellans ainsi le Mercure du nom des Oiseaux ; ils ont même signifié cette projection, par les dents des Dragons résuscités, qu'ils difoient avoir tant de force, que leurs dents jettées & femées en terre produifoient des hommes, tant ils étoient vertueux ; fignifians par les dents la poudre de la médecine, & par les hommes, les Métaux imparfaits fondus en toutes fortes de Mercures ; ils ont auffi fignifié la projection, difans que leur Oeuvre étoit un jeu de petits enfans, qui fe réjouiffent enfemble à faire de petites chofes émerveillables, & qui font bien aifées : voulans dire qu'après que la médecine eft faite, ce n'eft qu'un petit paffe-tems pour faire la projection, transmuer les corps imparfaits, & les rendre parfaits.

Il eft tems maintenant de venir à la multiplication de la Pierre, qui eft de deux efpéces, l'une en vertu ou qualité, & l'autre en quantité.

La multiplication en qualité eft une augmentation de vertu, tellement que la médecine qui n'a de vertu que fur dix poids, fe multipliera en telle forte, qu'elle aura force & puiffance fur cent, & celle de cent étant multipliée ira fur mille, & ainfi de fuite jufqu'à l'infini ; fi pourtant tu veux que ta médecine tombe un poids fur cent des Métaux imparfaits fondus, & fur autant de Mercure animé & échauffé, & fur dix poids de Mercure vulgaire crud, & fans être mortifié ni préparé, il faut commencer ton Oeuvre tout de nouveau en cette façon.

Fais une Amalgame de quatre onces de ta Médecine parfaite après la premiere préparation ou façon, avec dix onces de Mercure animé & cuit deux ans, pareil à celui de quoi elle est faite, & te donne de garde de prendre du Mercure animé de Lune, pour amalgamer la Médecine rouge, autrement tu gâteras tout ton Amalgame : cela fait, lave & relave-la dans son eau, tiéde & nette, en l'œuf philosophiphe, tant qu'elle soit claire ; la matiere ne doit pas passer la moitié dudit matras, lequel tu sigilleras du sceau d'hermes, & le mettras dans le fourneau sur le Feu philosophal.

Ce qu'étant fait, tu lui donneras le premier dégré du Feu d'Egypte, jusqu'à ce que la matiere soit dissoute, qu'elle commence à s'épaissir, & qu'elle soit noire ; puis tu lui augmenteras le Feu d'Egypte d'un dégré, & lui continueras tant qu'elle soit plus blanche que neige ; & si c'est la Médecine blanche, pour lors le Feu d'Egypte est fini, il faudra pourtant rallumer le Feu de Perse pour le quatriéme dégré, lequel tu lui donneras par quatre dégrés entiers, lesquels tu compasseras en longueur de tems seulement, dans un des dégrés du Feu d'Egypte, & les départiras en quatre, donnant à chacun dégré d'icelui Feu de Perse, une quatriéme partie du tems du Feu d'Egypte ; un de sept dégrés, comme j'ai dit, lui augmentant de moitié, & changeant l'un après l'autre

L'ELUCIDATION
OU L'ECLAIRCISSEMENT
DU TESTAMENT
DE RAIMOND LULLE,
Par lui-même.

Uoique nous ayons composé plusieurs Livres des diverses opérations de notre Art philosophique, toutefois ce petit Traité, qui est notre dernier, est celui que nous préférons à tous les autres, parce qu'il mérite bien d'être intitulé de nous l'*Elucidation de notre Testament*; d'autant que ce que nous avons véritablement caché en notre Testament, & en notre codicile, par de longs discours touchant les Ecrits des Philosophes, nous les éclaircissons ici fort nettement en très-peu de paroles : mais afin que je n'aye pas besoin de composer d'autres Livres, puisque la composition n'est rien autre chose, & ne consiste qu'en la subtilité d'un bel esprit à bien couvrir & cacher notre Art, ce qui a été démontré abondamment en nos Livres sort maintenant de son obscurité, & est conduit en une agréable lumiere ; d'autant que pas un des Philosophes n'a jamais osé faire cette entreprise,

Cependant nous divisons ce Livre en six Chapitres, dans lesquels tout le mystere de cet Art est éclairci par des paroles très-claires, desquels Chapitres

Le premier traite de la matiere de la Pierre.
Le second traite du Vaisseau.
Le troisiéme du Fourneau.
Le quatriéme du Feu.
Le cinquiéme de la Décoction.
Et le sixiéme de la Teinture, & de la multiplication de la Pierre.

CHAPITRE PREMIER.

De la matiere de la Pierre.

Commençons donc premierement à faire connoître la matiere de notre Pierre; car nous avons appliqué des choses étrangeres à notre Magistere par leurs similitudes; toutefois notre Pierre est composée d'une seule chose, trine par rapport à son essence & à son principe, à laquelle nous n'ajoûtons aucune chose étrange, ni ne la diminuons pas; nous avons décrit aussi trois Pierres, à sçavoir la minérale, l'animale & la végétale, quoiqu'il n'y ait seulement qu'une pierre en notre Art; nous voulons, ô enfans de doctrine, vous signifier que ce composé contient trois choses, à sçavoir ame, esprit & corps. Il est appellé minéral, parce qu'il est une miniere; animal, parce qu'il a une ame; végétal, parce qu'il croît & est multipliée, en quoi est caché tout le secret de notre Magistere, qui est le Soleil, la Lune, & l'Eau de-vie; & cette Eau-de-vie est l'ame & la vie des corps, par laquelle notre Pierre est vivifiée; pour cette raison nous la nommons Ciel, quintescence incombustible, & autres noms infinis; d'autant qu'elle est presque incorruptible, comme est le Ciel dans la circulation continuelle de son mouvement; ainsi par cette claire démonstration vous avez la matiere de notre Pierre en toute son étendue,

CHAPITRE II.
Du Vaisseau.

NOus avons résolu de parler à présent de notre Vaisseau; ô vous, enfans de doctrine, prêtez bien ici vos oreilles, afin que vous entendiez notre sentiment & notre esprit; quoique nous vous ayons découverts plusieurs genres de Vaisseaux qui sont énigmatiquement décrits en nos Livres, toutefois notre opinion n'est pas de se servir de divers Vaisseaux, mais seulement d'un seul, lequel nous montrerons ici par des démonstrations visibles & sensibles, dans lequel Vaisseau notre Oeuvre est accomplie depuis le commencement jusqu'à la fin de tout le Magistere; cependant notre Vaisseau est composé ainsi ; il y a deux vaisseaux attachés à leurs alambics, de même grandeur, quantité & forme en haut, où le nez de l'un entre dans le ventre de l'autre, afin que par l'action de la chaleur, ce qui est en l'une & l'autre partie monte dans la tête du vaisseau, & après par l'action de la froideur, qu'il descende dans le ventre. O enfans de doctrine, vous avez la connoissance de notre vaisseau, si vous n'êtes pas gens de dure cervelle.

CHAPITRE III.
Du Fourneau.

Nous parlerons maintenant de notre Fourneau, mais il nous sera fort fâcheux de rapporter ici le secret de notre Fourneau, que les anciens Philosophes ont tant caché ; car nous avons dépeint en nos Livres divers Fourneaux : néanmoins je vous déclare sincérement que nous ne nous servons que d'un seul Fourneau, qui est appellé Athanor, duquel la signification est d'être un feu immortel, parce qu'il donne toujours le feu également & continuel dans un même dégré, en vivifiant & nourrissant notre composé depuis le commencement jusqu'à la fin de notre Pierre. O enfans de doctrine, écoutez nos paroles, & entendez ; notre Fourneau est composé de deux parties, ils doit être bien bouché en toutes les jointures de son enclos ; voilà comme est la nature de ce Fourneau ; que le fourneau soit fait grand ou petit, suivant la quantité de la matiere, car la grande quantité de matiere demande un grand Fourneau, la petite un petit ; il faut qu'il soit fait à la maniere d'un Fourneau à distiller avec son couvercle, qu'il soit bien clos & fermé ; ainsi quand le Fourneau aura été composé avec son couvercle, faites en sorte qu'il y ait un soupirail au fonds, afin que la chaleur du feu allumé y puisse respirer ; pour Fourneau, cette nature de feu requiert & demande ce seul Fourneau, & non pas un autre ; & la clôture des jointures de notre Fourneau est appellée le sceau d'Hermes, d'autant qu'il n'a été connu seulement que des Sages, & n'est en aucun lieu exprimé par aucun des Philosophes ; car il est réservé en la Sapience, d'autant qu'elle le garde par une puissance commune.

CHAPITRE IV.

Du Feu.

ENcore que nous ayons traité parfaitement en nos Livres de trois sortes de feu, à sçavoir du naturel, du connaturel, & du contre-nature, & de diverses autres manieres de notre feu, néanmoins nous voulons par-là vous signifier un feu composé de plusieurs choses, & c'est un très-grand secret que de parvenir à la connoissance de ce feu, parce qu'il n'est pas humain, mais angélique; il faut vous révéler ce don céleste, mais de peur que la malédiction & éxécration des Philosophes, qu'ils ont laissé à ceux qui viendront après eux, ne soit jettée sur nous ; prions Dieu, afin que le trésor de notre Feu secret ne puisse passer & parvenir qu'entre les mains des Sages, & non pas en d'autres ? O enfans de sagesse, prêtez vos oreilles pour bien entendre & appercevoir notre Feu composé, qui sera de deux choses ; apprenez que le Créateur de toutes choses a créé deux choses propres entre les autres pour ce Feu, à sçavoir le fient de Cheval & la chaux vive, la composition desquels cause notre Feu, duquel la nature est telle : prenez le ventre du Cheval, c'est-à-dire du fumier de Cheval bien digeré une partie, de la chaux vive pure une partie ; ces choses étant composées, pétries ensemble & mises en notre Fourneau, & notre Vaisseau étant placé dans le milieu contenant la matiere de notre Pierre, puis le Fourneau étant bien fermé de toutes parts ; vous aurez alors le feu divin sans lumiere & sans charbon, qui est placé dans son Fourneau, & ne peut pas être autrement, ayant tout ce qui lui est nécessaire : mais ce fumier & cette chaux sont philosophiques, & s'entendent de notre matiere, qui a son feu interne & Divin ; car notre feu artificiel est la foible chaleur que produit le feu de lampe.

CHAPITRE V.

De la Décoction.

IL y a aussi plusieurs manieres de préparations de notre Pierre en notre Testament, qui sont déclarées en nos autres Traités; à sçavoir la solution, la coagulation, la sublimation, la distillation, la calcination, la séparation, la fusion, l'incération, l'imbibition & la fixation, &c. La signification de toutes ces opérations n'est que la seule décoction; cependant en notre seule décoction, toutes ces manieres d'opérer sont accomplies, mais la nature de notre décoction est de mettre la matiere du composé selon la mesure, dans son vaisseau, son fourneau, & son feu, en décuisant continuellement; c'est en quoi consiste tout notre Oeuvre, selon les Philosophes; par le moyen de cette cuisson linéaire, douce dans l'abord, & onctueuse, la matiere parvient à sa parfaite maturité; ce qui s'accomplira en dix mois philosophiques, depuis le commencement jusqu'à la fin de tout le Magistere, sans aucun travail de main; mais nous voulons par ces manieres & ces opérations ainsi décrites, vous faire connoître l'excellence & la sublimité de notre Art, & comment l'esprit des Sages l'ont environné d'un voile ténébreux, de peur que celui qui est indigne de cet Art, n'atteigne jusqu'à la pointe de la montagne de notre secret, mais plutôt qu'il persiste dans son erreur, jusqu'à ce que le Soleil & la Lune soient assemblés en un globe, ce qui lui est impossible de faire sinon par le commandement de Dieu.

CHAPITRE VI.

De la Teinture & de la multiplication de notre Pierre.

Nous parlerons en dernier lieu de la teinture & de la multiplication, qui est la fin & l'accomplissement de tout le Magistere ; car nous avons montré en nos autres Livres plusieurs sortes & manieres de la projection de notre teinture ; toutefois puisque notre teinture n'est pas différente de la multiplication, & que ni l'une ni l'autre d'icelles ne se peut faire sans l'autre, cependant il faut que notre Pierre soit auparavant teinte, & lorsqu'elle est teinte, la quantité d'icelle est multipliée, & aussi par notre Pierre multipliée blanche ou rouge, elle est teinte. O enfans de sagesse, repoussez les ténébres & les obscurités de votre esprit, pour entendre le secret des secrets, qui est caché en nos Livres par une admirable industrie, lequel secret sort ici d'un abyſme & apparoît au jour. Oyez & entendez, d'autant que notre multiplication n'eſt autre choſe que la réiteration du compoſé de notre Oeuvre primordiale compoſée; car en la premiere réiteration une partie de notre Pierre teint trois parties du corps imparfait, & en autant de parties il eſt multiplié & croît en quantité; en la ſeconde réiteration une partie teint ſept parties; en la troiſiéme une partie en teint quinze; en la quatriéme réiteration une partie en teint trente-une; en la cinquiéme réiteration une partie en teint ſoixante-trois; en la ſixiéme réiteration, une partie en teint cent vingt-ſept, & toujours elle eſt multipliée & augmentée en autant de parties, en procédant ainſi juſqu'à l'infini.

Voilà, ô enfans de doctrine, comme nos Ecrits qui avoient été cachés juſqu'à préſent ſous des paraboles, ſont découverts; & nous les éclairciſſons contre le précepte des Philoſophes; mais nous voulons bien nous excuſer de leurs réprimandes & de leurs reproches, de peur que nous ne tombions par la permiſſion divine dans leur exécration & leur malédiction; cependant nous mettons pour cela les paroles de ce petit Traité en la garde de Dieu Tout-puiſſant, lui qui donne toute ſcience, & tout don parfait à qui il veut, & l'ôte à qui il lui plaît, afin qu'elles ſoient remiſes en la puissance de sa divinité; & aussi, afin qu'il ne permette pas qu'elles soient trouvées des impies & des méchans. O enfans de doctrine, rendez maintenant grace à Dieu, de ce que par sa divine illustration, il ouvre & ferme l'entendement humain; & que le saint Nom de Dieu soit béni en tous les siécles des siécles.

Ainsi soit-il.

ÉNIGMES
ET
HIEROGLIFS PHYSIQUES,

QUI SONT AU GRAND PORTAIL de l'Eglise Cathédrale & Métropolitaine de Notre-Dame de Paris.

AVEC

UNE INSTRUCTION TRÉS-CURIEUSE, sur l'antique situation & fondation de cette Eglise, & sur l'état primitif de la Cité.

Le tout recueilli des Ouvrages d'Esprit Gobineau de Montluisant, Gentilhomme Chartrain, Ami de la Philosophie naturelle & Alchimique, & d'autres Philosophes très-anciens.

Par un Amateur des Vérités Hermetiques, dont le nom est ici en Anagramme.

Philovita, ó, Uraniscus.

Dimitte Corticem, & recipe nucem ; tunc tibi sic revelatur mysterium Sophorum, & intelligitur omnis Sapientia.

PRÉFACE PARABOLIQUE.

JE dis en vérité & équité, les vertus de l'Esprit Eternel de Vie, lesquelles Dieu a mises en ses Oeuvres dès le commencement du monde, & j'annonce sa Science. *Ecclésiastique*, *c. 16. v. 25.*

Le Sage qui écoutera, en sera plus sage, il entendra la Parabole, & l'interprétation du sens caché : il comprendra les paroles des Sages, leurs Enigmes, & leurs dits obscurs : parce que celui qui est instruit en la parole & en la connoissance du souffle animant & spirital de Vie, trouvera les biens, & le souverain bonheur. *Prov. c. 1. v. 5, 6, 33. & c. 16. v. 20.*

Car ceux qui trouvent ces choses, & leur révélation, ont la vie & la santé de toute chair, les maladies fuient loin d'eux. *Prov. c. 4. v. 22.*

Que celui qui a des oreilles pour entendre, entende. *Apocalypse.*

La lettre tue, le sens caché & spirituel vivifie. *S. Paul, Ep. 2. Corr. c. 3. v. 6.*

L'homme a sous ses yeux, & en sa disposition, la vie & la mort, le bien & le mal ; lui sera donné l'un des deux opposés, qu'il lui plaira choisir. *Ecclésiastique, c. 15. v. 17. 18. & Prov. c. 4. v. 5. c. 13. v. 14.*

Le bien est dans le monde contre le mal, & la vie contre la mort : l'un est le remède de l'autre. *Ecclésiastique, c. 33. v. 15. Prov. c. 3. v. 16. c. 12. v. 28. Ecclésiastes. c. 3. v. 22. & c. 6. v. 8.*

En effet, Dieu a fait toutes les Nations du Globe terrestre, capables de se guérir de leurs infirmités, & de se rendre la santé. *Sapience, c. 1. v. 14. Ezéchiel, c. 18. v. 23. 32.*

Dieu a créé de la terre une Médecine souveraine, que l'homme sage, sensé & prudent ne méprisera

PRÉFACE PARABOLIQUE.

point, pour la santé & la conservation de ses jours. *Ecclésiastique*, c. 38. v. 4.

Quiconque en possède la Science, a en main une source certaine de vie & de santé. *Prov.* c. 16. v. 22.

La vie est dans l'unique voie & l'usage de la sagesse. *Prov.* c. 3. v. 22.

La sapience est la vie de l'ame. *Prov.* c. 12. v. 28.

Qui conserve son ame, conserve sa vie. *Prov.* c. 16. v. 17.

La loi du Sage est une fontaine de vie, pour éviter l'écueil & la ruine de la mort. *Prov.* c. 13. v. 14.

La sagesse est la vie des chairs du corps, & la santé du cœur. *Prov.* c. 14. v. 30.

Celui qui la trouvera, trouvera la vie, & il boira la potion salutaire envoyée du Seigneur. *Prov.* c. 8. v. 35.

Ceux qui la posséderont auront le bois de vie, & seront heureux. *Prov.* c. 3. v. 18.

La sagesse augmentera les forces du corps, & les graces du visage ; donnera au front une couronne brillante : son fruit préservera le Sage de toutes maladies, & multipliera les années de sa vie, parce qu'elle est sa propre vie. *Prov.* c. 4. v. 9, 10, 11, 13.

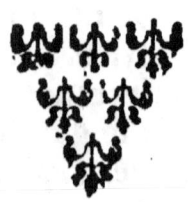

INSTRUCTION
PRÉLIMINAIRE TRÉS-CURIEUSE,

SUR L'ANTIQUE SITUATION & fondation de l'Eglise de Notre-Dame, & sur l'etat primitif de la Cité de Paris.

L'ÉGLISE de Notre-Dame de Paris est située, placée & fondée à la pointe de l'Isle, où la Riviere de Seine se partageant & divisant en deux parties, semble embrasser le continent insulaire, & l'arroser de la fécondité vivifiante de ses eaux, causée par l'immersion en son sein, des rayons vivifiques du Soleil, venans de l'Orient ; ce qui rendoit le terroir gras & très-fertile, & faisoit regarder la Seine comme la mere Nourrice de tous les Habitans de cette Isle, & le Soleil comme leur pere ; c'étoit à cette idée que la Religion naturelle des premiers Citoyens devoit son origine & sa naissance ; & comme elle intéressoit essentiellement leur vie, ils n'avoient rien de plus précieux, pour quoi elle s'est long-tems perpétuée chez eux avec opiniâtreté.

L'on ne doit point s'étonner de l'étude profonde que leurs Philosophes faisoient de la Nature, pour découvrir ses causes occultes, & en acquérir la connoissance & l'utage ; puisque c'étoit pour leur propre utilité & le bonheur de leur vie. Ce désir & cette occupation sont naturels à l'homme ; aussi faisoient-ils la mesure de toutes les actions de ces Habitans : l'art de se faire du bien étoit donc un motif légitime que la nature leur inspiroit, qu'elle leur dictoit, & gravoit dans leurs cœurs. Ignorans alors la vraie Divinité, & les préceptes de la Loi de grace apportée au monde par Jesus-Christ long-tems après, pouvoient-ils suivre un meilleur guide que celui de la nature, qui leur prescrivoit les devoirs importans de leur conservation personnelle ? Le moyen artificiel de se faire & conserver la vie heureuse, a été de tout tems l'objet premier & principal que les hommes raisonnables & sensés de toutes les Nations du monde, ont eu naturellement à cœur par-dessus tous leurs autres devoirs humains ; ils y ont toujours dirigé leurs vœux, leurs intentions, leurs recherches, leurs peines, leurs travaux; la plûpart même en ont fait l'objet, le sujet & l'acte de leur Religion ; ce qu'ils trouvoient de plus parfait & vertueux dans la nature pour leur existence & félicité, étoit ce qu'ils divinisoient ; ceux même qui, par leurs contemplations ou par révélation, ont été illuminés d'en-haut, vénéroient les vertus Divines infuses en la nature, sous l'idée d'une premiere cause présidant à tout, pour faire leur bonheur ; ce à été de cette source qu'est sortie la Loi natutelle qui a fait la régle du Paganisme.

Selon l'opinion des anciens Philosophes naturalistes, qui avoient communiqués leurs sentimens au Peuple de la Cité insulaire de Paris, la Seine étoit la cause seconde de tous les bénéfices de la vie des Citoyens, en ce qu'elle leur tenoit lieu, & qu'elle faisoit l'office de la nature même, libérale pourvoyeuse à leurs besoins ; ils feignoient qu'elle les alimentoit d'un lait succulent, vital & nourricier, représentant un humide radical de vie, impreigné d'un feu ou d'une chaleur céleste, sortant du sein des eaux, & du giron de l'humide radical universel & invisible, parce qu'il est spirituel, & produit par l'infusion amoureuse de l'Esprit universel de vie dans le plus pur & candide de la nature sublunaire, de laquelle il est le Moteur, le premier Agent, & l'Artiste ; ils en inféroient que cet humide étoit la figure de la vraie mere Nourrice des Habitans, c'est-à-dire, de leur premiere essence vitale, à laquelle il se communiquoit par analogie : suivant eux, cet humide y est aussi attiré par l'Aimant secret de leurs mixtes, qui le le corporifient & identifient pour leur substance nourriciere, leur accroissement, perfection & conservation : cette action réciproque, dite vertu magnetique, a fait appeller par les Sages, le sujet *vis duplex, telis, Virtia*, c'est-à-dire double force, substance mâle & femelle, vertu d'en-haut & vertu d'en-bas

plus,

l'autre, tellement qu'au dernier, le feu soit bien fort & bien grand; puis laisse-le mourir, & refroidir la matiere sur les cendres. Mais si la matiere est fermentée de rouge, il faut que, lorsqu'elle aura acquis une couleur très-blanche, tu lui donnes après les trois dégrés encore un dégré de Feu d'Egypte, qui sera quadruple, & le continueras autant que l'un des autres, ou jusqu'à ce que la matiere soit bien rouge; lequel fini, le Feu d'Egypte finit pour la Médecine rouge; & alors il lui faut donner le Feu de Perse par quatre dégrés, ainsi que j'ai dit de la Lune; lequel étant fini, la matiere sera rouge comme un rubis, & fixe: tu la prendras & incéreras avec du Mercure, pareil à celui duquel elle a été faite, & la gouverneras ainsi que j'ai dit en l'incération;& tu réitéreras tant de fois qu'elle fonde comme cire, & alors elle aura dix fois plus de force & vertu qu'elle n'avoit; un poids tombera sur cent des imparfaits, moyens, & minéraux.

Si tu veux qu'un poids tombe sur mille, recommence l'œuvre tout de nouveau, prenant toujours la derniere Médecine. Fais donc ton Amalgame de deux onces avec dix onces de Mercure animé, & cuis ton œuvre tout du long, comme dessus; puis la commence encore, prenant de cette derniere Médecine, & fais l'amalgame d'une once d'icelle, avec cent de Mercure ; augmentant toujours le poids du Mercure ou Menstrue, dix fois autant que de la Médecine ; c'est ainsi que la Médecine est multipliée en vertu.

Il faut ici noter un très-grand secret tenu fort caché par les Philosophes, afin d'obscurcir la multiplication en quantité ; car si tu ne mets guére de Mercure, sa froideur n'excéderoit pas l'extrême chaleur de la Pierre, pour quoi il ne la pourroit dissoudre ; car elle se congéleroit en Soleil ou Lune incontinent, & cela avant qu'il eût le loisir de la réduire en Mercure comme lui ; ce que ne faisant point, la vertu de la Pierre ne pourroit pas croître, ne pouvant recevoir de nouvelles décoctions.

Car tout ainsi que le Soleil n'engendre rien, s'il n'est réduit en Mercure, & subtilisé en sperme & sémence de son espèce ; ainsi ne fera la Pierre, si elle n'est mise en la premiere sémence & sperme du Mercure, ce qu'une petite quantité de Mercure ne sçauroit faire ; car elle se congéleroit en Or, avant qu'il eût dissout la Médecine. Par-là il est évident qu'il faut tant mettre de Mercure, qu'il surmonte la chaleur de la Médecine, & ainsi il se dissoudra ; puis elle se congélera ; & se congélant se fixera par la force & continuité du feu, qui la décuira de nouveau ; & par ce moyen la vertu se décuplera autant de fois, que la multiplication sera réitérée.

Nous avons assez parlé de la multiplication de qualité, il est tems maintenant de parler de celle de quantité, qui est autant éloignée de l'instruction des Sophistes, que la précédente, tant en substance de matiere, que quantité & façon de faire ; lesquelles les Sages ont inventé, afin que la poudre de projection ne leur manquât, pendant qu'ils refont l'œuvre de nouveau pour multiplier la vertu de la Médecine ; & aussi parce que plusieurs ayant fait une fois la Pierre, s'en contentent sans la refaire ; & même parce que quelques autres l'ayant réitérée deux ou trois fois, ne voulant plus s'y amuser, désirent toutesfois que la matiere & poudre ne leur manquent. C'est donc pour ce sujet, qu'ils se sont imaginés par raisons naturelles & véritables, d'augmenter leur poudre de projection.

La multiplication donc en quantité est une augmentation d'un poids d'icelle, jusques à un poids infini, sans refaire de nouveau toute l'œuvre, & sans diminuer toutes les forces, vertus & qualités d'icelle ; mais en la conduisant en toutes les proportions de sa perfection, & en convertissant la matiere, c'est-à-dire, en l'augmentant & transmuant promptement en Médecine, telle qu'est celle à laquelle elle est jointe, selon la vraie méthode de notre Art.

Cette augmentation se peut faire avec le Mercure vulgaire du Soleil ou de la Lune, ou bien ainsi qu'est mon intention avec le Mercure vulgaire proportionné en toutes ses qualités à celle du Soleil & de la Lune, ce que je t'ai enseigné ci-dessus ; mais il faut bien prendre garde de multiplier la Pierre blanche avec du Mercure animé du Soleil, ni la rouge avec celui qui est animé de Lune, car nous gâterions tout ; & au lieu de multiplier ta matiere, tu la perdrois, & éteindrois sa force & vertu.

Pour donc multiplier la Médecine rouge, prends deux onces de Mercure vulgaire, animé, d'un denier & demi sur une once, & cuis 'e tems requis ; puis le fais chauffer en un creuset ; lorsqu'il commencera à bouillir, jette sur ce Mercure, quatre onces de ta Médecine fusible sans l'ôter de dessus le feu, jusqu'à ce qu'elle ait congelé ledit Mercure en poudre, ce qu'elle fera bientôt ; puis tu l'ôteras, & mettras dans un matras bien lutté que tu boucheras bien ; après cela tu le laisseras sur un feu de charbon assez moderé & temperé, & l'y tiendras quatre jours entiers ; comme si tu voulois distiller ; puis augmente-lui le feu de moitié, & lui continue quatre jours entiers naturels ; finalement tu lui donneras encore huit jours entiers, beaucoup plus fort que les premiers.

A la fin desquels tu prendras ta matiere, & la mettras entre deux creusets luttés l'un sur l'autre, & la tiendras au feu de reverbere par vingt-quatre heures pour l'achever de fixer, lesquelles passées, tu laisseras refroidir la matiere, diminuant le feu de six en six heures; & au bout de dix-huit heures, ta matiere n'étant pas refroidie, tu entoureras le creuset de charbons ardens, & lui entretiendras encore six heures; puis tu laisseras entiérement mourir le feu, & refroidir la matiere; lors tu auras deux onces d'augmentation de Médecine, qui aura autant de pouvoir que la premiere, & tu la pourras après multiplier avec deux onces dudit Mercure, tu ne la gouverneras ni plus ni moins que j'ai dit, & tu auras quatre onces d'augmentation ; puis recommence le tout avec quatre onces de ton Mercure, réitérant toujours avec nouveau Mercure, & tu multiplieras ta Médecine tant que tu voudras, selon la projection requise, & tu auras de meilleur Or que le naturel.

Et si tu veux multiplier ta Médecine en poudre blanche, tu prendras deux onces de Mercure animé & fermenté de Lune, cuit le tems requis, & quatre onces de Médecine blanche, & en fais comme de la rouge; ainsi tu la pourras multiplier jusqu'à l'infini, aussi-bien que la rouge; partant si tu désires avoir grande quantité de poudre de projection, il te faut animer beaucoup de Mercure vulgaire, avec Or ou Argent, & les cuire comme il a été dit; &

quand il te manquera, tu en animeras derechef d'autre, & recuiras dans un ou plusieurs fourneaux, comme tu voudras; en faisant ton œuvre, tu la multiplieras en vertu, afin que quand elle sera faite, la matiere ne te manque point pour la multiplier en quantité.

Ces multiplications sont bien différentes de celles des Abuseurs & Sophistes, qui deshonorent la Science, laquelle les gens de bien, les Sages, Philosophes & Sçavans, honorent & reconnoissent véritable, confessant qu'un tel bien, ne vient point de nous, mais de la seule bonté de Dieu, pour en faire des aumônes, nourrir, entretenir, & revêtir les pauvres, femmes veuves, pupilles & orphelins, marier les pauvres filles délaissées, & nous entretenir à servir le Souverain Dieu le reste de notre vie. Ainsi soit-il à sa plus grande gloire, & à celle de la bienheureuse Vierge Marie, Mere de notre Divin Seigneur & Sauveur Jesus-Christ Fils de Dieu.

BIBLIOTHEQUE DES PHILOSOPHES ALCHIMIQUES,
OU HERMÉTIQUES,

TOME QUATRIE'ME.
SECONDE PARTIE.

Contenant des Ouvrages en ce genre, très-curieux & utiles, qui n'ont point encore parus.

Spirat ubi vult & quando vult ; spirat autem omne verû quod est bonum : desursum est, & à Patre luminum.

A PARIS,
Chez ANDRÉ-CHARLES CAILLEAU, Libraire, Quay des Augustins, à l'Espérance & a Saint André.
M. DCC. LIV.

Avec Approbation & Privilege du Roy.

unies, & sympathiques l'une de l'autre, pour opérer toutes les productions, selon le genre, l'espèce & la forme des sémences où elles s'insinuent & particularisent, en y donnant le mouvement & la vie.

Les lumiéres de la Religion Chrétienne ont évacués tous les phantômes ou les prestiges de celle naturelle, en nous révélant la vérité de Dieu, comme le seul Auteur & Conservateur de la Nature, & de toutes les Créatures qui sortent de son sein ; elles nous apprennent que ce même humide radical de vie, dans le sens mistique, représente simboliquement la Vierge sainte, Mere de Jesus-Christ, notre divin Sauveur, Réparateur & Conservateur, lequel a daigné habiter en elle, & se donner au monde pour son salut ; elle est la voie par laquelle Dieu vient à nous, & par laquelle nous allons à lui ; en effet, par le Verbe incarné dans ses flancs, il habite aussi en nous, en fait son séjour de délices & de plaisance pour notre conservation, tant que nous sçavons y maintenir son régne par la pureté qu'il aime ; car il est la pureté même, & il fuit & abhorre toute impureté. c'est ainsi que les cœurs des fidéles Chrétiens sont les autels de la majesté Divine, & les habitacles des trésors & des graces, que le Seigneur Dieu en bon Pere, répand en eux, comme ses enfans chéris.

L'Incarnation du Verbe divin a été faite la voie de notre vie, & le moyen de notre salut ; elle nous a ouvert les portes du Ciel, & fermé celles de l'Enfer : notre ame & notre esprit y trouvent des armes victorieuses pour triompher de la mort par notre sanctification : le feu, la lumière, & la chaleur de vie qui nous animent, & qui soutiennent notre foible & corruptible nature humaine, n'ont point d'autre principe ; nous en avons l'obligation à cette Épouse de Dieu, à cette Vierge sans tache, qui intercéde entre lui & nous, & auprès de lui en notre faveur, qui est encore notre Médiatrice, la Cité, la Maison de Dieu, & la Porte du Ciel ; enfin notre véritable Patrone, laquelle nous traduit tous les bénéfices célestes, & nous fait enfans de Dieu & d'elle.

Comme cette Vierge, Immaculée & incorruptible par l'opération de l'Esprit Saint en elle, a beaucoup d'amour pour Dieu, le Verbe sacré est aussi rempli d'amour & de grace pour elle ; pour quoi il l'a choisie pour être son saint Tabernacle, & le canal des graces célestes sur tous les humains, qui conservent le culte de son essence spirituelle par la pureté de leurs cœurs ; ces graces les assistent & les soutiennent, tant que l'offense & le péché n'irritent point sa bonté dans le séjour où il préside ; & les protége contre l'ennemi destructeur : & cette Vierge sainte qui nous communique ses faveurs, & ces bienfaits divins, s'y rend notre secours merveilleux ; par-là, elle fait notre vie, notre salut, notre ame & notre esprit agréables à Dieu, pour notre propre bien & bonheur : ce double amour d'union qu'elle transmet en nous, pour nous attacher à notre Créateur & Conservateur, & qui rend notre nature si honorée & avantagée, a été dit par S. Jean, *grace pour grace, que nous recevons du Tout-puissant & d'elle*; & il n'a point fait les mêmes dons à toutes les Nations de la terre, autres familles de la Nature universelle ; car selon Salomon, *il a préféré notre soufre à tout autre, par excellence* ; de tant & de si grands avantages nous devons rendre à jamais les plus parfaites actions de graces, à Notre-Dame, Mere & Tutrice.

Ces saintes vérités de notre Religion avoient été entrevûes & même reconnues dans la Physique de la Nature, laquelle est le Livre de Dieu, & celui de sa connoissance & de sa science, par certains Mages, Aréopagites, & Philosophes plus illuminés que les premiers, avant que la lumiere de l'Evangile vint éclairer les esprits ; ils y avoient lûs & trouvés par leurs contemplations élevées, l'unique & véritable Divinité suprême, & sa vertu éternelle, comme la source & la pierre ferme triangulaire de la vie & du salut ; ils en avoient même répandus dans les Gaules des idées mistiques, que les Peuples grossiers de ces Contrées attribuérent au pur Naturalisme, où ils puisoient toute leur Mithologie, quoique tous leurs anciens Simboles donnent bien à connoître le sens spirituel de la foi de nos Mistéres, & d'un Souverain être Créateur & Conservateur, auquel, en la personne de ses créatures, & en ses propriétés Divines, ils adressoient leur culte, sans connoître sa Divinité, parce que leurs cœurs & l'intelligence de leurs esprits étoient trop aveuglés sur les enseignemens qu'on leur en avoit donné; & les Insulaires Parisiens, qui faisoient la plus petite partie des Gaules, eurent le malheur d'errer comme les autres dans cette ignorance, jusqu'à la révélation manifeste, qui leur fut apportée de la parole Evangélique.

» Dieu s'est communiqué particuliére-
» ment, dit l'Historien de l'Eglise de Char-
» tres, à trois sortes de Devins, avant l'In-
» carnation de son Verbe; & l'on pourroit admettre une autre espèce de Prophétes plus anciens, qui en ont eu & donné des notions claires & positives avant tous les autres; ce sont, comme les premiers, Hermes dit Mercure Trimegiste, & tous les Sages instruits de sa doctrine, lesquels avoient acquis dans l'étude de la Nature, & nous ont laissé par tradition la connoissance de nos Mistéres; les autres ausquels la révélation en a été accordée, sont les Mages, les Sibilles, & les Druides; les Mages très-sçavans dans l'Astrologie, qui enseignent toutes les opérations & les événemens de ce bas mon-

de, dont les Astres sont les Tisserands, les Gouverneurs & Annonciateurs par les vertus de leurs influences, ayant prévû que le Dieu du Ciel devoit naître un jour sur la terre, en attendoient l'avénement avec une extrême impatience, & Dieu le leur manifesta, tant par une révélation particuliere, que par l'apparition d'un signe de sa sagesse, c'est-à-dire d'une étoile extraordinaire, qui du Firmament s'étoit frayée une voie lactée, blanche & splendide jusqu'au berceau de l'Enfant Divin, nouveau né à Bethléem en Judée. Les Sibilles ont reçu le don de prophétie en récompense de leur virginité, comme étant le Simbole de la pureté, où réside & opére l'amour de Dieu; elles ont été par lui inspirées, & ont aussi pénétré dans les plus grands Mistéres de la Religion Chrétienne; & les Drüides qui avoient eu communication avec les Egyptiens, les Phéniciens, les Grecs, & les Juifs instruits du sens spirituel de notre Religion, & qui même possédoient leurs livres & leur cabale mistérieuse, connurent par un esprit prophétique, plutôt que par une prédiction fortuite, qu'une Vierge enfanteroit un jour pour le salut & la félicité de l'Univers; pourquoi ils lui éleverent des Autels en plusieurs endroits, avec cette inscription, *Virgini paritura*, à la Vierge qui doit enfanter; mais par un esprit d'aveuglement ou d'égarement, pervertissant le sens mistique

& prenant le signe pour la chose signifiée, ils inventerent à son sujet mille imaginations d'attributs naturels, quoiqu'infiniment merveilleux, qu'ils donnerent à une Idole par eux fabriquée, & qu'ils répandirent dans les esprits des Parisiens, lorsqu'ils vinrent introduire leur Religion chez eux, ainsi qu'on le verra dans la suite.

Les Peuples des Gaules avoient leur origine plus ancienne que celle des Latins ; l'établissement de ces derniers dans le Pays nommé *Latium*, étoit aussi beaucoup postérieur à celui des Gaulois dans le leur. Lorsque Romulus commença à fonder Rome & son Empire, la Cité de Paris, dont le lieu étoit enclavé dans les Gaules, n'existoit pas encore, & ce lieu ne formoit qu'une Isle marécageuse presque inhabitée, mais qui par sa situation se défendoit naturellement contre l'incursion d'ennemis, comme retranchée par les bras de la Seine, lesquels l'environnoient en servant de Ramparts & de Fortifications au peuple qui vint l'habiter.

Les premiers & très-anciens Habitans de cette Isle s'appelloient Luteciens, & le nom leur en fut donné du mot *Lutum*, *à Luto*, puisé chez les Latins qui s'étoient répandus dans les Gaules & en ce lieu : Ce mot signifie bouë, & leur fut appliqué, à cause que le lieu de leur Isle & Habitation étoit tout boueux ; c'est-à-dire, que leur terrain détrempé & liquifié par le mélange de l'eau ruisselante à travers ses pores abondamment, & venante par la communication des deux bras de la Seine, formoit un limon de boüe ; relativement à quoi ils prirent pour armes de leur Cité, les crapeaux, dont le marécage de leur Isle fourmilloit : il reste même encore quelques vestiges de ces Armories, sur certaines Portes antiques de Villes qu'ils bâtirent, ou soumitent à leur obéïssance dans la suite.

Dans ces tems de ténèbres & d'ignorance, ce peuple ne connoissoit & n'adoroit encore que des Divinités du Paganisme, ausquelles il avoit érigé plusieurs Chapelles dans cette Isle ; & comme l'écrit César : » Mercure étoit le principal Dieu que les Gaulois avoient en vénération très-mistérieuse, & ils lui rendoient plus d'honneurs qu'à tous les autres Dieux : pourquoi ils avoient fabriqué beaucoup de ses Simulacres & Statues, à côté desquels étoit la figure du Cocq, son attribut très-honoré » : la raison de cette prédilection étoit prise dans l'opinion qu'ils avoient, que ce Mercure leur apportoit tous les biens du Ciel, avec lequel il entretenoit leur commerce & leur union ; qu'il présidoit incessamment à leur conservation, & qu'il étoit l'Inventeur de tous les Arts utiles à leur Patrie & à leur vie, dont il leur procuroit tous les moyens, ce qui avoit aussi allusion au Mercure philosophique & à ses grands talens ; car ils le prétendoient distributeur de tous biens dans le sens hermétique : le

Cocq, dans leur façon de penser, étoit le signe de la vigilance & du soin qu'avec chaleur ils devoient apporter à leur étude & au travail pour leur avantage, comme condition nécessaire au Culte de Mercure, pour se le rendre favorable, & obtenir à leurs fins; ils sentoient le besoin qu'ils en avoient alors pour se polir, & rendre leur vie plus gracieuse; car, quoique assez bons à guerre, ils étoient fort rustiques, peu endoctrinés & expérimentés dans les Arts: leurs habitations même étoient si grossierement bâties, qu'elles avoient la forme ronde & rustique d'une glaciere, couverte de chaume en pointe de clocher.

Le nom de Gaulois qui fut originairement donné à la Nation formée de divers Peuples rassemblés, n'avoit son Etimologie allégorique qu'à ce Cocq, comme consacré au Soleil, & à Mercure Divinité favorite: les Lutéciens, ainsi que tout le général de la Contrée, veneroient très-particulierement le Coq, enseigne & figure de la chaleur naturelle, que par l'entremise de Mercure messager céleste, il sembloit tenir du Soleil Levant, qu'il annonce par son chant matinal venir par ses bénignes influences revivifier la Nature, comme pere & auteur de toute vie & production. La la Philosophie naturelle de ces Gaulois leur enseignoit que la lumiere & la chaleur du feu Solaire, sous la substance d'un humide radical qu'ils appelloient Mercure, se traduisans sur leur Hemisphere, faisoient en cette union, par le séjour, la vie, la santé, la réparation & conservation de leurs Etres; pourquoi ils témoignoient de si grandes reconnoissances au Cocq, en Latin dit *Gallus*, qu'ils prirent & porterent son nom; & sous son Hyerogl f ils deïfierent ces vertus & propriétés vitales, qu'ils jugeoient si nécessaires & bienfaisantes; ils en ornoient même le faîte extérieur de leurs Temples, & les pointes d'élevation en-dehors de leurs Chaumieres; car selon eux, le Cocq, le Pigeon, l'Aigle, la Salamandre, ou l'Oiseau du Paradis, étoient les symboles de cette chaleur naturelle & de cet humide radical unis ensemble, le premier pour la terre, le second pour l'air, le troisiéme pour le Ciel solaire & astral, & le quatriéme pour le Ciel archetype.

Les anciens Gaulois, comme le Peuple Latin à Rome, dont ils furent long-temps les redoutables Emules, tantôt même les Conquerans & Dominateurs, tantôt aussi les Vasseaux & les Sujets, étoient dans l'usage de faire des Sacrifices, des Libations, & autres Cérémonies superstitieuses: ils pratiquoient l'aspersion de l'Eau lustrale sur les biens de la terre en une procession qu'ils faisoient dans les champs au mois de Mai, pour obtenir du Ciel la prospérité & l'abondance des fruits nécessaires à la subsistance de leur vie; plusieurs autres excercices de leur Religion étoient observés fidélement chez eux par des Cultes, ou Féries solemnelles; ils avoient des Fêtes publiques qu'ils célébroient avec beaucoup de pompe, souvent mêlées d'extravagances & de ridicule; les plus recommandables parmi eux, étoient celles en l'honneur de Baccus & de Cerès, qui n'alloient point l'un sans l'autre, & souvent en la compagnie de Venus: ils les appelloient les petites & les grandes Orgies, suivies des Baccanales; elles avoient leurs tems marqués, pendant lesquels les Arts & Métiers, & toute autre exercice ou service cessoient, pour s'y livrer librement: les petites Orgies commençoient le onze Novembre, que la moisson faite, les grains engrangés & battus, étoient bons à servir d'alimens; & que la vendange aussi faite, le vin cuvé & antonné commençoit à se faire goûter, & devenir potable: ces réjouissances duroient plusieurs jours, souvent avec beaucoup de scandale.

Les grandes Orgies étoient le comble de tous les plaisirs, & commençoient à la fin Décembre: elles avoient plus longue durée que les premieres, & tenoient jusqu'à la Fête inclusivement du Roi en chaque famille, tiré au sort de la fève dans un gâteau: car ils usoient beaucoup de pâtisseries, de galettes, de fouces, de flans, & autres friandises: ces Fêtes étoient tant en l'honneur de Bacchus, que de son pere Liber pour montrer qu'ils avoient liberté entiere pour célébrer la Fête de celui qu'ils imaginoient l'inventeur de l'usage du vin, qu'ils trouvoient en ce tems très-fait, de bon goût, & bien plus gracieux, les repas, les danses, & les voluptés occupoient tous leurs loisirs; l'on peut bien juger des autres excès & inconvéniens que cela produisoit. Il ne faut point omettre que les Drüides en leur particulier célébroient religieusement la Fête du Guy de Chêne le premier Mars; ils alloient en procession en chercher dans les bois & forêts, prétendans que ce Guy avoit beaucoup de propriété pour servir de remede à leurs maladies; le signal de leurs processions étoit de grands cris & des acclamations qu'ils faisoient, en disans, *au Guy, l'an neuf*; & en tenant une branche à la main, ils buvoient en saluant la santé les uns des autres.

Survenoient les Fêtes des baccanales, qui commençoient à la fin de Février, & duroient pendant les premiers jours de Mars; c'étoit-là le tems des plus grandes joyes, des banquets, des festins, de la bonne chere, des jeux, des farces, des mascarades, & des extravagances de toutes sortes, qui couronnoient les débordemens des précédentes; toutes les folies y étoient permises, & ces jours étoient ouverts à une entiere licence, à beaucoup de dissolution & de désordre: c'étoit ainsi que se passoient les grandes Fêtes de Baccus, & les superstitions de toute espéce, ce qui a regné long-tems; & il a été bien difficile de reformer ces abus chez ce peuple, qui s'en étoit fait une pratique & observation scrupuleuse pour servir & honorer ses faux Dieux, & leur témoigner ses reconnoissances des bienfaits utiles à sa subsistance, qu'il croiroit tenir d'eux: l'Habitude en matiere de Religion est d'une force invincible, & passe au fanatisme.

Cependant survint la Secte des Drüides, peuple le plus fameux des Gaules, & dont la réputation faisoit très-grand bruit dans toutes les parties du monde; ils sacrifioient à Teutates, Hesus, Belenus, & Taramis, & principalement à Isis & à Osiris, à peu près dans le même sens de Religion Lutécienne: Les principaux Drüides passoient pour de grands Philosophes, Théologiens, & Astrologues; leurs Prêtres, qui avoient un Grand Prêtre & Sacrificateur à leur tête, observoient beaucoup de pureté dans leurs mœurs, & de gravité respectable dans leurs offices; au point qu'on les tenoit pour les Ministres des Dieux, & en si grande vénération, qu'ils étoient consultés par le Gouvernement temporel, pour tout ce qui intéressoit les affaires de la Nation; rien ne se faisoit à cet égard sans leurs avis qu'on trouvoit toujours très-judicieux: ils étoient aussi consultés par les autres Puissances & peuples de toute la terre, chez lesquels la renommée avoit vanté leur ministere recommandable; les Oracles qu'ils rendoient, étoient reputés de la bouche des Dieux, & avoient autant de force & d'effet que si le Ciel, & tout le Conseil de l'Olympe eût parlé & prononçé des Décrets; ils tiroient leur science, leurs Idoles, & leur Religion, comme j'en ai touché quelque chose, des anciens Grecs, Juifs, Phéniciens, & Egyptiens, & en tenoient des Écoles publiques, où ils professoient gratuitement; souvent même en place publique ils en haranguoient le peuple: cela a été long-tems en usage, & à la mode. Le Sçavant Naturaliste Albert-le-Grand haranguoit à la place Maubert, dite de son nom. Delà est venue la coutume des Opérateurs, qui vont dans les Places prôner la bonté de leurs remedes sophistiques.

La croyance & le culte Religieux, propres aux Drüides, causoient chez les Étrangers & par-tout, trop d'admiration & d'estime, pour ne pas faire d'impression sur les Insulaires Lutéciens, leurs voisins; ils s'étendirent & repandirent chez eux de bouche en bouche, & sans contrainte; & comme ils avoient beaucoup de conformité à la Religion de la Cité, ils y furent reçus & adoptés avec confiance, & y prirent aisément racine & empire: on y fonda des Temples à l'honneur des deux Divinités Payennes les plus accreditées, & les Chapeles deja baties sous la Dédicace d'autres Déités, furent changées sous l'Invocation d'Isis & d'Osiris son mari, qu'on y substitua, en observant les formalités de leur Culte.

Ce fut à cette occasion, que les habitans de cette Isle, qui formoit la Cité des Lutéciens, comme qui diroit des Boüeux, changerent aussi de nom ; & que de l'avis de certains Philosophes Druides & Payens, ils en prirent un moins sale, & plus relevé dans l'idée de leur Paganisme, comme propre & spécial à la Divinité principale qu'ils adoroient, en s'appellans Parisiens, du mot *Para-Isis*, qui veut dire selon Isis, ou semblables à elle ; pour faire entendre que cette Ville suivoit son Culte, & que cette Idole étoit leur Divinité tutélaire.

La Déesse Isis étoit lors fort en vogue dans les Gaules, & les Parisiens agrandissans leur Cité au-delà de leur Isle, sur les territoires adjacens & limistrophes, lui avoient édifiés des Temples, & dressés des Autels en divers lieux, & villages ; entr'autres au lieu dit aujourd'hui l'Abbaye Saint Germain des Prez, attenant l'Eglise : l'on prétend même que sa Chapelle subsiste encore, & a été conservée sous une autre Dédicace qui lui a été donnée depuis : ils avoient semblable Temple au village d'Issy près Paris, & qui porte encore le nom de l'Idole qui y regnoit ; ce Temple étoit succursal de celui de S. Germain des Prez, beaucoup plus fréquenté, & comme fondé sur son Territoire. Ils en avoient établis plusieurs autres au même titre en divers endroits, dont on peut voir la Relation dans les Antiquités de la Ville de Paris.

Il n'est pas indifférent pour les Curieux de sçavoir que les Gaulois avoient bâti & dédié en l'honneur du Dieu Mars, un Temple magnifique sur la plus haute montagne des environs de Paris, & qui commandoit à la Cité; cette montagne s'appelloit le Mont de Mars, aujourd'hui dite Montmartre. La raison de cet Edifice en ce lieu, étoit, suivant l'esprit des Fondateurs naturalistes, que ce Mont fort élevé étoit le premier susceptible de l'influence céleste qui descend sur la terre revivifier la nature & les corps, à l'Equinoxe du mois de Mars, sous le signe du Belier, où commence la conception de la Séve de tous les Mineraux, les Végétaux, & animaux, pour produire leurs fruits, & qui est un tems fort précieux & recommendable pour les vrais Philosophes Hermétiques : le secret de la Nature avoit grande allusion, même un rapport particulier, à tous les Hyeroglifs Phisiques qu'on a attribués à Isis ; & ce Temple étoit une espéce d'hommage que les Gaulois rendoient à cette influence, & au prétendu Dieu Mars en même tems car non-seulement ils adoroient les Planetes, mais encore leurs vertus & propriétés nominales ou configuratives dans les différens Etres naturels, comme émanés d'une Divinité suprême.

Suivant leur Mithologie, & la Doctrine des Drüides, la Déesse Isis étoit encore ce même humide radical universel, influé de la Lune qu'ils regardoient comme la mere originelle de toute génération & conservation : Le Dieu Osiris époux d'Isis, étoit la chaleur naturelle influée du Soleil en cet humide Lunaire, & opérante en lui, comme prétendans le Soleil le pere & l'Auteur de tout mouvement & de toute vie, par-conséquent de toute création & production; pourquoi Osiris étoit souvent pris pour le Soleil même, où l'esprit de son souffre igné : comme Isis étoit aussi prise pour la Lune même, ou l'esprit de son humide radical : l'opinion qu'ils formoient & concevoient de leur Philosophie, étoit fondé sur un principe de la nature, reconnu par tous les Phisiciens ; ils l'expliquoient, en disant que la chaleur naturelle & l'humide radical sa matrice, son enveloppe & son véhicule, appellés par d'autres souffre & mercure, feu & eau, faisoient une substance de matiere premiere & hyleale, comme décoction des quatre Elemens, dans laquelle étoient encloses toutes les vertus & propriétés du Ciel & de la terre, non-seulement virtuellement, mais encore activement; que cette substance se filtrant & insinuant dans les semences & les mixtes, plus ou moins rectifiée, y introduisoit la chaleur & l'humidité naturelles,

naturelles, qui par leur union, séjour & coopération, étoient la vie & la santé de tous les corps; & que ces corps tiroient de ce canal l'origine de l'esprit animé, ou de l'ame spirituelle qui les faisoit agir & subsister, qui même par art pouvoit les reparer, régénérer, & conserver.

Ce peuple avoit pour sistême un antique axiome des Sages de la Grece, que l'eau étoit la matrice, la pepiniere, & la mere de laquelle toutes choses dérivent, & par laquelle elles se font ce qu'elles sont; *aqua est ea, àquâ omnia fiunt*; & sous l'idée d'eau, il entendoit un certain humide Lunaire qui en émane, sous la forme d'une essence remplie du feu Solaire, donnant l'être, la vie, l'action & la conservation à toutes les générations; & c'étoit cette même essence qu'il entendoit représenter sous l'emblème d'Isis, & l'idée allégorique qu'il s'en faisoit; pour expliquer l'Enigme en un seul mot, Isis figuroit l'assemblage de toutes les vertus supérieurs & intérieures en unité dans un seul sujet essentiel & primordial: enfin cette Idole étoit l'image de toute la nature en abrégé, le symbole de l'Epitome & du Théleme de tout; c'étoit sous cette allégorie que les Philosophes avoient donné leur science à la Nation, & qu'ils avoient dépeint & assortis la nature même, ou la matiere premiere qui l'a contient, comme mere de tout ce qui existe, & qui donne la vie à tout. Telle étoit la raison pour laquelle ils attribuoient tant de merveiles à la nature, en la personne de la fausse Divinité d'Isis; mais en ce sens ils n'entendoient diviniser & n'adorer que la Nature, & ses propriétés insignes: ils n'étoient point assez stupides & insensés pour adresser leur Culte à des figures inanimées, d'or, d'argent, de pierres, de bois, ou d'autre matiere impuissantes & incapables par elles-mêmes d'aucun effet; les grandes connoissances qu'ils avoient foncierement acquises dans la nature, leur présument trop de lumieres sublimes, pour avoir donné dans cette grossiere absurdité, très-éloignée du sens commun & de la raison, départis à tous les hommes dès la création du monde.

L'on peut même observer à la louange des Philosophes Payens, que s'ils n'ont pas eu le bonheur de révéler & connoître le véritable & unique Dieu de l'Univers, l'Etre suprême dont l'Esprit éternel gouverne le Ciel, les Astres, la Terre & toutes les Créatures, au moins ils présumoient la nécessité de son éxistence & de sa vérité immortelle; & que leurs cœurs & leurs esprits étoient portés en contemplation vers lui: la plûpart en leur vie & à la mort, en ont confessé la foi par des actes certains, dignes de mémoire; les Fables même ingénieuses qu'ils ont inventées pour caractériser les vertus Divines de la nature, & l'art secret de ses opérations, sont des fictions sous lesquelles ils ont caché ses mysteres, comme ayant leur source dans la Sagesse d'un premier Moteur, dont la Majesté respectable exigeoit cette discretion à l'égard du peuple grossier & profane, qui tourne à mépris & à mal les choses les plus sacrées; & c'étoit l'effet de leur prudence.

L'on doit donc fixer son attention à considérer que les Parisiens, en adorant Isis, à laquelle ils attribuoient principalement les propriétés de la Lune, & celles du Soleil unies à elle, adoroient précisement la Nature & ses vertus Divines; par-là ils se faisoient une Divinité, de laquelle ils se disoient issus, & qu'ils veneroient religieusement comme leur principe, pour leur conservation; nous découvrons l'explication de cette Divinité mystérieuse, dans les Traditions même des Auteurs de l'Antiquité : le monument d'Arius Balbinus portoit cette Inscription : *Déesse Isis, qui est une, & toutes choses*; Plutarque parlant d'Isis dit, qu'à Sais dans le Temple de Minerve, qu'il croit être la même qu'Isis, on lisoit: *Je suis tout ce qui a été, tout ce qui est, & tout ce qui sera : nul d'entre les Mortels n'a encore levé mon voile parfaitement.* Apulée, Métamorphoses, fait parler *Isis* en ces termes remarquables : *Je suis la Nature, Mere de toutes choses, Maîtresse des Elemens, le commencement des Siécles, la Souveraine des*

Dieux, la Reine des Manes,... ma Divinité uniforme en elle-même, est honorée sous différens noms, & par différentes Cérémonies: les Phrigiens me nomment Pessimextienne, Mere des Dieux; les Athéniens, Minerve, Cecropienne; ceux de Cypre, Venus; ceux de Crete, Diane, Dictinne; les Siciliens, Proserpine; les Eleusiens, l'ancienne Cérès; d'autres Junon, Bellone, Hecate, Rhamnusie; enfin les Egyptiens & leurs voisins, Isis, qui est mon véritable nom.

Il faut donc maintenant se départir de tous préjugés vulgaires sur le compte des Payens, & ne plus s'imaginer qu'ils ayent supposés Divinités les Statuts matérielles qu'ils veneroient, comme étant la représentation seulement des vertus Divines, qui faisoient l'objet de leur Culte dans la nature. Il faut aussi se rendre à la preuve évidente, que la Nature, servante de la Divinité, industrieuse & habile Artiste de sa propre matiere, a été sous le personnage d'Isis, le sujet essentiel de la Religion des Peuples anciens, qui ont passés pour les plus sensés; & que la Statue materielle n'étoit aussi que l'image des attributs célestes, & des propriétés merveilleuses de la même nature; mais il convient encore de réfléchir sur l'esprit dans lequel ils concevoient la Nature, où sa matiere sommaire: ils ne la regardoient point comme opérante par elle-même, sans Moteur, Adjuteur, & Agent ou

Archée, car ils étoient trop instruits des secrets de la Phisique, qui établit la Loi certaine, que nul corps ne peut échauffer, mouvoir, animer, & vivifier sa propre matiere: ils sçavoient parfaitement que la Lune ne sçauroit engendrer & produire les influences humides ignées, si le Soleil n'influe, n'agit, & n'opere en elle, pour la faire concevoir, & enfanter ses productions bénéfiques à la température des corps sublunaires; par la même raison, ils n'ignoroient pas que l'esprit ne peut rien, si l'amene le meut, ne le gouverne & ne le fait opérer ; de la même façon que le corps ne peut agir, si l'esprit animé ne l'actionne, vivifie : & gouverne: ils étoient plus versés dans la connaissance de ces principes naturels, qu'on ne l'est de nos jours, où tout est pris au superficiel, à la lettre de la Fable, & dans le goût de l'insipide folie, toujours aveugle.

Or, considérans la nature & sa matiere en racourci, par elles-mêmes inanimées & non mûes, ils étoient persuadés qu'elles ne pouvoient agir aux effets destinés, que par le moyen de l'animation, action, coopération, & vivification d'un premier Moteur, qu'ils réputoient être un esprit de feu invisible infus en elles, & procédant de la racine solaire: selon leur interprétation, cet esprit de feu, étoit une certaine émannation vertueuse d'un premier & souverain Etre, régissant le Soleil lui-mê-

même, & toutes les Créatures; & ils croyoient adorer cet Etre suprême sans le connoître en rendant leurs hommages à la Nature, & à la matiere principale en abrégé, lesquelles le contenoient en leur sein, pour le traduire & transmettre au monde: car ils tenoient pour maxime & point de doctrine, que tout ce qui avoit vie, ne la possedoit que comme *origine céleste* : Ovide lui-même en a témoigné son sentiment, en disant que *Dieu est en nous*; Ciceron & tous les grands personnages de l'Antiquité, ont parlé & pensé de même; donc ils reconnoissoient un Dieu, Auteur de la Nature, & de toutes choses, comme infus par son Esprit éternel opérant en elle, & leur conservateur.

Socrate & Platon, ausquels l'on n'a pû refuser le nom de divins, ont attesté à l'Univers entier la vérité du seul Dieu qui le gouverne; eux & les grands hommes de l'Antiquité profane, ont toujours entendu sous le nom de Jupiter, » ce Dieu, Roi & » Seigneur du monde, en la puissance du-» quel tout étoit : » ce sont les termes de leurs expressions ; ils s'en sont expliquez clairement, » en le nommant aussi très-» bon, tres-grand, la source d'où vient la » vie de toutes choses, l'ame générale & » universelle de tous les corps & de toutes » les creatures, l'Esprit divin qui produit » & gouverne l'Univers; & communément

» ils l'appellent *Dieu* ; le Philosophe Sénéque aux questions naturelles écrit, » Que
» les plus Sages anciens n'ont pas cru que
» Jupiter, ou le Dieu du Ciel & de la terre,
» fut tel qu'on le voyoit au Capitole, & és
» autres Temples avec le foudre à la main ;
» mais que par lui ils ont entendu une suprême intelligence, un esprit gardien &
» recteur de l'immense Univers, un parfait
» Architecte qui a fait cette grande machine du monde, & qui la gouverne à sa volonté, ainsi que toutes les créatures qui
» en sont engendrées & régénerées, comme
» étant l'Ouvrage de la Vertu & de la Science de son Esprit éternel de vie : de sorte
» qu'on le pouvoit appeller Destin, Providence, Nature, Monde, Univers, & tout.»
Ce qui est assez conforme aux idées qu'en ont
conçues S. Basile, S. Thomas, S. Antoine,
& S. Augustin, qui disent : *Qu'est-ce que
la Nature, sinon Dieu !* Les sentimens des
autres Peres de l'Eglise s'y rapportent aussi.

Le même Sénéque a fort bien expliqué
le sens dans lequel il comprenoit Dieu comme la Nature même ; » La pure Nature,
» dit-il, n'est autre chose, que Dieu, Sagesse ; nous l'appellons Destin, parce que
» de lui toutes choses dépendent, ainsi que
» l'ordre des causes qui sont l'une par-dessus
» l'autre, c'est-à-dire subordonnées harmoniquement, & tout procede de lui : nous
» le nommons Providence, parce qu'il pour-

» voit à ce que le monde aille continuelle-
» ment & perpétuellement à son cours dé-
» terminé & ordonné; nous le disons Nature,
» parce que de lui naissent toutes choses,
» & par lui est, vit, agit & se soutient ce
» qui a vie : nous l'appellons encore Monde,
» parce qu'il est tout ce qu'on voit; il se
» soutient de sa propre vertu : ainsi nous le
» croyons être en tous lieux, & remplir de
» soi toutes choses ; ce qu'à aussi exprimé
» Virgile, l'Univers est rempli du souverain
» Jupiter, qu'en plus d'un endroit il explique
» être Dieu ; Orphée disoit, qu'il est le pre-
» mier & le dernier de toutes choses, *Alpha*,
» *& Omega* ; qu'il fut devant tous les tems,
» qui à jamais ont été & seront après tous
» ceux qui viendront; qu'il tient la plus haute
» partie du monde, & touche aussi la plus
» basse ; enfin qu'il est tout en tous lieux. »
Ces autorités de la bouche des Payens même, ne nous laissent point douter des notions qu'ils avoient de la Divinité suprême :
S'ils ont abusé de leurs connoissances, il
faut l'imputer à la dépravation de l'esprit
humain, qui se laisse aisément séduire par
l'illusion des apparences trompeuses : Salomon lui-même, que Dieu avoit comblé des
dons de la Sagesse, n'a-t-il pas eu la foi-
blesse de donner dans cet égarement, par
son culte envers les Idoles ? Il est vrai qu'il
eut le bonheur de reconnoître & de détester
son erreur.

L'on

L'on remarque que toutes les idées de Religion des Payens avoient leur source & leurs principes en la Région céleste ; car, selon certaine Tradition, Horus, qu'ils faisoient le Dieu des heures du jour & de la vie, étoit par eux reputé l'enfant d'Isis & d'Orisis, c'est-à-dire de la nature & de la chaleur du feu Solaire, que nous appellons humide radical & chaleur naturelle, qui nous sont envoyés du plus haut des Cieux, par l'Esprit éternel de vie : on a même vû il y a peu d'années quelques antiques Statues placées sur d'anciens Temples, lesquelles représentoient Isis, tenant entre ses bras Horus ayant une longue barbe au manton, pour montrer sa vieillesse, quoi qu'il parût renouvellé, jeune & merveil chaque jour de l'année, pourquoi on lui faisoit la face blanche, & les joües dorées. Son visage étoit plus quarré que rond, pour marquer que les heures étoient prescrites aux quatre Elemens & aux corps, pour les travaux de leurs Spheres, & qu'il les y circuloit incessamment avec le jour, selon l'ordre établi dans la Monarchie universelle ; comme Horus passoit même pour la lumiere, & le Dieu du jour, en qualité de fils d'Osiris représentant le Soleil, il portoit quelques attributs d'Apollon aussi fils du Soleil, & le Dieu de la lumiere, suivant la Fable ; pourquoi étoient portairilés à ses côtés, derriere lui & à sa suite, vingt-quatre petits vieillards, qui signifioient les vingt-quatre heures, lesquelles d'origine ancienne divisoient le jour & la nuit en vingt-quatre parties ; tout cela formoit bien la description des opérations de la Nature, produites par celles du Ciel, en supposant que tout ce qu'ils ont de vertueux étoit passé en la personne d'Horus, sans en souffrir altération.

Les Statuës d'Isis avoient tous les symboles de la Lune, même ceux du Ciel astral, & de la Région terrestre, à laquelle elle étoit censée faire tant de bien ; on a trouvé plusieurs Idoles de cette Divinité du Paganisme, sur lesquelles l'on voyoit les marques de ses dignités & propriétés, comme si l'on eût voulu personnifier en elle la Nature universelle, mere de toutes productions, laquelle les payens concevoient pour objet de la figure représentative : tantôt elle étoit vêtue de noir, pour marquer la voie de la corruption & de la mort, commencement de toute génération naturelle, comme elles en sont le terme & la fin, où tendent toutes les créatures vivantes dans la roüe de la Nature, pour se régénérer, & renouveller, ainsi qu'il plaît au Créateur ; la robe noire qu'on donnoit à Isis, montre encore que la Lune, ou la Nature, ou bien encore le Mercure philosophique, qui est leur diminutif, & leur substance opérative de toutes les générations, n'a point de lumiere de soi, étant un corps opaque ; mais que ce corps essentiel l'a reçoit d'autrui, c'est-à-dire du Soleil, & de son esprit vivifiant, qui y est infus & en est l'agent : tantôt elle avoit une robe noire, blanche, jaune, & rouge pour signifier les quatre principales couleurs, ou les dégrés pour la perfection de la génération, ou de l'œuvre secret des Sages, dont elle étoit aussi le sujet, l'objet, & l'image.

Les autres hyeroglifs qu'on lui donnoit, ne sont pas moins curieux, & ils contiennent des sens cachés fort ingénieux, encore pris dans la nature ; on lui mettoit sur la tête un chapeau d'auronne, ou cyprès sauvage, pour désigner le deuil de la mort phisique d'où elle sortoit, & faisoit sortir tous les êtres mortels, pour revenir à la vie naturelle & nouvelle, par le changement de forme, & les gradations à la perfection des composés naturels. Son front étoit orné d'une Couronne d'or, ou guirlande d'olivier, comme marques insignes de sa souveraineté, en qualité de Reine du grand monde, & de tous les petits mondes, pour signifier l'octuosité aurilique ou sulfureuse du feu solaire & vital, qu'elle portoit & répandoit dans tous les individus par une circulation universelle ; & en même tems pour montrer qu'elle avoit la vertu de pacifier les qualités contraires des Elemens qui faisoient leurs constitutions & temperamens, en leur rendant & entretenant ainsi la santé. La figure d'un Serpent entrelassé dans cette Couronne, & dévorant sa queue, lui environnoit la tête, pour noter que cette oléaginosité n'étoit point sans un venin de la corruption terrestre, qui l'enveloppoit & entouroit orbiculairement, & qui devoit être mortifiée & purifiée par sept circulations planétaires, ou aigles volantes, pour la santé des corps; de cette Couronne, sortoient trois cornes d'abondance, pour annoncer sa fécondité de tous biens, sortans de trois principes antés sur son chef, comme procedans d'une seule & même racine, qui n'avoit que les Cieux pour origine.

Il semble que les Naturalistes Payens ayent pris plaisir à rassembler en cette Idole toutes les vertus vitales des trois regnes & familles de la Nature sublunaire, laquelle ils entendoient encore représenter, comme étant leur mere originelle, le sujet essentiel, & en même tems l'Artiste; l'on remarquoit à son oreille droite l'image du Croissant de la Lune, & à sa gauche la figure du Soleil, pour enseigner qu'ils étoient les pere & mere, les Seigneur & Dame de tous les êtres naturels, & qu'elle avoit en elle ces deux flambeaux ou luminaires, pour communiquer leurs vertus, donner la lumiere & l'intelligence au monde, & commander à tout l'empire des animaux, végétaux, & minéraux: sur le haut du col au derriere de la tête, étoient marqués les caracteres des Planettes, & les signes du Zodiaque qui les assistoient en leurs offices & fonctions, pour faire connoître qu'elle les portoit & distribuoit aux principes & semences des choses, comme étant par leurs influences & propriétés les gouverneurs de tous les corps de l'univers, desquels corps elle faisoit ainsi des petits mondes.

Cette Déesse profane, ou plutôt cette Statue de la nature idéale & imaginaire, tenoit en sa main droite un petit Navire, ayant pour mât un fuseau, & duquel sortoit une éguerre dont l'anse figuroit un serpent enflé de venin; pour faire comprendre qu'elle conduisoit la barque de la vie sur la Saturnie, c'est-à-dire sur la Mer orageuse du tems; qu'elle filoit les jours, & en ourdissoit la trame: elle démontroit encore par-là, qu'elle abondoit en humide sortant du sein des eaux, pour alaiter, nourrir & temperer les corps, même pour les préserver & garantir de la trop grande adustion du feu solaire, en leur versant copieusement de son giron l'humidité nourriciere, qui étoit la cause de végétation, & à laquelle adheroit toujours quelque venin de la corruption terrestre, que le feu de nature devoit encore mortifier, cuire, diriger, meurir, astraliser, & perfectionner, pour servir de reméde universel à toutes maladies, & renouveller les corps; d'autant que le Serpent se dépouillant de sa vieille peau, se renouvelle, & est le signe de la guérison & de la santé: ce nérative, prolifique & multiplicative ; & que cette semence cachée portoit la livrée de sa teinture, extraite du mélange de celles du Soleil & de la Lune, qui y avoient influé leurs qualités & propriétés.

La ceinture, qui entouroit le corps de la Statue, sembloit toute merveilleuse, & couverte de Mistéres profanes ; elle étoit attachée par quatre agraphes posées en forme de quadrangle, pour faire voir qu'Isis, ou la Nature, ou bien ancore sa matiere premiere, étoit la quinte-essence des quatre Elémens qui se croisoient par leurs contraires, en formant les corps ; qu'ainsi la chose signifiée & entendue étoit une, & tout, c'est-à-dire, un abregé du grand monde, que l'on appelle un petit monde ; un très-grand nombre d'étoiles étoit parsemé en cette ceinture, pour dire que ces flambeaux de la nuit l'environnoient pour éclairer au défaut de la lumiere du jour, & que ces Elémens n'étoient point sans leurs luminaires, non plus que les corps élementés, qui tous les tenoient d'elle : plusieurs autres particularités curieuses y étoient marquées ; certaines même sont à taire.

L'on voyoit sous les pieds de cette Idole une multitude de serpens, & d'autres bêtes venimeuses qu'elle terrassoit, pour indiquer que la Nature avoit la vertu de vaincre & surmonter les esprits impurs de la malignité terrestre & corruptrice, d'exterminer leurs qu'il ne fait au Printems, au retour de l'[esprit] vivifiant du Soleil, qu'après avoir pa[ssé] par la mortification & corruption hyver[nale] le de la nature : cette Statue avoit en [sa] main gauche une cimbale, & une bran[che] d'auronne, pour marquer l'harmonie q[ui] le entretenoit ainsi dans le monde, & [par] ses générations & régénérations, par la [voie] de la mort & de la corruption, qui faiso[it] la vie d'autres êtres sous diverses form[es] par une vicissitude perpétuelle : cette c[im]bale étoit à quatre faces, pour signifier [que] toutes choses, ainsi que le Mercure phi[loso]phique, changent & se transmuent sel[on le] mouvement harmonieux des quatre [élé]mens, causé par la motion & opération [per]pétuelle de l'esprit fermentateur, q[ui] convertit l'un & l'autre, jusqu'à ce [qu'ils] ayent acquis sa perfection.

De la mamelle droite du sein de [la] Déesse imaginaire, ou nature univ[erselle] simulée, sortoit une grape de raisi[n, &] de la mamelle gauche naissoit un é[pi de] bled, dont le haut étoit d'or & relui[sant] pour montrer qu'elle les engendroit [, pro]duisoit & nourrissoit de son lait, pour [servir] de principaux alimens à la vie des hom[mes] & leur reparer par la nutrition les [deux] principes animaux & spirituaux de le[ur subs]tence; la couleur aurifique qui domin[oit sur] la tête de l'épic, faisoit entendre q[ue là] même y avoit sa semence premiere forces, & évacuer jusqu'au fond de l'abîme leurs scories & terre damnée; ce qui exprimoit par conséquent que sa même vertu en cela étoit de faire du bien, & d'écarter le mal; de guérir les maladies, & rendre la santé; de conserver la vie, & de préserver d'infirmités mortiferes; enfin d'entretenir les corps en vigueur & bon état, & d'éviter l'écueil & la ruine de la mort, en renvoyant les impuretés des qualités grossiérement élementées & corruptibles, ou corrompues, dans les bas lieux de leur spere, pour les empêcher de nuire aux êtres qu'elle conservoit sur la surface de la terre. En ce sens est bien vérifié l'Axiome des Sages, *nature contient nature; nature s'éjouit en nature; nature surmonte nature; nulle nature n'est amandée, sinon en sa propre nature:* pour quoi en envisageant la Statuë, il ne faut pas perdre de vûe le sens caché de l'allégorie, qu'elle présentoit à l'esprit, pour pouvoir être comprise; car sans cela elle étoit un Sphinx, dont l'énigme étoit inexplicable, & un nœud-gordien impossible à résoudre.

L'on observoit encore un petit cordon descendant du bras gauche de la Statuë, auquel étoit attachée & suspendue jusqu'à l'endroit du pied du même côté, une boëte oblongue, ayant son couvercle, & entrouverte, de laquelle sortoient des langues de feu représentées; ce qui démontroit que

Isis, ou la Nature personnifiée, portoit le Feu sacré & inextingible, gardé religieusement à Rome par les Vestales, lequel étoit le vrai feu de nature, éthéré, essentiel, & de vie, ou l'huile incombustible si vantée par les Sages ; c'est-à-dire, selon eux, le Nectar, ou l'Ambroisie céleste, le baume vital-radical, & l'Antidote souverain de toutes infirmités naturelles ; l'extrémité du lieu où se portoit la boëte, faisoit entendre que les humeurs peccantes de la terrestréité, par la force & la vertu du Catholicon philosophique, se précipitoient jusqu'en terre, pour le fuir & s'en éloigner : la boëte figuroit la phiole, le vase, ou l'ampoulle contenant ce Baume aromatique, ou onguent de parfums très-odoriferans, exquis & salutaires ; le cordon de couleur aurée, en forme de filet d'or, faisoit connoître que ce prétieux Restaurant tiroit son origine, du côté d'Aquilon, de cette Déesse fictive. Je ne parlerai point d'un petit ruban rouge en feston, qui ornoit le cordon, parce qu'il est hors d'œuvre, & seulement pour enseigner que la Nature n'a pas simplement ses fleurs, mais aussi l'ornement de sa parure, & de ses fruits, qui étant meuris par l'ardeur du Soleil, & ayant acquis sa couleur de feu, n'ont plus besoin de culture.

Du bras droit d'Isis descendoit aussi le cordonnet de fil d'or d'une balance marquée, pour simbole de la Justice que la Nature obſervoit, & des poids, nombre, & meſure qu'elle mettroit en tout; la qualité & la couleur du fil diſent aſſez ce qui lui eſt propre, ou plus prochain, ſemblable, analogue, ou homogene; quant à ſon poids ordinaire & ſtrictement néceſſaire, je ne l'ai pu apprendre que dans le Colloque, où l'eſprit le déclare à Albert; par rapport au poids de l'anneau conjugal à elle deſtiné, & qu'on voyoit dans la balance, je n'en ſçaurois rien, ſi Morien ne me l'eût dit à l'oreille ſecrétement.

Au ſurplus cette Déïté payenne, où la Nature ſignifiée ſous ſon perſonnage, avoit la figure humaine, la forme du corps, & les traits d'une femme en embonpoint, & d'une bonne nourrice; comme ſi l'on eût voulu manifeſter qu'elle étoit corporifiée perſonnellement en cette nature, & famille privilégiée des trois régnes, en faveur de laquelle elle diſpoſoit le plus abondamment de toutes ſes grandes propriétés, fécondes & ſouveraines pour l'alaiter, nourrir, & entretenir. Quelques Hiſtoriens d'antiquaires, & d'images des faux Dieux ont ajouté que la couleur naturelle de ſon tein, étoit d'un jaune brun, diaphane & brillant; que ſon viſage ſembloit ſe découvrir d'un voile de drap écarlate tirant ſur le noir; que ſes cheveux étoient teints d'un ſoufre aurifique; que ſes yeux paroiſſoient acres & étincellans d'une couleur olivâtre; & qu'elle avoit plusieurs autres signes, mistérieux dans le Paganisme; tout cela en effet annonce bien de l'extraordinaire & du merveilleux, dont les Sçavans de notre siécle ne sont point en état d'expliquer le sens spirituel, parce qu'ils ne veulent point lever le bandeau qui leur couvre les yeux de l'esprit, ni faire tomber les écailles qui les offusquent.

Certains Naturalistes ont prétendu donner l'explication Physique de ces Enigmes, en disant que la couleur du tein de la Nature figurée par cette Idole, la faisoit reconnoître aisément dans la Physique de la Nature par les véritables Philosophes; elle levoit, ajoutent-ils, son voile pour se montrer naturellement aux vrais Sages investigateurs, tandis qu'elle étoit masquée & cachée pour les insensés & le vulgaire, sous les yeux desquels elle étoit sans être reconnue; la teinture de ses cheveux aurifiques découvroit, que toute lunaire qu'elle étoit, sa cime & son élévation étoient arborés des rayons solaires, qui faisoient sa motion & sa perfection, aussi-bien que son précieux vermeil; la couleur aurée qu'elle portoit ainsi sur sa tête, apprenoit que la nature la produisoit, parce qu'elle avoit en elle-même le germe, la semence, & le sufre de l'Or, qui étant exalté par son propre principe, donnoit sa teinture végétable & multiplicative à l'infini; ses yeux dépeints ainsi qu'il est dit ; prouvoient ses qualités, ses caractères, son état naturel, & manifestoient que malgré le brillant de sa lumiere, elle avoit quelque crudité, acre & indigeste des bas élémens, & qui demandoit à être purifiée & perfectionnée, pour voir en elle la pureté du luminaire blanc, & successivement celle du luminaire rouge, qui sont en elle virtuellement & en acte.

Enfin, continuoient ces Interprétes de la Nature, il en est ainsi des autres Hyeroglifs qu'on lui donnoit, lesquels avoient rapport au secret de la Nature & de la Science ; car toutes les fictions à elle allégoriques, ne faisoient sous-entendre figurativement d'autres sens, que celui de l'art de ses opérations en l'Ouvrage économique & universel du grand monde, & en l'œuvre secret du petit monde des Sages, lequel se fait à l'*instar*, par le même sujet & les mêmes ressorts : Apullée dit que » dormant lui sembla voir la » Déesse Isis, laquelle avec un visage véné- » rable sortoit de la Mer » ; sa vision donne encore à entendre l'antique opinion que les anciens Naturalistes, & les premiers Luteciens en conformité, avoient de la Nature, ou de sa premiere semence virginale de chaleur naturelle & d'humide radical unis, comme principes de leurs êtres ; leur sentiment étoit que cette semence universelle procédoit d'une candide vapeur humide ignée, ou æthéenne & philosophique, sortant de la Mer, ou des Eaux ; parce que le Soleil, la Lune & les Etoiles s'y plongeans par leurs influences immersives, en faisoient exhaler cette benite vapeur, qui se filtroit dans tous les corps, en quantité de matiere premiere, de seive vierge, & de substance nourriciere : raison pour laquelle elle étoit dite & réputée vénérable, d'autant qu'elle est respectée & prisée par les Sages, & qu'il n'y a que le vulgaire insensé qui la méprise & la dissipe imprudemment à son Damne.

Souvent Isis étoit accompagnée d'un grand bœuf noir & blanc, pour marquer le travail assidu, avec lequel son culte philosophique doit être observé & suivi dans l'opération du noir & du blanc parfait, qui en est engendré, pour la Médecine universelle Lunaire hermétique. Harpocrates, Dieu du Silence, mettant les doigts sur sa bouche, cottoyoit toujours Isis, pour apprendre qu'il falloit taire les mistéres philosophiques du sujet, pour quoi souvent cette Déesse Enigmatique étoit estimée être le Sphinx » pour
» montrer, suivant l'expression même des
» Anciens, que les choses de la Religion
» doivent demeurer cachées sous les Mysté-
» res sacrés ; en sorte qu'elles ne soient entendues par le commun Peuple, non plus
» que furent entendues les Enigmes du
» Sphinx «.

Suivant Apulée, Isis parle ainsi de sa Fête : » Ma Religion commencera demain,

» pour durer après éternellement ». C'est-à-dire que la Science religieuse de la Nature, & l'Oeuvre de sa semence premiere, origine de toute production & des merveilles du monde, est d'autant de durée que l'Univers, & s'y observe & pratique chaque jour. Il ajoute que » lorsque les tempêtes de l'Hy-
» ver seront appaisées, que la Mer émûe,
» troublée & tempêtueuse sera faite calme,
» paisible & navigeable, mes Prêtres m'offri-
» ront une nacelle, en démonstration de mon
» passage par Mer en Egypte, sous la con-
» duite de Mercure, commandé par Jupiter. Ceci est la clef du grand Secret philosophique pour l'extraction de la matiere des Sages, & l'œuf dans lequel ils la doivent enclore & œuvrer en l'Athanor à tour, en commençant le Regime de la Saturnie Eyptienne, qui est la corruption de bon Augure, pour la génération de l'Enfant royal philosophique, qui en doit naître à la fin des siécles ou circulations requises. Peu de personnes en feront la découverte, parce que les gens du monde sont trop présomptueux de leur ignorance, qu'ils croyent science, pour se dépouiller de leurs vains préjugés, & s'attacher à scruter la science véritable de la Nature universelle.

Les Druides étoient fort initiés & doctes dans ces connoissances ; mais dans l'opinion qu'ils avoient pour objet de leur Religion d'une Divinité à eux prédite, comblée de perfections & de vertus, c'est-à-dire, d'*une Vierge qui devoit enfanter* miraculeusement, à eux jusqu'alors inconnue, ils puiserent à la source de la Nature pour la trouver, & reconnoissant tout ce qu'elle cachoit de plus puissant, parfait & merveilleux, ils s'imaginerent avoir découvert cette Divinité en la personne même de la Nature, que par cette raison & erreur, ils prirent pour elle. Ce fut pour l'honorer par un culte dirigé vers elle, qu'ils la représenterent en Statuës, suivant les idées avantageuses qu'ils s'en étoient formés, en leur appliquant & cumulant tous les Simboles des vertus & propriétés qu'ils attribuoient à la Nature même ; en effet, ils lui ont départi toutes celles merveilleuses que l'esprit humain pouvoit s'efforcer d'imaginer dans le monde : & il faut confesser qu'ils connoissoient bien parfaitement la Nature, pour la dépeindre & signaler aussi expressément ; mais en lui adressant leurs vœux & leurs prières, ils entendoient aussi les faire à l'Etre des êtres, qu'ils en croyoient l'Auteur, y présider & opérer nécessairement, en le regardant comme cause premiere, & la Nature comme cause seconde, pour tous les bénéfices de la vie : ce fut donc ainsi qu'ils personnaliserent la Nature en une Idole, pour inspirer sa vénération, conformément à l'idée des plus anciens Payens qui l'avoient nommée Isis.

Comme la Religion d'Isis avoit en quelque façon le même fondement que la première introduite dans les Gaules, & chez les Luteciens, elle y eut grand crédit, & y fut pratiquée dévotieusement pendant grand nombre de siécles. Dans la suite leurs cérémonies reçûrent des réformes, des extensions & des modes de toutes les espèces, suivant les idées spirituelles ou les systêmes que la piété faisoit inventer; chacun successivement à sa dévotion, & dans sa façon de penser, dogmatisant, y mit du sien; & les Prêtres d'Isis profitant de la crédulité du Peuple, par des vûes particulieres à leur Jurisdiction religieuse, & à leurs propres intérêts, lui imposerent différentes formes scrupuleuses & de rigueur, sous des peines effrayantes qu'ils lui inspiroient; de sorte qu'on crut avoir beaucoup raffiné le culte, & que la Religion Isienne dégénérant de la primitive Loi naturelle, devint enfin chargée de pratiques superstitieuses, très-onéreuses pour ceux de sa Secte: l'on perdit même l'esprit du sens Secret philosophique qu'elle renfermoit pour l'œuvre de la Médecine salutaire des corps, laquelle en étoit la principale intention mistérieuse: à peine resta-t'il quelque Sage qui en conservât le prétieux dépôt.

Cependant les Parisiens se polirent beaucoup, & devinrent fort civilisés & policés: ils fascient même de grands progrès dans les Arts & Métiers; leur Cité, purgée de crapeaux,

peaux, & quittant son antique rudesse, s'embellissoit ; enfin le bon ordre en fit le Gouvernement : de façon qu'ils se fortifierent, étendirent leur puissance sur leurs voisins, rendirent leur ville la Capitale des Gaules, & s'affranchirent des dominations étrangéres : ce qui leur fit donner le surnom de *Crapeaux Francos*, c'est-à-dire Francs, libres de leurs anciens assujetissemens ; & dans la suite on leur substitua simplement celui de Francs ; puis celui de *François*, aujourd'hui d'usage commun, & qui en dérive, comme signifiant Peuple libre.

Plusieurs siècles après la manifestation du Verbe divin incarné, pour la bienheureuse rédemption du genre humain; c'est-à-dire, après la naissance de Jesus-Christ, Fils unique de Dieu & de la Vierge Marie, lequel a apporté au monde la Loi de grace & de salut, les Disciples de ses Apôtres, suivant leurs Missions évangéliques, venus de la Judée ; ayant percés dans les Gaules, y semerent les principes, & établirent les fondemens de la seule vraie Religion Chrétienne ; & comme dit fort bien l'Historien de l'Eglise de Chartres, Ville qui après celle de Dreux, étoit le principal Siége de la Religion des Druides. » Ceux qui furent envoyés
» dans ce pays pour y annoncer l'Evangile,
» y firent beaucoup de progrès, parce qu'ils
» y trouverent des dispositions merveilleu-
» ses pour la conversion des Peuples, par le

» rapport des Cérémonies des Druides à nos
» Mistéres.

Cependant la persécution des tirans Romains s'éleva, & déploya sa rage & ses barbares cruautés sur les Chrétiens : ces Apôtres des Gaules fermes & courageux dans le ministere de leur vocation, après avoir essuyé bien des travaux & des martyrs pour l'établissement & la propagation de la Foi Catholique & du Culte divin, pousserent & étendirent le progrès de la Parole évangélique jusques dans le cœur des Gaules, c'est-à-dire en la Ville de Paris, devenue leur Capitale : ce ne fut qu'au prix de l'effusion de leur sang qu'ils détruisirent les Temples & les Autels qu'ils purent trouver, consacrés au Culte des faux Dieux ; ils renverserent en leur passage le Temple fameux de Mars érigé sur la Montagne, dite Montmartre, près Paris, celui célébre d'Isis & d'Osiris établi à Issy, qui est un Village aussi proche Paris ; peu à peu gagnant du terrain, & de l'empire sur les esprits, ils vinrent en Circuit, au lieu dit S. Germain des Prez, qui étoit alors un terrain planté en Bois, du surplus Marais & Prairie assez vaque, ayant aussi un Temple voüé aux fausses Divinités, & entr'autres à Isis, qu'ils renverserent aussi, & dont il n'est resté que peu de vestiges : enfin s'étant introduits dans la Cité, ou l'Isle des Parisiens, ville Capitale des François, & déja renommée, ils détruisirent encore toutes les

Chapelles qui y étoient dédiées aux Dieux & Déesses du Paganisme, telles que celles où sont aujourd'hui les Eglises de S. Denis de la Charte, Sainte Marine, & quelqu'autres, qu'ils mirent sous d'autres invocations Divines, en donnant à quelques unes le titre & le nom de leur pieux Réparateur & Instituteur.

Ce fut ainsi que ces zélés Missionnaires parvinrent à ruiner & abolir tous les Temples, & toutes les fausses Divinités du vil Paganisme, qui régnoient dans les Gaules, & à y substituer l'adoration du vrai Dieu; toutes les Idoles furent brisées, le véritable Culte divin établi, cimenté & pratiqué : il ne subsista plus chez les Parisiens que quelques anciennes Fêtes & Cérémonies superstitieuses, qu'on fut obligé de tolérer, en les convertissant dans la suite autant que l'on pût, au sens & au rit Catholique. Comme presque toute Religion a ses Fanatiques, quelques uns enfouirent dans le Territoire de S. Germain des Prez une Statue d'or massif, Image d'Isis de grandeur humaine, pour la préserver & garantir de sa destruction dans le désastre général du Paganisme, & que l'on prétend n'avoir jamais été retrouvée.

Alors la Ville de Paris, auparavant si superstitieuse, & même toute la France, commencerent à voir clairement la lumiere de la vérité; si le Peuple ne se défit pas entiérement de ses préjugés de Religion, au moins fut-il obligé de les cacher & tenir secrets, ce qui avec le tems en fit perdre l'idée & le souvenir : le général, la plus forte & saine partie embrassa uniformement le Christianisme, & y entraîna par son exemple les adversaires les plus entêtés & opiniâtres dans leurs sentimens erronés : quelques hérésies causées par des façons diverses de penser, qui n'effleuroient point le fond de la Doctrine, furent étouffées aussi-tôt qu'enfantées ; les mœurs devinrent meilleures ; les beaux Arts & les Sciences accrurent ; enfin les Dogmes de notre Foi, enseignés charitablement par de grands Docteurs de notre sainte Religion, furent des armes plus puissantes & victorieuses, que ne l'auroient été celles de la guerre, pour gagner les cœurs & les esprits généralement, & les tirer de l'esclavage de l'idolâtrie.

Cependant il restoit encore à ces religieux Missionnaires & à leurs Successeurs, à couronner leurs travaux Apostoliques par l'érection d'une Eglise Cathédrale & Métropolitaine, où la Fille de Dieu, Mere de Jesus-Christ son Fils unique, & la Patrone des Chrétiens, fût reconnue & invoquée suivant le rit du Culte Catholique ; au dixiéme siécle ou environ, la foi du Peuple, son amour, son attachement pour la Religion s'augmentant, leur en fournirent heureusement les moyens ; il fût élû un Evêque de la Ville, chargé de l'administration spirituelle, & qui tenoit même beaucoup du gouvernement temporel, & de la distribution de la Justice: son zéle lui inspira l'entreprise, & le porta à élever ce magnifique Monument de l'Eglise de Notre-Dame, en le fondant & consacrant sous sa Dédicace, comme Mere de la Ville, & la principale des autres Eglises ou Chapelles édifiées dans la Cité.

Cet Evêque, qui avoit été choisi pour remplir cette Dignité, à cause de sa profonde connoissance dans la Philosophie naturelle, & en la Théologie, jugea ne point trouver de place plus convenable pour la fondation & l'érection de cette Eglise, à l'honneur de la Mere de Jesus-Christ, & des fideles Chrétiens, que le lieu situé à la tête du continent Insulaire & de la Cité, c'est-à-dire à l'ouverture du giron de la Seine, qui se séparant en deux bras, semble prendre tous les Habitans sous sa protection, & les favoriser des rayons du Soleil levant, que l'Esprit éternel du Soleil de Justice leur traduit & communique: le sens spirituel est très-mistique, & le naturel fort ingénieux.

L'on institua & régla les Cérémonies propres au Culte de la Vierge sainte, nouvellement établi; mais il fallut encore accorder quelque chose à cet égard au génie du Peuple, qui conservoit quelque reste de superstition touchant les formalités de la Religion d'Isis, ou de la Nature entendue par elle ; cette Indulgence parut nécessaire quant à la forme, puisqu'elle ne changeoit point, & ne faisoit pas varier la vérité fonciere, qui est une, inaltérable & immuable ; il auroit été même dangereux de prétendre supprimer tout à coup, tout le cérémonial populaire, dont la fausse Religion d'Isis avoit depuis nombre de siécles jetté des impressions & des racines si profondes dans les esprits scrupuleux, qui exigeoient quelque ménagement & douceur, pour être rappellez avec succès à la droite & pure voie : on eût besoin de beaucoup de prudence en cette occasion, & cette politique sçut parvenir à ses fins, mieux & plus sûrement, que ne l'auroit fait la force ouverte, pour la réforme générale ; pourquoi certaines anciennes Cérémonies tolérées par nécessité, eurent encore lieu long-tems, avant de pouvoir être abolies entiérement : il en étoit resté une pratiquée jusqu'à notre siécle, & qui a été retranchée il y a quelques années ; c'étoit la figure d'un Dragon aîlé, qu'on portoit tous les ans dans une Procession à l'Eglise de Montmartre : ce Dragon étoit un ancien Simbole mistérieux de la Philosophie naturelle, & de la Religion des Druides, des Gimnosophistes, & des Mages Egyptiens, quoiqu'on l'ait attribué à un autre évenement, suivant la chronique vulgaire,

Le sens Physique que les Parisiens avoient conçus de la Nature représentée par Isis, étoit, selon eux, assez allégorique au sens mistique qu'ils reçurent de la Mere de Dieu, & de leur propre Mere Chrétienne; car ils feignoient trouver quelque idée de rapport de l'une à l'autre; ce fut un grand moyen d'opérer leur conversion, & d'achever l'œuvre de leur sanctification: En effet la révélation qu'on leur annonça de la véritable Vierge Mere prédite, qui avoit enfanté le Sauveur du monde, & leur bienfaictrice à eux inconnue jusqu'alors, fut un argument très-puissant pour leur persuader les vérités de la Foi, & les faire aisément revenir de leur erreur, ignorance, & méprise; pour quoi ils eurent moins de peine à répudier leur Idole, abjurer son culte, & professer celui du Christianisme; dans cet esprit ils reconnurent & venererent par des honneurs légitimes, leur Dame & la nôtre, Mere de Jésus-Christ, comme l'accomplissement des prédictions faites aux Druides & à eux.

Cependant il ne fut pas possible de les obliger à changer le nom de leur Cité; & quoique l'idée & l'esprit du Paganisme en soient l'étimologie, ils l'ont conservé jusqu'à présent, comme si l'illusion d'Isis, ou la Nature venerée comme Divinité, ou bien aussi la semence premiere, universelle, philosophique, si vantée, avoient encore place à la tête d'une Ville éclairée de la Vérité divine, & où régne la Mere de Dieu & des Chrétiens, de laquelle les Habitans de Paris devroient porter le Nom saint & respectable, en abandonnant jusqu'au souvenir de l'idolâtrie; & cet abus vient encore de ce qu'il a fallu s'accommoder, & sympatiser en quelque façon aux idées & aux mœurs anciennes de la Nation, sans cependant perdre de vûe le sens sacré de la vraie Religion, devenue dominante, & qui s'est soutenue par elle-même depuis avec honneur & admiration, à la gloire de Dieu, un en trois Personnes, & de la bienheureuse Vierge Marie.

Le superbe Temple de Notre-Dame est aujourd'hui le Chef-d'œuvre de l'Art, le séjour de la sainteté & de la grace à la vénération des Peuples Chrétiens, la terreur & le fléau de l'idolâtrie; nos Rois Très-Chrétiens, nos Reines, nos Princes & nos Princesses dans le même esprit, y ont toujours voués & signalés admirablement leur piété & leurs actions de graces. Les Evêques & Archevêques, qui en ont remplis la Chaire, avec toute la dignité du ministere & de la charité Apostolique, ont aussi toujours été des exemples édifians pour la dévotion des Fideles; & tous les Ecclésiastiques attachés à son Culte, par leurs saints Offices & la pureté de leurs cœurs à louer Dieu & honorer la Sainte Vierge, y attirent la bénédiction
du

du Ciel fur tous les Citoyens, que leur dévotion fait accourir en foule à ce faint Lieu, avec le refpect qui lui eft dû, adorer le Souverain Créateur & Confervateur, & lui adreffer leurs hommages & leurs priéres par l'interceffion de leur bonne Mere & Patrone, invoquée par eux, avec la plus pieufe & fervente vénération.

Lors de la fondation de cette Eglife, tous les Officiers occupés à fon Culte, qu'on appelle aujourd'hui Chanoines, étoient les feuls Médecins de profeffion & d'effet dans leur Ville; & ils tenoient cet Office de charité & d'humanité, par Tradition des Philofophes & des Prêtres Drüides, qui, à l'exemple des Egyptiens, des Prêtres & des Levites chez les Juifs, l'avoient enfeigné, exercé & profeffé dans les Gaules; & l'ufage s'en étoit fort fidélement confervé chez les Lutéciens ou Parifiens, qui s'en faifoient même un devoir principal de Religion, ayant rapport à la Divinité & à leur prochain, & étant la bafe de la Loi naturelle; parce que Dieu, Auteur de la nature, donnant & confervant la vie à tout, étoit le premier & le feul fouverain Médecin, dont ils jugeoient devoir fuivre l'exemple, en faifant part de fes bienfaits à leurs femblables, pour les foulager en leurs afflictions & les guérir de leurs maladies.

L'origine de la profeffion & adminiftration de la Médecine en la perfonne de ces

Tome IV.

Officiers Ecclesiastiques, avoit encore pour fondement la charge & commission Apostolique, c'est-à-dire la vocation expresse des Apôtres, qui tous, suivant leurs Actes, étoient Médecins des ames & des corps, à l'imitation de Jesus-Christ leur Chef, qui avoit opéré toutes sortes de guérisons miraculeuses; leurs Disciples même, en établissant la Religion Chrétienne dans la Cité des Parisiens, en avoient eux-mêmes aussi donné l'exemple, & fort recommandé le Service, en prenant occasion d'en montrer le devoir d'humanité, par l'exercice que les Druides Payens mêmes en avoient fait.

Ces Chanoines furent dits de ce nom, à cause qu'ils récitoient en chantant les points & articles fondamentaux prescrits dans leur Rituel, qui enseignoient l'esprit de la Religion & les devoirs de son Culte; ces articles ou versets chantés étoient nommés Canons, du mot Latin *Cano*; je chante, d'où est tiré celui de Chanoine & de Chantre; ils ensuivoient la regle prescrite, en soignant les malades & les traitant avec beaucoup de charité; ce qui est admirable, c'est qu'ils les guérissoient de toutes leurs maladies & infirmités, (si la volonté de Dieu n'en avoit autrement ordonné,) par de vrais remédes naturels, dont ils acqueroient la connoissance & l'usage dans l'étude de la nature, qui les fournit, sans qu'il soit besoin d'avoir recours à des moyens étrangers, impuissans, ou destructeurs; pourquoi ils avoient leur Ecole de Médecine tout attenant la rive du bras de riviere, où est aujourd'hui l'Ecole fameuse des Docteurs de cette Faculté, rue du Fouar & de la Bucherie, & ils y communiquoient par un petit Pont de bois, qu'ils avoient fait jetter sur le bras de riviere, & qui a encore le nom de petit Pont.

Cette digne occupation, & ce service édifiant & charitable pour des ministres de la mere & fille de Dieu, mere spirituelle des habitans, n'eut plus d'autre objet de leur piété : & dans leurs bonnes œuvres, l'amour de Dieu & du prochain faisoit tout leur devoir & leur mérite; ce qui leur fit obtenir la construction près d'eux, attenant l'Eglise, d'un Hôpital, ou Hôtel de Charité, où l'on apportoit, recevoit & traitoit les infirmes & malades avec tous les soins & les secours, dont par esprit d'institution & d'état ils étoient capables, & se faisoient un point essentiel de Religion : ils étoient devenus de grands Médecins pour le spirituel & le temporel ; par la grace de Jesus-Christ Fils de Dieu, & de la Vierge Marie, qui les assistoint, ils opéroient des cures & guérisons miraculeuses, si surprenantes, que cet Hôpital d'Infirmerie fut alors appellé Hôtel-de-Dieu.

Les remédes dont ils faisoient usage n'étoient puisés qu'en la nature, & leur vertu & efficacité sanative & salutaire procédoit de la bénédiction que Dieu y répandoit ; mais il ne faut pas s'imaginer que ce fussent des remédes vulgaires, ni des composés de la main des hommes, tirés de choses inanimées & sans vie ; ils trouvoient la réparation de la vie & de la santé par leur propre principe, dans une quintessence de la nature, exaltée & astralisée, qui contenoit, & réintroduisoit aux corps l'ame, l'esprit & la vie dont ils souffroient altération, & qui les leur reparoit en qualité de Médecine universelle, en détruisant tout levain ou ferment d'impureté, de corruption, & d'humeur peccante. L'œuvre secrette de la confection ne leur étoit point inconnue, & les opérations leurs étoient familiaires, parce qu'ils connoissoient la science de Dieu & de la nature, & les vertus de l'Esprit éternel de vie, lesquelles le même Dieu de bonté a mises en ses œuvres dès le commencement du monde, pour la santé des peuples de la terre, ses créatures. Ils possédoient parfaitement l'art de l'usage de ce médicament divin & de sapience, souverainement salutaire pour remédier à toutes maladies ; & ils l'appliquoient toujours avec succès & efficacement à l'honneur du Très-Haut, qui en est l'auteur & dispensateur.

Le Fondateur de cette Eglise leur en avoit laissé la tradition secrette : mais depuis ces hautes & sublimes connoissances des vertus occultes de la nature, en laquelle l'Esprit universel de vie est infus & operant, se sont perdues faute d'esprit intelligent en l'art de la vraie Médecine, & capables du secret important qui lui est dû ; il prévit même bien ce malheur dans l'avenir, & pour en laisser des monumens de vérité dans la postérité, pour les Sçavans & véritables Médecins, il avoit fait faire aux portails de cette Eglise, toutes les figures hyeroglifiques de cette science, & de l'œuvre de cette bénite Médecine, lesquelles l'on voit encore aujourd'hui, & que tout homme sage & intelligent, ne doit jamais révéler vulgairement, si Dieu lui fait la grace d'illuminer son esprit du don de ce merveilleux arcane céleste : Gobineau de Montluisant a expliqué plusieurs de ces Hyeroglifs, mais il en a omis beaucoup, à cause du silence harpocratique & recommandé & imposé au secret.

L'on voit encore à l'entrée de l'Eglise, la figure hyeroglifique du bienheureux Chrystophe, *Christum ferens*, très-significative, curieuse, & instructive pour les vrais enfans de cette Science divine.

Les sages investigateurs remarqueront aussi sur le colosse, nombre de symboles, habitations, tours & autres enseignemens philosophiques, importans & nécessaires, autant que mystérieux, pour les conduire heureusement dans la voie étroite & escarpée de la sagesse, & les faire arriver à sa possession, qui est le comble de toute félicité sur terre, & seule capable de remplir dignement & souverainement le cœur de l'homme sage & sensé, pour sa santé, son salut, & la vie éternelle au sein de la Divinité.

Dieu soit loué éternellement au très-saint Sacrement de l'Autel, & que sa Cité chez tous les Fidéles retentisse à jamais d'actions de graces de ses bienfaits. Ainsi soit-il.

✱✱✱✱✱✱✱✱✱✱✱✱✱✱✱✱✱✱✱✱✱✱✱✱✱

EXPLICATION

TRÈS-CURIEUSE,

DES ÉNIGMES ET FIGURES

Hierogliphiques, Physiques, qui sont au grand Portail de l'Eglise Cathédrale & Métropolitaine de Notre-Dame de Paris.

Par le Sieur Esprit Gobineau de Montluisant, Gentilhomme Chartrain, Ami de la Philosophie naturelle & Alchimique.

LE Mercredi 20 de May 1640. veille de la glorieuse Ascension de notre Sauveur Jesus-Christ, après avoir prié Dieu, & sa très-sainte Mere Vierge, en l'Eglise Cathédrale & Métropolitaine de Notre-Dame de Paris, je sortis de cette belle & grande Eglise, & considérant attentivement son riche & magnifique Portail, dont la structure est très-exquise, depuis le fondement jusqu'à la sommité de ses deux hautes & admirables Tours, je fis les remarques que je vais expliquer.

Je commence par observer que ce Portail est triple, pour former trois principales entrées dans ce superbe Temple, seul corps de bâtiment, & annoncer la Trinité de Personnes en un seul Dieu; sous lesquelles par l'opération de son Esprit Saint, son Verbe s'est incarné pour le salut du monde dans les flancs de la Vierge sainte; Simbole des trois principes célestes en unité, qui sont les trois principales clefs ouvrantes les principes, & toutes les portes, les avenues, & les entrées de la nature sublunaire; c'est-à-dire, de la seive universelle, & de tous les corps qu'elle forme & produit, conserve, ou régénere.

1°. La figure posée au premier cercle du Portail, vis-à-vis l'Hôtel-Dieu, représente au plus haut, Dieu le Pere, Créateur de l'Univers, étendant ses bras, & tenant en chacune de ses mains une figure d'homme, en forme d'Ange.

Cela représente, que Dieu Tout-puissant, au moment de la création de toutes choses qu'il fit de rien, séparant la lumiere des ténébres, en fit ces nobles Créatures, que les Sages appellent Ame Catholique, Esprit universel, ou Souffre vital incombustible, & Mercure de vie; c'est-à-dire, l'humide radical général, lesquels deux principes sont figurés par ces deux Anges.

Dieu le Pere, les tient en ses deux mains, pour faire la distinction du souffre vital, ou huile de vie, qu'on appelle Ame, & du Mercure de vie, ou humide premier né, qu'on nomme Esprit, quoique ce soit termes synonimes, mais seulement pour faire concevoir que cette Ame & cet Esprit tirent leur principe & leur origine du monde surcéleste, & Archetypique, où est le Siége & le Throne plein de gloire du Très-haut, d'où il émane surnaturellement & imperceptiblement pour se communiquer, comme la premiere racine, la premiere Ame mouvante, & la source de vie de tous les Etres en général, & de toutes les Créatures sublunaires, dont l'homme est le chef de prédilection.

2°. Dans le cercle au-dessous du monde surcéleste, & Archetypique, est le Ciel firmamental, ou astral, dans lequel paroissent deux Anges la tête penchée, mais couverte & enveloppée.

L'inclination de ces deux Anges, la tête en bas, nous donne à entendre, que l'Ame universelle, ou l'Esprit Catholique, ou pour mieux dire le souffle de la vertu de Dieu, c'est-à-dire, les influences spirituelles du Ciel archetypique, descendent de lui, au Ciel astral, qui est le second monde, également céleste, dit étipique, où habitent & régnent les planettes & les étoiles, qui ont leur cours, leurs forces & vertus, pour l'accomplissement de leur destination & de leurs devoirs, selon les decrets de la Providence, qui les a ainsi ordonnés & subordonnés, afin d'opérer par leur ministere & leurs influences ; la naissance & génération de tous les Etres spirituels & de toutes choses sublunaires, participans de l'Ame, & de l'Esprit universel ; & par les deux Anges la tête en bas, & qui sont vêtus, nous est désigné, que la semence universelle & spirituelle Catholique ne monte point, mais descend toujours ; & l'enveloppe dont elle est voilée dans les corps, nous enseigne, que cette semence céleste est couverte, qu'elle ne se montre point nue, mais qu'elle se cache avec soin aux yeux des ignorans & des Sophistes ; & n'est point connue du vulgaire.

30. Au-dessous du Firmament est le troisiéme Ciel, ou l'élément de l'air, dans lequel paroissent trois enfans environnés de nuages.

Ces trois enfans signifient les trois premiers principes de toutes choses, appellez par les sages principes principians, dont les trois principes inférieurs, sel, soufre & mercure, tirent leur origine, & qu'on nomme principes principiés, pour les distinguer des premiers, quoique tous ensemble ils descendent du Ciel archétypique, & partent des mains de Dieu, qui de sa fécondité, remplit toute la nature ; mais toutes les influences spirituelles & célestes semblent être émanées des deux premiers Cieux, avant de s'unir à aucun corps sensible ; ce qui fait que toute émannation spirituelle du premier Ciel, ou de l'Archétypique, est appellée Ame, &

celle du second Ciel, ou Firmament, est nommée Esprit.

Ce sont donc cette Ame & cet Esprit, invisibles, & purement spirituels, qui remplissent de leurs vertus actives & vivantes le troisiéme Ciel, appellé Elémentaire, ou le Ciel typique, parce que c'est le séjour des Elémens, qui mus, ordonnés, & subordonnés par les deux mondes supérieurs, agissent à leur tour, par commotion & mouvement, descendant, ascendant, progrédiant, & circulaire, sur tous les Etres inférieurs & sur toutes les Créatures sublunaires, composés de leurs qualités mixtes, qu'on nomme les quatre tempéramens.

Or cette Ame émanée dans le monde Elémentaire, qu'elle remplit de sa lumiere vivifiante, est appellée souffre; & l'esprit émané du monde, ou Ciel firmamental, qui est en principe l'humide radical de toutes choses, auquel ce souffre ou la chaleur lumineuse, est attaché & adhérant, comme à son premier & dernier aliment, est appellé Mercure, ou l'humide premier né, qui est l'humide radical de toutes choses; & par conséquent indivisible du souffre ou ame éthérée, laquelle étant un feu céleste lumineux & chaud, ne peut subsister sans son union intime & indissoluble avec cet esprit, son humide radical; mais cela est au-dessus de la portée des insensés.

Cette Ame & cet Esprit unis, comme une

seule & même essence, partant du même principe, & ne faisant pour ainsi dire qu'une même chose, puisqu'ils ne sont divisibles que par l'esprit, ne peuvent être vus ni touchez, mais seulement conçus & compris par les sages Investigateurs de la Science de Dieu, & de la Nature; cette Ame & cet Esprit ne nous deviennent sensibles, que par le lien indivisible qui les attache l'un à l'autre : or ce lien, qu'on nomme sel, est l'effet de leur union & amour mutuel, & un corps spirituel qui nous les cache, & les enveloppe dans son sein, comme ne faisant qu'une seule & même chose de trois ; ce que les gens paitris de préjugés n'entendront & comprendront point.

Ce Sel, est celui de la Sapience, c'est-à-dire la copule & le ligament du feu & de l'eau, du chaud & de l'humide en parfaite Homogeneite, & qui est le troisiéme principe ; il ne se rend point visible ni tangible dans l'air que nous respirons, où il est subtil & fluide ; & il ne manifeste son corps visible, que par son séjour & dépôt en résidu dans les mixtes, ou composés d'élémens, qu'il fixe & encloue, en se mêlant intimement au souffre, Mercure, & Sel, qui sont des principes naturels à lui fort analogues, & Constiteurs des Créatures sublunaires.

Le Sel céleste est le principe principiant, qui procéde de l'Ame & de l'Esprit, c'est-à-dire de leur action, ou pour mieux dire, du fouffre & du Mercure éthérés ; il eſt le moyen & le milieu, qui les unit dans leur action, pour ſe traduire en fluide dans le ſouffre, le Mercure & le Sel de nature ſous un corps viſible & tangible, lors appellé par les Sages de toutes ſortes de noms, tantôt Sel Alkali, Sel Armoniac, Salpêtre des Philoſophes, & tantôt de mille autres ſurnoms ſimboliques, ou à ſon origine, ou à ſa deſcenſion, ou bien à ſon eſſence corporelle, pour prouver qu'étant l'Ame, l'Eſprit & le Corps univerſel de la Nature, il eſt ſuſceptible de toutes ſortes de détermination, qu'il plaira à la Nature, ou à l'Artiſte de lui donner, ſelon l'Art de la *Sageſſe*.

Mais il ne faut point perdre de vûe, que c'eſt du monde ſurcéleſte, que la ſource de la vie de toutes choſes tire ſon origine, & que cette vie eſt appellée Ame, ou Soulfre ; que du monde céleſte ou firmamental procéde la lumiere, qu'on appelle Eſprit, autrement humide, ou Mercure ; & que cette Ame & cet Eſprit rempliſſant de leur fécondité vivifique le troiſiéme monde, appellé Elémentaire, leur action énergique & élaſtique perpétuellement circulaire, y porte & produit le Feu tout divin, analogique de chaleur & d'humide radicaux, mais qui eſt imperceptible & inviſible, non vulgaire ni groſſier ; & par lequel, comme Feu de vie par eſſence nourriſſant, Réparateur, Conſervateur & non Deſtructeur, les choſes deviennent palpables & de solidité corporelle. D'où il faut conclure que ces trois substances, Souffre, Mercure, & Sel universel, célestes, sont les vrais principes principians de la génération de toutes choses, & que ces trois substances naturelles & sublunaires, dans lesquelles les trois premieres se rendent infuses & corporifiées, sont les véritables principes principiés, constituteurs de la génération des Corps, par l'encloument & la fixation qu'ils font des qualités élémentées propres à la température des individus, selon les Decrets de la Providence.

C'est ce qui a fait dire aux Sages que le Sel spirituel, qui sert d'enveloppe & de lien au Souffre & au Mercure célestes, étoit la seule & unique matiere dont se fait la Pierre des Philosophes; & que comme ces trois substances identifiées par leur union, n'en faisoient qu'une, la Pierre n'étoit point faite de plusieurs choses, mais d'une seule chose composée, trine en essence, unique de principe, & quadrangulaire de quatre qualités élémentées; cependant cela se doit entendre à certains égards, qui puissent tomber sous l'intelligence de l'esprit, & des sens en même tems; c'est-à-dire, qu'il ne faut pas s'imaginer que la matiere de la Pierre triangulaire & quadrangulaire des Sages se doive ni puisse prendre en son état de fluide aerien invisible; mais il faut entendre qu'il est nécessaire de chercher & trouver cette même matiere de fluide aerien, infuse & corporifiée en une terre Vierge des enfans de la Nature, qui en sont les mieux partagés, les plus hautement & copieusement favorisés, & en qui les premiers & les seconds Agens unis, ont plus de dignité, d'excellence & de vertu. Car la racine du Souffre des Sages, de leur Mercure, & de leur Sel, est un Esprit céleste, spirituel & surnaturel, qui par le vehicule de l'air subtil se porte & se condense en air, ou vapeur épaissie, & fait une matiere universelle, & l'unique de toute procréation.

4°. Au-dessous de ces trois enfans placés dans l'élement de l'Air, est le Globe de l'Eau & de la Terre, sur laquelle paissent des animaux, comme un mouton, un taureau, &c.

Le Globe de l'Eau & de la Terre nous désignent les Elémens inférieurs, tels que l'Eau & la Terre, dans lesquels le Feu céleste & l'humide radical très-subtil, par le moyen de l'air, s'insinuent jusqu'au profond, & y circulent incessamment par leur propre vertu, sous la forme invisible d'un Esprit surcéleste & de vie, qui, selon David Pseaume 18. v. 6, 7, 8. a son Tabernacle dans le Soleil, d'où par sa vertu énergique, comme un Epoux, qui se léve de sa couche nuptiale, il s'élance pour parcourir la voie des Elémens, ainsi qu'un superbe Géant qui mesure son élan & ses forces dans la vaste étendue de l'air; sa sortie est du plus profond des Cieux; de-là il procéde, pénétre par-tout, & ne laisse rien privé de la chaleur de sa présence vivifiante; de l'expression même de Salomon en son Ecclésiastes, c. 1. v. 5. 6. C'est ce même Esprit divin qui éclaire l'immensité de l'Univers, qui se poussant & repoussant par vertu énergique & élastique en circuit du centre à l'excentre & en la capacité de tout, retourne sans cesse & perpétuellement dans les cercles qu'il décrit par son mouvement & son cours éternels & universels.

C'est ainsi que cet Esprit universel, par le feu & l'humide, nourrit les poissons dans l'eau, les animaux sur la terre, & les insectes en terre; qu'il fait végéter les Plantes, & produit les Minéraux & Métaux au centre, & dans les entrailles de la Terre; pourquoi son influence circulante, comme Feu vital uni à l'humide radical par le Sel de Sapience, est la semence universelle, qui se congele, & dont la vapeur s'épaissit au centre de toutes choses: cette semence spirituelle opére dans les différentes matrices, selon leurs dispositions, leur nature, leur genre, leur espéce & leur forme particuliere, pour produire toutes les générations, en y mettant le mouvement & la vie.

Quant aux deux animaux paissans, qui sont le mouton & le taureau, c'est pour nous dire qu'au retour du Printems, & dans les deux premiers mois, qui sont Mars & Avril, ausquels ces deux animaux dominent en qualité de Signes du Zodiaque, la matiere universelle, créative & récréative, étant plus amoureuse de la Vertu céleste qui y infuse ses propriétés vitales copieusement, est plus abondante, vertueuse & exaltée, par conséquent aussi plus qualifiée qu'en un autre tems.

5°. Au-dessous de ces deux animaux, on voit un corps comme endormi, & couché sur son dos, sur lequel descendent de l'air deux ampoules, le col en bas, l'une adressante vers le cerveau, & l'autre vers le cœur de cet homme endormi.

Ce corps ainsi figuré, n'est autre chose que le sel radical & séminal de toutes choses, lequel par sa vertu magnetique attire à soi l'ame & l'esprit Catholiques, qui lui sont homogénes, & qui sans cesse s'insinuent & se corporifient dans le sel, ce qui est représenté par les deux empoules, ou phioles, contenans la chaleur, & l'humidité naturelle & radicale; & ce sel ayant ainsi attiré & corporifié ces deux substances en lui, leur union spirituelle lui ayant acquis de prodigieux dégrés de force, il se pousse & pénétre dans le point central des individus; & d'universel, que ce sel étoit, il se particularise, se corporifie, se détermine, & devient rose dans le rosier, or dans l'argent vif mineral, or dans l'or, plante dans le végetal, rosée dans la rosée, homme dans l'homme, dont le cerveau représente l'humide radical lunaire, & le cœur signifie la chaleur naturelle

relle solaire, véhiculée dans le premier, comme sa matrice.

6°. Au côté droit des mêmes trois enfans, un peu plus bas que l'air, est un escalier, par lequel monte à genoux un homme ayant les mains jointes, & élevées en l'air, duquel élement il descend une ampoule, ou phiole; & au haut de l'escalier, il y a une table couverte d'un tapis, avec une coupe dessus.

L'escalier nous apprend qu'il faut s'élever à Dieu, le prier à genouil, de cœur, d'esprit, & d'ame, pour avoir ce don, qui est le Magistere des Sages, & vraiment un très-grand don de Dieu, une grace singuliere de sa bonté; & qu'il ne faut pas être en des lieux bas, pour prendre la premiere matiere universelle, qui contient la forme végétale & générale du monde; l'ampoule qui descend de l'air, signifie la liqueur, ou rosée céleste, qui découle premierement de l'influence surcéleste, se mêle ensuite avec la propriété des astres, & d'icelles mêlées ensemble, il se forme comme un tiers entre terrestre & celeste; voilà comme se forme la semence & le principe de toutes choses.

Pour la coupe, qui est sur la table, elle représente le vase, avec lequel, on doit recevoir la liqueur céleste.

7° Au côté gauche de cette même Porte de ce grand Portail, sont quatre grandes figures de grandeur humaine, qui chacune ont un symbole sous leurs pieds.

La premiere, la plus proche de la porte, a sous ses pieds, un dragon volant, qui dévore sa queue.

La deuxiéme, a sous ses pieds un lion, dont la tête est contournée vers le Ciel, ce qui lui fait faire un effort de contorsion de col.

La troisiéme, a sous ses pieds la figure d'un ridiculé qui se rit & se mocque des figures qu'il regarde, & qui semblent se présenter à lui.

Et la quatriéme foule aux pieds un chien, & une chienne, qui tous s'entremordent vigoureusement, & semblent vouloir se dévorer l'un & l'autre.

Par le dragon volant, qui dévore sa queue, est représenté la Pierre des Philosophes, composée de deux substances, ou mercure d'une même racine, & extraite d'une même matiere; l'une desquelles substances est l'esprit éthérée, humide & volatil, & l'autre est le souffre, ou sel de nature, corporel, sec, & fixe; lequel par sa nature, & siccité interne, dévore sa queue glissante de dragon, c'est-à-dire dessèche l'humidité, & la convertit en Pierre, aidé par le feu constant dans la concavité de l'esprit éthéré humide, siége de l'ame Catholique.

Le lion courbé qui regarde vers le Ciel, dénote le corps, ou sel animé, qui désire reprendre avec avidité son ame & son esprit.

La figure du ridicul représente les faux Philosophes & Sophistes ignorans, qui s'amusent a travailler sur des matieres hétérogenes, & ne rencontrent rien de bon, se moquent de la Science hermetique, & disent qu'elle n'est pas vraie, mais purement illusoire, en quoi ils offensent la vérité Divine qui a mis ses plus riches trésors dans le sujet.

Le chien & la chienne, qui s'entredevorent, que les Sages appellent chien d'Armenie, & chienne de Corascene, ne signifient que le combat des deux substances de la Pierre, d'un seule racine; car l'humide agissant contre le sec, se dissout, & ensuite le sec, agissant contre l'humide, qui auparavant avoit dévoré le sec, est englouti par le même sec, & réduit en eau séche; & cela s'appelle prendre dissolution de corps, & congellation de l'esprit; ce qui est tout le travail de l'Oeuvre hermétique.

8°. Au-dessous de ces grandes figures, dans un pilier proche le Portail, est la figure d'un Evêque, chargé de sa Mitre, & de sa Crosse, en posture méditative.

Cet Evêque représente, *Guillemus Parisiensis*, ou bien celui qui a fait construire ce magnifique Portail, & qui y a fait mettre les Enigmes.

9° Au pilier, qui est au milieu, & qui sépare les deux portes de ce Portail, est encore la figure d'un Evêque, lequel met sa Crosse dans la gueule d'un dragon, qui est sous ses pieds, & qui semble sortir d'un bain ondoyant, dans lesquels les ondes paroît la tête d'un Roi à triple Couronne, qui semble se noyer dans les ondes, puis en sortir derechef.

Cet Evêque représente le sage Artiste Chimique, lequel fait par son art congeler la substance volatile du dragon mercuriel, qui veut s'élancer & sortir du vase qui le contient, sous la forme d'eau ondoyante, c'est-à-dire qu'il est excité à ce mouvement interne par une douce chaleur externe : & ce Roi couronné est le souffre de nature, qui est fait par l'union phisique & excentrique des trois substances homogenes, mais séparées par l'Artiste de la premiere matiere Catholique, lesquelles trois substances sont l'esprit éthéré mercuriel, le sel sufureux, ou nitreux, & le sel alkali, ou fixe, & qui conserve son nom de sel entre les trois principes principians & les trois principes principiés, qui tous trois étoient contenus dans le cahos humide, dans lequel ce Roi se noye, & semble demander du secours, qu'il n'obtient de l'Artiste alchimique, qu'après s'être dissout dans le dissolvant de sa propre substance, qui lui est semblable, après quoi il aura mérité d'être satisfait en sa demande, c'est-à-dire qu'après qu'il a été englouti, & fait eau par son eau, il se congele par sa chaleur interne, excitée par son sel, ou sa propre terre ; par laquelle opération simple, naturelle, & sans mélange, se fait le Magistere des Sages, qui n'est autre chose que dissoudre le corps, & congeler l'esprit, après avoir mis dans l'œuf cristalin le poids convenable de l'une & l'autre substance, qui sont triple, & une ; car tout le travail de l'Oeuvre est de monter & descendre successivement, qu'on appelle ascension & descension, jusqu'à ce que de quatre qualités élémentées contraires, homogeneisées, l'on fasse trois principes constitutifs & ordonnateurs ; que des trois l'on fasse apparoir le feu & l'eau, le sec & l'humide, que de ces deux l'on fasse un seul parfait, pétréifié en sel, qui contient tout ; le Ciel & la terre, en épuration & cuisson des hétérgénes.

10. Au Portail à main droite, l'on voit les douze signes du Zodiaque, divisés en deux parties, en ordre, selon la science de Dieu & de la nature.

En la premiere partie du côté droit, sont les signes du Verseur d'eau, & des Poissons, qui sont hors d'œuvre ; ce qu'il faut remarquer & noter.

Puis en œuvre sont le Belier, le Taureau, & les Jumeaux, au-dessus l'un de l'autre.

Et au-dessus des Jumeaux est le signe du Lion, quoique ce ne soit pas son rang, car il appartient à l'Ecrevisse, mais il faut considérer cela comme mistérieux.

Les signes du Verseau & des Poissons sont mis hors d'œuvre ; c'est expressément pour faire connoître qu'aux deux mois de Janvier & Février, on ne peut avoir, ni recueillir la matiere universelle.

Pour le Belier & le Taureau, ainsi que les Jumeaux qui sont en œuvre, l'un au-dessus de l'autre, & qui regnent au mois de Mars, d'Avril & de Mai, ils apprennent que c'est dans ce tems-là, que le sage Alchimique, doit aller au-devant de la matiere, & la prendre à l'instant qu'elle descend du Ciel, & du fluide aërien, où elle ne fait que baiser les levres des mixtes, & passer par-dessus le ventre des Bourgeons & des feuilles Végétables qui lui sont sujettes, pour entrer triomphante sous ses trois principes universels dans les corps, par leurs portes dorées, & y devenir la semence de la rose céleste ; ce qui s'entend par simbole.

Alors son amour lui fait jetter des larmes, qui ne sont rien plus que lumiere, de laquelle le Soleil est le pere, revêtu d'une humidité de laquelle la Lune est la mere, & que le vent de l'Orient apporte dans son ventre ; dans cet état vous l'avez universelle & non déterminée, d'autant que vous l'aurez prise auparavant qu'elle soit attirée par les aimans des individus spécifiques, & qu'elle soit spécifiée en iceux.

Au regard du signe du Lion, qui est posé au-dessus de Jumeaux, où devroit être placée l'Ecreviſſe, c'eſt pour faire entendre qu'il y a quelque changement, & une altération des Saiſons, contenue dans le travail manuel & phyſique de la Pierre, & qui n'eſt pas ſi propre pour recevoir & prendre la matiere, qu'au tems où regnent le Belier, le Taureau, & les Jumeaux; car en Eté pendant les grandes chaleurs, par l'ardeur & la pompe du Soleil qui exhaurie beaucoup d'humide radical pour ſa ſubſtance, ſon entretien & ſa nourriture, il ſe fait une grande diſſipation & de perdition des eſprits, & la plus grande partie de la matiere incrementale & nouriciere des corps eſt convertie dans la ſpiritualité aërienne, dont on ne peut la retirer, que par le moyen de l'aimant phyſique & phyloſophique qui lui eſt homogene, c'eſt-à-dire par une temperature aſſaiſonnée d'humide, qui eſt ſon aimant & ſon envelope.

11°. Au bas, un peu au-deſſus du Verſeau, & vis-à-vis des Poiſſons, l'on voit un Dragon volant, qui ſemble regarder ſeulement & fixement, *Aries, Taurus, & Gemini*, c'eſt-à-dire les trois ſignes du Printemps, qui ſont le Belier, le Taureau, & les Jumeaux.

Ce Dragon volant qui repréſente l'eſprit univerſel, & qui regarde fixement les trois figures, ſemble nous dire affirmativement que ces trois mois, ſont les ſeuls dans le cours deſquels l'on peut recueillir fructueuſement cette matiere céleſte, que l'on appelle lumiere de vie, laquelle se tire des rayons du Soleil & de la Lune, par la coopération de la nature, un moyen admirable, & un art industrieux, mais simple & naturel.

12°. Proche & derriere ce Dragon volant, est figuré un Ridicul; & derriere ce Ridicul est un chien assis sur le dos, sur lequel chien est posé un oiseau.

Ce Ridicul est un moqueur de la science hermetique en question, un rieur méprisant des opérations des vrais Sages & Philosophes, & de tous leurs Partisans qu'il estime insensez, tout aveuglé qu'il est dans l'erreur vulgaire.

La figure de ce Chien posé sur le dos, sur lequel est un oiseau, nous fait entendre que ce chien est le corps, ou le sol de la matiere universelle, fidéle à l'Artiste qui sçait la travailler, & l'oiseau représente l'esprit de la même matiere, lequel y est posé; cette matiere est connue communément sous les noms de soufre & de mercure, le sel pour tiers & copule ou liaison y étant compris, comme indivisible des deux, qui sont le corps & l'esprit.

13°. En la seconde partie de ce Portail, au côté gauche, & tout en-haut, est le signe de l'Ecrevisse, à la place du Lion, qui est de l'autre côté du même Portail.

Sur la même ligne de l'Ecrevisse, sont la Vierge, la Balance, & le Scorpion, tout quatre en œuvre.

Et

Et ensuite le Sagittaire & le Capricorne qui sont hors d'œuvre.

Par l'Ecrevisse ainsi placée en haut, est témoigné que la matiere Lunaire a été bien abondante, mais que l'abondance n'en est plus si grande, à cause que les Pleyades, qui sont des constellations humides, s'en retournent.

La Vierge, la Balance, & le Scorpion, sont les derniers dégrés de chaleur pour la coction de l'Oeuvre Phylosophique ; car en ce tems Automnal, la maturité des fruits se parfait par le Sagittaire & le Scorpion, qui sont hors d'œuvre ; ce qui démontre leur frigidité & siccité, & que ces qualités, conçues par l'esprit intelligent, sont néanmoins invisibles extérieurement en la matiere de notre Magistere.

14° A droite & à gauche de ces douze Signes du Zodiaque, qui représente le cours de l'année, sont quatre figures représentant les quatre Saisons, qui sont l'Hiver, le Printems, l'Eté, & l'Automne.

Par ces quatre Saisons, il est donné à entendre que le Composé phylosophique doit être entretenu en l'athanor, ou fourneau de cuisson pendant un an & plus, ce qui fait dix mois hermétiques, par les dégrés d'une chaleur, qui soit douce, & proportionnée au commencement, & puis un peu plus forte sur la fin, & cependant lineaire, comme pour faire colorer & mûrir les fruits qui se recueillent pendant trois de ces Saisons, à sçavoir, le Printems, l'Eté, l'Automne; moyennant quoi l'Artiste acquiert la Médecine au blanc, Simbole de la Vierge mere & Pascale, qu'il peut arrêter & prendre au cercle citrin, comme Médecine lunaire universelle parfaite, ou bien continuer sans interruption de travail, & pousser jusqu'au rouge parfait, qui en est produit comme Médecine solaire, universelle & souveraine, accomplie au tems de sa naissance, marquée solemnellement par les Sages.

15°. Au-dessous de huit grandes Figures du même Portail, dont il y en a quatre de chaque côté, & tout en bas, sont démontrées les vraies opérations, pour faire & parfaire la Médecine universelle, que le Curieux Apprentif de cette Oeuvre divine pourra expliquer, ou se les faire expliquer, mais jamais ne les expliquer par écrit.

PORTAIL DU MILIEU.

16°. L'on voit six Figures au Portail du milieu, au côté droit.

La premiere est un Aigle, la seconde un Caducée entortillé de deux serpens, la troisiéme un Phenix qui se brûle, la quatriéme un Bélier, la cinquiéme un Homme qui tient un Calice, dans lequel il reçoit quelque chose de l'air; & la sixiéme, est une Croix ou trait quarré, où il se voit d'un côté sur la ligne transversale une larme, & sur la même ligne de l'autre côté, un Calice en cette forme.

THESAURUS ☩ DESIDERABILIS.

Salomon. *Prov. c. 20. v. 21.*

Ces six Figures ne font pour ainsi dire, que la répétition de ce qui a déja été dit tant de fois sous différentes figures & différens termes, qui sont inépuisables, par le peu de travail & la simplicité de la matiere, qui ne se fait néanmoins connoître qu'aux vrais Philosophes, & non pas aux Sophistes ignorans, quelques recherches qu'ils en fassent, parce que leur intention est mauvaise & orgueilleuse, & que ce Don divin n'est accordé qu'aux simples & humbles de cœur, méprisés du reste du monde insensé, & assez malheureux en son aveuglément, pour ne se repaître que de fables transitoires.

1°. L'Aigle, par exemple, ne signifie autre chose que l'Esprit universel du monde; & c'est l'Oiseau d'Hermes, & le mouvement perpétuel des Sages.

2°. Le Caducée entortillé de deux serpens, enseigne que la Pierre est composée de deux substances, quoique tirée du même corps, & extraite de la même racine; ces deux substances néanmoins semblent être contraires en apparence, l'une étant humide & l'autre seiche, l'une volatile & l'autre fixe ; mais elles sont semblables en essence & en effet, parce qu'elles sont deux de nature, venantes d'un seul principe, quoiqu'elles ne soient réellement qu'une.

3°. Le Phenix qui se brûle, & renaît de ses propres cendres, nous apprend que ces deux substances, une, après avoir été mises dans l'œuf philosophique en l'Athenor, agissent long-tems & naturellement l'une contre l'autre, qu'elles se livrent de furieux combats avant de s'embrasser & de s'unir ; que la guerre est longue avant de recevoir le baiser de paix ; que les flots de la Mer philosophique sont longuement agités par le flux & reflus, avant que la bonace & le calme puissent succéder & régner ; enfin que les travaux sont biens grands auparavant que ces deux substances se réduisent finalement en poudre, ou souffre incombustible : car cela ne se peut faire qu'après que l'humide Mercuriel a été consommé, ou plutôt desséché par la grande activité du chaud & sec interne de la substance corporelle du Sel de nature, & que tout le compot est fait semblable.

C'est après ces brûlemens, ou calcinations philosophiques, que cette poudre, le vrai Phenix des Sages, car il n'y a point dans le monde d'autre Phenix que celui-là, étant dissout derechef dans son lait virginal, retourne à reprendre naissance par soi-même, & de ses propres cendres, & continue ainsi à renaître & mourir, tout autant de fois, qu'il plaît à l'Artiste bien expérimenté.

4°. Le Bélier signifie toujours le commencement de la Saison, en laquelle il faut prendre la matiere, d'autant qu'en ce tems d'effervescence l'humide igné de l'Esprit universel commence à monter de la Terre au Ciel, & à descendre du Ciel en terre, bien plus copieusement qu'en toute autre Saison, & avec plus de vertu ; surtout dans les minieres, où le Soleil a fait au moins trente révoltions, & non plus de trente-cinq, où la Nature minérale commence à retrograder, pour tendre à sa dépravation & à son déclin.

5°. L'Homme qui tient un Calice, dans lequel il reçoit quelque chose de l'air, nous démontre qu'il faut sçavoir ce que c'est que l'Aymant fait par l'homme, qui a la puissance d'attirer du Ciel, du Soleil & de la Lune, par sa vertu magnetique, l'Esprit Catholique invisible, revêtu de la pure substance humide étherée, influence qu'intessencifiée, pour de ces deux en faire une troisiéme substance participante des deux autres individuellement, & qui chacune contienne en soi indivisiblement le Sel, le Souffre, & le Mercure universels, lesquels tous trois se congelent & s'unissent au centre de toutes choses.

6o. Quand à la Croix, où sur les lignes transversales, par les côtés d'icelle, sont posés une larme & un Calice, c'est pour nous faire entendre, que ce n'est que la Nature élémentaire, c'est-à-dire les quatre Elémens croisés, figurés par les quatre lignes de la Croix : en effet, c'est par le moyen des quatre Elémens que les vertus & les énergies célestes descendent & s'insinuent incessamment sur tous les Corps visibles & sublunaires.

Les deux lignes, haute & basse, représentent le Feu céleste, & les deux autres lignes transversantes signifient l'air & l'eau.

La larme, qui signifie l'humide de l'air, pleine de feu vital, & posée sur la ligne de l'air & de l'eau, doit être reçûe dans le Calice, qui signifie le récipient, & non pas dans les basses vallées, quoi qu'elle soit par-tout, mais sur des lieux qui s'avancent dans l'air, où elle ne sera pas prise en quantité par ceux qui n'ont pas la connoissance de l'aimant Physique & philosophique.

70. Proche de la Porte à droite, il y a d'un côté cinq Vierges sages, qui tendent leur Calice, ou coupe vers le Ciel, & reçoivent ce qui leur est versé d'en-haut par une main qui sort d'une nuée ; & au-dessous s'y voient & s'y remarquent les vraies opérations Alchimiques & Philosophiques.

Ces cinq Vierges représentent les vrais Philosophes Hermétiques amis de la nature, & qui ayant connoissance de l'unique matiere, dont elle se sert, pour travailler dans la magnesie des trois régnes, animal, minéral, végétal, reçoivent du Ciel cette même & unique matiere dans des vases convenables ; & suivant les opérations de la même nature, ils travaillent physiquement, & après avoir fait le Mercure, ou dissolvant Catholique, ou le Sel de nature, qui contient son Souffre, les unissent au poids requis, les cuisent en l'Athanor, & finalement en font l'Elixir Arabique.

8°. De l'autre côté dudit Portail gauche, on voit cinq autres Vierges, mais folles, en ce qu'elles tiennent leur Coupe renversée contre terre, ainsi elles ne peuvent, ni ne veulent y recevoir la Lunaire que la nature leur présente, & qui est si copieuse, qu'après avoir largement satisfait à tout l'Univers, il y en a encore plus de reste, que d'employé : & cela se fait en tout & se distribue en tous tems, & incessamment, parce qu'ainsi l'a ordonné, l'a voulu & le veut le Très-Haut, auquel gloire immortelle, ineffable, soit rendue sur la terre & aux Cieux.

Par les Vierges folles, la Coupe renversée, sont représentées une infinité, & presque innombrables d'opérations fausses des Sophistes, des Chimistes, des ignorans & désespérés, ainsi que des impitoyables Souffleurs & Charlatans.

Ces cinq Vierges folles signifient ces faux Philosophes, qui ne demandent que hercelets Sophistiques, comme rubifications, dealbations, cohobations, amalgammations, &c. qui méprisent la lecture des bons Auteurs, & qui par cette raison ne peuvent avoir connoissance de la vraie matiere, quoiqu'il est vrai de dire, qu'ils la portent toujours avec eux jusque dans leur sein, sur eux, alentour d'eux, sous leurs pieds, & qu'ils la respirent continuellement ; mais leur orgueil trop présomptueux leur fait en mépriser la méditation & la recherche, s'imaginans stupidement dans leurs grossieres Sophistications & leurs faux préjugés, la trouver sans la connoissance de la belle & pure nature interprète des Mistéres divins.

En effet, cette matiere est si commune, & d'un si vil prix, que le plus pauvre en a autant que le riche, & elle est néanmoins si précieuse, que chacun en a besoin, & ne peut s'en passer ; car l'on ne peut être, vivre & agir sans elle.

Tout ce que j'ai remarqué en ce triple Portail est à la vérité, beau & ravissant, mais ce sont lettres closes, Enigmes & Hieroglifs pleins de mistéres pour les ignorans, & choses mistiques pour les Sçavans, pour lesquels j'ai donné cette Explication, qu'ils doivent comme Curieux, considérer exactement, en levant les voiles qui leurs cachent l'entrée aux secrets Cabinets de la chaste Diane Hermétique.

Je n'ai point lû dans les Cartes antiques de Paris, ni de cette Cathédrale, pour sçavoir le nom de celui, qui a été le Fondateur de ce Portail merveilleux; mais je crois néanmoins, que celui qui a fourni ces Enigmes Hermétiques, ces Simboles & ces Hieroglifs mistiques de notre Religion, a été ce grand Docte & pieux

Personnage Guilleaume Evêque de Paris, la profonde Science duquel a toujours été admirée avec raison des plus Sçavans Philosophes Hermétiques de l'Antiquité, & particuliérement du bon Bernard Comte de Trevisan, Sçavant adepte Philosophe Hermétique ; car il est certain, que cet Evêque a fait & parfait le magistere des Sages.

Or, comme il a plu à la divine Providence de me faire la grace de me donner quelque lumiere & connoissance de la Philosophie, Physique & Hermétique, j'y ai tellement travaillé qu'après un long tems, beaucoup de soins, de lecture des bons Livres, & avoir fait quantité de belles & bonnes opérations, j'ai enfin trouvé la triple clef par son essence, pour ouvrir le sanctuaire des Sages, ou plutôt de la sage Nature ; de sorte que je peux fidélement expliquer les Ecrits paraboliques & énigmatiques des Philosophes anciens & modernes, ainsi que j'ai expliqué assez clairement les Enigmes, Paraboles & Hieroglifs de ce triple Portail ; ce que je fais très-volontiers, pour donner contentement aux Sçavans amateurs de cet Art divin, & exciter la curiosité des nouveaux Candidats, qui aspirent à la connoissance de la Science naturelle & hermétique; dont Dieu soit loué & exalté à jamais. Ainsi soit-il.

LE PSEAUTIER
D'HERMOPHILE,
ENVOYE' A PHILALETHE.

I. Tous les Philosophes sont d'accord, que l'Oeuvre des Sages, qui est la composition de la Pierre, peut être comparé à la création de l'Univers ; en effet, cet Ouvrage de l'esprit & de la sagesse humaine, représente fort bien l'Ouvrage de l'Esprit & de la Sagesse divine, qui a créé le monde ; mais il y a cette différence, que Dieu créa toutes choses, sans avoir besoin d'aucun sujet, qui servit de matiere, ou d'instrumens à son opération, au lieu que le Philosophe a besoin d'une matiere sur laquelle il travaille, & du feu comme l'instrument & le conducteur de son Ouvrage.

II. L'Art, qui est le Singe de la nature, comme la nature est le Singe du Créateur, travaille sur un certain cahos, ou corps ténébreux, & sépare d'abord la lumiere des ténébres ; & comme il ne peut pas créer cette matiere, il la reçoit des mains de la nature & de son Auteur, & de cette seule matiere, il en compose son grand Ouvrage ;

dès le commencement le Sage Artiste n'a d'autre soin que de la préparer avec industrie, de séparer le subtil de l'épais, & le feu de la terre, & de tirer de ce cahos, une certaine humidité mercurielle, brillante & lumineuse, qui contient tout ce qu'il cherche.

III. Les élémens de la Pierre, qui sont l'eau & le feu, sont contenus dans ce cahos; le feu & cette eau sont le Souffre & le Mercure, qui sont les deux piéces & matériaux nécessaires, pour composer la Pierre Physique. Ces deux matieres sont en toutes choses, sont par tout & en tout tems; mais il ne faut pas les chercher indifféremment par tout, ni en toute sorte de sujet, à cause que la nature les a merveilleusement enveloppés. Ce qui a obligé tous les Philosophes à dire & enseigner, qu'il faut quitter toutes sortes de nature étrangére, & prendre la nature métallique minérale, & ce au mâle & à la fémelle.

IV. Ce mâle & cette fémelle, sont le Souffre & le Mercure, l'Agent & le Patient, le Soleil & la Lune, le fixe & le volatil, la terre & l'eau; où le Ciel & la terre, contenus dans le cahos des Sages, qui est leur sujet primitif, & dans lequel ils sont conjoints ensemble naturellement, avant que l'Artiste y ait mis les mains; mais s'il en veut faire quelque chose, il est nécessaire qu'il les sépare, qu'il les purifie; & qu'ensuite, il les réunisse d'un lien plus fort, que celui que la nature leur avoit donné ; & ainſi d'un, il fait deux, & de deux un ; & par ce moyen, il compoſe un cahos artificiel, d'où ſortent de ſuite les miracles du monde, ou de l'art.

V. Du premier cahos, ou ſujet primitif, créé des mains de la nature, l'art ſépare & purifie la matiere, & ôte par ce moyen toutes les impuretés qui ſont les obſtacles ténébreux, oppoſés aux opérations lumineuſes de la nature, & ainſi engendre & fait ſortir de ce cahos Diane & Apollon, ou bien la Lune & le Soleil qui naiſſent en delos, c'eſt-à-dire, dans la manifeſtation des choſes cachées ; c'eſt la premiere opération, où l'Artiſte compoſe l'Or vif, où le Souſtre des Sages, & leur Mercure & leur Argent-vif : & les ayant unis tous deux, il en fait le Mercure des Sages, dont le pere & la mere ſont le Soleil & la Lune.

VI. Le Mercure des Philoſophes, eſt l'enfant du Souſtre & de l'Argent-vif, ſuivant la doctrine du Coſmopolite, & de tous les Sages : c'eſt ce Mercure, ou Argent-vif des Philoſophes, qui ſuffit à l'Artiſte avec le feu, & de ce Mercure ſeul, on peut faire un Or véritable, & bon à toute épreuve ; & cet Or tout de feu, & plein de vie, le faiſant rentrer par une ſolution nouvelle dans ſon cahos, & l'en faiſant ſortir derechef, on en compoſe un Agent qui triomphe de toutes impuretés métalliques : & l'on le peut multiplier à l'infini, diſent les Sages.

VII. Les Philosophes parlent souvent de leur cahos, auquel ils donnent divers noms, suivant leur dessein, qui est de cacher leurs grands mistéres, à ceux qui en sont indignes; on appelle ce cahos, dit Philalethe, notre Arsenic, notre Air, notre Lune, notre Aimant, notre Acier, sous diverses considérations; il dit aussi que c'est un esprit tout volatil, & un corps admirable, formé du sang du Dragon Igné, & du suc de la Saturnie végétable, & ce Cahos est comme la mere des Métaux, & un principe fécond, dont on peut tirer tout ce que les Sages recherchent, & même le Soleil & la Lune sans elixir.

VIII. Le Cahos est le composé des Sages, Philalethe l'appelle Eau, Air, Feu & Terre minérale, à cause qu'il contient en soi tous les Elémens, qui en doivent tous sortir à leur rang, quoi qu'on n'en voit que deux, à sçavoir la Terre & l'Eau, dit le Cosmopholite: & que tous enfin se doivent terminer en terre, dit hermes; c'est cet admirable composé dont parle Armand de Villeneuve, dans sa lettre au Roi de Naples, & qu'il appelle le Feu & l'Air des Philosophes, ou plutôt de la Pierre, qui est la matiere prochaine de cet air & de ce feu, & qui contient une humidité, qui court dans le feu, & qui est pierre & non pierre.

IX. Ce composé selon Artephius, & dans la vérité, est corporel & spirituel, à cause qu'il participe du corps & de l'esprit, c'est-à-dire de la portion la plus subtile & la plus moëlleuse du corps & de l'esprit, ou de l'eau ; cet Auteur & Flamel après lui, appellent ce composé, Corsuffle, Cambar, Duenech ; mais Artephius ajoute, que son propre nom, est Eau permanente, à cause qu'elle ne fuit point dans le feu, ne se sépare point des corps qu'elle embrasse, & demeure inséparablement avec eux ; & ces corps, dit-il, sont le Soleil & la Lune, qui sont changés en une quinte-essence spirituelle.

X. Les Philosophes parlent diversement de ce composé : les uns disent qu'il est fait de deux choses, comme Bazile Valantin ; les autres veulent qu'il soit fait de trois, comme Philalethe, qui enseigne que c'est un assemblage de trois natures différentes, mais d'une même origine : d'autres écrivent que le Cahos dont nous parlons, est semblable à l'ancien Cahos, qui est composé de quatre Elémens, qui commencent, dit Flamel, à déposer l'inimitié de l'ancien Cahos, pour faire leur paix & leur réconciliation ; c'est la pensée d'Artephius, & tous ont dit la vérité sur cela.

XI. Le terme de cahos, est fort équivoque, du moins il se peut prendre en divers sens ; car il y a un cahos général créé de Dieu, & dont il a tiré toutes les créatures, c'est-à-dire, les trois régnes de la nature, animal, végétal, minéral ; & chaque régne a son cahos particulier & naturel, qui est le sperme de chaque chose : ainsi nous avons un Cahos minéral, produit des mains de la nature, qui contient les deux spermes masculin & féminin, Souffre & Mercure, lesquels unis naturellement dans un même sujet, sont la premiere matiere sur laquelle l'Artiste doit travailler.

XII. Les Sages ont un autre Cahos, qu'ils tirent dès le commencement, & qu'ils composent du sujet que la nature leur présente, disent tous les Philosophes, après Morien; ne pouvant rien par de-là, dès le commencement du Magistere, dit Bazile Valantin; ils ont appellé cette substance sensible, mercuriale, sulphureuse & saline, faite de l'union des trois principes, lesquels on y a mis proportionnément, en dissolvant & coagulant, selon les diverses opérations de la nature, que l'art doit imiter, & selon la disposition de la semence ordonnée de Dieu.

XIII. Paracelse s'accorde avec tous les Philosophes sur ce sujet, qui est la matiere de l'art, & leur fameux Cahos, lorsqu'il dit que la matiere de la teinture Physique, est une certaine chose, qui se compose de trois substances, par le ministere de Vulcain; & il ajoute à cela fort à propos, que ce composé peut être transmué en Aigle blanc, par le secours de la nature & par l'aide de l'art : Raimond Lulle, parle dans ce sens, lorsqu'il dit, que l'herbe blanche assembloit deux fumées, & croissoit au milieu des deux.

XIV. L'Abbé *Synesius*, le Cosmopolite & Philalethe, s'accordent avec tous les autres au sujet de cette matiere, lorsqu'ils la placent au milieu du Métail & du Mercure; car elle n'est en effet ni l'un ni l'autre, & participe de tous les deux, c'est un cahos, ou un composé fixe & volatil tout ensemble, c'est ce que les Philosophes ont appellé Hylé, ou la premiere eau, & la premiere humidité radicale qu'ils tirent & composent du premier Hylé naturel & minéral, que la nature avoit composé des élémens.

XV. Un Anonime suivant cette pensée, qui est celle de tous les Philosophes, dit fort à propos que cet admirable composé se fait par la destruction des corps, ce que Artephius avoit dit long-tems auparavant : & l'Anonime fort éclairé dans la doctrine de cet ancien Philosophe, remarque que comme ce composé se fait par la destruction des corps, de même l'eau qui est l'ame, l'esprit & l'essence du composé, ne se peut faire que par la destruction du composé, dans lequel les ames du corps sont liées, dit Artephius.

XVI. Nous n'avons besoin, dit Artephius, que de cette ame, ou moyenne substance des corps dissous, qui est subtile & délicate, & qui est le commencement, le milieu & la fin de l'œuvre, de laquelle notre Or & sa femme sont produits;

produits ; c'est un subtil & pénétrant esprit, une ame délicate, nette & pure ; un sel & beaume des Astres, dit Bazile Valantin ; c'est dit le même, une substance métallique & minérale, provenante du sel & du soufre, & deux fois né du Mercure ; c'est le haut & le bas, qui ne font qu'une même chose, comme enseigne Hermes, c'est le tout dans toutes choses, dit Bazile Valentin ; c'est enfin l'air de l'air d'Aristée.

XVII. Notre cahos est encore appellé Magnesie, par le Cosmopolite, après Artephius, qui est composé disent les Philosophes, de corps, d'ame & d'esprit ; son corps est une terre fixe & très-subtile, son ame est la teinture du Soleil & de la Lune, & l'esprit est la vertu minérale de ces deux corps ; & cet esprit mercuriel, est le lien de l'Ame solaire, & le Corps solaire est ce qui donne la fixion, qui avec la Lune retient l'ame & l'esprit ; & de ces trois bien unis, c'est à sçavoir du Soleil & de la Lune, & du Mercure, se fait notre Pierre ; mais auparavant ce composé doit être purifié dans notre eau.

XVIII. La purification de ce Cahos est très-nécessaire, dit Artephius ; elle se doit faire dans notre Feu humide, par le moyen duquel on ouvre les Portes de Justice, & l'on tire le Mercure des Philosophes de ses cavernes vitrioliques, comme parle Artephius ; ou bien l'on en tire cette vapeur mercurielle très-subtile & très-spirituelle, qui se revêt de la forme d'eau, pour pénétrer les Corps terrestres, & les empêcher de combustion ; c'est le dissolvant de la nature qui réveille ce feu interne assoupi, menstrue très-acide, fort propre à dissoudre le Corps, d'où lui-même a été tiré, avec la doctrine de tous les Sages.

XIX. Tous les Philosophes disent que leur Mercure est enfermé & emprisonné dans le cahos du premier Cahos minéral que la nature leur présente, & qu'il en est tiré & mis en liberté par le secours de l'art, qui vient aider la nature, & qui commence où elle a fini ; elle-même lui donne la main, & l'accompagne par tout à mesure que les esprits se tirent de l'esclavage du corps, & se séparent des parties les plus grossières de la matiere, qui demeurent au fond du vaisseau, comme dit Artephius, & qui sont incapables de solution, & tout-à-fait inutiles, dit ce même Philosophe.

Ce Mercure ainsi dégagé des liens de sa premiere coagulation, contient en soi une double nature, sçavoir une ignée & fixe, & l'autre humide & volatile ; la premiere qui lui est intérieure, est le cœur fixe de toutes choses, permanent au feu & très-pur fils du Soleil ; lui-même feu essentiel, feu de la nature, véritable véhicule de la lumière, & le vrai souffre des Philosophes ; la seconde nature qui lui est antérieure, est le plus pur & le plus subtil de tous les esprits, la quinte-essence de tous les Elémens, la premiere matiere de toutes choses métalliques, & le véritable Mercure des Sages.

XXI. On peut distinguer quatre Mercures différens, contenus dans notre Cahos; le premier peut être appellé le Mercure des Corps, c'est le plus noble & le plus actif de tous, c'est la semence prétieuse dont se fait la teinture des Philosophes, & sans ce Mercure que Dieu a créé, notre science & toute philosophie, selon le Cosmopolite, sont vaines; le second est le Bain & le Mercure de la nature, le vase des Philosophes, l'Eau philosophique, le sperme des Métaux, dans lequel réside le point seminal; le troisiéme est le Mercure des Philosophes, qui se fait des deux précédens, c'est Diane & le sel des Métaux; le quatriéme est le Mercure commun, non vulgaire, l'air d'Aristée, ce feu secret, moyenne substance de l'Eau commune à toutes les minieres.

XXII. Dans notre cahos tiré de la nature, & composé des choses naturelles, ce Philosophe remarque un point fixe, duquel par dilatation se font toutes choses, & puis par concentration, il raméne toutes ces lignes à leur centre, où toutes choses trouvent leur repos, & une fixite permanente; c'est ce qui est arrivé dans le premier Cahos du monde, dont le Verbe de Dieu a été la base, & comme le point fixe & indivisible, dont toutes les créatures sont sorties, & où elles doivent retourner, comme à leur centre: il y a aussi un point fixe dans le Cahos minéral, créé par la nature, & dans celui que l'art compose.

XXIII. C'est de ce point fixe, d'où sont sortis tous les Métaux, leur éclat & une émanation, ou écoulement visible de cette lumiere qui demeure cachée sous l'écorce de leur corps terrestre, qui fait ombre à la nature, dit le Cosmopolite; ce point fixe reste toujours dans le centre de leur semence, qui est la même en tous, comme l'enseigne Philalethe, après le Cosmopolite; mais il est invisible, à cause que c'est un pur esprit engagé dans l'obscure prison des Métaux, & que dans un corps métallique congelé, les esprits ne paroissent point & n'opérent point que le corps ne soit ouvert.

XXIV. Les semences de toutes choses étoient contenues dans l'ancien cahos que Dieu a créé, mais elles étoient en confusion, en repos, & sans mouvement; & quoique les contraires fussent ensemble, ils ne se faisoient point la guerre; les semences métalliques qui sont dans notre cahos y sont confuses à la vérité, mais elles sont en paix, & attendent les ordres d'un Artiste habile, qui dise *fiat lux*, & qui séparant la lumière des ténébres, fasse paroître la profondeur cachée, & développant le point fixe séminal, réduise les semences métalliques de puissance en acte,

& rende l'invisible visible, dit Valantin.

XXV. L'ancien cahos étoit toutes choses, & n'étoit rien du tout en particulier ; le cahos métallique produit des mains de la Nature, contient en soi tous les Métaux, & n'est point métal ; il contient l'Or, l'Argent & le Mercure ; il n'est pourtant ni Or, ni Argent ni Mercure ; la Nature a commencé les opérations en lui, la fin a été d'en faire un métal, mais elle a été empêchée en son cours, comme par fois elle s'arrête en chemin, lorsque tâchant de faire un métal parfait, elle en fait un imparfait, aussi souvent elle n'en fait point du tout, & se contente de nous donner un cahos.

XXVI. Dans ce cahos métallique naturel sont contenus le Ciel & la Terre des Philosophes, mais ils n'y sont point distingués ni séparés ; le haut y est comme le bas, & le bas comme le haut, afin que l'Artiste fasse les miracles d'une seule chose, dit Hermes, les Elémens se trouvant tous ensevelis & confus, sans distinction, sans action & sans ordre, tout y est dans un profond silence, & dans certaines ténèbres qui régnent dans le limbe des Sages, & qui forment une véritable image de la mort, sans aucune marque de vie & de fécondité ; ce qui n'empêche pas que cette terre catholique ne soit animée, & qu'elle n'ait une vie cachée, dit Bazile Valentin.

XXVII. Le cahos général de la Nature

étoit un corps humide, obscur & ténébreux; le cahos minéral, qui contient les semences métalliques, est un corps opaque, terrestre & ténébreux, plein de feu, duquel le Philosophe par une dûe séparation & purification, tire les matériaux, dont il compose un cahos artificiel, duquel il tire toutes choses, & même la lumiere & les luminaires métalliques ; & d'iceux dissous par leur propre menstrue, il fait un autre composé, séparant toujours la lumiere des ténébres par l'esprit dissolu du Ciel, dit Basile Valentin ; il accomplit la création philosophique du Mercure & de la Pierre des Sages, dit Phisalethe.

XXVIII. Le cahos minéral étant ouvert, le Philosophe ayant séparé les Elémens, les ayant purifiés, & réunis ensuite en forme d'une eau visqueuse, qui est le cahos, ou composé philosophique, il a le bonheur de voir naître le Soleil sortant du sein de Thetis, de le toucher, de le laver, le nourrir, & le mener à un âge de maturité ; le Sage voit des ténébres avant la lumiere, il en voit après la lumiere, il en découvre encore qui sont avec la lumiere ; il marie dans cette opération, dit Philalethe, le Ciel & la Terre, & unit les eaux supérieures aux inférieures.

XXIX. De ce cahos, qui est notre premiere matiere, le Sage sçait bien tirer un esprit visible, qui soit néanmoins incompréhensible, dit Basile Valentin ; cet esprit est la racine de vie de nos corps, & le Mercure des Philosophes, duquel on prépare industrieusement la liqueur par notre Art, qu'on doit rendre de rechef matérielle, & la conduire par certains moyens d'un dégré très-bas, à un dégré de souveraine & parfaite médecine ; car dit cet Auteur, d'un corps bien lié & solide au commencement, on en fait un esprit fuyant, & de cet esprit fuyant à la fin une médecine fixe.

XXX. Le corps dont nous parlons, & dont on tire cet esprit, que Basile Valentin appelle une Eau d'or sans corrosion, est si informe, qu'il ressemble à un véritable cahos, un avorton & un ouvrage du hazard ; en lui est antée & gravée l'essence de l'esprit dont il s'agit, quoique les traits en soient méprisables, ce qui fait que cette matiere catholique est méprisée & payée à vil prix par ceux qui n'en connoissent pas la valeur ; mais si les ignorans la regardent avec mépris, les Sages & les Sçavans l'estiment uniquement, & la considèrent comme le berceau & le tombeau de leur Roi, dit Philalethe.

XXXI. L'esprit ou Mercure des Philosophes qui se tire du corps dont il s'agit, se trouve dans le Mercure vulgaire & dans tous les autres Métaux ; mais c'est un égarement de l'y chercher, puisqu'il est plus proche & plus facile dans notre sujet, où le Mercure & le Souffre se trouvent avec leur feu & leur poids, & dans lequel les deux serpens ne s'embrassent que très-foiblement ; mais on ne peut rien faire sans un agent, capable de dissoudre & vivifier le corps, manifester la profondeur cachée, débrouiller le premier cahos, & faire sortir la lumiere.

XXXII. Cette lumiere sort du cahos avec le feu dont elle est revêtue ; ce feu extrêmement subtile s'attache à l'air dont il se nourrit : cet air embrasse l'eau, l'eau s'unit à la terre, & tout cela donne un nouveau composé, lequel étant corrompu de nouveau dans la seconde opération, l'eau sort de la terre, l'air sort de l'eau, & le feu ou le souffre des Philosophes sort de l'air : & ce feu fixe, qui paroît en forme de terre, étant purifié sept fois, devient un être qui a plus de force que la Nature même n'en a ; cet esprit est l'air de l'air d'Aristée, c'est l'eau, le feu & la terre du cahos des vrais Philosophes.

XXXIII. Ces quatre natures élémentaires ne sont qu'une même chose tirée du premier composé où elles étoient dans al confusion ; elles ne sont après cette extraction qu'un être tiré des rayons du Soleil & de la Lune ; & c'est le second composé, dont la fécondité dépend des deux principes actifs, sçavoir le chaud & l'humide ; ce composé

composé est appellé air, à cause qu'il est tout volatil, & c'est le vrai Mercure des Sages ; c'est un feu dévorant, & le plus actif de tous les agens ; c'est un air épaissi, dont non-seulement tous les Métaux, mais tous les Mercures des Métaux, sont engendrés.

XXXIV. Cet être, unique composé de quatre substances, de trois ou de deux, esquels la troisiéme est cachée, dit Basile Valentin, est le vaisseau d'Hermes, du Cosmopolite, ou les Colombes de Diane de Philalethe ; c'est l'air qu'il faut pêcher, selon Aristée, qu'il faut ensuite cuire, dit le Cosmopolite ; c'est une seule essence qui accomplit d'elle-même le grand Œuvre, par l'aide d'un feu gradué, qui en est la nourriture, & un composé qui tient le milieu entre le Métal & le Mercure, dit Philalethe ; c'est l'enfant philosophique, né de l'accouplement du mâle vif & la fémelle vive, qui doit être nourri d'un lait propre.

XXXV. Cet enfant des Philosophes est au commencement plein de flegmes, dont il doit être purifié, comme dit Flamel, après Latourbe ; il doit être ramené à sept diverses fois à sa mere, qui est la Lune blanche, dit Hermes ; il doit être lavé, nourri & allaité du lait de ses mammelles, & recevoir son accroissement & sa force par les imbibitions dit Flamel, & être perfectionné par les aigles volantes de Philalethe; ces aigles, comme dit le même, se font par la sublimation & par l'addition du véritable soufre, qui aiguise cet enfant, ou Mercure, d'un dégré de vertu à chaque sublimation.

XXXVI. Cette sublimation philosophique renferme toutes les opérations des Sages, & cette sublimation dans le sentiment de Geber, Dartephius, de Flamel & de Philalethe, n'est autre chose que l'exaltation ou dégnification d'une substance, ce qui se fait, lorsque d'un état vil & abjet elle est élevée à l'état d'une plus haute perfection; ce qui n'empêche pas qu'on ne reconnoisse en notre Mercure un mouvement d'ascension & de descension dans le premier Ouvrage, qui est la préparation du Mercure, en quoi git toute la difficulté, le reste est un jeu d'enfant, & œuvre de femme.

XXXVI. La sublimation est, selon Geber, l'élévation d'une chose séche, avec adhérence au vaisseau par le moyen du feu: peu de gens ont compris cette définition, à cause qu'il faut connoître la chose séche, le vaisseau & le feu; l'Auteur du Commentaire des Vers Italiens de Francmarc Antonio Chinois, paroît embarrassé sur ce sujet, voici quel est le vrai sentiment de tous les Philosophes: la chose séche est notre aimant, qui attire naturellement son vaisseau, qui est l'humide, car le sec attire l'humide, & l'humide tempére le sec &

s'unit à lui par le moyen du feu, qui participe de la nature de l'un & de l'autre.

XXXVIII. Le vase & la chose séche s'embrassent avec adhérence, parce que nature embrasse nature, comme il est dit dans Latourbe & Chezartophius, & parce que le vaisseau tient lieu de femelle, & la chose séche lieu de mâle; l'un est le Soleil, & l'autre est la Lune, l'un est l'Or vif des Sages, & l'Argent vif des Sages, qui sont unis par le feu, qui leur est propre, qui est de leur nature, & qui est tiré d'ailleurs que de notre matiere; ce feu, ce vase & cette chose séche sont trois, & ne font qu'un, ils sont tous trois Mercure, Souffre & Sel; & tous trois dans un même sujet métallique.

XXXIX. Ce Sel, ce Souffre & ce Mercure, qui sont le corps, l'ame & l'esprit, sortent tous trois du cahos, d'où ils étoient en confusion, ou plutôt de la mer des Philosophes; & c'est là le trident de Neptune, qui ne sortiroit pourtant point de ses profondes abysmes, si Eole ne faisoit par ses vents exciter des tempêtes sur la mer; c'est par le moyen de ces vents mercuriels, sulfureux & salins qu'on émeut la mer des Philosophes jusques dans le centre, & qu'enfin après que les parties sont d'accord, on marie Eole à la Belle Dejopée.

XL. Neptune n'est pas plutôt sorti du centre de la mer, qu'il appaise tous les vents,

& fait un calme général avec son trident, & puis rentre dans ses abysmes humides; c'est ce que Flamel a voulu dire dans sa sixiéme Figure, où il dit que dans cette occasion notre Pierre est si triomphante en Siccité, que d'abord que Mercure la touche, nature se jouissant de sa nature se joint à elle, & attire son humide pour le joindre à soi, par l'apposition du lait virginal, dont il parle dans la quatriéme Figure.

XLI. Ce Trident neptunien ne seroit jamais sorti de la Mer philosophique, si un trident venteux & vaporeux n'avoit pénétré la Mer pour tirer ce Roi à triple couronne, nageant dans les eaux; c'est dans cette occasion où le Philosophe aiguise & excite le passif par l'actif, que par les principes vivans il ressuscite les morts, comme dit Philalethe, & qu'un principe donne la main à l'autre, comme dit le Cosmopolite; après quoi les principes mariés & élevés sont nourris de leur chair, & sang propre, dit Basile Valantin.

XLII. Le sec embrassant le vaisseau qui le contient, étant monté au Ciel par la sublimation philosophique, & le sel terrestre étant devenu céleste, le céleste descend en terre pour aller sucer le lait des mammelles de sa mere, qui est la terre, ou de sa nourrice, qui est une terre, qui prend soin de nourrir l'enfant philosophique, lequel ayant pris sa nourriture, & engraissé de ce lait succulent remonte au Ciel, & par ce moyen montant à diverses reprises, & descendant, il prend la vertu des choses supérieures & inférieures.

XLIII. C'est ici le Ciel terrestre de Lavinius, qui se perfectionne par ses ascentions & descentions; c'est le mariage du Ciel & de la terre, sur le lit d'amitié, selon Philalethe; c'est là ce Palais Royal, qu'on bâtit & qu'on enrichit par le flux & le reflux de la mer de verre, pour y loger le Roi, comme parle Bazile Valantin; ce sont les imbibitions de Flamel, le sceau de l'enfant dans le ventre de sa mere, & de la mere dans le ventre de son enfant, selon Démagoras, Senior, & Haly; la mere nourrit son enfant, & l'enfant nourrit sa mere, ainsi ils s'aident l'un l'autre, s'augmentent, & multiplient, comme dit Parménides.

XLIV. Cette mere est la Lune; l'enfant est le Mercure des Sages, que l'on appelle crachat de la Lune, en la tourbe; c'est cette Lune, qu'il faut faire descendre du Ciel en terre, comme dit Paracelse: cette Lune étant pleine ressemble au Soleil, & porte le Soleil dans son sein; ce Mercure se charge de porter la teinture de son pere & de sa mere, & lors ayant perdu toutes ses plumes, il tombe dans la Mer, & puis les eaux se retirant, dit Basile Valantin, il se change en terre, où sa force est entiere, dit Hermes; ce qui comprend trois tours de roue de Riplée, & les tours de main de Basile Valantin dans le premier, & deuiémex ouvrage de tout le Magistere.

XLV. Ce Mercure phylosophique n'est autre chose que les dents du Serpent, que le vaillant Thesée, dit Flamel, semera dans la même terre, d'où naîtront des Soldats, qui se détruiront enfin. Eux-mêmes se faisant par apposition resoudre en la même terre, laisseront emporter les conquêtes méritées. Cette apposition enferme toutes les opérations, que les Philosophes renomment en tant de sortes; & l'on voit dans cette occasion la vérité de ce qu'enseigne Flamel, que notre Pierre se dissout, se congele, se nourrit, blanchit, se tue, & se vivifie soi-même; c'est le sang du Lion, & la glue de l'Aigle de Paracelse.

XLVI. Ce sang du Lion se trouve avec la glue de l'Aigle, profondément caché dans notre sujet, qui est l'Isle de Colcos; ils y sont naturellement comme dans leur propre sel, qui leur sert de matrice, & de minière, comme dit le Cosmopolite; ils sont la véritable toison d'or, gardée par des taureaux, jettant feu & flâme par les narines, sur lesquels la belle Médée doit verser sa prétieuse liqueur, qui les abreuve & endort; & par cette prétieuse liqueur, les taureaux sont assoupis, la toison enlevée par Jason; ou plutôt par ce menstrue philosophique, le corps est dissout, & l'ame est délivrée des liens du corps, & est changée en quintessence.

XLVII. Cette Toison est la sémence métalique, que Dieu a créé, & que l'homme ne doit pas présumer de faire, mais qu'il doit tirer du sujet où elle est; Basile Valantin la décrit en ces termes: premierement, dit-il, l'influence céleste, par la volonté & le commandement de Dieu, descend d'en haut, & se mêle avec les vertus & propriétés des Astres; d'icelles mêlées ensemble, il se forme comme un tiers, entre terrestre & céleste: ainsi est fait le principe de notre sémence; de ces trois se font l'eau, l'air, la terre, lesquels par le moyen du feu bien appliqué, engendrent une ame de moyenne nature, un esprit incompréhensible, & un corps visible; dit Basile Valantin.

XLVIII. Cette sémence métallique est le grain qui nous est nécessaire, & qu'il faut chercher dans un sujet, où la nature la mise fort près de nous; ce sujet dans le sentiment de tous les Philosophes, est notre airain, notre or, notre pierre, dont parle Sindivogius, Philalethe, Pitagore; & nous obtiendrons cette prétieuse sémence, dit Basile Valantin, si nous rectifions tellement le Mercure, le souffre & le sel, que l'ame, l'esprit, & le corps soient unis inséparablement; & tout cela n'est autre chose que la clef de la vraie Philosophie, & l'eau séche conjointe avec une substance terrestre, faite de trois, de deux, & d'un.

XLIX. Cette sémence, ou ce grain, ne se tire pas d'aucun autre sujet, que de celui, que nous venons de nommer notre or, sans hiperbolle : & de ce même sujet on ne peut le tirer, que par dissolution, & cette dissolution se fait par soi-même, ou par le sujet qui lui est semblable, ou plus proche ; la nature aussi lui a pourvû d'une aide, qui est de sa chaire, & de son sang ; ainsi que nous enseignons que le sperme masculin mis dans sa matrice, y trouve un dissolvant de sa nature qui a la façon d'un Aimant, attire la semence du sperme, qui est de sa nature & essence.

L. La dissolution, qui nous est nécessaire, pour avoir ce bon grain, ou semence, est très-difficile à faire ; car elle ne se peut faire, que par le moyen d'une liqueur précieuse qui est une Eau d'or, & un menstrue philosophique ; & cette liqueur n'est pas facile à trouver, ou à tirer du sujet où elle est ; il faut un Aimant philosophique, qui est de la nature du grain qu'on veut tirer de notre sujet par ce dissolvant, & de la nature même du dissolvant qu'on demande, & qu'on veut acquérir pour tirer ce grain, où l'on peut voir comme notre art suit, & imite la nature.

LI. On peut remarquer, que dans notre Ouvrage il n'y entre rien d'étranger, car ce grain ou semence métallique, est de la nature du dissolvant qu'un Anonime appelle essenciel ; & ce dissolvant essenciel, est de la nature de cet aimant métallique, qu'un Anonime appelle menstrue minéral, uni au végétable, & tiré par lui, comme Ganimede par Jupiter; & ces deux unis à celui qu'il appelle eſſenciel, ſervent pour diſſoudre radicalement un corps qui eſt l'or, ſans ambiguité, & d'icelui diſſout il apparoît qu'on tire un eſprit mûr, par un eſprit crud.

LII. Ce ſujet, où nous cherchons la ſemence, eſt un Or philoſophique, & non pas l'Or vulgaire, & cela pour deux raiſons; la premiere eſt que l'Or vulgaire n'a point d'ordure qu'il ſoit beſoin d'ôter, pour trouver ce grain, où cette ſemence métallique; puiſqu'il eſt tout pur, & ſans aucun mêlange d'impureté; ſa ſeconde raiſon eſt que l'Or vulgaire eſt tout ſemence, & ſi on ſe ſervoit de lui, il n'y auroit qu'à le réincruder, volatiliſer, & ſpiritualiſer, de maniere qu'il peut pénétrer les corps & ſe joindre à eux par ſes moindres parties : ſi l'Or avoit cela, il ſeroit la Pierre.

LIII. Ceux qui ont dit, qu'il falloit chercher la ſemence métallique, ou le grain fixe, dans l'Or vulgaire, ne ſont pourtant pas éloignés de la vérité, pourvû qu'on les entende avec un grain de ſel, puiſqu'il y eſt effectivement & qu'on peut l'y trouver par le moyen d'une eau philoſophique, dans laquelle il ſe fond comme la glace dans l'eau chaude, & dans laquelle il perd ſa forme naturelle, pour en prendre une nouvelle, plus noble & plus excellente : & c'eſt alors que le tréſor caché, eſt découvert, c'eſt le centre velé,

LIV. La semence métallique que nous cherchons dans l'Or des Sages, est un esprit subtil & pénétrant, c'est une ame pure, nette, & délicate réduite en eau, & un sel & baume des Astres, lesquels étant unis ne font qu'une eau mercurielle : or cette eau doit être amenée au Dieu Mercure qui est son pere, pour être examinée, & alors le pere épouse sa fille ; & par ce mariage ils ne sont plus deux, mais une seule chose, qu'on appelle huile vitale, ou incombustible, & à la fin Mercure jette les aîles d'Aigle, & déclare la guerre au Dieu Mars.

LV. Le Mercure, qui est pere de cette eau, qu'on lui amene pour être son épouse, l'embrasse dans cette qualité, à cause que cette eau est encore un Mercure, & de cette maniere il paroît qu'on amene Mercure à Mercure : avec cette différence, que le Mercure qui est amené comme épouse, est le Mercure des Sages, qui est la mere de tout le thelesme : & celui à qui on l'amene, est le Mercure des corps, pere de tout le thelesme, pere, enfant, frere, époux du Mercure des Sages : ainsi les natures se poursuivent, & les parens se marient ensemble.

LVI. Dans ce mariage philosophique, on conjoint Mercure à Mercure, & on amene aussi le feu au feu, aussi-bien que Mercure à Mercure ; on marie le feu au feu, car le Mercure des Sages porte ce feu, ou le souffre dans son sein : & le Mercure des corps est encore tout plein de ce feu sulphufeux, qui brûle dans l'eau; & dans cette rencontre, une nature apprend à l'autre à ne point craindre le feu, & à se familiariser avec lui; ainsi l'eau qui craignoit le feu, apprend à rester avec lui, & le Mercure qui le fuyoit devient son ami.

LVII. L'eau, dont nous parlons ici, est l'Azoth, qui sert à laver le laiton, & le laiton que nous devons laver est notre sujet, ou notre airain, ou Or rouge, qu'il faut blanchir, en rompant les livres; cette eau céleste est tirée des montagnes du Mercure, & de Venus, par adhérence du sec à l'humide, par le moyen de la chaleur; & la chaleur unie à l'humide fait couler un ruisseau d'eau chaude séche & humide; & cette eau est la grande ouvrière en notre art, elle dissout les corps durs, subtilise l'épais, & purifie les impurs, comme la terre.

LVIII. J'ai dit Laton ou laiton, car les Philosophes ont leur Latone aussi-bien que leur laton, l'un dit qu'il faut blanchir le laton qui est immonde, l'autre dit qu'il faut laver Latone qui est obscure, & ceux qui ont confondus ces deux choses, contenües en *Rebis*, n'ont pas moins été, que ceux qui ont crû que c'étoient deux choses, qui étoient d'une nature différente; car quoiqu'elle se trouve dans le sujet, qui est le cahos de l'art, & qu'ils y soient comme mâle & femelle, & que de leur semence doive sortir le fils du Soleil & de la Lune, par leur union parfaite, ils ne sont qu'un en Essence.

LIX. Ce *Rebis*, ou cahos de l'Art, ou Ciel terrifié, ne peut servir de rien, sans le secours du feu & de l'Azot, mais ces deux laqui composent la liqueur de notre Art, & qui font l'huile vitale, lui suffisent tant pour le laver & le purifier, que pour le rendre fécond par la séparation des deux sexes, & par leur réunion entiere; car il en sort un fort bel enfant, après en avoir ôté les ordures, & cet enfant doit être nourri du sang de son pere, & du lait de sa mere, & lors ce sang & ce lait mêlés ensemble, prendront la couleur d'une quinte-essence dorée.

LX. Nous avons, dit un Philosophe, dans ce Laton, deux natures mariées ensemble, dont l'une a conçue de l'autre, & par cette conception, elle s'est convertie en corps de mâle, & l'autre en celui de femelle; de sorte qu'on ne sçauroit distinguer l'une de l'autre, par leurs vêtemens extérieurs, quoiqu'on doive les séparer, pour les reconnoître, & les réunir, pour n'être plus qu'un inséparable, après les avoir dépouillés de tous leurs vêtemens, & les avoir réduits à la nudité naturelle; c'étoit auparavant deux corps en un, où l'Androgin des Sages, & après c'est Diane toute nue.

LXI. Lorsque Diane est toute nue, & Apollon de même, on les distingue facilement, & rien n'empêche leur légitime conjonction pour la procréation du Soleil, qui est leur enfant; mais pour réveiller leur fécondité, & les rendre propres à la génération, il a fallu les animer, en les purifiant avec l'huile vitale, qui est l'eau de la Pierre, dit un Philosophe; il a fallut diviser le corps coagulé en deux parties pour en tirer cette huile vitale; ou ce lait destiné à la nourriture de l'enfant nouveau né, qui contient en soi les deux sexes, & les assemble en unité de nature & d'essence.

LXII. Notre Laton est rouge dans son commencement, mais il nous est inutile, si la rougeur ne se change pour faire place à la blancheur: mais si une fois il en blanchi, il est de très-grand prix, enseigne d'Astin: mais comme dit ce Philosophe, avec tous les autres, la premiere couleur qui paroît dans la corruption de notre sujet, est la noirceur, après laquelle vient la blancheur, & ensuite se fait voir la rougeur claire & brillante, & pour lors, dit la sçavante Marie, son obscurité s'étant retirée, ce laton se change en pur or, & ce qui lui procure cette blancheur, & splendeur est notre azoth.

LXIII. L'azoth, qui a été formé du limon resté après la retraite des eaux du déluge, comme le Serpent Pithon, est vaincu par les fléches d'Apollon, qui sont les rayons de notre Soleil, ou par la force de notre airain, qui enfin devient le maître, & se faisant justice, le rend sec de premiere couleur orangée rouge; il ôte même la robe blanche à l'Azoth, qui en devient si changé qu'il prend la couleur & la nature de notre airain, & tout se fait rouge, dit le docte Parmenides; & c'est signe que le Seigneur a fait son tems, & qu'après le tems, suit l'éternité fixe & incorruptible.

LXIV. Apprenons ici de Morien, qu'il faut bien laver ce corps immonde, qui est le Laton, qu'il doit être desséché & blanchi parfaitement, & l'on doit lui infuser une ame, & lui ôter toute son ordure, afin qu'après la mondification, la teinture blanche entre en lui; car ce corps étant bien purifié l'ame entre d'abord dans ce corps, & il ne s'unit jamais à un corps étranger, ni même au sien propre s'il n'est pur & net; car les superfluites, qui se trouvent dans nos corps, quoiqu'elles ne soient pas en grande quantité, empêchent leur union parfaite.

LXV. On ne lave le Laton, que pour le rendre propre à embrasser sa Latone, & s'unir avec elle d'une union indissoluble; mais comme l'un porte le feu, & l'autre contient l'eau, on doit bien purifier l'un & l'autre de leurs immondices naturelles; il est vrai qu'ils se trouvent tous dans notre androgin, mais comme c'est un cahos, où les elemens sont plutôt confondus, qu'ils ne sont unis, on ne sçauroit les unir fortement sans les purifier, ni les purifier sans les separer, ni les separer sans détruire le composé; il faut le diviser en partie, & séparer ainsi les élemens.

LXVI. Comme notre Pierre doit naître de ce cahos, ou masse confuse, dans laquelle tous les élemens sont confus, il est nécessaire de séparer la terre du feu, & le subtil de l'épais, comme dit notre pere hermes, le subtil monté en haut avec l'air, & l'épais demeure aufond avec le sel; mais la terre contient le feu avec le sel de gloire, & l'air se trouve avec l'eau; on ne voit pourtant que la terre & l'eau; ôtez donc le flegme de l'eau, & la pesanteur de laterre, les élemens seront purs & bien unis.

LXVII. Cette union, ou conjonction des élemens purifiés, est la seconde opértion de la Pierre, qui se trouve après la mondification, & la Pierre se trouve parfaite, si l'ame est fixée dans le corps; mais comme ce n'est que le terme du premier Ouvrage, la matiere est bien parfaite, & on a l'Or vif, & le souffre incombustible; mais il n'est pas teingent, & l'on doit tourner la roue pour la seconde & troisiéme fois, avec le même souffre, qui sert de ferment, mais le premier Ouvrage fini, commence le second, ou la sublimation philosophique est nécessaire, afin que le fixe soit fait volatil, & le corps esprit.

LXVIII. Dans le premier Ouvrage, qui comprend plusieurs opérations, on ne travaille qu'à volatiliser le fixe, & à fixer le volatil, ressusciter le mort, & tuer le vif; & son terme est lorsque le tout est réduit en poudre fixe, qui est Or pur, meilleur que celui des minieres; sans lui, on ne sçauroit avoir la Pierre, quoiqu'il ne soit pas la Pierre; la Pierre est pourtant en lui, comme dans son berceau: il n'est pas Or vulgaire; car il est plus pur, & n'est qu'un pur feu en Mercure; on peut néanmoins le fondre & le débiter pour Or vulgaire, car il est Or à toute épreuve.

LXIX. Dans le second Ouvrage, qui est la multiplication de cet Or, l'Or est augmenté en quantité par addition de nouvelle matiere; & l'Or sert de levain à sa propre multiplication, par une simple digestion de ce levain avec la farine & l'eau métallique, on fait de l'Or, & le levain sert toujours de miniere; les Philosophes procédent encore autrement; ils élévent leur Or ou levain en dégrés, & l'augmentent si bien en qualité, qu'il surpasse l'Or, & devient teingant & fondant; & c'est ce qu'on appelle Pierre, qui se multiplie à l'infini.

LXX. L'eau métallique qui revivifie l'Or fixé, à la fin du premier ouvrage, est cette huile vitale, dont parle un Anonime, & qui est uni à l'essenciel, au minéral & au végétable; pour être comme il est, le dissolvant radical de l'Or; c'est cette huile dont les Philosophes font bonne provision, afin qu'il ne le manque pas au besoin : comme elle fit aux Vierges folles; cette huile est l'eau de la Pierre, tirée d'elle en la premiere opération,

ration, dit le *Sage Jardinier* : sans cette eau rien ne se fait dans le second Ouvrage, & le premier ne se fait pas sans elle ; cette eau est un feu, car elle le porte, & sur elle est porté l'Esprit du Seigneur.

LXXI. En cette eau consiste le plus grand secret des Sages, nous avons dit que c'étoit l'eau de la Pierre, quoiqu'il soit vrai, qu'elle n'est pas dans un sens l'eau de la Pierre, c'est une eau mercurielle ; mais ce n'est pas le Mercure des Philosophes ; c'est plutôt le Mercure du Mercure de la nature, le bain marie des Sages, le feu humide & secret d'Artephius, le vase des Philosophes, auquel la chose seiche adhére dans la sublimation ; c'est le sperme des Métaux, l'humide radical, l'Eau philosophique d'Hermes, qui suffit avec une seule chose ; cette eau lave le laton, & dissout l'Or parfaitement.

LXXII. La chose unique qui suffit avec notre eau hermétique, est la terre Vierge, qui contient les quatre Elémens, c'est notre premiere matiere ; sçavoir, un Corps solide, & le commencement de l'Oeuvre, comme dit Bazile Valentin ; c'est de cette chose si cachée & si prétieuse, dont se fait uniquement tout notre ouvrage, & laquelle se perfectionne en elle-même ; n'ayant besoin que de la dissolution, sans addition d'aucune chose étrangére : cette chose est notre pierre, qui n'a besoin que du secours de l'Artiste ; c'est cet airain, que Dieu nous a créé, qu'on peut aider, détruisant son corps crud, & tirant le bon noyau.

LXXIII. Si la dissolution de notre corps, qui est l'airain susdit est nécessaire, la congelation de l'eau mercurielle resserrée dans les liens de la pierre Saturnienne, ne l'est pas moins, & pour toutes les différentes opérations, la putréfaction est absolument nécessaire ; cette putréfaction se fait par le moyen d'une petite chaleur, afin que la pierre se putréfie en soi-même, & se résolve en sa premiere humidité ; que son esprit invisible & teingeant, où le pur feu de l'Or, enclos dans le profond d'un sel congelé, soit mis au-dehors, & que son corps grossier étant subtilisé, soit uni indivisiblement avec son esprit.

LXXIV. Il n'y a aucune autre eau sous le Ciel qui soit capable de dissoudre notre airain, excepté une eau très-pure & très-claire, laquelle dissout sans corrosion ; cette eau s'échauffe elle-même à la rencontre du feu, qui lui est homogene ; c'est l'eau dissolutive & permanente, & la fontaine du rocher, dont les Philosophes ont parlé diversement ; il ne faut pas s'étonner, si cette eau dissout l'airain, à cause qu'elle est de sa nature : car l'airain est l'Or sans ambiguité, & cette eau est une eau d'Or, laquelle transmue le corps en soi ; ensorte que tout devient eau, & puis transmué en corps, est corps.

LXXV. Il sort une eau de notre airain, qu'Arisleus appelle eau permanente ; c'est elle qui gouverne le corps, & qui pourtant est gouvernée par lui ; car elle le rompt, elle le brise, & le corps la tuë & la fait mourir ; elle le réduit en eau, & lui la réduit en terre ; mais il faut qu'elles soient mêlées ensemble par le feu d'amitié. Il faut continuer ce procédé jusqu'à ce que tout ●●● fait rouge ; c'est ici l'airain brûlé & la ●●●, ou levain de l'Or ; & par un prodige étonnant, cet airain est brûlé par l'eau & lavé par le feu, & on voit en tout cela, l'accord des Elémens, & l'accord de tous les Philosophes.

LXXVI. Les Philosophes ont appellé l'eau, dont nous venons de parler, un serpent qui mort sa queue ; mais les envieux, dit Parmenides, ont parlé de plusieurs manieres d'eaux, de bouillons, de pierres & de Métaux, pour détourner les ignorans, quoiqu'il soit vrai, dans un sens, qu'en tout ceci, il y a eau, bouillon gras, pierres & Métaux ; & qui entend cette doctrine, entend ce qu'il y a de plus fin dans notre art ; & de plus difficile dans notre ouvrage & dans nos matieres ; mais laissez tout cela, & prenez l'eau vive, puis l'a congelez dans son corps & son souffre qui ne brûle point, tout sera blanc ?

LXXVII. Tout sera blanc, dit Parmenides, & vous ferez nature blanche ; sçachez dit Arisleus, que tout le secret est l'art de blanchir ; or ce blanchiment est un pas fort difficile, dit Flamel, il ne se peut faire sans eau, dit Artephius : car c'est elle qui lave le laton, c'est cette eau qui fût montrée à Sictus, & que ce Philosophe assure être pur vinaigre, très-aigre, qui a le pouvoir de donner la couleur blanche & rouge au corps noir, & le revêt de toutes les couleurs qu'on peut imaginer, qui convertit le corps en esprit ; c'est le vinaigre des Montagnes, qui défend le corps de combustion, car sur le feu il se brûle sans ce vinaigre.

LXXVIII. Ce vinaigre très-aigre est notre eau premiere, & le vinaigre des Montagnes du Soleil & de la Lune, ou plutôt de Mercure & de Venus ; c'est une eau permanente, à cause qu'elle demeure constamment unie à notre corps, ou à nos corps de Soleil & Lune, lorsqu'elle les a dissous radicalement ; & notre corps reçoit de cette eau, une teinture de blancheur si spéciale & si éclatante, qu'elle jette ceux qui la contemplent en admiration : cette eau si blanche, tient du Mercure & du Souffre ; elle est Soleil & Lune en-dedans, comme le corps est en dehors, elle blanchit notre airain, te dissout le corps fort amiablement.

LXXIX. L'eau qui dissout notre corps si amiablement, est une eau qu'on peut appeller la premiere, quoiqu'il y en ait de plusieurs sortes qui l'ayent précédée, mais elles sont heterogenes, & ne sont point comptées dans notre ouvrage; elles ne font pas du nombre de nos menstrues homogènes, comme est notre eau blanche première, dissolutive qui est Métallique, Mercurielle, Saturnienne, Antimoniale, ainsi qu'en parle Artephius : cette eau blanchit l'Or, c'est-à-dire notre laiton, & le réduit en sa première matiere, qui est le Souffre & le Mercure, qui brillent comme un miroîr.

LXXX. Ce Souffre & ce Mercure qui restent après la dissolution du corps crud, & qui brillent comme une Glace de Cristal bien polie, sont tirés de ce corps crud, par le moyen d'une eau, ou fumée blanche intérieurement ; mais qui est dans son commenment couverte des ténébres de l'abîme ; & ces ténébres sont chassés par l'Esprit du Seigneur, qui se meut sur les eaux, qui ont étés créés avant l'arrangement des parties du Cahos, lorsque le Ciel & la terre furent faits; cette eau premiere dissolutive du corps, est une eau claire & seiche, c'est un Mercure de la nature, qui, dissoluant, tire le Mercure du corps.

LXXXI. Ce Mercure tiré du corps crud, est grossier ; mêlé avec ce mercure ou eau dissolvante & premiere, il compose & fait le double Mercure, du Trevisan, l'Or composé de Philalethe, ou le rebis des Philosophes, ou le poulet d'Ermogene, ou le Mercure des corps, qui se dispose par ce dégré à devenir Mercure des Philosophes, par le moyen du feu, ou du Mercure commun à toutes les minieres : or ce Mercure double & blanc, d'une blancheur étincelante, tiré par l'eau premiere, devient rouge, s'il est mêlé simplement avec l'eau seconde, qui est fort blanche au-dehors, & rouge au-dedans.

LXXXII. Cette eau seconde étoit ci-devant dans la premiere, mais elle n'étoit pas impregnée d'un feu céleste, comme elle est dans la suite ; ainsi ces deux eaux ne different qu'autant que la premiere dissout le corps crud, lave le laton, & volatilise une masse pesante de sa nature ; & qui mêlée avec la premiere eau, ou feu humide devient volatile ; & l'eau premiere mêlée avec une eau seiche, se réduit en fumée, en eau limpide & en chaux vive, laquelle chaux vive est pleine d'un feu & d'un souffre philosophique, & ainsi c'est l'eau seconde tirée de la premiere par le moyen du feu.

LXXXIII. Le feu fait, que dans la sublimation philosophique, le sec monte & le perfectionne par son adhérence au vase ; cette adhérence rend le sec inséparable de l'humide, & le feu inséparable de l'eau ; ainsi se forme notre eau seconde des vertus supérieures & inférieures ; & c'est cette eau qui est le Mercure des Sages, le Mercure animé, que l'Artiste peut élever en dégrés, & le pousser jusqu'à la plus haute perfection ; & pour cet effet, on n'a qu'à le nourrir du lait des mammelles de la terre, qui est sa mere, & faire tetter souvent ce fils d'Hermogenes, le ramenant à sa mere.

LXXXIV. On ramene aussi la mere à l'enfant, lorsque le corps composé du Soleil & de la Lune, du pere & de la mere, du coq & de la poule, du souffre & du Mercure, par notre eau premiere, est amené au Mercure des Philosophes, qui est l'œuf de ce coq & de cette poule, le fils de ce Soleil & de cette Lune, & le Mercure de ce Soufre & de ce Mercure ; car dans leur intime communication, le pere & la mere sont élevés & sublimés en gloire, par la vertu de leur enfant, le laton est blanchi, fixe, & rendu fusible ; ensorte que l'enfant engendre son pere & sa mere, & est plus vieux qu'eux.

LXXXV. Le Mercure des Philosophes a engendré son pere & sa mere, & lui est engendré & tiré des choses où il est par le moyen d'un autre Mercure élevé en dégrés, & d'une eau qui est pur vinaigre, lequel communique sa qualité aceteuse à son enfant ; & cet enfant rentrant dans le ventre de sa mere, lui déchire les entrailles, comme un vipereau ; & enfin après avoir succé de son lait virginal, il l'adoucit, comme nous voyons que le vinaigre commun distillé, dissout l'acier & le plomb ; & par ce mélange & vinaigre il devient si doux, qu'on l'appelle lait virginal.

LXXXVI. Tout le secret de ce vinaigre, qu'Artephius appelle Antimonial, & que l'on peut appeller Saturnien à raison de son origine, ou Mercuriel à cause de son esprit congelé, plus prétieux que tout l'Or du monde, dit le Cosmopolite, consiste à sçavoir tirer par son moyen, l'Argent vif, doux & incomburant du corps de la Magnesie, c'est-à-dire, par cette eau premiere, une eau seconde, eau vive & incombustible, & sçavoir la congeler ensuite avec le corps parfait du Soleil, qui se dissout dans cette eau seconde, en façon d'une substance blanche & épaisse, & congelée comme de la crême de lait.

LXXXVII. Ce Mercure philosophique, ou eau seconde blanche & congelée, comme la crême de lait, est tirée par le moyen d'une eau premiere, ou vinaigre acre, & par le moyen d'une eau douce, ou vinaigre doux; le premier est mâle, & tient du feu qui domine à l'eau, le second est femelle & passif, & tient de l'eau oppressée du feu étranger; ce mâle est actif, cette femelle passive, ils se joignent & embrassent tous deux pour produire l'eau seconde, qui dissout l'Or composé, qui a été produit par l'union des deux; c'est-à-dire, par notre double eau premiere, au sens d'Artephius.

LXXXVIII. Ce corps qui a été produit, ou composé par notre eau premiere, doit être ressout, ou dissout dans l'eau seconde,

composée

composée de ces deux, aussi-bien que le corps susdit, qui ne s'y ressoudroit point, s'il n'étoit de la nature du dissolvant ; mais si au lieu du composé, on ne met dans notre eau dissolutive seconde, que le corps de l'Or simple, elle le réduit bien en état d'améliorer les Métaux, en quelque maniere, comme dit Sendivogius, après l'auteur du duel Chimique ; mais si on joint le mâle & la femelle, & que notre eau soit le Dieu aidant, on trouve tout le secret des Sages.

LXXXIX. Tout le secret des Sages consiste en cet Ouvrage, qu'Artephius appelle blanchir le laton, ou l'Or des Philosophes, & le réduire en sa premiere matiere, c'est-à-dire en souffre blanc & incombustible, & en Argent-vif fixe; c'est ainsi que l'humide se termine (c'est-à-dire notre corps qui est l'Or se change) dans cette eau premiere dissolvante, ou Souffre & Argent-vif fixe ; desorte que cet Or qui est un corps parfait, se change en réïtérant cette liquefaction, & se réduit en Souffre & Argent-vif fixe, reçoit la vie, & se multiplie en son espece, comme il arrive dans les autres choses.

XC. Cet Or se multiplie donc par le moyen de notre eau ; car le corps qui est composé de deux corps, qui sont le Soleil & la Lune, ou Apollon & Diane, s'enfle dans cette eau, grossit, s'éleve, croît & reçoit de cette eau premiere, sa teinture d'une blancheur surprenante ; & celui qui connoît notre eau Hermétique, & la source d'où elle sort, connoît la fontaine du Trevisan, & la Pierre d'où Moyse tira l'eau, & qui suivoit le Peuple; il sçait changer le corps en Argent blanc Médecinal, qui peut perfectionner les autres Métaux imparfaits, car notre eau porte une grande teinture.

XCI. La teinture qui est cachée dans notre eau, est blanche & rouge, quoiqu'elle ne donne d'abord qu'une teinture de blancheur; mais comme c'est une eau qui dissout & rompt le corps, la premiere qui paroît dans cette dissolution est la noirceur, signe de putréfaction; en effet il faut que le corps se pourrisse dans notre Eau, & qu'ayant passé par toutes les couleurs, qui marquent son infirmité, elle prenne la couleur blanche fixe, & puis la rouge de pourpre, qui sont les marques essentielles d'une véritable résurrection, dans laquelle triomphe la vertu & le germe de notre levain.

XCII. Notre levain contient un esprit ignée, comme la chaux vive, d'où vient qu'il pénétre le corps par sa subtilité, qu'il l'échauffe par sa chaleur, & qu'il fait lever le germe, qui n'étoit dans le corps qu'en puissance, & ne seroit jamais venu en acte sans l'addition de notre levain, dont la vertu se peut multiplier à l'infini, en lui apposant une nouvelle matiere, qui prend la vertu du levain, & devient aussi aigre que lui, & encore davantage; & à la fin, s'en fait une puissante Médecine, qui tombe sur les imparfaits, qui sont de sa nature, & les délivre de toutes leurs impuretés.

XCIII. La pureté de notre levain l'empêche de se mêler à aucune chose, qui ne soit pure, & qui ne soit de sa nature mercurielle; & sa subtilité lui donne la clef pour entrer dans l'obscure prison des Métaux, & la force de retirer ses freres de l'obscurité & de l'esclavage; pour cet effet, il se transforme auparavant en plusieurs différentes manieres, comme un Protée, il monte au Ciel, comme s'il vouloit l'escalader, comme un autre Encelade; il descend en terre, comme s'il vouloit pénétrer les abîmes, & enlever Proserpine sur son chariot de feu, & s'enrichir des richesses de Pluton.

XCIV. On pourroit dire que ce levain est semblable à Vulcain, qui ayant épousé Venus, s'étoit embrasé du feu de son amour, & ne respiroit que ses embrassemens; mais Jupiter, le trouvant trop imparfait, lui donna un coup de pied, & le jetta du Ciel en terre; en tombant, il se cassa une jambe, & a demeuré boiteux, depuis cette chûte; c'est lui qui a composé ce rêt admirable, par lequel Mars & Venus furent attrapés & surpris sur le lit d'amitié; c'est ce Vulcain que Philalethe appelle brûlant, sans lequel le Dragon igné & notre Aimant ne peuvent jamais être bien unis ensemble.

XCV. Le feu dont notre Vulcain est embrasé fut autrefois dérobé par Prométhée, & porté sur la terre, ce qui fut cause que pour punition de ce vol, Prométhée fut enchaîné par Vulcain même sur le Mont Caucase; & Jupiter a ordonné à un Vautour de lui ronger le foie & le cœur, qui renaissent toujours, & pullulent par la vertu du Vautour même, qui leur laisse la facilité de germer & renaître après leur mort, pour vivre d'une nouvelle vie; de maniere, que le Vautour qui se repaît du foie & du cœur de Prométhée, ne le dévore que pour le multiplier incessamment.

XCVI. Cette renaissance, ou revivification, nous représente celle du Phœnix, qui trouve la vie dans sa mort, se vivifie par soi-même, & sort plus glorieux de ses cendres; l'Agent dont il est ici question, & qui est d'une merveilleuse origine dans le régne Métallique, suivant la pensée de Philalethe, porte & allume le feu sur le bucher, semblable à celui duquel il est sorti ci-devant; ce bucher & le phenix s'embrasent ensemble, & se réduisent en cendres, desquels sort un oiseau, semblable au premier, de même nature, mais plus noble que lui, & qui croît de jour en jour en vertu, jusqu'à ce qu'il soit devenu immortel.

XCVII. Ce Phenix, qui renaît de ses cendres, est le sel des Sages, & par ce moyen leur Mercure, dit Philalethe; c'est le sel de gloire de Bazile Valentin, le sel albrot d'Artephius, le Mercure double de Trevisan, lequel est cet embrion philosophique, & l'oiseau né d'Hermogene ; c'est l'eau seche, l'eau ignée, & le Menstrue universel, ou l'esprit de l'Univers ; la Pierre des Sages est rassasiée de cette eau, qui ne mouille point ; elle en est formée, afin de produire le lait de la Vierge, qui sort de son sein ; elle-même est le suc de la Lunaire, c'est l'esprit & l'ame du Soleil, le bain marie, où le Roi & la Reine se doivent baigner.

XCVIII. Ce sel est l'agent de la nature, qui renverse le composé, le détruit, le mortifie & le réengendre souventes fois : il contient en soi le feu contre nature, le feu humide, le feu secret, occulte & invisible ; il est principe de mouvement, & cause de putréfaction ; c'est par ce dissolvant qu'on réduit l'Or à sa premiere matiere ; or tous les Philosophes sont d'accord, que le Menstrue qui dissout radicalement le Soleil & la Lune, doit conserver leur espéce, & rester avec eux après la dissolution, & par conséquent être de leur nature, & se coaguler soi-même avec les corps qui ont été dissous, & par leur vertu.

XCIX. Dans cette dissolution du corps par l'esprit, se fait la congelation de l'esprit par le corps, & l'esprit & le corps s'aident l'un & l'autre, dit Lucas, dans la tourbe ; l'esprit, dit-il, rompt premierement le corps, afin qu'il lui aide par après ; quand le corps est mort, abreuvez-le de son lait, qui est en lui, & vous verrez que le corps congelera l'esprit, & qu'il se fera un de deux, de trois & de quatre; c'est alors que le mort est vivifié, que le vif meurt dans cette solution & congellation : ainsi les Philosophes commandent de tuer le vivant & vivifier le mort, & avant cela, le corps & l'esprit se pourrissent & corrompent ensemble.

C. Il n'y a point de parfait levain, où l'esprit & le corps ne se fermentent, ne s'aigrissent & ne s'échauffent ensemble, par le moyen du feu interne, & corrompant, & d'une eau chaude, qui aide & anime la chaleur du levain; c'est ce qui arrive au sujet de notre levain, de notre eau, de notre corps & de notre esprit ; l'eau dont il est question, est la premiere, ou même la seconde; Artephius dit, le levain est tiré de l'Or, qui est le corps, & le levain porte l'esprit, corrompant ; ainsi l'eau, l'esprit & le corps composent, ou fournissent la matiere du levain.

CI. Comme nous avons plusieurs levains, suivant les dégrés de perfection, où ils sont élevez par notre art, car la nature ne nous en donne point d'elle-même, aussi avons-nous plusieurs eaux, plusieurs corps & plusieurs Mercures; il n'y a pourtant qu'un levain parfait, qu'un seul corps & qu'une seule eau véritable, qui est le Mercure des Sages

Philosophes, qui est un vrai feu, selon Artephius; ce feu est un soufre, & le Mercure est le soufre, l'eau, & le feu; ce Mercure est donc l'eau tirée des rayons du Soleil & de la Lune, dit Sendivogius.

CII. Ce Mercure ne sçauroit être tiré des rayons du Soleil & de la Lune, qu'il ne soit double: & il ne sçauroit être tiré de ses cavernes vitrioliques, sans tenir lieu de levain ; il ne sçauroit tenir du feu & de l'eau, du Soleil & de la Lune, du corps & de l'esprit, sans être l'amequi joint le corps & l'esprit, le médiateur du feu & de l'eau ; & ce seroit à tort que les Philosophes lui donneroient tant de louanges, si ce Mercure n'étoit l'agent dans notre Art, & le dissolvant universel des corps.

CIII. Nous avons besoin de ce Levain, ou Mercure, pour les trois dissolutions nécessaires à l'Oeuvre des Philosophes; la premiere regarde le corps cru, pour en tirer l'esprit séparé de son corps, qui nous est nécessaire pour donner la vie aux morts, & pour guérir les maladies ; la seconde est la solution de l'Or & de l'Argent, qui composent par leur union la terre minérale ; la troisiéme dissolution est ce qu'on appelle emploi pour la multiplication: la premiere qui est spirituelle, sert pour la fermentation du corps impur, la deuxiéme radicale du pur, & la troisiéme multiplicative du très-pur.

CIV. On dissout le corps impur, pour avoir l'esprit caché en lui, & le Mercure qui le dissout, est la premiere clef qui ouvre la porte à la Pierre; c'est ce Mercure, qui est préparé par notre Art, & qui est composé de matiere vile, & de peu de prix: elle est sulphureuse & mercurielle, chaude & froide, séche & humide, elle contient la vertu styptique & astringeante des métaux, dont parle Basile Valentin, deux fois née de Mercure; ce Mercure contient un grand trésor, sçavoir l'esprit de Mercure, & du Souffre: la fleur, & l'esprit de l'Or; il ouvre la porte de la maison de son pere & de la mere, & ouvre l'entrée du Palais du Roi.

CV. De la matiere de cette premiere clef, l'art en forme une seconde par adaptation; la premiere est de toutes couleurs, mais la seconde est blanche, comme la Lune, & pese beaucoup plus que la premiere: c'est elle qui ouvre la seconde porte, & dissout la terre minérale, dans laquelle est caché l'Or des Philosophes, le véritable Soleil; elle le fait paroître au jour sous plusieurs formes différentes, tantôt en terre, tantôt en eau, & ouvre si bien toutes les serrures de ce Palais Royal, qu'après l'avoir ouvert & fermé à diverses reprises, elle rencontre la Pierre & l'Elixir des Philosophes.

CVI. La troisiéme clef se forme de la matiere de la premiere, & de la seconde; c'est elle qui est la clef d'Or qui ouvre non seulement le Cabinet où se trouve la Pierre, mais encore la Cassette de la Pierre, & la Pierre même, afin qu'elle croisse & se multiplie en qualité & en quantité; mais à chaque fois que la Pierre est ouverte par cette clef rouge, il s'y fait une nouvelle dissolution; la terre devient eau, ou bouillon gras, & poreux, & l'eau devient terre; il se fait corruption, & à chaque fois nouvelle génération; & la Pierre multiplie de dix dégrés de qualité à chaque fois, & cela jusques à sept fois.

CVII. Cette multiplication est la derniere parole des Sages, comme la dissolution est la premiere, dit Flamel. La dissolution est le premier fondement, ou le premier pas de la Philosophie, & la multiplication en est la fin: si on excepte la projection, dans laquelle il se fait encore une dissolution radicale, par la séparation & exclusion de l'impur, & par la congelation du grain pur; ainsi la dissolution est nécessaire au commencement de l'Oeuvre, au milieu, & à la fin: & après l'accomplissement de l'Oeuvre, par la premiere, les corps durs deviennent mols, comme de la crême, ou comme de la gomme pesante, dit Morien.

CVIII. Les autres disent, que par la dissolution les corps secs sont réduits en eau séche, qui ne mouille point les mains, c'est-à-dire en Mercure, puis en semence, ensuite en esprit fixe, & enfin en terre; laquelle est souvent réduite en eau par dissolution, & retourne en terre par congelation;

monte & descend ; & de clarté, en clarté, est élevé au dernier periode de fixité, & de fusibilité ; & comme il faut pour toutes les opérations avoir une eau séche & dissolvante, comme la clef nécessaire présentée & préparée des mains de la Nature à l'Artiste, plusieurs ont cru que ce dissolvant, ou cette clef, étoit le Mercure vulgaire.

CIX. Tous les Auteurs s'accordent en ce point, que le Mercure vulgaire, n'est point notre eau dissolvante, ni notre véritable Mercure ; la raison est prise du côté de son impureté, qui ne lui permet pas de se mêler intimément & par les plus petites parties avec les corps purs, qui doivent être dissous, ni par conséquent de demeurer avec eux inséparablement : après leur dissolution cette même impureté, qui lui est naturelle, ne lui donne pas le pouvoir de purifier les impurs, que nous devons purifier dans leur dissolution, car celui qui doit purifier les autres, doit être pur, dit Philalethe.

CX. Outre la pureté qui manque au Mercure, il lui manque une chaleur naturelle, qu'il n'a pas, pour être le Mercure des Philosophes, qui dissout radicalement l'Or, qui se change en Or, après avoir changé l'Or en soi par la dissolution : ce défaut de chaleur vient, de ce que c'est un fruit cru, tombé de son arbre avant le tems, & auquel la Nature n'a pû adjoindre son propre agent ; mais comme il est demeuré impur, froid & indigeste, il a besoin d'un souffre lavé, & incomburant, que l'Art lui ajoute pour le mûrir, l'échauffer & le purger ; & sans ce soufre, l'art ne sçauroit perfectionner le Mercure.

CXI. Ce Souffre pur & fixe, qui perfectionne le Mercure vulgaire, dans la projection où il est transmué en Or, doit être tiré des choses qui sont de la nature du Mercure ; autrement, il n'auroit pas le pouvoir de le pénétrer, & s'unir à lui intimement ; car la Nature ne s'unit qu'à sa Nature, & repousse tout ce qui est étranger : or le Mercure des Philosophes contient ce souffre lavé & incomburant ; par lequel il est peu à peu digéré, & changé en Or ; & puis par une nouvelle régénération, changé & élevé en Pierre fixe & fondante, qui change le Mercure vulgaire en Or dans un moment.

CXII. On peut voir, de ce que nous venons de dire, que Philalethe a dit la vérité, lorsqu'il nous assure dans sa métamorphose, que le Mercure vulgaire & celui des Sages ne sont point différens matériellement & fondamentalement l'un de l'autre ; car l'un & l'autre sont une eau séche & minérale. Que les enfans de la science sçachent donc, dit ce Philosophe, que la matiere du Mercure vulgaire peut & doit entrer en partie dans la matiere du Mercure des Philosophes ; de sorte que leur matiere est homogéne : & qu'elles ne différent ensemble, que selon le plus ou le moins de pureté & de chaleur.

CXIII. Il est donc certain, pour parler de bonne foi, & suivant la doctrine de ce grand Philosophe, que si l'on pouvoit ôter au Mercure vulgaire ce qu'il a de superfluités sulphureuses, adustibes, d'aquosités, & de terrestréités corrompantes, & si on pouvoit lui donner la chaleur du Souffre incomburant, c'est-à-dire une vertu spirituelle & ignée, les ténébres de Saturne étant dissipées, on verroit sortir le Mercure tout brillant de lumiere, & ce Mercure ne seroit plus vulgaire, ce seroit celui des Philosophes, qui disent tous qu'étant déterminé, comme il est, il ne peut être notre Mercure sans perdre sa forme.

CXIV. Le Mercure vulgaire est un corps, celui des Philosophes est un esprit; du moins le Mercure vulgaire est corporel & mort, & celui des Sages est spirituel & vivant; le vulgaire est mâle, le nôtre est fémelle, ou du moins hermaphrodite; c'est une eau, le Mercure vulgaire la contient; mais elle est trop enveloppée dans son corps; le Mercure des Philosophes est notre bénite semence; le vulgaire n'en est que le sperme qui la contient; mais on ne l'en peut tirer que par la dissolution, qui se fait par notre Mercure, & dans lequel il perd sa premiere forme, pour prendre une forme plus noble & plus excellente.

CXV. Je sçai bien que le Mercure vulgaire, conservant sa forme dont il est spécifié, n'est pas la matiere immédiate de la

Pierre; & quand même il seroit dépouillé de sa forme, il ne peut être changé en Pierre qu'il ne soit fait Mercure des Sages; ni Mercure des Sages sans avoir été mortifié & revifié, ou engendré; il n'est pas aussi le dissolvant de l'Or & des autres Métaux, qu'il n'ait dépouillé tout ce qu'il a d'étranger, non métallique & corporel; mais on peut dire dans la vérité, quel est la plus aisée & la plus prochaine matiere, ou sujet de la projection philosophique.

CXVI. On peut dire aussi, en faveur du Mercure vulgaire, qu'il est la molle montagne, dont parle Sendivogius, dans laquelle on peut foüir facilement avec l'Agent des Philosophes, & y trouver l'eau vive & ignée, ou le feu humide que nous cherchons, & l'ayant trouvé, en faire des merveilles; on peut dire encore en sa faveur qu'il peut être utile à l'Oeuvre, si on peut lui ôter ce qu'il a d'impureté, & supléer à ce qu'il lui manque de vertu ignée; il dit de lui-même dans un Dialogue qu'il est Mercure, mais qu'il y en a un autre qui ouvre les portes de la justice, dont il est Précurseur symbole admirable d'un grand Mystère.

CXVII. C'est un grand avantage au Mercure vulgaire d'être la voie de son Maître, & le Précurseur du Mercure des Sages, qui d'après le grand Philalethe, vient délivrer les freres les minéraux, métaux, végétaux, animaux, & tous les corps naturels, de toutes leurs soüillures originelles; nous parlons toujours par paraboles & comparaisons, parce que la Nature & sa science sont le pentacle de tous les Mystères, & le symbole des plus hautes vérités : par elles on trouve l'explication, la prédiction & manifestation de tout ce qui est occulte : tel est l'effet de la sçavante Sagesse, artiste de toutes choses, & qui enseigne parfaitement la racine secrette des opérations merveilleuses, selon l'expression du Roi Salomon; lui-même, ainsi qu'il le dit, a décrit la Sagesse triplement, car elle reçoit trois sens, mutuellement & également représentatifs l'un de l'autre; & nous écrivons comme ce Sage a écrit.

CXVIII. Les Philosophes ont sans doute été dans cette pensée, lorsqu'ils ont dit qu'on doit tirer un air par un autre air, un esprit par un esprit, prendre ou attraper un oiseau par un oiseau, comme parle Aristée : les autres ont dit que par un esprit cru, on devoit en extraire un qui fut digeste & cuit; les autres ont dit qu'un menstrue végétal uni au minéral, & à un troisième menstrue essenciel, étoient nécessaires pour avoir le dissolvant universel, ou Mercure des Philosophes, c'est-à-dire que ce fameux Mercure a besoin d'un Précurseur, comme un Elie.

CXIX. Ce fameux Mercure, auquel les Philosophes ont donné tant de louanges, mérite bien d'avoir symboliquement un Précurseur qui ait l'esprit d'Elie, & qui prépare les voies de son Seigneur; le Précurseur est de même Nature que le Seigneur, mais celui-ci est infiniment plus noble, car il est né d'une terre Vierge, & conçû d'un Esprit céleste, au lieu que le Précurseur a été conçû en iniquité comme les autres corps métalliques, quoiqu'il ait été purifié dans la suite, & lavé dans le ventre de sa mere pour être rendu digne de préparer les voies du Roi philosophique.

CXX. Ce discours allégorique est tiré de la doctrine du sçavant Philalethe, notre Contemporain, & du fameux Sendivogius, qui enseignent que tous les corps métalliques sont tous conçûs en iniquité & malédiction dans le sein d'une terre corrompue, & que l'Or même, tout pur qu'il est, aussi-bien que le Précurseur dont nous parlons, ont besoin du Mercure des Philosophes, qui est conçû d'une terre Vierge, & formé de son sang très-pur, par un esprit céleste; source de beauté, de pureté & de lumiere; & ainsi quoiqu'il soit selon la nature corporelle de la nature des autres, il les purifie par sa vertu.

CXXI. Le Mercure des Sages est, à la vérité, composé de corps, d'ame & d'esprit; mais son corps après avoir passé par toutes les opérations de l'Art, comme par des tortures & des souffrances, son corps, dis-je, matériel est tout spiritualisé, & ayant été élevé en gloire, il est d'une si grande vertu, sublimité, lumiere & fixité, qu'il peut être tout, fixe, illumine tout, & triomphe de tout ce qui est dans le régne métallique, il sépare la lumiere des ténébres, qui obscurcirent ses freres, esclaves de l'impureté; & enfin, c'est un pur esprit, qui attire à soi tout ce qui est pur.

CXXII. Quelque noblesse que nous trouvions dans notre Mercure, la semence dont il est fait & composé par notre Art, n'est pas différente de celle dont tous les Métaux sont composés : & ces corps métalliques ne différent l'un de l'autre que par le plus ou le moins de décoction & de pureté, car leur semence est la même, & ces superfluités introduites ou restées dans leur congelation, ne sont pas naturelles aux Métaux, & n'ont pas corrompu leur semence, qui est une portion de lumiere céleste & incorruptible, qui luit dans les ténébres, & pure dans les ordures.

CXXIII. L'Or a l'éclat, il a la semence, & même il est toute semence métallique; mais il n'est ni le Mercure des Sages, ni la Pierre; car quoiqu'il soit aussi pur que l'un ou l'autre, il n'a pas la subtilité de l'un, ni la fusibilité de l'autre; l'Or est mort, mais il ne peut ressusciter que par la vertu du Mercure des Sages, qui est son propre dissolvant, & l'auteur de sa mort & de sa vie, qui le fait descendre dans les enfers, & qui l'en retire, pour l'en faire monter jusqu'aux
Cieux,

Cieux, & lui procurer cette subtile fixité, qu'il n'a pas de sa propre nature.

CXXIV. Il y a cette différence entre l'Or & le Mercure des Sages, que le premier est un ouvrage de la Nature, qui le fait dans les mines sans le secours de l'Art; & le second est l'ouvrage de l'Art & de la Nature; car il ne se trouve ni sur la terre ni dessous; c'est un enfant que nous pouvons produire par extraction, c'est-à-dire en le tirant des choses où il est; or il se tire par artifice du Souffre & du Mercure de la Nature, conjoints ensemble par l'entremise d'un tiers de même nature, & étant tiré il est la matiere prochaine de notre Pierre.

CXXV. Dans une semaine, dit Philalethe, ce Mercure par simple digestion devient Or philosophique, qui est la matiere la plus proche de la Pierre; c'est ce Mercure qui suffit tout seul avec e feu; voir il est le feu lui-même: s'il y a quelqu'un, dit-il dans son Dialogue, qui ait vû le feu caché dans mon cœur, il a connu que le feu est ma véritable nourriture, & plus l'esprit de mon cœur mange long-tems du feu, plus il devient gras; ainsi le Serpent dévore sa queüe & se mange lui-même; & le feu & lui sont deux, & un seul.

CXXVI. La miniere de notre Mercure n'est donc autre que le Souffre & le Mercure joints ensemble, dit le Cosmopolite; car de deux se fait un, qui est le fait virginal, dit Arnaud de Villeneuve; ce lait eſt notre Mercure ou Aigle blanc, compoſé du compoſé, l'air de l'air, l'Argent-vif de l'Argent-vif, l'eau tirée d'une roche, où l'on voit une mine d'Or & d'Acier; l'on remarque donc ici les deux principes du Mercure des Philoſophes; ſon pere eſt le Soleil, élevé en dégrés par notre Art, & ſa mere la Lune blanche, qui s'éclipſe avec le Soleil, à la conception de ce fils.

CXXVII. L'Or & le Mercure coulant ſont la matiere de notre Oeuvre, dit Philalethe; ſi ce Philoſophe parloit autrement il trahiroit ſa penſée & ſon nom; mais on peut ajoûter à ſa penſée que la matiere de l'Oeuvre eſt le Mercure ſeul, & qu'on fait ce grand Chef-d'Oeuvre de la Nature & de l'Art, & tous les miracles qui l'accompagnent, d'une ſeule choſe, comme dit Hermes, c'eſt-à-dire du Mercure des Philoſophes, qui eſt l'Or-vif, ou l'Or embrionné & volatil, qui ſe change en Or par une petite chaleur, mais non pas en pierre immédiatement; mais enfin tout ce qui la compoſe tire ſon origine de notre Mercure.

CXXVIII. L'Or ſortant de notre Mercure, comme le Soleil du ſein de Thetis tout éclatant de lumiere, eſt appellé Or vif, autant de tems qu'il n'a pas paſſé par le feu de fuſion, qui eſt la mort de nos Métaux, dit Baſile Valentin: cet Or vif eſt tout feu, ou le vrai feu de l'Or très-fixe & très-pur

Or balsamique, ennemi de corruption: il contient en soi le Sel, le Souffre & le Mercure; ou plutôt il est tout sel, tout souffre, & tout Mercure; mais en ces trois principes il est tellement en unité & homogénéité, qu'il est inaltérable & incorruptible, & ne peut être décomposé que par les rayons du Soleil, qui est son pere.

CXXIX. L'Or vif est souvent appellé Souffre vif; c'est ce souffre, dit Sendivogius, à qui les Philosophes ont donné le premier rang, comme au principal des principes; c'est ce premier agent qui est tenu fort caché; il est pourtant fort commun; il est par tout, disent-ils, & en toutes choses; il est végétal, animal & minéral; il est la vie de toutes choses, & une portion de cette lumière, qui fut faite au commencement du monde; il est le principe de toutes les couleurs, de toutes les congélations, & de toute maturité; & sans ce souffre vif l'humide radical dans les végétaux, animaux & minéraux, seroit tout-à-fait inutile.

CXXX. Ce Souffre, ou Or vif peut être consideré en trois états; dans le premier, c'est un pur esprit qui se trouve en toutes choses, qui est leur ame, leur vie & leur lumière; il est comme un Ciel terrifié & enveloppé dans tous les corps; dans le second état il est minéral, par conséquent spécifié dans les minéraux, & enclos dans leur humide radical ; & parce que c'est un feu, il agit sans cesse sur cet humide quand il est en liberté d'agir ; & comme cet humide est un air, ce feu s'en nourrit ; dans le troisiéme état il est foudroyant, victorieux, & triomphant de tout ce qui lui résiste.

CXXXI. On peut encore, en accordant les Philosophes, dire que l'Or vif des Sages peut être considéré comme agent & comme patient ; comme agent, c'est un esprit qui est toujours en action, qui donne le mouvement à toutes choses, & qui est le principe & promoteur de la corruption & de la génération des composés ; c'est un esprit de lumiere, toujours occupé à chasser les ténèbres, & à séparer le pur de l'impur ; dans cet état il est dans le Mercure des Sages, comme dans le lieu de sa domination, & où il commence à exercer les actes de Roi.

CXXXII. Ce feu, ou ce Souffre cesse d'agir, quand il a consommé son propre humide, si on ne lui en fournit point de nouveau, mais si on lui en donne, il recommence son mouvement, & convertit encore cet humide en sa substance, tout autant qu'il le peut ; la premiere fois, soit achevant son mouvement dans l'œuf, & sur l'œuf des Sages, il convertit tout son humide radical en pur Or, qui est Or vif, mais patient ; ainsi l'agent devient patient, la premiere matiere devient la deuxiéme, mais la seconde devient la premiere ; ce Mercure qui étoit patient devient agent, & redonne leur mouvement à notre Or vif.

CXXX. Si l'Or vif recommence son mouvement, il travaille avec plus de vigueur que la premiere fois, son terme se trouve plus noble, car à cette seconde fois l'ouvrage se termine à un Or plus excellent que n'est son grand-pere, & que n'est son pere & sa mere ; car l'Elixir, qui est le Ciel en Terre, & le Souffre incombustible, & teingent à toute épreuve, se trouve parfait à la fin de ce mouvement ; ainsi l'Or produit l'Or du Mercure ; & l'Or & le Mercure, le Soleil & la Lune, produisent la Pierre, & en sont faits : & l'on voit que les choses finissent par où elles ont commencé.

CXXXIV. Les Philosophes, d'un commun accord, ont dit avec raison, que leur Or vif n'est autre chose que le pur feu du Mercure, c'est-à-dire la plus parfaite portion de la noble & pure vapeur des Elémens, ou bien ce feu inné & intrinséque au Mercure ; sçavoir passivement & en puissance dans le Mercure vulgaire, activement & en acte dans le Mercure des Sages ; cet Or vif est comme une exhalaison, & le Mercure est la vapeur qui contient cette exhalaison. Or la vapeur étant consommée par la chaleur de l'exhalaison, se change en une poudre qui imite la foudre, tombant sur les Métaux imparfaits.

CXXXV. Cette noble vapeur des Elémens, est l'humide radical de la Nature, qui est par-tout & en toutes choses, & qui se trouve spécifié en chacune, & particuliérement dans le Mercure vulgaire, où cet humide radical spécifié & déterminé à la nature métallique en sort fort abondant; & sans doute que si la Nature toute seule, ou aidée de l'Art, lui avoit adjoint le feu inné, ou agent intrinséque, ou cette exhalaison qui tient lieu de mâle, le Mercure vulgaire seroit le Mercure des Philosophes, & ainsi pourroit devenir Or, & par dégrés médecine aurifique.

CXXXVI. Ce Souffre fixe, ou feu métallique, qui est en puissance dans le Mercure vulgaire, est bien actuellement dans l'Or, mais il n'y est en acte ou en action, à cause qu'il s'est placé sous de fortes barrières qui le mettent à couvert de la violence du feu élémentaire, & rien ne peut rompre ces barrières que notre feu humide; mais pour trouver cet Or vif, il faut le trouver dans sa propre maison, qui est le ventre d'Ariés; ce Souffre ou Or vif, est le seul agent capable de dépouiller le Mercure vulgaire de toutes ses impuretés, & de digérer ce qui est indigeste, & unir à soi ce qu'il a de pur.

CXXXVII. Lorsque le Mercure, c'est-à-dire l'humidité & la froideur dominent à la chaleur & la sécheresse, qui font le souffre, c'est ce qu'on appelle le Mercure des Sages, qui est froid & humide au dehors, & qui porte le chaud & le sec, c'est-à-dire le souffre dans son ventre; & lorsque le chaud & le sec dominent au froid & à l'humide, c'est l'Or qui tient le Mercure dans ses liens sous la domination du souffre, lequel ayant consommé tout son humide radical le change en soi, sçavoir en Or; ainsi l'Or est tout souffre & tout esprit; il est aussi tout corps & tout mercure.

CXXXVIII. Les Philosophes ont tous reconnu deux sortes de souffres ou d'agens naturels, l'un est externe & sert de cause efficiente & mouvante au dehors; & l'autre est cause interne, & comme forme informante; la premiere ayant fait son opération se retire, disent Bonus & Zachaire, & pour lors c'est la perfection du métal; le second est une portion ineffable de cet esprit lumineux contenu dans la semence, qui est l'humide radical métallique, & ce souffre est inséparable de son sujet, qui est cette même semence ou humide radical qui a le sperme pour envelope.

CXXXIX. Cet esprit lumineux contenu dans la semence métallique, qui est l'humide radical des métaux, n'est autre chose, que ce qu'on appelle dans la nouvelle lumiere, l'air des Philosophes; c'est ce même air dont parle Aristée, écrivant à son fils;

cet air, dit-il, est le principe de chaque chose en son regne ; & par cette raison, cet air est la vie & la nourriture des choses, dont il est le principe ; ce qu: a fait dire à tous les Philosophes, que l'air nourrit le feu inné ; ainsi l'air métallique inspire la vie au feu métallique, & lui fournit l'aliment, à cause qu'il en est le principe.

CXL. L'air des Sages, n'est pas l'air commun, qui est la nourriture du feu inné dans toutes sortes d'êtres ; mais c'est un air métallique qui est la nourriture du feu, ou souffre minéral, lequel feu, ou souffre est contenu dans le Mercure des Sages ; cet air métallique est une essence très-subtile, qui prend le corps d'une vapeur, & se condense avec l'humide métallique, pour servir de nourriture au feu minéral, contenu dans cette vapeur grasse, qui est une essence aërienne qu'on peut appeller esprit, ou air, & qui est la vie de chaque chose, & nécessaire pour l'Oeuvre.

CXLI. Cette vapeur si nécessaire à l'Oeuvre des Sages, se doit chercher dans ces corps métalliques, mais il faut une clef d'or, dit Aristée, pour ouvrir les portes de la Justice ; cet air dont nous avons besoin est enfermé, on ne peut le tirer de prison que par le moyen d'un autre air homogène qui sert de clef ; sur quoi on peut dire, avec Philalethe, que cette clef dorée, qui ouvre la porte du Palais fermé du Roi ; est notre

acier,

acier, qui est, dit ce Philosophe, la véritable clef de l'Oeuvre, sans laquelle le feu de la lampe ne peut être allumé.

CXLII. Notre Acier est la miniere de l'Or, un esprit très-pur, un feu infernal & secret, & le miracle du monde; le sistême des Vertus supérieures dans les inférieures, dit Philalethe; cet Acier est la lumiere de l'Or, & l'aimant d'où il vient est la lumiere de l'Acier: mais il est certain, dit le Cosmopolite, que notre air engendre notre Aimant, ou du moins contribue à sa génération, & que notre Aimant engendre, ou fait paroître notre Acier; ou disons avec moins d'envie, que notre air & notre Aimant sont les deux principes de notre Acier, de notre miniere, de l'or, & de leur lumiere.

CXLIII. Cet Aimant & cet air, sont les deux premiers Agens, & les deux Dragons dont parle Flamel, qui gardent la Toison d'Or, & l'entrée du Jardin des Vierges Hespérides ; ils les appelle Soleil & Lune, de source mercurielle & d'origine sulphureuse: lesquels par feu continuel s'ornent d'habillemens Royaux, pour vaincre toutes choses métalliques, solides, compactes, dures & fortes, lorsqu'ils seront unis ensemble, & puis sont changés en quinte-essence, qui est un extrait de l'eau, de la terre & du feu; & c'est notre Acier, ou notre Mercure double du bon trevisan.

CXLIV. Cette Quinte-essence est avec le

feu du souffre minéral, le suc de la saturnie, & le lien du Mercure; & pour la faire, il faut faire dès le commencement prendre deux Serpens, les tuer, corrompre, & engendrer, dit Flamel; elle est l'eau séche, qui ne mouille point les mains; ou bien c'est ce lait virginal d'Arnaud de Villeneuve, qui contient en soi les deux Spermes masculin & feminin, préparés dans les reins de nos élémens; c'est l'humide radical des métaux, le souffre & l'argent vif des Philosophes, le double Mercure, tiré de la corruption du Soleil, & de la Lune.

CXLV. Cet admirable Composé renferme en soi l'eau, & le Mercure des Philosophes, c'est-à-dire les quatre élémens: il n'est même lait, ni Mercure, dit l'Abbé Synesius; c'est une chose imparfaite, dit Philalethe; c'est le Soleil & la Lune des Sages, dit le Cosmopolite; le fils de notre aimant, & du Dragon igné, qui a dévoré le Serpent; feu secret, fourneau invisible; premiere humidité des Sages, qui résulte de la déstruction des corps: car en effet l'eau seconde & dorée d'Artephius se fait de la déstruction du composé, comme le composé se fait de la déstruction des corps très-chers.

CXLVI. La déstruction de ce composé, dit l'Anonime, est la seconde clef de l'Oeuvre; le mistere des misteres, & le point essentiel de notre Science; c'est ce qui ouvre les portes de la Justice, & les Prisons de l'Enfer, dit le Cosmopolite; c'est alors qu'on voit couler du pied du Rosier fleuri, cette eau si fameuse chez les Philosophes, laquelle se fait, dit Basile Valantin, par le combat de deux Champions, qui se donnent le défi ; car l'Aigle seul ne doit pas faire son nid au sommet des Alpes, mais on doit lui joindre un Dragon froid, dont l'esprit volatil brûle les aîles de l'Aigle.

CXLVII. La chaleur ignée de l'esprit du Dragon, faisant fondre la neige des montagnes, nous donne l'eau céleste dont il s'agit, & dans laquelle le Roi & la Reine se vont baigner, dit Artephius ; mais il faut que la terre reçoive son humidité perdue dont elle se nourrit ; il est donc nécessaire de réitérer ces préparations d'eaux par plusieurs distillations, afin que la terre soit souvent imbue de son humeur, & cette humeur autant de fois tirée, à l'imitation de l'Euripe, par un flux & reflux admirable ; mais sans feu, il ne se fait aucune eau.

CXLVIII. Comme on ne sçauroit tirer notre eau aërienne, ou air aquatique sans feu, aussi ne sçauroit on le digerer, ou le perfectionner sans feu ; ce qui a fait dire à Hermes, que le feu est le pilote du grand Oeuvre ; & à Artephius que le feu est nécessaire, au commencement, au milieu, & à la fin de notre Ouvrage : ce qui se doit entendre du feu de putrefaction, qui est nécessaire pour la génération, comme dit Morien : c'est ce feu putrefiant, que le Comte

Bernard appelle chaleur de fumier : & qui connoît bien ce feu, dit-il, il a la conclusion de notre Saturne, qui est la blancheur.

CXLIX. Cette conclusion de notre Saturne, qui se fait par dégrés, est la lumiere sortant des ténébres ; & cette lumiere, ou blancheur ne sort que par ce feu, qui cause putréfaction, & qui est le feu contre nature, comme l'enseigne Artephius, si nécessaire à la composition du Magistere, dit Parmenides, à cause qu'il faut rompre, & corrompre ce corps pour en tirer l'ame & l'esprit : & de cette maniere, la mondification & ablution de la matiere se fait par le feu, dit Calid ; par ce même feu, se fait l'éjection des ordures du composé.

CL. Le Magistere des Sages commence par le feu, se continue par le feu, & s'acheve par le feu ; ce feu est quelquefois humide, & c'est le feu du bain ; ou du fumier chaud ; quelquefois, c'est un feu chaud, humide, & froid, & c'est le feu de la lampe ; enfin il est sec, chaud, & humide, & c'est le feu de cendres blanches, ou de sable rouge ; notre feu échauffe la Fontaine des Sages : pour conclusion, ce feu est chaud, froid, humide, & sec ; ou plutôt, c'est un esprit, ou une quinte-essence, qui n'est ni chaude, ni séche, ni froide, ni humide en soi : Dieu le donne aux Sages ; qu'il en soit loué à jamais.

Fin du Pseautier d'Hermophile.

TRAITÉ

D'UN PHILOSOPHE INCONNU,

SUR L'ŒUVRE HERMÉTIQUE;

Revû & élucidé par le Disciple Sophisée, sous les auspices des Coherméites, Philovites & Chrisophiles.

Tous les Philosophes ont écrit fort obscurément ; & quoique les Modernes doivent avoir écrit plus clairement que les Anciens, puisqu'ils n'ont fait, ou que dire les mêmes choses en d'autres termes, ce qui les doit rendre plus connues, ou expliquer ce qui leur a paru plus obscur dans les Anciens, ou enfin dire ce que les autres avoient celé ; cependant on trouve encore tant d'obscurités dans les Livres de ces Ecrivains énigmatiques, qu'il y a moins de sujet de s'étonner que personne n'en pénétre le vrai sens, que de ce que quelqu'un l'a pû faire. Néanmoins la vérité & l'erreur ont leurs caractéres qui les distinguent, & quelques confondus qu'ils puissent être, un esprit attentif est capable de les débrouiller. On ne voit pas que pour faire cela, on puisse se servir d'un moyen plus commode & plus général, que de la voie analitique, ou plutôt c'est la seule voie par laquelle nous devons espérer de résoudre une infinité de questions embrouillées, & dans lesquelles, comme dans cette Philosophie, la vérité est cachée sous mille autres choses inconnues, sous un amas de paroles inutiles, & quelquefois même sous des contradictions apparentes.

Tous ceux qui ont quelque connoissance de l'Analyse, sçavent le secours que l'on en peut tirer pour la découverte de ces vérités. L'usage de cette méthode est extrémement vaste, & elle conduit à la connoissance des vérités par différentes voies ; mais quoiqu'on puisse bien assûrer, sans se tromper, que les Philosophes des siécles précédens l'ayent ignorée, quelques-uns d'entre eux, comme Arnauld, le Trévisan & Zachaire nous ont cependant laissé comme des essais de cette recherche, qui imitent en quelque chose une des manieres de la voie analitique. Ils nous assûrent qu'il faut expliquer les Philosophes par l'œuvre ou le procedé, & le procedé par les Philosophes ; qu'il faut faire une telle conciliation de tous les Passages, que non-seulement on accorde un Philosophe avec lui-même, mais encore avec tous les autres, que l'on ne voye plus rien d'obscur dans leurs Ecrits ; que toutes leurs équivoques soient levées, & leurs énigmes expliquées. Mais avec cette précaution, que le système qu'on se formera sur leurs Ecrits s'accorde avec les opérations ordinaires de la Nature.

Lorsqu'on a découvert cela, on peut probablement assûrer qu'on a découvert leur secret. Car si on regarde tous ces Auteurs comme l'on fait une lettre chiffrée, on pourroit vraisemblablement assûrer qu'un alphabet qu'on auroit trouvé seroit le véritable dont on se seroit servi pour chiffrer cette lettre, si avec cet alphabet on n'obmettoit pas un mot de cette lettre sans le lire, & donner un sens raisonnable à toute la lettre; de même on pourra penser qu'un systême qu'on se sera formé sur quelques Passages des Philosophes, sera celui dont ils auront voulu parler, si par ce systême on explique les Philosophes. Mais si avec l'alphabet de cette lettre chiffrée, l'on n'en pouvoit lire que quelques mots, ou que la lettre ne fît pas un sens raisonnable, il y auroit grand sujet de penser que cet Alphabet ne seroit pas le véritable, ou comme on appelle ne seroit pas la clef ; de même aussi on pourroit bien se former un systême, comme plusieurs font tous les jours, par lequel on expliquera quantité de Passages de quelques Philosophes, mais cela n'est pas suffisant, il les faut expliquer tous, au moins ceux qui paroissent essentiels, & qui se trouvent dans les véritables Philosophes.

Il ne faut que faire l'application de cette régle à toutes les opinions qu'on propose, pour en-faire voir le peu de solidité ; mais parce que dans cette recherche par la voie analitique, il est permis de faire des suppositions comme véritables, quoiqu'après on puisse les rejetter ou les changer, alors la suite du raisonnement en démontre ou la fausseté ou la vérité. Nous supposerons donc le procedé que vous demandez comme véritable dans l'essence, & ensuite nous essayerons d'en prouver chaque partie par l'autorité des Philosophes ; & puis de descendre au détail du même procedé, supposé que nous n'y trouvions pas de contradiction dans l'examen que nous en ferons. Mais comme pour concilier seulement les Philosophes sur ce procedé, il faudroit plus de loisir que je n'en ai, de même que pour faire voir la maniere de faire cette recherche par la voie dont je me sers, je me contenterai de vous exposer simplement, comme je croi que la chose va, & de l'affermir de quelques autorités ; voici l'une des manieres de faire la Pierre,

Prenez une partie d'Or vulgaire, amalgamez-le avec trois parties de Mercure philosophique ; mettez-le dans un matras dont les deux tiers soient vuides, & les mettez au bain de cendres avec un feu moderé, & environ en six mois de tems le tout se coagulera en une poudre rouge-brune. Premierement l'Or se dissoudra & volatilisera, puis commençant à se coaguler, toute la dissolution deviendra noire, & peu à peu elle blanchira, & enfin elle rougira ; alors le second Oeuvre est fait, mais on n'a pas encore la Pierre, on a l'Or ou le Souffre des Philosophes.

Il faut donc prendre cet Or, le mêler avec du Mercure philosophique, selon la proportion de neuf à un, ou de dix à un, ou de sept à deux, comme on voudra, l'enfermer dans le matras, & le mettre sur les cendres à un feu très-doux, & en dix mois le tout se coagulera en une poudre rouge impalpable, qui est la Pierre. Premierement l'Or des Philosophes se dissoudra, & toute la composition deviendra noire au bout de quarante jours ou environ, & parfaitement blanche après cinq mois, & cuisant toujours elle rougira comme du sang, & alors la Pierre est faite, que l'on peut fermenter & multiplier en vertu & en quantité.

Voilà tout le mystere, ou proprement il n'y en a point, car tout le mystere est dans la composition du Mercure philosophique ; il faut donc maintenant prouver par l'autorité chaque partie de ce procédé.

Mais auparavant, il faut remarquer que la Pierre ne se fait pas immédiatement de l'Or philosophique & du Mercure. Le premier œuvre, ou la premiere opération sert à faire l'Or philosophique, que l'on appelle encore souffre philosophique ; le second œuvre, ou la seconde opération sert à faire la Pierre avec cet Or philosophique, & le vulgaire.

Ces deux opérations paroissent à peu près semblables, cependant elles sont bien différentes, car elles se font avec différens dégrés de feu; les trois couleurs essentielles de la Pierre paroissent dans ces deux Oeuvres, qui sont le noir, le blanc & le rouge, néanmoins dans le second Oeuvre ces couleurs sont parfaites, c'est-à-dire un noir très-noir, un blanc très-blanc, & un rouge très-rouge; au lieu que dans le premier Oeuvre c'est seulement un noir commencé, un blanc sale, & un rouge obscur.

Voilà la maniere que les Philosophes enseignent de faire leur Pierre, & quoique ce ne soit pas là un secret, ils ont pourtant embrouillé & mêlé ces deux opérations, & n'ont pas voulu distinctement marquer les régimes de l'un & de l'autre.

Mais il y a encore une autre voie extrémement secrette, & dont les Philosophes n'ont parlé qu'avec bien de la retenue, laquelle se peut faire avec le seul Mercure des Philosophes, sans y ajoûter de l'Or vulgaire. Il y a en celle-là deux opérations comme dans l'autre; la premiere est pour faire le Souffre ou l'Or des Philosophes, & la seconde pour faire leur Pierre; car comme j'ai dit, la Pierre ne se fait immédiatement que de l'Or philosophique & du Mercure mêlés ensemble. La premiere opération, qui est pour faire le Souffre philosophique, se fait avec le seul Mercure philosophique, sans y ajoûter aucune chose, ce qui se fait en seize mois philosophiques; & la seconde opération, qui est avec cet Or ou Souffre, & l'Or vulgaire, d'en faire la Pierre, elle se fait en dix mois ou environ, comme nous avons dit ci-devant.

Ce procedé avec le seul Mercure est le plus rare, le plus excellent & le plus court. Celui avec l'Or vulgaire est plus long, plus pénible & moins excellent; ces deux procedés pour le tems ne différent point dans le second Oeuvre, pour les signes qui s'y voyent également, mais ils sont extrémement différens dans le premier Oeuvre. A l'égard de l'excellence, l'on peut en réitérant toute son opération, rendre la Pierre produite par l'Or vulgaire, aussi excellente que celle produite du seul Mercure; ce qui se fait en prenant la Pierre & la mêlant avec trois ou quatre parties de Mercure philosophique, & la faisant cuire à petit & lent feu, & en trois mois ou environ elle sera parfaite, passant dans l'espace de ce tems par toutes les couleurs comme au premier & second Oeuvre: & c'est là ce qu'on appelle la multiplication que l'on peut réitérer tant de fois qu'on voudra, & à chaque multiplication la Pierre s'augmente de dix, à la seconde de cent, à la troisiéme de mille, &c. outre que les dernieres multiplications se font toujours en moins de tems que les premieres.

Il y a encore la fermentation de la Pierre, qui se fait avant que de la multiplier, & qui se réitere aussi si on veut, elle peut être faite en diverses manieres, en voici une. On prend quatre parties d'Or vulgaire, une partie de la Pierre; on fait fondre ces deux en une masse friable, dont il faut prendre une partie & trois parties de Mercure philosophique, & cuire le tout pendant le tems nécessaire, pour coaguler la Pierre en une poudre rouge, propre alors à faire projection sur tous les Métaux; cette coction ne durera que deux mois.

Si on ne veut faire que de l'Argent, il ne faut pas faire rougir l'Elixir par la coction, mais quand on voit sa matiere blanche, il la faut alors tirer du feu & la fermenter avec de l'Argent.

Tous les Philosophes ont assez clairement parlé de ces opérations, mais ils ont merveilleusement enveloppé de figures leur Mercure, qui est la clef de l'Oeuvre; & pour commencer à donner les preuves de ce petit systême, & l'examiner par la régle même que je me suis prescrite, je dirai que les Philosophes nous ont décrit leur Mercure, ensorte que nous pouvons juger qu'il est à peu près pour sa forme extérieure comme le Mercure vulgaire; ainsi il faut rejetter d'abord toutes les eaux transparentes, les rosées de Mai, les esprits acides, &c.

Notre eau ne mouille point les mains, c'est ce que dit le Cosmopolite, Chap. X, Epilogue, parabole, &c.

Elle ne mouille & ne s'attache qu'à ce qui est de sa nature, cela ne convient qu'au Mercure selon le même.

Dans la différence que le Cosmopolite*fait du Mercure philosophique d'avec le Mercure vulgaire, il ne les distingue point par des qualités sensibles & apparentes, comme de la pesanteur, de la diaphanité, de la blancheur & autres, mais il s'arrête seulement à les distinguer par certaines qualités intérieures & insensibles, ce qu'assurément il n'auroit pas fait si le Mercure philosophique, ne ressembloit au Mercure vulgaire; quoique cette preuve soit négative, elle ne laisse pas d'être concluante; il ne faut que lire le Passage cité de Philalethe Chap. II. le Mercure des Philosophes ressemble à du métal fondu dans le feu; donc il est semblable au Mercure vulgaire.

Le Mercure philosophique * garde & conserve toutes les proportions & les formes du Mercure.

Le sujet matériel* de la Pierre est l'Or vul-

---

* Chap. VI. des trois principes.
* Philalethe, Ch. X.
* Philalethe, Ch. XIII. & XVII.

gaire & le Mercure coulant. Dans le Chapître XV & XVIII de Philalethe, on peut voir que ce Mercure doit être semblable extérieurement au Mercure vulgaire, puisqu'on peut comme le Mercure vulgaire l'amalgamer avec l'Or; qu'on peut laver cet amalgame, qu'on peut même sublimer & revivifier ce Mercure comme le vulgaire. Je m'imagine que cela suffit sans en chercher des preuves ailleurs, comme je le pourrois faire; mais si ce Mercure est semblable au vulgaire extérieurement, il est bien différent intérieurement : on en peut voir les différences dans le Cosmopolite Chap. VI. des trois principes, & dans Artephius, qui appelle inique le Mercure vulgaire.

Si je m'arrêtois à prouver tout, il me faudroit plus de tems que je n'ai résolu d'y en employer, il m'ennuye même déja d'en tant écrire, & peut-être me suis-je arrêté sur des choses qui ne le méritent pas. Je choisirai seulement quelques endroits que je crois qui sont les plus difficiles à entendre, & si il me reste du loisir j'acheverai d'autoriser les autres, qui peut-être n'en ont pas besoin, comme par exemple que ce soit l'Or & le Mercure qui soient les principes de la Pierre, & autres semblables.

J'ai dit que la Pierre se faisoit par deux diverses voies, l'une avec le Mercure seul, qui est la voie la plus excellente & la plus courte; & qu'elle se faisoit encore avec l'Or

& le Mercure philosophique, & que cette voie est plus longue & moins excellente; que la différence qui se trouve en ces deux voies est dans leur premiere opération, c'est-à-dire dans la production du Soufre ou de l'Or philosophique avec lequel on fait immédiatement la Pierre en le mêlant avec le Mercure : voici sur quelles autorités je me fonde, pour faire voir que la Pierre, ou le Soufre ou Or philosophique se produit du seul Mercure. Geber Livre II. Chap. 9. Philalethe Chap. 19. disent : *Si vous pouvez le faire avec du Mercure seul, vous ferez une belle découverte du très-grand Oeuvre, & un ouvrage plus admirable que celui que produit la Nature.*

Geber Livre II. Chap. 24. *de la Médecine, qui coagule le vif-Argent*, dit parlant de cette Médecine (qui est ce soufre philosophique) *on le tire tant des corps que du vif-Argent même, parce qu'on les trouve de même nature, mais on le tire plus difficilement des corps, & plus facilement du vif-Argent ; de quelqu'espéce que soit la Médecine, tant dans les corps que dans la substance du Mercure même, vous ferez une découverte.*

Geber Livre I, Chap. 52. dit : *La Médecine qui coagule le vif-Argent, peut être tirée des corps métalliques, mais on la tire plus facilement & prochainement du vif-Argent seul.* Le même Chapitre 54. dit : *L'humidité cérative se trouve plus facile-*

ment, mieux & plus prochainement dans le Mercure que dans les autres. Le même Geber Livre II. Chap. XXIV. dit : *La Médecine qui coagule le Mercure y est renfermé &c. c'est le régime, &c.*

Aristeus en la tourbe dit, que Gabertin, ou l'Or des Philosophes, est de même matiere substantielle que Beia, ou que le Mercure.

Cosmopolite au Dialogue du Souffre dit : le Souffre des Philosophes est très-parfait en l'Or & en l'Argent, mais il est très-facile en l'Argent-vif.

Cosmopolite, au Chapitre 5. des trois principes, dit l'Art n'est qu'une conjonction de l'humide radical des Métaux & du feu, c'est-à-dire d'une femelle & d'un mâle, lequel cette femelle a engendré ; car le Mercure philosophe a un souffre ; c'est l'Or philosophique, qui est d'autant meilleur, parce que la Nature l'a digeré, & on peut tout faire du Mercure seul ; il a une vertu si efficace qu'il suffit & pour toi & pour lui, c'est-à-dire que tu n'as besoin que de lui seul sans addition, tu pourras parfaire toutes choses du Mercure; Hermes dit : *dans le Mercure est tout ce que cherchent les Sages.*

Au Traité du Sel Chap. 2. il dit, le Mercure philosophique est un Or en puissance, & peut être digeré en Or philosophique ou en rougeur, & il se coagule ainsi ; & si cet Or est de nouveau dissout par un nouveau menstrue,

menstrue, il s'en fera la Pierre, &c. Il n'est pas de besoin donc de réduire le corps parfait, parce que nous ne trouverions que le même sperme que la Nature nous offre, & auquel elle a donné une forme de métal, mais elle l'a laissé cru & imparfait, mais nous le pouvons cuire & digérer, & le mener à maturité.

Philalethe Chap. 18. dit : notre Mercure donne de l'Or de lui-même, qui est le principe de nos secrets.

Philalethe Chap. 18. & 19. dit, on trouve notre Soleil dans le Soleil & la Lune vulgaire, mais il y a plus de peine à trouver dans l'Or vulgaire la matiere la plus proche de la Pierre, qu'à faire la Pierre. L'Or vulgaire est la matiere prochaine de la Pierre, l'Or philosophique en est la matiere la plus prochaine.

L'Or vulgaire mêlé avec notre Mercure, & cuit, se convertira tout en notre Soleil, mais ce n'est pas encore la Pierre ; mais si cet Or est cuit une seconde fois avec notre Mercure, il donnera la Pierre, cela est clair.

Notre Or est de notre Mercure, & il est aussi dans l'Or vulgaire.

Enfin pour connoître que le Mercure seul peut donner l'Or philosophique en peu de tems, & pour voir aussi que le Mercure & l'Or vulgaire mêlez donnent ce même Or philosophique, mais avec plus de peine ; & pour voir encore que cet Or n'est pas la

Pierre, mais qu'il n'en eſt qu'un des principes immédiats avec le Mercure, il ne faut que lire Philalethe aux Chapitres X, XI, XVIII, XIX & XX; car il faudroit tout copier tant il y parle expreſſément, & lire auſſi le Traité du Sel Chap. 2. &c.

Et pour connoître encore que l'Or vulgaire doit avec le Mercure ſe convertir en Or ou Souffre philoſophique, & que ce ſouffre étant dans la ſeconde opération mêlé avec notre Mercure, donnera la Pierre, ce qui fait les deux opérations, je vais en rapporter quelques autorités.

Premierement Philalethe, Chap. XIX. & XX, dit que ces deux Oeuvres ont une repréſentation emblématique l'une de l'autre, ſçavoir que dans la premiere du ſeul Mercure, qui eſt pour faire dans la ſeconde l'Or philoſophique avec l'Or vulgaire, on voit une noirceur, une blancheur & une rougeur; mais que dans la ſeconde Oeuvre on voit une noirceur parfaite, une blancheur parfaite, & une rougeur parfaite.

Le Coſmopolite Chap. XI, dit que le feu du ſecond Oeuvre, n'eſt pas tel que celui du premier.

Pour le tems de ces deux œuvres, Philalethe les marque aux Chapitres XVIII, XIX, & XXXI. le Coſmopolite au Chap. X. en ſa Parabole. Le Traité du Sel au Chap. VI, que je ne rapporte point, parce qu'il me faudroit trop écrire; Deſpagnet, Canon

137. dit que le premier Oeuvre pour le rouge est fait dans la seconde maison de Mercure ; & que le second Oeuvre se fait dans la seconde maison de Jupiter ; ce qui convient pour les tems avec ceux ci-dessus : & parce qu'il faut sçavoir quelques principes d'Astrologie pour expliquer cela, je dirai que les Astronomes commencent leur année par le signe du Bélier, c'est-à-dire quand le Soleil y entre, qui est environ le 21 Mars. La seconde maison de Mercure est la Vierge, qui comprend le mois de Septembre ou environ, quand le Soleil y est ; la seconde maison de Jupiter c'est les Poissons, qui comprend une partie de Février, lorsque le Soleil est dans ce Signe ; commençant donc par Mars, le premier Oeuvre doit durer six mois, c'est-à-dire finir en Septembre.

Ces deux Oeuvres se voient absolument requis dans ce dernier Auteur.

Canon 121. *La pratique de notre Pierre se parfait par deux opérations ; la premiere en créant le Souffre, l'autre en faisant l'Elixir.*

Canon 123. *Que ceux qui s'appliquent à la Philosophie, sçachent que du premier Souffre on en peut tirer un second & le multiplier. Le Souffre se multiplie de la même matiere, dont il est engendré, en ajoutant une petite portion du premier.*

Canon, 124. *Car l'Elixir est composé d'une eau métallique, ou du Mercure, de ce second souffre & ferment.*

Mais quand on ajoute le ferment, la Pierre est faite, si on ajoute le ferment à ce second soufre; on ajoute le ferment à la Pierre, donc ce second soufre est la Pierre produite par le second soufre : or suivant cet Auteur, ce premier soufre a été fait du Mercure, & de l'Or vulgaire; il restoit à faire voir que le ferment ne se doit adjouter que quand la Pierre est faite; ce qu'on pourra voir au Traité du Sel, chap. 8. Philalethe chap. 19. & 31. Cosmopolite au Traité du Souffre, pour faire voir encore par le Cosmopolite la nécessité & ressemblance des deux opérations, en travaillant avec le mercure conjoint avec l'Or vulgaire, & passant sur ce que Morien en dit qui est assez remarquable, nous considererons quelques passages de ce Philosophe, que l'on verra être la même chose exprimée diversement.

Chap. 9. dit, * il y a un métail qui est un Acier philosophique, qui se joint avec le vulgaire; l'Acier conçoit & engendre un fils plus clair que son pere; puis si la semence de ce fils qui vient de naître est mise en sa matrice, elle la purge, & la rend mille fois plus propre à porter de très-bons fruits. Voilà un abregé du premier & second Oeuvre, ce qui va encore mieux paroître par la conformité des autres passages suivans.

Chap. 10. dit, il faut que les pores du corps s'ouvrent en notre eau, que sa semence soit poussée dehors cuite & digeste;

* Le Cosmopolite.

& puis qu'elle soit mise en sa matrice; le corps c'est l'Or, notre eau ne mouille point les mains & est liquide; la matrice c'est notre Lune, & non l'Argent vulgaire, & ainsi est engendré l'Enfant de la seconde génération; voilà encore les deux procédés; ce qui est assez désigné par cet Enfant de la seconde génération, car il y en doit avoir un de la premiere, qui est l'Or des Philosophes, qui est la semence cuite de cet Enfant de la premiere génération, qui est plus claire que son pere.

Chap. 11. La terre se doit résoudre en une eau qui est le Mercure des Philosophes, & cet eau résout le Soleil & la Lune, en sorte que il n'en demeure que la dixiéme partie avec une partie, & on appelle cela humide radical des métaux: puis prends de l'eau de notre terre, qui soit claire; & dans cette eau mets-y cet humide radical métalique, & gouverne tout par un feu non tel qu'en la premiere opération; alors tu verras toutes les vrayes couleurs &c. Je t'ai tout révélé au premier & second Oeuvre.

En l'Epilogue il dit dissous l'Air congelé, ou cuit-le de maniere qu'il devienne eau. Dans cet Air tu dissoudras la dixiéme partie d'Or, scelle cela, & cuits jusqu'à ce que l'Air se change en poudre, qui est l'Or Philosophique; puis après ayant le Sel du monde, les diverses couleurs apparoîtront.

² Cosmopolite.

Les diverses couleurs n'apparoissent ainsi que j'ai dit, que dans le second Oeuvre. Le Sel du monde, ou le Sel simplement est le nom que donne le Cosmopolite au Mercure des Philosophes; cela se peut prouver par le chap. 3. 10. & à la fin de l'Epilogue. Philalethe aussi l'appelle Sel chap. 1. Le Traité du Sel ne l'appelle jamais presque autrement.

La Parabole dit, l'Arbre Solaire, c'est l'Or vulgaire; le fruit de l'Arbre Solaire, c'est l'Or Philosophique, que l'on doit mettre dans notre Mercure, d'où se doit former la Pierre. Ce qui se peut prouver par ce qui est dit à la fin de cette Parabole. Une seule chose mêlée avec une eau philosophique, &c. ou par cette chose il entend l'Or philosophique, comme on peut faire voir qu'est expliqué ce passage au Traité du Sel chap. 6.

Ce seroit trop entreprendre que de vouloir prouver tout, faites-moi seulement sçavoir ce que vous trouverez ici à redire, & je tâcherai de vous satisfaire, de même qu'à vous expliquer tous les passages que vous désirerez dans le sens que je les entends; mais pour répondre en peu de mots à ce que vous dites, sçavoir si (comme estiment quelques-uns) le Salpêtre, l'Antimoine & le Fer peuvent être la premiere matiere des Philosophes; je vous dirai que je ne crois pas que cette opinion puisse raisonnablement se soutenir, soit qu'on prenne séparément ces trois matieres, soit conjointement. Premirement à l'égard du Salpêtre, il n'y a pas d'apparence, en ce que ce n'est pas une chose minérale ; or tous les Philosophes tombent d'accord que la miniere d'où ils tirent leur Mercure est une chose minérale. Secondement ces mêmes Auteurs disent que le sujet des Philosophes est le même que celui dont la Nature se sert pour former l'Or & l'Argent, & les autres Métaux dans les mines, comme assurent, le Trevisan, Zacaire, le Traité du Sel, le Cosmopolite &c. Or jamais aucun Philosophe n'a dit que les métaux fussent formés de Sel nitre, à moins que de prendre ce mot en un sens figuré. En troisiéme lieu l'eau que l'on peut faire du Sel nitre, est comme l'eau commune, & l'eau des Philosophes ne mouille point. En quatriéme lieu, le Traité du Sel au Dialogue qui est à la fin, traite de vision cette opinion, & traite de ridicule un Alchimiste qui se persuadoit que ce Sel étoit le sujet des Philosophes.

Quant à ce que vous dites que l'Antimoine & le Fer sont la matiere du Mercure, & du Souffre des Philosophes, j'aurois souhaité deux choses ; l'une que vous vous fussiez plus expliqué, sçavoir si vous entendez que l'Antimoine soit la matiere d'où on doit extraire le Mercure des Philosophes, & le Fer, celle où l'on doive extraire leur Souffre pour le mêler avec ce Mercure ; ou si vous estimez que l'Antimoine avec le Fer doivent ensemble composer la miniere, d'où avec artifice on doive extraire ce Mercure philosophique. L'autre chose que j'aurois souhaité, est que vous m'eussiez voulu citer quelques principales autorités, sur lesquelles vous vous fondez; car en tous ces cas il me semble qu'il ne me seroit pas difficile de les expliquer en leur vrai sens, & montrer ce qui peut être la cause que toutes ces suppositions ne s'accordent, ni avec la Nature, ni avec les Philosophes. Au lieu que dans l'état où je suis, il faut deviner votre supposition, & la preuve que vous en avez.

Le nombre des Métaux n'est pas le même chez tous les Auteurs; cela dépend de la définition que l'on voudra donner au métail; ainsi ce n'est plus qu'une question de nom. Chez Geber il n'y a que six métaux: il n'y comprend pas le Mercure; Paracelse & Glaubert en comptent neuf ou dix, ils comprennent le Mercure, l'Antimoine & le Bismuth; mais sans nous embarasser dans cette chicane, nous pouvons assûrer avec Richard Anglois dont il est tant fait mention dans le grand Rosaire, que les Minéraux tels que l'Antimoine, le Zink, le Bismuth, & les autres Métaux sont composés des mêmes principes, sçavoir de Soufre, & de Mercure; c'est aussi ce qu'assûrent le Trévitan & Zacaire.

Mais les Philosophes nous assurent encore que

que leur sujet est celui dont la Nature se sert pour la production des Métaux vulgaires ; & par conséquent ce ne peut être un métail, ni une chose composée de ces principes, & altérée en une forme métalique. De sorte que le sujet des Philosophes doit être la chose dont l'Antimoine même a été formé, & qui est encore plus crue que ce minéral, & plus proche du principe de la Nature.

Il n'y a pas de raison, pour laquelle on voulût que le mercure de l'Antimoine fût plutôt le Mercure philosophique, que le Mercure du plomb ou de l'estain. Car quand le Mercure pourroit être tiré de l'Antimoine, ce que je n'accorderois pas volontiers, quoiqu'on fasse bien des histoires pour le prouver, il ne différeroit que très-peu du Mercure du plomb ; & selon Geber & tous les Philosophes, le Mercure de l'estain seroit encore plus pur. Aussi le Traité du Sel au chap. 2. faisant une innumération des diverses teintures particulieres que l'on peut faire, à l'imitation de la Pierre des Philosophes, qui est la racine de ces teintures, dit, que la teinture de l'Antimoine, du Fer, du Soleil, de la Lune, du Vitriol, du Mercure, du Venus, &c. ne teignent point universellement comme fait la Pierre des Philosophes, qui est le principe par lequel on tire toutes ces autres teintures particulieres ; que cette Pierre des Philosophes est la premiere de toutes : qu'il faut s'appliquer à ce premier sujet métalique. Ce qu'il emprunte de Basile Valentin, & ce qui est conforme à ce que dit le Cosmopolite sur la fin du sixiéme chap. des trois Principes, qu'après qu'on a l'arbre qui est l'Oeuvre universel, on peut faire venir les rameaux qui sont ces teintures particulieres. Philalethe chap. 13. & 17. désigne assez que ce n'est point un Mercure Extrait des Métaux & Minéraux, & ce qu'il dit en ces deux chap. suffit à faire voir que le Mercure des Philosophes est le Mercure non vulgaire, qu'il faut animer, ou lui donner un certain Souffre métalique qu'il n'a pas ; & que leur Souffre c'est l'Or sans équivoque, comme j'ai dit ci-dessus, & auquel a été marié le mercure philosophique.

Laissez tous Minéraux, & laissez tous Métaux seuls, Trevisan pag. 117. Zachaire confirme cette opinion en plusieurs endroits.

Suite du précédent Traité.

Ce que vous demandez à présent de moi, après que vous m'avez un peu plus particulierement exposé votre sentiment, ne m'embarasse pas moins que quand je l'ignorois davantage. Car vous m'en dites peu ; je ne sçaurois encore appercevoir sur quels passages plus formels, & sur quelles autorités vous fondez vos conjectures ; il s'agit de sçavoir quel est le sujet, ou quels sont les sujets (si on veut) dont les Philosophes composent leur Oeuvre, pour éviter les équivoques, il faut un peu s'expliquer; l'Oeuvre des Philosophes est de faire la Pierre avec le Mercure seul, ou avec le Mercure & l'Or vulgaire; on fait par l'une ou l'autre de ces deux voies, premierement l'Or des Philosophes: puis de cet Or avec le Mercure, on en compose la Pierre dont on trouve le procédé dans Raimond Lulle, Arnaud de Villeneuve &c. & il est indubitable que les principes immédiats de la Pierre sont le Mercure des Philosophes, & l'Or des mêmes Philosophes; il est encore très-clair ce me semble, chez tous les Auteurs, que l'Or des Philosophes est produit de l'Or vulgaire & du Mercure mêlés ensemble. j'en ai rapporté assez d'autorités, il n'est pas besoin de les répéter; & cet Or philosophique peut être aussi produit du Mercure philosophique tout seul, comme l'assurent Geber le Cosmopolite, Philalethe, &c. tout cela doit passer sans contestation, & il me seroit très-facile de le prouver par les autorités. Mais la principale difficulté dans l'Oeuvre philosophique, est d'avoir le Mercure, ou cette liqueur dont parle le Cosmopolite, qui dissout l'Or comme l'eau chaude fond la glace; & trouver cette liqueur, est tout l'Oeuvre, dit Philalethe chap. 17.

Mais parce que ce Mercure selon Geber, Philalethe & le Cosmopolite, ne se trouve pas sur la terre, il faut selon eux le faire; non pas en le créant, mais en le tirant des choses où il est enfermé; ce Mercure a donc une miniere, soit que le Philosophe la doive composer, soit que la Nature lui offre toute prête, d'où l'industrie de l'Artiste doit le tirer, en l'extraiant du corps minéral.

Mais comme tous les Livres des Philosophes sont pleins de recipés énigmatiques, & qu'ils déclarent ailleurs assez clairement tout le procédé, on a raison de croire que tous ces récipés ne regardent que la composition du Mercure des Philosophes. Ainsi le Cosmopolite au chap. 11. l'enseigne en ces termes que j'écris, parce qu'il n'y a que deux mots. ℞ de notre terre par onze dégrés onze grains, de notre Or un grain, de notre Lune deux grains; mettez tout cela dans notre feu, & il s'en fera une liqueur séche. Premierement la terre se resoudra en une eau, qui est le Mercure des Philosophes, & voilà tout ce qu'il en dit, qu'il repete à la fin de ce chap. sous une énigme, disant, cela se fera, si tu donnes à dévorer à notre vieillard l'Or & l'Argent, afin qu'il les consume, &c.

Philalethe au chap. 7. l'enseigne de même ; ℞. de notre Dragon ignée qui recele en soi l'Acier mystérieux, quatre parties, de notre Aimant neuf parties: mêlez cela par un feu brûlant, &c Geber en cent endroits cache sous des procédés sophistiques toute la composition du Mercure, & le procédé de l'Oeuvre, comme il en avertit. On a donc quelque raison de penser qu'il faut plusieurs matieres pour composer cette miniere ; je ne cherche pas si ces matieres entrent essentiellement dans la composition du Mercure, ou si elles ne servent qu'à sa purification, je les envisage seulement comme absolument requises pour faire ce Mercure Philosophique.

Mais je trouve dans Despagnet, Canon 46. que le mercure a un souffre, qui a été multiplié par artifice ; Canon 30. que le mercure doit être impregné d'un souffre invisible, pour devenir mercure philosophique ; & au Canon 51. chap. 11. Philalethe, que ce n'est pas assez d'ôter au mercure toutes les impuretés, mais qu'il lui faut ajouter un souffre naturel qu'il n'a point, & dont il n'a que le ferment. Et au Canon 58. qu'il faut que la Vierge mercurielle aîlée soit impregnée de la semence invisible du premier mâle.

Je trouve encore dans le Cosmopolite chap. 6. des trois principes, que le mercure est une quinte-essence créée du souffre & du mercure, que le mercure se tire du souffre & du mercure conjoints. Enfin je trouve en Philalethe au chap. 11. qu'il faut introduire un souffre dans le mercure, qui le rend philosophique ; au chap. 10. que dans notre mercure il y a un souffre actuel & actif, qui par la préparation y a été ajouté. Au chap. 2. qu'en notre eau il y a un feu du feu du souffre, & une autre matiere. Au chap. 14. que cette addition du véritable souffre se fait par dégrés, selon le nombre des aigles ou des sublimations philosophiques ; au chap. 17. que notre eau le compose, & que notre mercure se doit animer d'un souffre qui se trouve en une matiere vile, non pas en elle-même, mais aux yeux du vulgaire, outre une infinité d'autorités que je pourrois rapporter. Je suis porté à croire qu'il faut pour composer la miniere du mercure mêler plusieurs choses, dont la principale chose qui s'y trouve, est un mercure & un souffre. Tout cela étant donc entendu, je dis que le fer commun n'est point le sujet, d'où on doit tirer le souffre ou l'or philosophique, qui se doit mêler avec le mercure philosophique, pour faire la Pierre immédiatement ; & qu'il n'est point non plus le sujet qui fournit au mercure le souffre invisible & intérieur, dont il a besoin pour devenir mercure philosophique, ou ce qui est la même chose, qu'il n'entre point en la composition de la miniere des Philosophes ; & j'ajoute que l'antimoine n'est pas non plus la matiere d'où le mercure philosophique s'extrait ; car *il se tire d'un minéral quasi métallique, impératif à tous minéraux, métaux, végétaux, & animaux.*

Comme il semble que l'on ne va qu'à tâtons en l'étude de cette Science, on y reçoit aussi toutes sortes de preuves ; elle n'est pas du nombre de celles qui se démontrent métaphisiquement ; elle n'établit pas ses principes pour en tirer des conclusions par ordre, il faut deviner tout cela ; mais quoiqu'il y ait à deviner, on ne doit rien supposer qu'on trouve chez quelqu'Auteur ; or je ne pense pas, qu'il y en ait un seul qui ait parlé du fer & de l'antimoine pour les principes matériels de l'Oeuvre ; je sçai que cette preuve est négative, & qu'on n'a pas droit d'en rien conclure en rigueur, mais si on se donne la peine de l'examiner, elle ne laissera pas d'avoir quelque poids, en considerant que les Philosophes n'ont écrit que pour enseigner leur Science. Il y auroit aussi quelque sujet de s'étonner que les Philosophes n'eussent pas écrit plus clairement de ces deux matieres ; il est vrai qu'ils tiennent leur Science secrete, mais elle n'auroit pas couru de risque, parce que je ne crois pas, nonobstant tout ce qu'on dit, qu'on puisse tirer ni souffre du fer, ni mercure de l'antimoine ; & je peux assûrer que la Pierre est plus aisée à faire que cela, après les Auteurs qui en ont parlé.

Ils nous disent enfin que qui connoît la matiere, peut aisément venir à bout de tout le reste ; & ils nous avertissent que ce premier travail, qui est de produire le mercure, est si simple, si aisé & si naturel, que c'est pour cela qu'ils en parlent avec tant de retenue, parce qu'ils n'en pourroient rien dire qui ne le fist connoître : d'ou vient que le Cosmopolite prend pour devise : *La simplicité est le sceau de la Vérité*, & qu'il dit par-tout que la Pierre est très-facile. Les travaux d'une infinité de personnes qui se tuent dans ces extractions de souffre & de mercure, tant de l'antimoine que du fer, & des autres métaux & minéraux, & qui n'y ont jamais pû réussir, sembleroient justifier que ce n'est pas une chose si facile, si un enfant de l'Art s'arrêtoit à toutes leurs opérations sophistiques.

Mais laissons ces conjectures & vrai-semblances, ausquelles les pâles Chimistes, au mépris de l'art hermetique, ont donné lieu, par leur opiniâtreté à contredire la Nature, dont les opérations sont si simples ; & voyons si dans les Auteurs approuvés, & qui ont le caractere de Philosophes, nous pourrions rencontrer quelque chose qui exclue de leur Oeuvre le fer & l'antimoine.

Premierement le fer ne peut fournir l'Or philosophique, ou le souffre des Sages, qui est une des matieres immédiates, dont avec le mercure philosophique on compose la Pierre : je le prouve par la seule autorité de Philalethe & de Flamel en son Poëme philosophique, & par la Fontaine des Amoureux de philosophie. Flamel en son Poëme, & la Fontaine des Philosophes disent, que plusieurs cherchent ce souffre dans les minéraux &c, dans le Saturne, Jupiter & Mars inutilement & il ajoute en suite :

Mais moi je l'ai trouvé
Au Soleil, & l'ai labouré.

Philalethe au chap. 19. dit en termes exprès, que le Soleil philosophique se tire du Mercure seul, & plus facilement & plus promptement que de l'Or vulgaire; ainsi, dit-il, notre Soleil est la matiere très-proche de notre Pierre, l'Or vulgaire en est la matiere prochaine, parce qu'on en tire notre Soleil par l'aide de notre Mercure, & les autres métaux & minéraux en sont une matiere étrangere, où on peut dire que les métaux contiennent notre Soleil, en tant que d'iceux on peut tirer l'Or vulgaire. Voilà ce que dit Philalethe; mais on pourroit assurer qu'il y auroit plus de peine à faire, que le fer devînt Or, qu'à tirer de l'Or le soufre philosophique, parce que selon que le disent les Philosophes, & particulierement Geber & Zachaire, il n'y a point de métal qui ait moins de disposition pour la perfection ou la conversion en Or, qu'en a le Fer. Je m'imagine que cette preuve est positive & suffisante, mais elle se confirme encore par le sentiment universel des Philosophes, qui demandent l'Or pour leur ouvrage; Philalethe y est formel au chap. 13. 10. 11. 14. 15. 16. &c. & il le répéte en une infinité d'endroits; le Cosmopolite, chap. 10. & à la fin du chap. 16. du Traité du Soufre; Despagnet Canon 18. 19. 20. 24. 28. 29. &c. & tous ces Philosophes veulent prouver par raisons, que c'est l'Or vulgaire qui donne l'Or des Philosophes; mais cet Or vulgaire doit auparavant avoir bû l'eau de la Fontaine de Jouvence, & s'y être noyé, car il se convertit en elle & elle en lui.

Geber à la fin de l'Investigation, quoiqu'ailleurs assez obscur, en parle fort nettement. Je croi que cela suffit pour faire voir que l'Or des Philosophes ne se tire point du fer; & on en demeurera convaincu, si on prend la peine d'examiner les lieux que je cite, & si on veut faire quelque réfléxion sur ce que dit Philalethe dans le passage du dix-neuviéme Chapitre que je viens de citer; car on en doit conclure, qu'avant qu'on pût extraire ce Souffre philosophique du fer, il faudroit que ce fer devînt Or.

Il semble aussi que la raison s'accorde avec cela, car les Métaux sont doüés d'une sémence, comme votre ami l'a fort bien remarqué; & on prétend qu'ils ont été compris dans cette générale bénédiction que le Créateur donna aux créatures, (*Croissez & multipliez*? La sémence qu'ils ont, c'est une eau, selon le Cosmopolite, c'est un Mercure; & cette sémence doit être double, il faut qu'il y en ait du mâle & de la fémelle; la sémence masculine est le Souffre, & la féminine c'est le Mercure; l'une sans l'autre ne peut de rien servir, telle est donc la pureté de la sémence, telle sera la pureté du métail. Mais puisqu'il se présente occasion de parler de la génération des Métaux, pour faire comprendre le raisonnement que je prétends en tirer, je m'en vais l'expliquer, comme ont fait quelques Philosophes, & je n'établirai ce système que sur l'autorité de Geber, du Cosmopolite, Trevisan, Zachaire & Arnaud, sans rapporter leurs autorités; comme ces Philosophes vivoient en des siécles, où l'on avoit grande vénération pour Aristote, ils ont raisonné suivant les principes de sa Physique.

Le Trevisan, Zachaire & Arnaud le citent à tout moment; pour Geber il n'en parle pas, mais l'on voit assez qu'il suit ses sentimens, & qu'il eût même crû faire une faute considérable contre la raison que de s'en éloigner : lui qui étoit Arabe, a suivi en cela le sentiment des plus habiles de sa Nation, * qui ont pris bien de la peine à commenter ce Philosophe; ce qui montre l'estime qu'ils faisoient de sa doctrine : il ne faut que voir les louanges exhorbitantes, & contre le bon sens, que lui donnent tous les Arabes, particuliérement Averoës & Avicenne; on peut donc dire avec ces Philosophes, que les quatre Elémens produisent vers le centre de la terre une certaine liqueur, qui est le Mercure & la sémence feminine; & que ces mêmes Elémens produisent aussi une autre substance seiche, qui est le souffre; dans la premiere dominent l'eau & l'air, dans la se-

---

* Il est bon d'observer que ce Pays est celui du monde le plus fréquenté par les vrais Philosophes.

conde dominent la terre & le feu. D'autres ont expliqué cela autrement, & prétendent que le Mercure est fait seulement d'eau & de terre, & le Soufre d'air & de feu ; & d'autres ont dit que le Mercure est d'air & d'eau, & le Soufre de terre & de feu. Mais quoi qu'il en soit, il y a toujours deux matieres, deux semences, une masculine & une féminine ; & comme les Philosophes semblent se contredire sur ces principes, il est difficile à un Inquisiteur de la Science, & qui n'est pas encore bien assûré de rien statuer de certain ; cependant il ne doit pas balancer à les suivre, parce qu'ils s'accordent tous dans les effets des principes qu'ils supposent diversement. Le sentiment plus général qu'ils ont sur la formation des Métaux, est que le Mercure contient tout ce qui est nécessaire pour produire un métail; il est comme un œuf d'une poule qui n'avoit pas souffert le coq, ou encore comme un œuf parfait & qui contiendroit la sémence du coq, mais qui ne donnera jamais de mouvement à la matiere de l'œuf, si cette sémence intérieure n'est excitée par un Agent extérieur. De même, disent Zachaire & le Trevisan, la nature après avoir fait le Mercure lui joint un Soufre qui est son Agent, & qui n'entre pas essentiellement dans la composition du Métail, mais cet Agent en est peu à peu séparé par la seule coction, & moins il reste de cet Agent, plus le Métail est parfait. Le Mercure est donc à l'égard du Métail comme la matiere, & la vertu du Souffre en est comme la forme. Quand la nature a joint ces deux, elle ne fait que les cuire, & par cette cuisson le souffre se sépare, & la vertu agit sur ce Mercure, & reste en lui; or si ce Souffre est entiérement séparé, le Métail sera très-parfait, & ce sera de l'Or qui n'est qu'un pur feu dans le Mercure; ce qui se voit en ce que l'Or s'imbibe plus facilement de Mercure que tout autre Métail, parce que ce n'est qu'un Argent-vif cuit par son propre soufre. Les autres Métaux participent donc plus de ce souffre, qu'ils peuvent moins s'imbiber d'Argent-vif. Il est donc évident que ce qui fait la perfection dans les Métaux est le Mercure, & ce qui cause leur imperfection est le mélange de ce Souffre terrestre.

Cela est tant rebattu par Geber & Arnaud, qu'il n'en faut point douter, si on ne veut renoncer à leur doctrine. Je me suis insensiblement engagé plus avant que je ne voulois; j'abandonne donc la poursuite de cette explication, parce que cela me méneroit trop loin, & je concluerai que si le fer, comme il est véritable, abonde en un souffre impur, livide, terrestre, fixe & non fusible (qui sont les qualités que lui attribue Geber au Chap. 8. du Livre second) il est absolument inutile de le prendre pour l'Or des Philosophes, puisqu'il causeroit plutôt de l'imperfection que de la perfection, & l'on ne peut pas dire qu'on peut de ce souffre en séparer l'impureté, après que Geber assure que cela est impossible aux Chap. 9. 14. Livre 2. où il en donne la raison.

Mais si la Pierre n'est autre chose que l'Or extrêmement digeste, comme nous en assurent le Cosmopolite, Chap. 10. du traité du Sel, Chap. 2. 8. le Trevisan & Zachaire, pourquoi ne pas prendre de l'Or pour tâcher de le cuire plus que la nature n'a fait, & lui rendre la vie qu'il avoit perdu par l'extraction de sa mine & le martir du feu, & ainsi lui donner plus de perfection ? Car les autres Métaux, & le fer moins qu'aucun, n'ont pas tant de coction que l'Or. Il faudroit donc en prenant le fer, ou si vous voulez son souffre, qu'on le fît passer par le dégré de coction ou métalisation qui répond à l'Or, avant qu'il pût devenir la Pierre, qui est encore plus parfaite que l'Or, ce qui est un travail d'Hercule ; & d'ailleurs superflus, dès qu'on peut avoir de l'Or vulgaire sans cela.

Puisque les Métaux ont leur sémence en laquelle ils se multiplient, il semble que la sémence de l'Or doit donner de l'Or, qui est l'intention des Philosophes. Mais, dira-t-on, cette sémence se trouve dans les autres Métaux ; cela est vrai, mais elle n'y est pas si pure, les Métaux sont infectez de lépre ou de mauvais souffres. Le Traité du Sel dit, il n'y a que l'Or qui soit pur. Or pour suivre notre comparaison, une semence impure provenant d'un corps impur, n'engendrera qu'un fruit impur, & si l'on dit qu'il est possible de purifier cette semence, & de la tirer (ce que toutefois les Philosophes nient) ne vaudroit-il pas mieux prendre cette semence dans l'Or, où il n'y a pas d'impureté, que d'avoir la peine de la purifier, après l'avoir extraite d'un corps imparfait?

Si le Fer n'est pas l'Or des Philosophes, ni le sujet d'où ils le doivent extraire pour le conjoindre avec leur Mercure, & en faire immédiatement leur Pierre, il n'est pas aussi le sujet qui donne au Mercure le Souffre qu'il n'a point, ou qu'il paroît ne pas avoir, afin qu'il devienne le Mercure des Philosophes ; mais il me semble que je n'ai pas de besoin de prouver cela, parce que vous supposez que le Mercure extrait de l'Antimoine, soit celui qui dissout radicalement tous les Métaux, ce qui ne convient qu'au Mercure des Philosophes.

Mais les Philosophes assurent qu'on peut faire l'œuvre entier du seul Mercure sans aucune addition, & que c'est même la voie la plus courte, la plus facile & la plus excellente, mais non pas encore la Pierre transmutatoire. Il ne faudra donc point y mêler ni le Fer ni l'Or, quoiqu'on puisse y mêler l'Or, pour le rendre transmutatoire, quand on ne sçait pas encore le mistére de tirer notre Or, & de notre Mercure, comme parle Philalethe, Chap. 19. Si on peut tout faire du Mercure, il contient donc dans ses entrailles son propre soufre; c'est en effet ce dont universellement tous les Philosophes nous assurent, & c'est pour ce sujet qu'ils l'appellent Androgin, comme qui diroit qu'il est la semence & masculine & féminine; ils l'appellent aussi Hermaphrodite; ce qui a donné lieu a bien des gens qui philosophent sur les mots, de travailler sur le Mercure & sur le Venus, que ce terme signifie.

Peut-être pourrois-je m'être trompé ci-devant dans tous ces raisonnemens, & je viens de m'appercevoir que faute de faire un peu de réfléxion, j'allois me tromper encore plus grossiérement. Je demeure d'accord que si non-seulement de l'Antimoine, mais de quelque Métail que ce soit, on pouvoit extraire un Mercure pur, ce seroit un Mercure des Philosophes, supposé qu'il fût imprégné de la vertu du soufre; parce que tous les Métaux sont fondés de ce Mercure; les Philosophes nous avertissent bien que nous devons prendre une matiere dont sont formés les Métaux; mais ils ne disent pas qu'il faut tirer cette matiere des Métaux; au contraire, ils le défendent, comme je vais le faire voir après quelques expositions.

Nous devons considérer le Mercure & le Soufre, comme la semence masculine & féminine, comme la matiere & la forme. Mais par le Mercure & par le Soufre, je n'entends n'entends pas les vulgaires, mais les deux principes des Métaux ; car le Mercure vulgaire est fait de ces deux, ces principes étant séparés contiennent chacun deux Elémens, & sont la première & vraie matiere métallique ; dont l'un sans l'autre ne produira jamais un métail ; témoins le Cosmopolite, Chap. 3. Geber, Chap. 25. Livre premier, le Trévisan, Zachaire, Flamel.

Ces deux principes sont la première matiere, qui est inutile à l'Artiste selon le Cosmopolite, Chap. 4. 7. 12. Et la raison pour laquelle ces deux principes nous sont inutils, c'est que nous ignorons non-seulement la proportion du mélange de ces deux principes, mais nous en ignorons aussi la maniere du mélange ; & quand nous les aurions tous deux dans leur entiere pureté, ils nous seroient inutiles pour cette raison. Il n'y a que la nature qui puisse faire ce mélange, & le faire dans la proportion qu'il faut pour produire un Métail ; le Cosmopolite nous en assure, Chap. 4. 6. 12. &c. Geber, Chap. 9. 10. 11. Livre premier ; & Zachaire dit que la Nature fait cette composition d'une maniere indicible.

Lorsque la Nature a mêlé ces deux sémences, c'est alors la seconde matiere, ou la matiere prochaine des Métaux, c'est la sémence métallique : & comme de chacune de ces deux matieres séparées, elle en a pû produire autre chose qu'un métail, quand elle les a mêlées & altérées en certaine substance terrestre, elle n'en fait jamais qu'un métail. C'est-là ce que le Philosophe doit prendre, & c'est de ce sujet terrestre qu'il doit tirer son Mercure, disent le Cosmopolite, Ch. 4. où il est formel, Ch. 3. 6. 12. Geber, Chap. 26. Livre premier. Le Trevisan, partie 2. 3. Zachaire, pag. 203. de l'édition de Paris 1672. où il appelle cette matiere Mercure animé, traité du Sel, Chap. 2. 8.

La Nature, agissant sur cette matiere, par la seule coction en fait tous les Métaux & Métallions par ordre. Le premier dégré d'altération est le Plomb, le second l'Etain, &c. Mais s'il y a une trop grande quantité de terrestreité, elle n'en produit que des Marcassites & Métallinnes, comme du Zinc ou du Bismuht, qui sont de l'Etain imparfait, de l'Antimoine qui est un Plomb impur, suivant Zachaire, le Trevisan, le Cosmopolite. Si nous voulons donc faire la sémence métallique, ou pour parler plus proprement, si nous voulons l'extraire, il nous faut connoître ce sujet qui la contient, & lequel si on avoit laissé dans la terre, & qu'il y eût assez de chaleur en ce lieu, seroit devenu un métail, selon la pureté du lieu où elle s'est trouvée. Mais pour cela il ne faut pas imiter les vulgaires Opérateurs, qui prennent les corps Métalliques, soit Or, soit Mercure, soit Plomb, &c. Qui veut faire quelque chose de bon, doit prendre la sémence, & non pas les corps entiers, dit le Cosmopolite, ch. 6.

1. La premiere matiere est le Mercure, & le Souffre a part, selon le même, chap. 3.

2. La seconde, c'est la semence Métallique, ou le Mercure philosophique, dont s'engendrent les Métaux, chap. 4. 6. & 7.

3. La troisiéme matiere, c'est le Métail, en l'Epilogue.

La premiere matiere, c'est-à-dire, ces deux principes sont inutiles ; la seconde matiere qui est la semence, ou les principes joints par la Nature, est la seule utile ; la troisiéme, qui est le corps produit par cette semence, est inutile.

Que la premiere matiere soit inutile, cela a été prouvé ; que la seconde soit utile, cela paroît par les ch. 4. 6. 7. 8. 10. 12. & que la troisiéme soit inutile, cela paroît encore par l'Epilogue : si tu travailles, dit-il, en la troisiéme matiere tu n'en feras rien, & ceux-là y travaillent, qui laissant notre matiere, s'amusent à travailler sur les herbes, pierres & minieres, tous êtres déterminés & inanimés, & par conséquent incapables de donner la vie.

Et au chap. 6. ceux qui travaillent sur le Mercure, & sur les autres Métaux, prennent les corps au lieu de la semence, lesquels sont la troisiéme matiere qui est inutile.

Au traité du Sel, chap. 2. il faut que vous ayez une semence d'un sujet de même nature que celui que vous voulez produire. Il faut donc prendre l'unique Mercure métallique en forme du Sperme cru & non mûr, qui est Hermaphrodite, qui ressemble à une pierre, à cause de sa puissance à passer en acte, & qui comme telle se peut broyer, & dont la forme extérieure est un souffre puant, qui est le premier sujet métallique que la nature a laissé cru & imparfait. Et chap. 8. il faut tirer le Mercure du même sujet, dont sont produits les corps Métalliques vulgaires que nous voyons.

Zachaire dit, la matiere dont nous nous servons, n'est qu'une seule, semblable à celle dont la Nature se sert sous terre en la production des Métaux ; tant s'en faut donc que toutes les matieres que nous pourrions prendre & mêler, fussent métalliques ou non, soient la matiere de notre science.

Les Philosophes ne disent autre chose, & ne répétent rien tant que cela ; si l'on doit donc prendre la matiere d'où se forment les Métaux, il ne faut pas prendre l'Antimoine, ni le Mercure, ni le Fer ; mais il faut prendre une matiere dont le Fer, le Mercure vulgaire & l'Antimoine ont été formés, aussi-bien que les autres Métaux. Dès que la Nature a joint & uni les deux principes métalliques, il ne s'en fait pas un Antimoine ; l'Antimoine est une production même de ces deux principes altérés & cuits par la Nature : de même dès que la poule a fait son œuf qui contient, comme le Mercure des Philosophes, un principe actif & passif, qui renferme en lui les deux semences, la matiere & la forme ; dès qu'elle a fait, dis-je, cet œuf, ce n'est pas un poulet en acte, mais en vertu. La comparaison du poulet au métail, & de l'œuf à la matiere des Philosophes, n'est pas nouvelle, Hermes l'a faite le premier, & assure que l'on trouve une grande analogie entre l'œuf & l'œuvre ; Flamel l'a fait aussi ; & il y en a des Livres entiers ; ainsi l'Antimoine & les Métaux produits du sujet des Philosophes sont comme autant de poulets produits d'un ou de plusieurs œufs. S'il étoit possible qu'un poulet pût naître d'un œuf qui contiendroit de l'impureté, il seroit impur, infirme & languissant. De même, quand le sujet philosophique contient de l'impureté, ou qu'il se rencontre dans un lieu impur, comme l'Antimoine, le Plomb, le Bismuth, &c. selon la qualité ou le dégré d'impureté. Mais si un œuf est bien conditionné, il produit un poulet parfait, de même que notre matiere étant pure produit un métal parfait ; car, dit le Cosmopolite, un méchant Corbeau pond un mauvais œuf.

Si on vouloit donc faire éclore un poulet parfait, on ne prendroit pas un peu de ces poulets impurs à demi formés dans l'œuf ; mais on prendroit un œuf bien conditionné, on en ôteroit, s'il étoit possible, le superflu, & ce qui en naîtroit seroit parfait. Il en va de même en l'œuvre philosophique ; on veut faire éclore ce poulet philosophique d'Hermogenes, il ne le faut pas prendre déja formé & impur, parce que ces impuretés ne peuvent plus s'ôter, c'est-à-dire, qu'il ne faut pas prendre aucun métail ni métaline, dont les impuretés ne se peuvent séparer, comme le dit Geber ; il ne faut pas prendre non plus aucun métail si pur qu'il puisse être ; parce qu'il a des impuretés, selon le Cosmopolite, chap. 3. Mais il faut prendre cet œuf philosophique, cette sémence métallique qui est dans un certain sujet terrestre, & qui n'a pas encore été altéré en aucune espéce métallique ; c'est-à-dire, non spécifié ni déterminé : nous en séparerons les impuretés par la préparation, & nous cuirons & ferons ainsi éclore ce poulet parfait.

Je répéte donc qu'il faut prendre une matiere laquelle étant une fois conçûe, ne peut jamais changer de forme, selon le Cosmopolite, chap. 4. De même que l'œuf ne peut jamais devenir que poulet.

Or l'Antimoine que nous prendrions, a déja la forme métallique ; mais quoi que le sujet que les Philosophes doivent prendre ne change pas de forme, c'est à-dire, selon le Cosmopolite, qu'il soit déterminé à devenir un métail, il ne s'ensuit pas qu'il doive être métail, quand on le prend.

Je crois que l'on peut aisément penser que

du premier mélange que la nature fait des principes, quoiqu'elle agisse dessus pour les mêler *per minima*, & les déterminer à devenir un métail, il ne s'en fait pas immédiatement de l'Antimoine ; de même comme j'ai dit, que dès que le coq & la poule s'étoient accouplez, & qu'elle avoit pondu son œuf, il ne s'en faisoit pas un poulet, mais seulement un œuf, l'on peut donc inférer que le sujet philosophique est quelque chose plus crû que l'Antimoine, que c'est le sujet d'où l'Antimoine & les Métaux sont formés.

Je pense que cela est suffisant, mais voici encor d'autres autorités ; car je n'ai cité que quelques Auteurs du premier Volume de la Bibliothéque Alchimique, & Geber, d'Espagnet, le Cosmopolite, Lulle & Arnaud qui n'y sont pas ; je n'ai rien rapporté de ceux du second Volume qui ne comprend qu'Artephius, & la somme de Geber ; parce que le Traducteur a misérablement tronqué & estropié ce dernier Auteur, on le méconnoît dans cette Traduction ; de sorte que, comme il en a changé l'ordre, il ne s'y faut pas arrêter pour trouver les lieux que je cite, mais seulement sur l'édition Latine. Je reprends donc la suite de ces autorités.

Le Cosmopolite, chap. 3. dit, il y en a qui prennent le corps pour 'eur matiere, c'est-à-dire, pour leur sémence ; les autres n'en prennent qu'une partie ; tous ceux-là sont dans l'erreur, de même que ceux qui essayent de réduire le grain ou le corps en semence, & qui s'amusent à de vaines dissolutions de Métaux, s'efforçant de leur mélange d'en créer un nouveau.

Tiens pour assuré qu'il ne faut pas chercher ce point où cette semence dans les Métaux vulgaires, parce qu'il n'y est pas, & qu'ils sont morts.

Le Cosmopolite, chap. 6. dit le Mercure vulgaire, aussi-bien que les autres Métaux, ont leur semence comme les animaux; le corps de l'animal est comparé au mercure ou à quelqu'autre métal. Qui voudroit donc engendrer un autre homme, il ne faudroit pas prendre un homme; de même qui veut engendrer l'homme métallique, il ne doit pas prendre le corps du mercure ou d'autre métal; moins encore pourroit-on de leur différent mélange en produire un, ni après les avoir dissous & divisez en parties; car cette division & dissolution les tuë.

Le Cosmopolite en sa Préface, dit que toutes les extractions d'ame ou de souffre des métaux n'est qu'une vaine persuasion & une pure fantaisie; Geber dit de même, chap. 21. Livre premier.

Le Cosmopolite, chap. 1. de la Nature, & ch. 6. du souffre dit, il faut à l'imitation de la Nature cuire la première matière des Philosophes ou leur Mercure. Or si ce Mercure se tiroit de l'Antimoine, il faudroit donc

donc que la nature pour produire les métaux prit ce mercure de l'Antimoine, parce qu'elle ne les produit qu'avec ce mercure; je ne crois pas que personne doute que l'Antimoine soit lui-même composé de ce même mercure. Le Cosmopolite, chap. 6. du Soufre dit, le mercure des Philosophes est en tout sujet, mais il est en l'un plus proche qu'en l'autre, & la vie de l'homme ne seroit pas assez longue pour l'extraire; il n'y a qu'un seul Etre au monde où on le trouve aisément: puisque cela est, je m'étonne que vous n'ayez pas dit que ce mercure se doit extraire de l'étain; car ce mercure y est plus pur que dans l'Antimoine, & en plus grande abondance, selon Geber, puisqu'après le Soleil & la Lune, il n'y en a point de plus parfait, ni qui contienne tant de Mercure que l'Etain; je dirois de même que je m'étonne que vous n'ayez pris le Cuivre au lieu du Fer; car le cuivre est plus parfait, selon Geber, & son Soufre est plus pur que celui du Fer, & il en abonde aussi-bien que le Fer, & en a davantage de bon que n'en a le Fer. Pour la facilité ou difficulté de l'extraction du Mercure de l'Antimoine ou de l'Etain, & du Soufre du Fer & du Cuivre, je pense que n'en ayant expérience ni de l'un ni de l'autre, il valloit autant prendre Jupiter ou Venus qui sont plus purs, que de choisir Mars ou l'Antimoine, qui ont tant d'impureté; mais comme on ne trouve, selon le Cosmopolite, qu'une seule matiere au monde en quoi consiste l'Art, & de laquelle on puisse avoir ce qui est nécessaire, on ne peut pas dire que la Pierre ou Mercure qui en est le principe, se peut extraire de tous les Métaux, il en faut déterminer un, ou une autre matiere minérale.

Pour montrer que les Métaux imparfaits & autres Métallions, soit qu'on les prenne entiérement, soit qu'on ait l'adresse de les séparer en diverses substances, qui est d'en extraire leur Mercure & leur Souffre, ne peuvent de rien servir, il faudroit copier tout le Chap. 14. du 2. Livre de la somme de Geber. J'aime mieux que vous ayez le plaisir de le lire, c'est le 13. de la nouvelle édition Françoise, lisez encore le Chap. 9. du même Livre, qui est le 8. de la nouvelle; sur la fin Philalethe, chap. 17. plusieurs se tourmentent pour tirer le Mercure de l'Or, le Mercure de la Lune, mais c'est peine perdue.

Trevisan, page 117. derniere édition, laissez tous Métaux.

Zachaire, page 169. même édition, parlant de ceux qui sont dans l'erreur, y compte ceux qui convertissent les Métaux ou Minéraux en Mercure coulant, ou en Argent-vif; ce seroit assez pour prouver que l'on ne doit pas faire cela de l'Antimoine.

Vous ajouterez, s'il vous plaît, à cela ce que je vous en avois écrit la premiere fois;

mais comme je ne me persuade pas que je vous satisfasse plutôt cette fois que l'autre; faites-moi la grace de me marquer ce que vous trouvez à reprendre; bien-loin de me chagriner, vous m'obligerez sensiblement, & je ne crois pas qu'on me puisse plus obliger que de me détabuser & me faire voir que je me trompe. Mais je vous avouë franchement ici que je ne crois pas qu'on le puisse faire; car j'ai fait tout ce que j'ai pu, pour me détromper moi-même: j'ai feint cent fois que tous mes principes étoient faux, je les ai examiné par ordre, plus les dernieres fois que lorsque je les ai reçus. Et enfin plus je tâchois de me détabuser, plus je voyois clair dans ce que je cherchois; & en effet à celui qui connoît ce que le Cosmopolite en son Épilogue appelle le point de la Magnésie, toutes les difficultés sont levées, tous les nuages se dissipent, & toutes ces choses lui sont claires & manifestes. Que si vous avez quelques expériences, ou quelques raisons, ou quelques autorités pour fonder votre opinion, & que vous me les vouliez dire, j'essayerai de les détruire, ou d'expliquer par les Philosophes mêmes que vous me citerez, les passages que vous croirez faire parler en faveur de votre opinion.

Il faut que l'Art commence où la nature finit les corps métalliques parfaits, dit le Cosmopolite, chap. 4. C'est lorsqu'on prend l'Or ou l'Argent pour les mêler avec le Mercure philosophique, qui est la terre & le champ dans lequel l'Or étant semé, il se multipliera, selon Philalethe; ce n'est pas donc le Fer. Mais s'il falloit apporter des preuves positives que c'est l'Or qui doit donner ce Souffre philosophique, que c'est, dis-je, l'Or ou l'Argent qui se doivent mêler avec le Mercure, il faudroit copier tous ces Auteurs, & principalement Artephius.

Richard Anglois dans son Traité, qui est dans le Théâtre Chimique, & dont il y en a quelque chose d'inséré dans le grand Rosaire, rejette absolument tous les Métaux & Minéraux Métalliques, ou qui ont la forme de quelque Métail, comme l'Antimoine, &c. pour la composition ou l'extraction du Mercure philosophique. Vous suivrez leur conseil, si vous m'en croyez. Leur expérience & leur sentiment univoque sur cette premiere matiere, doit vous suffir.

J'y ajouterai encore une réfléxion, pour détruire votre sentiment. Les Philosophes disent sans énigmes que leur matiere premiere est une substance mercurielle, qui renferme en elle un esprit de Feu céleste, actif, vivifiant, & non corrosif dont elle est imprégnée; l'Art a bien peu de chose à faire pour extraire cette même substance de sa miniere, elle paroît d'abord aux yeux revêtu d'un Souffre terrestre & impur, que bientôt après, sans le secours de l'Art, elle abandonne d'elle-même, pour s'offrir à l'habile

Artiste, qui la reconnoissant, la recueille avec précaution, mais que le vulgaire aveugle sur lui-même, foule aux pieds. Ceci doit vous convaincre, en pesant bien tous les mots; car je vous défie de pouvoir, ainsi que vous le croyez, tirer du Fer, de l'Antimoine ou autres Métaux vulgaires. Cette Saturnie végétable, cet Esprit universel & onctueux, qui se répand dans tout, anime tout, détermine tout & informe tout, sans user d'une force étrangère à la Nature. Cette Ouvriere, cette Mere industrieuse n'a pas besoin du secours de l'Art, pour nous donner son Fils premier-né. Nous la laissons agir, elle nous le donne prêt à être opéré, tous les Philosophes sont d'accord de ce que je vous dis. Au lieu que vous, vous forcez la nature. Quand vous aurez trouvé une Mine d'où sorte naturellement & sans le secours d'aucun Art, ce Mercure généralissime déterminant & non déterminé, spécifiant & non spécifié, alors vous serez dans le bon chemin, vous reconnoîtrez votre erreur. Et par les Ecrits des Philosophes vous sentirez vous-même que vous pouvez travailler avec sûreté, & que vous ayez trouvé cette Eau cahodique, qui digérée par une coction bien conduite, vous donnera au tems prescrit, le Chef-d'œuvre de la Nature & de l'Art, qui est la source de la santé des corps, & du contentement du cœur & de l'esprit.

Ainsi soit-il. *Fin.*

L'UNITÉ TERNAIRE DE la Vertu céleste, infuse dans les principes principiés du quadruple élément, est l'unique & véritable Médecine.

PARACELSE.

Crede videre bona in terrâ viventium. Pf. 26. v. 19.
Fœlix, qui potuit rerum cognoscere causas. Virgile.
Arcanos mihi crede sensus.
Ne fidos inter amicos sit, qui dicta foras eliminet,
Est & fideli tuta silentio merces ;
Vetabo, qui Cereris sacrum vulgarit arcana.

HORACE, Li. 3. Ode 2.

LETTRE PHILOSOPHIQUE.

AVERTISSEMENT DU LIBRAIRE AU LECTEUR.

EST-ce folie, témérité, & imprudence, ou bien sagesse, charité, & humanité, de mettre au jour une Lettre philosophique cachetée du sceau d'Hermes, qui m'est tombée entre les mains, par occasion fortuite!

Un Philosophe inconnu, sans doute de ces Phenix errans dans ce vaste Univers, desquels les Romans nous vantent le Phénomene, l'a adressée, sous un nom Cabalistique, à un de ses amis, qu'il semble vouloir angarier & initier à son occulte sagesse, non pas comme un plat de la Philosophie vulgaire, mais comme un mets exquis de la table des Dieux; & je n'en sçais point savourer les délices, n'osant pas même y porter la main profane; (j'ai cela de commun avec bien d'autres. Il y a quelques sentimens partagés sur le pour & le contre; le oui ou le nom de la réalité de cette Science, parmi certains Connoisseurs; mais le reste du monde, le plus nombreux avis, & l'opinion la plus commune, presque générale, logent un Philosophe de cet acabit aux Petites Maisons, & sa Lettre au Magasin des Contes des Fées, comme illusion de belles & flateuses chimeres.

Pour moi j'opine du bonnet, car je ne suis point du tout endoctriné des secrets de la Caballe Judaïque, pour pouvoir juger par moi-même, en connoissance de cause, de la vérité, ou de l'erreur de cette Philosophie naturelle, énigmatique, & obscure.

Je connois la sagesse, & sa pratique envers notre souverain Créateur & conservateur, & pour la conduite morale à l'égard de notre prochain, & de nous même; j'en fais mon devoir & mon observance, d'honnête homme & de Chrétien, & n'en scais point d'autre que celle qui y a rapport.

Si la Nature & l'Art ont quelqu'individu, ou partie secréte de cette Sagesse en leur département, dans la main & au pouvoir de l'homme, enfin une Science cachée sous des énigmes pour les effets merveilleux que l'Auteur nous annonce, c'est ce que j'ignore absolument, & j'en remets l'épilogue aux vrais connoisseurs, curieux & censeurs.

Le sujet m'a paru si intéressant, & la nouveauté de cette Philosophie par elle-même si curieuse & sçavante, que j'ai cru pouvoir en faire part au Public, avec quelques autres Ouvrages sur le même sujet, pour les soumettre à toutes ses épreuves, & à son jugement.

Si cette matiere ne satisfait point sa curiosité, son intelligence & son désir, au moins elle remplira son esprit d'étonnement de la profonde folie qu'il y trouvera doctement enluminé.

Mais si par hazard, quelque Partisan de cette secréte Sagesse reconnoît dans les ténébres la lumiere véritable, qu'il sçache cueillir des roses dans les épines, & en faire son profit, il m'en sçaura bon gré, & m'aura obligation de ses découvertes.

A ce double motif, je joint celui d'en attendre la décision impartiale & équitable; & ce sera ma Pierre de touche, & celle des gens sensés.

LETTRE PHILOSOPHIQUE,

PHILOVITE A HELIODORE,

Salut.

Studieux investigateur, Disciple d'Hermes, enfant de la Science philosophique, ne t'imagine point qu'il soit aisé de monter aux échelons de l'échelle de la Sapience, & d'atteindre au sommet, pour remporter la palme de victoire sur les infirmités terrestres, qui est attachée à sa hauteur. Le chemin du Ciel est étroit, épineux, rude, & escarpé; il en est de même de celui de la sagesse; l'on n'y parvient pas, & l'on n'y entre point sans des aîles du génie, c'est-à-dire sans s'élever par le moyen d'un esprit supérieur, très-pénétrant, droit & simple, au-dessus du fol vulgaire, & des doctes insensés de la terre; car cette science est fine, & passe les forces ordinaires de l'esprit.

Le caractere d'un véritable & parfait Philosophe ne consiste pas à posseder la pratique de l'Oeuvre hermétique, & son objet désiré, sans la théorie, la science & la connoissance des vertus & propriétés que Dieu y a répandu, ni à réputer leur souveraine excellence, & leurs merveilles, comme un secret indifférent à sa toute-puissance, & à la grace qu'il veut bien accorder au salut des ames & des corps; car la dignité d'un si grand don de sa grace, constitue en la personne du sage & de l'adepte, un vrai caractere d'illuminé du Pere des lumiéres, d'interprête de ses oracles, de ministre de ses merveilles, de connoisseur de la Nature, & de ses principes invisibles & visibles. Un aussi heureux mortel doit donc par état, reconnoître la Divinité même dans son ouvrage & dans ses effets, comme la source de toute sagesse & perfection, puisque selon S. Paul rien n'est privé, rien n'est dépourvu de la parole spirituelle salutaire, cachée au fond de l'essence de tous les êtres, & qui fait leur lumiere & leur vie.

Il n'appartient qu'aux vrais Sages, ces Astres de la terre, par leurs profondes méditations & pénétrations des choses faites & visibles de la Nature, de passer conséquemment à comprendre des oreilles de l'intelligence, & à voir des yeux de l'esprit, les choses invisibles, & en puissance opérante, & à contempler la vertu éternelle & la divinité, qui en sont nécessairement & absolument les agens secrets. C'est ainsi qu'ils lisent aisément dans le grand Livre de vie cette parole divine, qui fait tous les miracles du monde; car l'ame est dans l'esprit de l'homme ce que l'œil est dans son corps; tous les deux voyent, l'une les choses intelligibles & compréhensibles, l'autre les choses sensibles, & la raison le veut sans contradiction.

Fils de la Science, puisque la curiosité de tes pénétrations, par une heureuse disposition & une naturelle émulation, qui semblent venir du fond de ton ame, te porte à approfondir les hauts secrets & les sublimes mystères des Sages, nous serions ravis de joye de voir en ta personne accroître le petit nombre des Elûs de la Philosophie naturelle; d'autant plus, comme le dit fort bien notre cher frere le docte Cosmopolite, que la compagnie des Sages ne doit pas être bornée par un lieu, ni par le nombre des enfans de la Science, lorsqu'il est possible de trouver & former de vrais Prosélites & Sectateurs, puisqu'il est à souhaiter que cette noble Compagnie pût se répandre par toute la terre habitable, & principalement où Jesus-Christ est adoré, où régne la Loi, où la vertu est connue, & où la raison est suivie; enfin par tout où il se rencontre des sujets propres à recevoir la saine doctrine sans indiscrétion, & sous la fidélité du secret harpocratique de leur part, si fort recommandé par Salomon, Prov. Ch. XX, v. 19. lequel prononce l'anathême, & lance la foudre de la voûte céleste contre celui qui par une conduite frauduleuse, révélera vulgairement les arcanes mystérieux de la sagesse, & de la science qui doit être dissimulée; & suivant les termes de ce grand Sage, la multitude des possesseurs de cette sapience est le salut & la santé du monde entier; Sapience, Ch. VI. v. 26. & Proverbes Ch. X. v. 14. Ch. XII. v. 23. Ch. XIV. v. 8. & 33. Ch. XV. v. 2. & 7. Ch. XX. v. 15. & 19. Ch. XXV. v. 2. & 9.

Tu dois donc par la force de ton intelligence fouiller & pénétrer dans les plus secrets ressorts spirituels de la Nature, pour y pouvoir découvrir & trouver les vertus des influences célestes & sur-célestes, que le Très-Haut a infus en tous ses Ouvrages, & en toute chair dès le commencement; elles y sont l'assemblage des propriétés & puissances supérieures dans les choses inférieures; car il y réside une double force, qui fait la sagesse & l'admirable économie de cet immense Univers, avec l'harmonie que tu vois distribuée, & régner dans toutes ses parties.

Dieu a créé la matiere unique de la Sapience avec un esprit de vie vivifique qu'il y a répandu, & toute vertu sanative & médecinale qu'il lui a donné; il a voulu joindre à ces propriétés & puissances, celles d'avoir les instrumens propres à son œuvre pour toutes les générations, qu'il a consideré dans ses idées éternelles; & il l'a mise & répandue en toute la Nature, comme son principe d'amination, & de salut des ames & des corps.

Le Verbe divin, au plus haut des Cieux, est la source de la Sagesse, qui par la vertu énergique & universelle de son influence se pousse & porte à tous les êtres, qu'elle remplit de sa fécondité vivifiante, & de l'esprit salutaire dont elle est douée; pourquoi Salomon en sa Sapience Ch. VII. v. 25. 26. l'atteste une vapeur de la vertu de Dieu, une candeur de la lumiere éternelle, un miroir sans tache de la Majesté du Tout-puissant, & l'image de sa bonté.

De cette pure émanation de la clarté du Très-Haut, venant de l'Empirée, son Trône sur-céleste, dans les élémens & dans tous les mixtes, il se forme un fluide spirituel de quatre parties élémentées, sous trois principes célestes, & trois principes sublunaires, que les Sages appellent; sçavoir les premiers, principes principians & premiers agens, triple, ou trine vertu de l'archée en unité; & les seconds, principes principiés, & seconds agens, soufre, mercure & sel, aussi en unité, mais non pas les vulgaires terrestres; & ce qu'il y a d'admirable, en quoi l'on ne doit cesser d'adorer la Divinité, c'est que par un amour & une grace du Dieu des vertus pour ses créatures, les premiers agens sont infus & incorporés dans les seconds, avec une mutuelle magnésie & sympathie, qu'il leur a donné de s'adhérer pour la composition, constitution, & ordination de tous les corps.

L'union harmonieuse de ces substances initiales & incrémentales fait notre naissance, notre vie, & notre conservation; car leur mission & séjour en la matiere corporelle, sous la forme d'une essence centralissime, crée toutes choses, les forme, les meut, les anime, les spiritualise & conserve; voilà notre feu de vie par essence, non spécifiée ni déterminée, quoique propre & personnelle au sujet dans lequel elle habite; car elle est l'ame générale du grand monde, comme du microscome & de tous les êtres vivans, plus ou moins ordonnée & dignifiée dans chaque individu, où elle pénètre & passe en toute la circonférence & en la capacité du tout, ainsi qu'en ses portioncules les plus fines & déliées, par un travail circulaire de la puissance motrice de l'Esprit éternel *archettypimotivivitettonique* : &

c'eſt auſſi notre nourriture quotidienne qui nous vient de ſa bouche, & nous eſt gratifiée de ſon régne pour notre ſanté, & l'extermination des eſprits impurs de la corruption terreſtre, ennemie de notre chair, & ouvriére de deſtruction; car cet Eſprit de ſageſſe a la vertu & la puiſſance de les renvoyer dans les bas lieux aſſignés à leur demeure, & de les empêcher de nous nuire par les maux & les fléaux mortiféres, qui d'inclination font tout leur appanage & leur milice continuelle.

Dans le fluide ſpirituel nous reconnoiſſons un Eſprit moteur & de vie, & une terre vierge ſpirituelle en laquelle il ſe corporiſie par amour: ce qui eſt pur eſprit ne ſe corrompt point, & ne ſe porte à aucune macule; pourquoi, de l'expreſſion de Salomon, Sapience Chap. VII. v. 22. 23. 24. 25. rien de ſoüillé n'entre dans cette divine eſſence.

Nous y voyons par les yeux de l'eſprit la vertu du Ciel, le mouvement perpétuel & circulaire dans tout, & dans les plus modiques particules; & la vertu ſublunaire qui retient en ſoi la force ignée du Ciel, & en eſt le tabernacle, laquelle les Philoſophes ont appellée magnéſie, comme étant remplie de ſympathie à s'unir pour opérer toutes les productions & générations, & les conſerver.

Cette double force, que nous nommons ſpirituelle, eſt corporelle & moyenne nature, animée & animante, parce qu'elle est un minéral spirituel, qui a vie, & donne vie, un être vivant & salutaire : elle aime la pureté, parce que de soi elle est pure ; & quoiqu'elle s'offense de l'impureté, elle est incorruptible : elle se plaît avec toutes les créatures & séjourne en elles, tant qu'elles peuvent la préserver des impressions de la corruption, son ennemie incompatible, & la rendre intacte des accès & des assauts des qualités peccantes, vénéneuses & meurtrières du démon infernal, & des légions de ses esprits impurs, qui cherchent sans cesse à ravager & détruire son séjour, en désordonnant l'harmonie & l'homogénéité des qualités élémentées, & des principes constitutifs.

Elle fait ses délices, ainsi qu'il est dit aux Proverbes, Chap. VIII. v. 31. d'habiter & de s'enraciner avec les enfans des hommes, comme le sujet, suivant l'Ecclésiastique Chap. XXIV. v. 16. 18. 19. & 25. le plus honoré & dignifié de la Nature, & le plus capable d'en conserver la grace & le dépôt : celui qui péchera contre elle, ajoûte Salomon en ses Proverbes Ch. VIII. v. 36. blessera son ame vitale, & tous ceux qui la haïssent, la négligent ou la méprisent, aiment la mort. Pourquoi l'Ecclésiastique nous assure Ch. IV. v. 12. 13. 14. que celui qui aime la Sagesse aime la vie, & Salomon en ses Proverbes Ch. IV. v. 10. 13. 22. en donne la raison, en disant que c'est parce que la Sagesse

est

est sa propre vie ; l'homme a le choix du bien ou du mal, de la vie ou de la mort, qui sont à son libre arbitre, en son pouvoir, & devant lui, & il aura en partage ce qu'il lui plaira opter ; l'Ecclésiastique nous en avertit encore Ch. XV. v. 17 & 18. & Ch. XXXIII. v. 15. la seule intelligence de l'esprit nous fait concevoir ces vérités, car elles sont trop éloignées des sens vulgaires.

Tout est d'un, par un, & en un seul, principe sans principe, animateur & conservateur de toutes choses : tous les êtres, tant physiques que métaphysiques ne peuvent subsister sans leur principe, & tombent en décomposition & résolution de leurs élémens ; parce que leurs principes naturels qui étoient animés, vivifiés, & ordonnés en homogénité, avec les qualités élémentées par le premier agent, tombent aussi en confusion, & cessent d'enclouer & fixer le quadruple élément, de le spiritualiser, ignifier, & harmoniser en corps individuel : la vertu de Dieu est cet unique instrument, principe ou agent, opérant l'union & incorporation des parties spirituelles & matérielles, c'est-à-dire des trois principes naturels & des quatre qualités élémentées individuellement, lesquels constituent & organisent avec harmonie, relative à celle des Cieux, tous les corps terrestres, plus ou moins parfaitement, selon la force & la dignité que la Sagesse éternelle y a partagé.

L'effusion de l'influence sur-céleste du souffle divin est une puissance active, vivifiante & invisible, qui par la volonté & l'amour de Dieu pour ses créatures, descend d'en haut, & se mêle, selon Basile Valentin, avec les vertus & propriétés des Astres, & d'icelles mêlées ensemble il se forme un tiers entre terrestre & céleste, qui est la premiere production que l'air & les élémens traduisent à tous les individus, dont ils ne sont que les tisserans ; car les principes agens, fondamentaux & constitutifs administrent l'œuvre & le travail, en portant avec eux l'ame & l'esprit moteurs, dont le Très-Haut les a vivifiés, sous la forme d'un sel liquide de sapience, que les Sages appellent sel de nitre vital, essence catholique, esprit universel, vital, nutritif, mercure de vie, & pierre triangulaire donnée par la libéralité du souverain Dieu.

Le principe spirituel de vie est donc dans la nature de chaque être, pour son existance & sa conservation, mais il y est aussi pour sa réparation ; heureux passage de la Mer Rouge, pour quiconque la sçait passer ou traverser & franchir à pied sec : voilà le Livre, le flambeau, le miroir, le précepteur & le guide de la Philosophie naturelle, la connoissance de la Nature entiere, de notre Auteur & de nous-même, où nous apprenons le moyen de soupoudrer comme de sel céleste, tous les malheurs de ce bas monde.

Dans les feuilles & les pages de ce grand Livre de vie, nous voyons le signe de l'alliance de Dieu avec les hommes, & l'objet adorable de la rédemption de notre salut ; qu'il a bien voulu nous envoyer & accorder pour laver nos offenses dans le mérite du Sang précieux de notre divin Sauveur, lumiere du monde, & qui donne toute vie ; effet de la bonté de sa sagesse infinie, qui est le siége de l'ame catholique, & la piscine probatique, comme l'esprit en l'homme est le chariot de son ame & le réservoir de la vie, roulant les eaux de la rosée salutaire & de régénération dans tous les couloirs des corps.

Le défaut de connoissance des premiers principes & agens de la Nature, est causé de toutes les ignorances qui sont dans le monde, & cela ne provient que d'inapplication à l'étude de la même Nature ; car elle contient tout, & rien des propriétés célestes ne lui manque : cette science est la seule qui n'emprunte rien des autres, car elle est supérieure à toutes, qui pour être vraies & solides, ne peuvent dériver que d'elle, puisqu'elle fait le fondement & la régle de tout. L'homme insensé, dit David, Pseaume XCI, v. 5. & 7. ne connoîtra ni ne comprendra point ces merveilles de Dieu : la

Sagesse enseigne les choses, & non pas les paroles; c'est à l'enfant de la Science qu'il appartient de comprendre les unes, & d'obtenir la révélation des autres cachés, aux méchans & indignes sous des paraboles, par des raisons divines, dont il ne faut point demander compte à la sainte Providence, qui gouverne tout, en mesure, en nombre, & en poids, & n'ouvre ses trésors qu'où, à qui, & quand il lui plaît; pourquoi les réprouvés en voyant, ne verront point, & en entendant, ne comprendront point les mystérieux arcanes de la Sagesse.

Les insignes attributs, qualités & propriétés que les Sages ont reconnu dans la matiere de la Sagesse, la leur ont fait appeller, selon Chopinel, la fontaine vivificative, le fleuve de tout reméde, l'eau régénérative, qui purge & purifie de tout vieux ferment immonde, & renouvelle la vie; ils l'ont encore dite, eau qui donne vie à sa miniere, eau végétable, eau-devie spirituelle, terre des vivans, terre philosophable, terre adamique, parce qu'elle est aussi-tôt faite que l'homme, qu'il n'est que par elle, & ne vit point sans elle; ce qu'il a de commun, sous quelques caractéres & distinction, avec tous les êtres animés qui en sont constitués, & s'en nourissent, plus ou moins parfaitement, selon la dignification qu'il a plû au Souverain Créateur de leur distribuer & partager; car elle n'est qu'une à tous les règnes, à toutes les familles de la Nature, & à la composition de tous les mixtes; où sous la forme d'une vapeur candide, spirituelle & invisible, elle découle & circule par divers canaux, selon la forme, l'espéce & le genre de leurs semences particuliéres.

Dans le centre de l'intérieur de la double force céleste & sublunaire, les Sages sçavent extraire, préparer, & opérer par la vertu de leur acier magique, & l'épée ardente de Pitagoras, les principes instrumentaux de la sagesse hermétique; faire saillir de son giron virginal, & de son œuvre exalté en perfection, le fruit de vie ou la vie active, vivifiante tout individu, parce qu'elle en est le fondement universel; & comme cette sapience a l'infusion du don des sept Esprits de Dieu, & des sept vertus, Salomon a qualifié sa science, de science des Saints; pourquoi les Philosophes y ont trouvé les symboles des plus adorables Mystères de la Religion chrétienne, seule, unique & vraie, puisqu'elle est fondée sur la Divinité même, & sur les principes spirituels de vie des ames & des corps.

Il est vrai que lorsque nous avons tiré la matiere philosophique de sa miniere, pour en faire les confections de l'Art, la quintessence élémentaire repose comme dans son sabat, ou en létargie, sans déveloper ni exercer sa vertu vivifique & ouvriere, jusqu'à ce que l'Artiste l'ayant convenablement employée en la matrice vitrée des Philosophes, qu'ils nomment la coëffe du fœtus, l'habitacle du poulet, ou le nid de l'oyseau d'Hermes, il ait excité & mis en mouvement son agent, qui, quoique se véhiculant en repos sur le suc de l'eau marine & pontique, a ame & esprit, lesquels après la grande éclipse du Soleil & de la Lune, doivent faire sortir la lumière des ténébres, par la volonté de Dieu, qui le permet & le veut ainsi.

Notre extraction spirituelle, corporelle, & moyenne nature, en cet état est dite cahos, matiere premiere, cahotique, hyléale, hylé primordial, & saturnie végétable, parce que sa confusion du liquide avec le solide, ressemble à l'image de l'ancien cahos, & en représente toutes les opérations & les événemens : elle a vie, parce qu'elle est véritablement chose vive ; elle donne, conserve & fortifie la vie, parce qu'elle est le principe prolifique de vie, c'est-à-dire qu'il est inclus en elle, comme la chaleur naturelle au male est insite dans l'œuf d'où sort le poulet ; car si cette chaleur étoit une fois éteinte, suffoquée, ou dissipée, pour retourner à nouvelle iliade dans l'immensité universelle, il n'y auroit plus de végétation, de production & génération dans l'œuf.

Cependant la vie de notre Embrion philosophique a les limbes à subir ; & si elle ne semble mourir, elle ne renaîtra point à une vie plus glorieuse, & ne produira point de fruit ; ainsi il est expédient nécessairement que cette vie paroisse se perdre & s'éteindre dans les ténébres, pour ressusciter plus triomphante, & communiquer ses vertus mundifiées & parfaites, aux corps qui en ont soufferts altération ; l'on ne peut dissimuler qu'il faut bien aimer son ame, avoir un grand amour pour la vie, bien du courage, de la foi, de la patience, pour une régénération plus excellente ; de faire un semblable sacrifice à l'image de la Mort, dans la quadrature élémentaire du cercle du Serpent Egyptien dévorant sa queue ; cependant sans corruption, il n'y a point de génération à espérer, parce que c'est son commencement ; & la destruction d'une forme est la naissance d'une autre, par une vicissitude du Cercle, de la Sphere, & de l'ordre de la Nature, qui n'est jamais oisive ; & dans ses opérations continuelles tend toujours au plus parfait.

Notre divine matiere donne une quintessence & un Elixir de vie, qui ont le pouvoir & la vertu admirable, invisibles, de croître & de multiplier visiblement l'être où elle agit, parce que le principe de mouvement, qui fait & constitue la vie est son agent moteur, le seul ordonnateur de son Œuvre & de ses travaux : il est parfaitement uni à une nature vierge, la matrice dans laquelle &

avec laquelle il opére; l'Artiste n'y fait, manipule, ni laboure rien en maniere quelconque; il lui suffit d'employer son industrie à l'extraction, préparation, clôture & simple administration par l'agent externe excitant, à l'imitation d'une poule, qui couvant les œufs y met & introduit par les pores sa propre chaleur naturelle, laquelle réveille, excite & meut le principe de vie génératif, endormi dans la masse compacte de chaque œuf: cette industrie n'est pas petite, l'on en convient; elle est même essentielle, & le succès de l'Oeuvre en dépend; mais un habile Philosophe connoissant les instrumens de la Nature, s'aide aisément du filet d'Ariane pour trouver l'issue de ce dédal, ou labyrinthe.

Ne crois pas cependant que la connoissance de cette quintessence, ainsi que l'acquisition de son Oeuvre divine, soient données aux impies, aux ignorans, aux insipides, aux méchans, ni aux indignes & prophanes; Dieu ne le permet point, & le défend même très-expressément; les Sages qui n'en parlent qu'avec crainte, pour en éviter la profanation & l'abus, les leur ont cachés sous des énigmes & paraboles, qu'ils n'ont souvent expliquées que par d'autres énigmes cabalistiques, & qui ne peuvent être comprises que par le studieux Méditateur; il est en effet de la derniere importance, que cette Science ne soit jamais entendue, rendue ni sçûe ouvertement des ineptes & ignorans, non plus que du vulgaire; & il est du devoir du *Sage* de la tenir secrette, sans jamais la révéler indiscrétement; car si ce malheur arrivoit au monde, tout périroit, tout seroit renversé & confondu : & les précautions que les Philosophes ont prises & soigneusement apportées, pour ne confier leur secret qu'au silence d'Herpocrates, ou pour le subtiliser par des hiéroglifs, sont une prudence très-loüable, & une fidelle obéissance aux ordres de la volonté suprême.

La connoissance d'une si haute Science, n'est que le partage des ames favorites du Ciel, des génies transcendans, des personnes laborieuses & patientes, des esprits rasinés, sequestrés du bourbier du siécle, & nettoyés de l'immondicité du terrestre fangeux, qui est l'avarice, par laquelle les ignorans sont attachés, le nez vers la terre, en ce monde, domicile de toute pauvreté, folie, ou aveuglement; pourquoi dit fort à propos Philalethe, les fous & les ignorans sont si obstinés en leur erreur, & d'une cervelle si dure à pouvoir comprendre, que quand même ils verroient des signes marqués & des miracles, ils n'abandonneroient pas leurs faux raisonnemens & leurs sophismes, pour entrer dans le droit chemin de la vérité.

Salomon de son tems déploroit ce malheur, en disant, Ecclésiaste ch. 7. v. 30. avec l'Auteur de l'Ecclésiastique, ch. 1. v. 6. qu'il y a bien peu d'Elûs de Dieu qui ayent la révélation de la racine de la Sagesse, & qui connoissent ses astuces & ses subtilités: heureux celui qui la trouve, car elle est sa propre vie & la santé de toute chair, ajoûte le même en ses Proverbes Ch. 3. v. 2. 8. 13. 14. 15. 16. 18. 22. 35. & ch. 8. v. 10. 11. 17. 18. 19. 20. 34. 35. & ch. 14. v. 6. 12. 30. & l'Ecclésiastique Ch. 25. v. 13.

Si tu es une fois assez heureux de posséder ce précieux dépôt des vertus divines, tu posséderas tout: car Salomon te proteste en sa Sapience Ch. 7. v. 8. 9. 11. 12. 14. 27. & ch. 8. v. 4. 5. 6. 7. 8. 13. 17. que c'est un trésor infini, & sans prix pour les hommes; qu'il n'y a rien au monde de plus riche, opulent & abondant, puisque la Sagesse seule opère & procure toutes choses: le reste des Sciences, des félicités humaines & terrestres, ne sont plus après cela que des fables transitoires, dont le monde, hôpital de malades d'esprit & d'insensés moribonds, se repaît avidement avec ridicule vanité en son ignorance, soit dit sans être cinique. Le genre humain a cette perversité, qu'il donne tête baissée, & se perd dans la dépravation & dans les choses qui lui sont contraires: l'on ne désire point en effet ce que l'on ignore; l'insipidité fait l'inconnoissance, & l'inconnoissance la raison négative. Le vulgaire endurci de ses préjugés, ne veut point croire qu'il y à dans la Nature un moyen occulte de remédier à tous ses maux & à tous ses malheurs, & que le seul Sage en a la clef qu'il se réserve. Un fou, dit Salomon, estime, répute, & appelle fous tous les autres hommes : tel est un homme yvre, de qui la raison égarée du cerveau, n'est plus connue, lequel croit voir la terre & les objets tourner, & ne trouve personne plus raisonnable que lui.

L'Univers est inondé d'erreurs, & une infinité d'ignorans ont avili notre divine Philosophie ; c'est pourquoi un investigateur prudent doit toujours veiller, & être sur ses gardes pour éviter & fuir les gens paîtris de préjugés mondains, les Sophistes du tems, les infâmes Chimistes, les Charlatans & les faux Philosophes, ainsi que leurs trompeuses recettes, qui deshonorent & rendent même honteuse & méprisable la sainte science de l'Alchymie, par leurs procédés contraires au sujet & à la voie de la belle & simple Nature ; car tous leurs travaux, dans l'Ocean de la Science superficielle du siécle où ils nagent, les y noyent & submergent, en les précipitant à la perdition & à la mort, puisque sur la foi de Salomon en ses Proverbes Ch. 12. v. 28. & chap. 13. v. 14. la vie n'est que dans la Sagesse & en son Oeuvre : toute autre voie, toute autre ressource, tout autre sujet conduisent infailliblement l'homme à sa perte; & il ne la peut éviter, ni réparer sa ruine sans le secours de cette source de Vie: celui qui aime le péril y périra.

Sçache donc, Enfant d'adoption & de prédilection, que les Philosophes envieux & jaloux d'une Science si relevée & importante, en ont voilé le sujet, la théorie & la pratique, sous différens noms allégoriques, soit à l'origine & à l'influence, soit à la résidence & aux opérations, soit enfin aux vertus & propriétés pour embarrasser les cervelles sans jugement, & n'être entendus que des Etudieux de la Nature, en ne s'ouvrant qu'aux personnes capables; ils disent communément le composé, une liqueur divine, une Eau pésante, visqueuse, lustrale, & le grand dissolvant universel, l'esprit & l'ame du Soleil & de la Lune, l'Essence, la Fontaine, la Citerne, le Puits, l'Eau Pontique, l'Eau du Paradis terrestre, le Bain marie, l'Arbre & le Bois de Vie; le Feu contre nature, le Feu humide secret, occulte, invisible; le vinaigre très-fort des Montagnes du Soleil & de la Lune; le crachat de ces deux grands luminaires, la cinquiéme Essence, l'Antimoine Saturnial réincrudant tous corps, avec la conservation de leur espèce, en forme & en génération plus noble & meilleure; & tous ont raison à leur sens, & dans la subtile signification qu'ils l'entendent; car toutes ces qualifications, & bien d'autres, y conviennent, où y sont analogues.

Le terme plus usité, est le double Mercure, distingué sous trois qualités : la premiere, la plus infirme, est aux Minéraux & Métaux, dont l'Or & l'Argent vulgaires sont les plus exaltés ; la seconde, assez dignifiée & vertueuse, est aux végétaux, qui regardent particuliérement la Vigne & le Bled, sang & graisse de la terre, comme étant les plus avantagés de la rosée vivifique du Ciel pour la nourriture de l'homme : la troisiéme, infiniment plus noble, puissante & divine, est aux animaux, chez lesquels la rosée du soufle de vie, beaucoup plus triturée, poussée & rectifiée, c'est-à-dire dégagée des crasses enveloppées qu'elle a contractées dans l'air, & la commotion des Elémens, opére plus merveilleusement ; ce qui doit s'entendre sur-tout du chef, qui domine sur tous les autres des trois régnes, ou la substance mercurielle & ignée est très-puissante, puisque le sujet porte le caractére & le Sceau royal que le Tout-puissant a imprimé à son plus bel ouvrage, fait à son image & ressemblance, & qui même a son Diadême, en signe de souveraineté sur tous les Etres premiers créés.

Ainsi dans l'animal parfait les principes essentiels sont aussi plus parfaits, parce qu'il rassemble, se compose, rectifie & dignifie les qualités du minéral métallique, & du végétable vineux & fromental ; il est même un extrait de toutes les Créatures célestes & terrestres, dont la création a précédé la sienne; il les succe encore, & se les corporifie journellement; ce qui s'engendre au foye principalement, d'où la décoction dérive, en se parfaisant dans les Cavernes à ce destinées.

Apprends donc, Amateur des Vérités hermétiques, apprends à pénétrer la vérité des natures dans l'intérieur; tu trouveras que la nature des Minéraux terrestres participe le plus de la qualité de la terre; & comme la terre d'elle-même n'engendre point une autre terre, semblable à elle, pareillement les corps Minéraux & Métalliques, après qu'ils sont tirés de leurs minieres, ne croissent plus, & ne peuvent plus d'eux-mêmes engendrer leurs semblables; d'autant moins qu'ils perdent la vie minérale par la fusion dans la géne & le martir du feu.

Cette incapacité & impuissance n'advient point aux Plantes, qui ont la nature plus pure & parfaite, participant le plus de la qualité de l'Eau; par conséquent par leurs racines & sémences, elles peuvent d'elles-mêmes, sans autres artifices humaines, procréer, engendrer & pulluler leurs semblables.

Il en est de même, & plus supérieurement des animaux, qui ont leur sémence premiere & spécifiée en eux-mêmes, n'ont enracinée ni attachée à la terre; leur souffre est plus spiritualisé & subtil que celui des Plantes même, & leur mercure plus pur & parfait: leur sel est aussi plus spiritueux & dignifié, & leur terre minérale porte plus de vertu & propriété, que celle des végétaux : mais parmi les animaux, la famille privilégiée a encore ces attributs beaucoup en supériorité, dignité, commandement, & empire sur toutes les autres familles de ce règne, lesquelles lui sont subordonnées de l'ordre de Dieu, ainsi qu'il est dit en la Genese, selon la naturelle propriété des Elémens de la Nature, dont chaque Etre participe plus ou moins.

La raison de ces différences est bien simple, & je t'en vais donner un autre exemple, qui te doit ouvrir les yeux, & te convaincre de la vérité.

Les minéraux, ainsi que les métaux qui sont leur production, ou plutôt qui sont minéraux perfectionnés, tiennent le plus de la nature & qualité de la terre, laquelle est la base infime, & comme la lie des autres Elémens ; Eau, Air, & Feu ; par conséquent, les Minéraux & les Métaux sont un composé terrestre, & ainsi les moindres en dignité, en vertu & en propriété ; donc ils sont impropres à servir de principes à la génération, à moins qu'ils ne soient réincrudés, réanimés & spiritualisés par leur premier & souverain principe ; ce que la nature, dans les entrailles de la Terre, ne sçauroit faire, & dont l'Artiste vient à bout, par sa Science ; en cela il peut, & fait plus que toute la force de la nature minérale : cependant il n'opére point une si haute merveille, sans les premiers & seconds Agens bien disposés ; car l'Oeuvre est un merveilleux concours de la Nature animée & animante, & de l'Art ; l'une ne le peut achever sans l'autre, & celui-ci ne l'ose entreprendre sans elle ; ainsi c'est un chef-d'œuvre qui borne la puissance des deux ; pourquoi l'on a raison de dire, que le grand Oeuvre des Sages tient le premier rang entre les plus belles choses, les plus sublimes & relevées ; aussi est-ce le plus haut point, où la force du génie humain ait jamais pû pénétrer.

Les Végétaux, de la nature & qualité de l'Eau, sont plus purs, moins imparfaits que les minéraux, mais ils n'ont point le dégré d'exaltation & de perfection impérative, & absolue ; ils ne les peuvent acquérir que par le même moyen, & le principe universel de toute la nature en souveraine puissance.

Les animaux, qui tiennent le plus de la nature & qualité de l'Air, qui est l'enveloppe & le véhicule du feu, sont beaucoup plus purs, parfaits & subtils que l'Eau, où que les corps qui en sont principalement & copieusement composés ; & par la même raison, ils sont infiniment plus ignifiés, spiritualisés, vertueux & accomplis que les Plantes.

L'on pourroit dire que les Habitans des Airs, les Corps aëriens, Célestes, l'Aigle, la Salamandre, l'Oiseau du Paradis, qui participent le plus de la nature & qualité du Feu céleste, ausquels ils sont plus proximes, & qui portent en eux une ignition plus dégagée des levains des Elémens subordonnés, sont aussi plus purs, plus spirituels, parfaits, puissans & vertueux, que les Etres de l'infériorité de l'Air, & ce n'est pas sans sujet que les Sages les ont nommés des Esprits aëriens, des Génies célestes, dont les principes essentiels sont extrêmement spiritualisés, raréfiés, potenciels, volatils & actifs ; aussi ont-ils rapport à notre Oeuvre.

Il faut donc réputer & juger les minéraux métalliques & terrestres, comme imparfaits, n'ayant que l'être, & non la faculté de croître & multiplier par eux-mêmes, c'est-à-dire, étant privés de la vertu prolifique, générative, & multiplicative ; car s'ils l'avoient, toute la terre seroit couverte de Minéraux & de Métaux parfaits & imparfaits, ainsi que de pierres, qui n'ont pareillement que l'être ; c'est pourquoi l'œuvre de la formation du minéral en terre, quoiqu'elle soit comme la source & l'origine de l'œuvre de la production du végétal, & de l'œuvre de la génération de l'animal sur terre, leur est toutesfois beaucoup inférieure ; d'autant que les corps qui approchent le plus de la privation & du non être, ont moins de perfection que les autres plus éloignés de ce néant ; parce que ceux qui tiennent le plus à l'existence, & au principe vital & animant, ou à leur proximité, sont par conséquent plus avantagés de la vertu prolifique, spermatique & seminale ; car les minéraux sont comme l'aprentissage, pour ainsi dire, de la Nature ouvriere, & comme le composé des grosses & impures matieres, qu'elle dignifie il est vrai, mais sans y admettre une ame & un esprit de vie de soi prolifique : les végétaux & les animaux, sont comme le chef-d'œuvre de cette même nature, engendrés de la plus pure & parfaite substance des minéraux, par résolution naturelle, quoiqu'invisible, conjointe à la nature & qualités des Elémens plus spiritualisés, desquels ils participent plus qu'eux.

La vertu minérale, par une fusion universelle dans l'immensité des Globes, & qui nous est invisible, mais que nous concevons, se joint volontiers à la vertu seminale des Plantes ; & l'une & l'autre par divers Iliades se joignent aussi magnétiquement à la vertu animale, qui les pousse, exalte, perfectionne & virtualise, en se les corporifiant : leur liaison en unité, & homogenéité, fait que le corps animal spirituel participe de la lumiére des minéraux, & la contient plus parfaitement qu'elle n'est contenue en eux ; parce que par résolution, la plus subtile partie du minéral a été transmuée au corps spirituel, avec le mélange de l'Eau ; ainsi l'animal contient en soi la vertu minérale & la vertu végétale très-éminemment, avec puissance virtuelle de les amener, réduire & convertir despotiquement à sa qualité d'homogeneité vivante & de perfection animée, en les faisant passer en acte effectif identifiquement à sa substance, par les triturations & coctions naturelles, ou fonctions de la nature.

Ces effets merveilleux & admirables s'opèrent par l'action de la circulation universelle, qui en est l'instrument principal, dans les quatre Elémens, & les quatre qualités élémentées, ou tempéramment de la nature, où ces mêmes Elémens agissans les uns sur les autres, par l'action des contraires, sont souvent transmués par la force du supérieur dominant, en sa qualité; car tout le travail de la nature roule sur quatre pivots perpétuels, que le Créateur lui a assignés, comme ses quatre termes, à sçavoir le descendant, l'ascendant, le progrédient & le circulaire; mais ces mêmes quatre termes, & l'action des contraires, n'ont leur motion que par la vertu pulsive & répulsive de l'Esprit Eternel, qui, selon Salomon, *Ecclésiaste*, c. 1. v. 5. & 6. Eclairant toute l'immensité en circuit, se pousse dans tout, & perpétuellement retourne dans les cercles qu'il parcourt.

Fils de la Science, tu dois bien reconnoître, par les Arcanes que je t'ai révélé, que le mercure sulfureux des minéraux & des végétaux, n'est qu'un avec le souffre mercuriel des animaux, & qu'il y est minéral; les principes de ces trois régnes y étant enchaînés & incorporés par un chaînon merveilleux de la toute-puissance adorable de Dieu : infere de-là, & conclue combien plus grandes sont la vertu & la puissance des Esprits célestes & ignés, & combien plus merveilleux sont leurs effets : ainsi sois attentif à trouver un Or Solaire & Lunaire, dans un Fleuve que Moyse appelle *Phison*, & qui circule dans le Jardin délicieux de toute la Terre, qu'il nomme *Hevilath*, en arrosant & environnant tout le continent ; l'Or y naît, & l'Or de cette terre est très-bon ; mais c'est un Or minéral spirituel, en puissance virtuelle seulement, & qui n'est point le vulgaire ; c'est-à-dire, qu'il est un feu de nature, caché dans la moëlle du mercure, & que le Vent a porté dans son ventre pour être la vraie Magnesie des corps, & l'Orient philosophique.

Dans le choix que tu feras des principes essentiels qui doivent composer ta matiere, unique par l'homogeneité des différentes qualités des élémens & des règnes de la nature, il faut t'appliquer à les trouver dans une parfaite sérénité, pour en faire ton admirable quinte-essence, que la nature t'administrera en sa plus favorable effervescence, moyennant ton industrie ; car un méchant Corbeau, dit le Cosmopolite, pond un mauvais œuf.

Pour plus de précaution à la préparation de ta Confection philosophique, considéres bien, & sois en état de juger, si elle est amenée aux dégrés de sa coction, aux dispositions & qualités requises par les Philosophes; tu le reconnoîtras par les simboles & caractéres qu'ils lui ont donnés lors de son éleboration, en la disant Eau mercurielle, Eau sulphureuse, Feu & Eau, seiche & humide, chaude & froide, Feu végétal animal & minéral, l'ame du monde, l'élément froid, feu lumiere & chaleur, mouvement & principe de vie, Eau benite, Eau des Sages, Eau minérale, Eau de céleste grace, Lait virginal, Eau vive, Puits des Eaux vivantes & végétables, Mercure philosophique, minéral corporel, miniere de l'Or & de l'Argent, le Mercure généralissime, la vertu, le ferment, le corps vivant, la Médecine parfaite en spiritualité, qui ne se trouve & ne se prend que dans la Citerne de Salomon, selon ses Prov. ch. 5. v. 15. & Cantique des Cantiques, & dans le Puits de Démocrite, d'où on l'a tire sans corde & sans poulie, enfin une substance de genre minéral.

Ce compost Hermétique doit être Amalgammé d'un Sperme élémentaire, que les Adeptes ont nommé *Rebis*, Hermaphrodite, Agent & patient; car si la matiere n'avoit une cause instrumentale en elle, il n'y auroit point de mouvement, d'action, d'opération & de génération; l'instrument étant l'Agent de la conception & végétation;

pourquoi les Sages ajoutent que dans leur matiere ils ont le secret de trouver Feu solaire & Eau lunaire, ame, esprit, & corps ; & qu'entr'eux est désir, amitié & société simpathique, magnesie, concupiscence spirituelle, amour comme entre mâle & femelle, à cause de la proximité de leur semblable nature ; & dans ce sens l'Eau est dite le vaisseau de Feu, le ventre, la matrice, le réceptable de la teinture ignée solaire, la terre Vierge, la Nourrice, la Fontaine de l'ignition céleste, qui la virtualise & fait concevoir, & par lequel la nature a en soi un mouvement inhérent certain, & selon la vraie voie, meilleur qu'aucun ordre qui puisse être imaginé par l'homme.

Prends donc garde dorénavant de t'égarer en tes recherches & en tes procédes, que Flamel t'explique fort bien sous le mot de processions de l'Oeuvre Hermétique; profite de ces éclaircissemens ; lis, relis, & medite souvent les Auteurs de bonne note, sur-tout ne t'éloigne jamais du sujet que tu veux traiter ; voilà l'unique point nécessaire ; Philalethe te recommande un seul vaisseau, une seule matiere, & un seul fourneau ; il dit vrai, & jamais Philosophe tel jaloux qu'il soit, n'en impose : il peut être fin, rusé & subtil, mais non pas menteur ; car il est Partisan juré & fidele de la vérité ; s'il semble avoir des contradictions, la raison est qu'on ne peut déméler & comprendre aisément ses énigmes obscures ; & lorsque l'on est parvenu à en avoir la clef, par la concordance & la conciliation avec ce que d'autres ont dit, car un Livre s'explique par un autre, l'on trouve & l'on reconnoît qu'il ne s'est point impliqué, & qu'il a parlé avec justesse, d'accord avec lui-même, & avec tous les Sages unanimement & d'une commune voix, ingénieuse à chacun selon sa façon ; c'est la méthode que Philalethe a suivie ; mais il n'explique point clairement toutes les autres conditions que l'art requiert, & que l'industrie te dois fournir ; ainsi tu peux l'apprendre, ou y suppléer par ton génie & ta prudence.

Réfléchis bien au but que tu te proposes ; tu désire acquérir la Médecine de vie & de santé, le Catholicon souverain, le Baume de vie pour remédier efficacement à toutes maladies, infirmités, & à la vieillesse même ; tu ne pourras recueillir que ce que tu auras semé ; si tu as semé la vie, tu moissonnera la vie, & l'on ne répare la santé des individus de la nature, que par son propre principe universel, dans les différens remédes qu'on y apporte ; la sagesse est ton objet, & le fruit de son ventre est la Médecine universelle, qui seul a, & produit toutes les vertus des autres Médecines, par un effet bien plus supérieur, puissant & prompt, radicalement : car la Sapience seule, selon les termes de Salomon, peut tout, & à un pouvoir infini pour guérir de tous maux; ouvre donc le Livre de vie, & souviens-toi de la maxime des Sages, que nature contient nature, nature s'éjouit en nature, nature surmonte nature, nulle nature n'est amandée, sinon en sa propre nature; mais n'y prend point l'action pour la cause, ni l'effet pour le principe, comme l'ont fait tous les grands Philosophes du tems.

Cependant, par pure bonté, je t'avertis donc de ne pas prendre à la lettre absolument, ce que je t'ai dit sous l'enveloppe de quelques subtilités philosophiques, dont j'ai été obligé de me servir, pour ne pas encourir la malédiction de Dieu, & l'anathême des Sages; la lettre tuë; le sens caché vivifie; c'est-à-dire, qu'il ouvre & enseigne un moyen de conserver & prolonger la vie par la vie au-delà des bornes ordinaires, & tu dois bien me comprendre; car jamais Sage, depuis le vénérable Hermes, n'a parlé & écrit de sa science aussi clairement & sincérement que je le fais en ta faveur, par un pur mouvement de charité & de pitié, qui part du profond des entrailles de mon humanité pour mon prochain; mon langage & mon stile sont peu communs, & au-dessus de la Sphere du vulgaire : l'amour propre, ni le désir d'avoir l'approbation des demi-Sçavans, des insipides, des ignorans & incrédules, ne me donnent point d'aiguillon flatteur, pour être connu, ni me faire va-
loir

foir en ce que je fçai, & que je ne tiens que de la grace Divine, à qui j'en rend l'hommage & le tribut : cette Science se soutiendra toujours par elle-même, les portes de l'Enfer ne prévaudront jamais contre la vérité Evangélique, non plus que contre celle de la Sagesse : qui attaque l'une attaque l'autre, car elles se défendent mutuellement, & en corps, comme étant toutes deux filles du même Pere, qui les tient en sa main & en sa garde, & dont elles soutiennent les droits, & manifestent la puissance & les vertus à sa gloire. Au surplus mon intention n'est point d'attirer personne à mon parti, s'il ne le mérite, & n'en est capable, car il y a trop de disproportion entre le génie du Siécle & les merveilles que je t'annonce, & confie à ta prudente discrétion sur la doctrine d'Hermes, & le Magistere des Sages si vanté par les Sybilles.

Les travaux d'Hercule que tu as à essuyer, les difficultés à surmonter, & les écueils à éviter dans les trajets de cette Mer philosophique couverte de naufrages, méritent toute ton attention ; c'est pourquoi avant d'entreprendre & de mettre la main à l'œuvre, que tes idées soient bien digérées, & ta conduite parfaite dans l'esprit, comme un habile Architecte a dans la tête un Edifice immense, qu'il n'a pas encore commencé de fonder & d'élever : depuis l'escavation, dont les matéreaux doivent soutenir sept colonnes de ton bâtiment, jusqu'au faîte qui doit couronner l'œuvre; souviens-toi qu'il faut être vigilant à soigner aux travaux, pour l'ordre régulier de leur Géométrie Astronomique; car il y entre plus d'esprit que de matière.

Lorsque par illustration Divine, car c'est un don de l'Esprit Saint, tes méditations t'auront acquis la connoissance de ces sublimes Arcanes, profite de la grace de Dieu; & muni de l'instrument de la Sapience, œuvre en sa crainte & en son amour, à l'imitation de l'ordre & du simple travail de la nature, dont un Sage doit être le Singe, puisque tout ce qui se fait au contraire, n'est jamais rectement fait : & n'oublie pas qu'incrédulité & impatience sont ennemis de la Science.

Si tu ne parviens à la perfection, comment voudrois-tu commander à une puissance terrestre, faite & constituée pour dominer les autres : car les règnes & les familles inférieures de la nature ne peuvent rien, ou peu, sur le règne & la famille supérieure : ainsi il est essentiel de trouver la double clef de la source de vie, & des richesses tout ensemble, laquelle ouvrira & fermera toutes les portes de la nature, dont elle est l'abrégé, le thélême, l'épitôme, & l'arcboutant; mais ne mets point tout ton cœur dans l'Or, au détriment de ton ame & de ton salut.

C'est ainsi que l'Arbre de vie, selon Philalethe, au milieu du Paradis terrestre, donnera des feuilles & des fruits pour la santé des Nations de la Terre; car suivant Salomon en la Sapience, Ch. 1. v. 7. 13. & 14. Dieu les a rendus toutes capables de se procurer la santé, par la Médecine que, de l'expression de l'Ecclésiastique, Ch. 38. v. 4, il a mis sur terre, & que l'homme sage ne méprisera point pour la conservation & prolongation de ses jours, jusqu'au terme le plus reculé, assigné par la volonté du Très-Haut.

En effet, par ce seul moyen tu acquereras la sagesse, plus précieuse que tous les biens du monde entier, qui ne lui sont point comparables, & un tresor qui te fera mépriser toutes les vanités du monde, objets de la convoitise & des passions du commun des hommes; car tu n'as rien de plus désirable sur terre, & de bonheur plus grand, qu'une très-longue vie en parfaite santé : elles sont en ton pouvoir & en ta main par cette sapience, promises & assurées par Salomon, en son Ecclésiaste, Chap. 7. v. 13. en ses Proverbes, c. 3. v. 2. & 18, c. 4. v. 5. 9. & 10. c. 5. v. 15, c. 8. v. 35. Chap. 9 v. 11, c. 12. v. 28, c. 13. v. 14, c. 14. v. 30, c. 28. v. 2; & en la Sapience, Chap. 8. v. 5, c. 10. v. 9, c. 14. v. 4, c. 16. v. 7. 8. 12. & 13. David son pere, en rend le même témoignage, Pseaume 90. v. 16. Ses autres Pseaumes en retentissent, ainsi que toutes les Prophéties.

Lorsqu'au terme philosophique, tu tireras le sang de ton Pélican, tu auras la bienheureuse possession de la seule & vraie Médecine salutaire, efficace & universelle; & par son usage, selon l'art & la prudence, le pouvoir merveilleux de restaurer & rétablir la chaleur naturelle débilité & dissipée, ou éteinte, & de réparer l'humide radical épuisé par le cours de la nature, ou bien par accident; tu éloigneras la caduque vieillesse, & rappelleras la fleurissante jeunesse, enfin tu régénéreras toute nature & tout tempérament, en les mettant en état parfait, en vigueur & en fonctions bien ordonnées.

Admire en cela la Providence, qui a bien voulu départir aux simples & aux humbles méprisés du monde, un si grand don de sa vertu toute-puissante; car ce remède souverain à toutes maladies, conservateur de nos vies & de nos santés, contient toute propriété Médecinale exubérée en parfaite salubrité, puissance & acte, par excellence infiniment supérieure à toutes les Médecines vulgaires, qui péchent toujours contre le tempérament, par quelque défaut d'homogénéité & d'exaltation, lesquelles se trouvent dans celle-ci parfaitement.

C'est par cette raison, que ce Catholicon cabalistique réintroduit aux corps un Baume analogique de vie, qui fait la juste homogénéité des Élémens de nos constitutions, en virtualise & exalte les principes, & les entretient en incolumité, dans un bon régime.

Il tempère tellement les qualités, qu'il n'y en a aucune qui puisse prédominer sur les autres; la colere devient sans violence, & la mélancolie sans malignité; il corrobore toutes les parties intérieures & extérieures du corps, expulse toutes mauvaises humeurs peccantes, toute lépre extérieure, toute corruption centralle & excentralle, extirpe tout mauvais levain, venin, & poison; guérit radicalement toutes maladies & infirmités, telles croniques, invetérées, & désespérées de secours, qu'elles puissent être; & cela sans aucune violence, ni perturbation de la Nature, parce qu'il lui est aimable, onctueux, & balzamique, & la régénere entiérement.

Dans tout paroxisme dangereux, incurable à tous les remedes vulgaires, cette divine Médecine opère promptement & parfaitement la guérison & la santé, si l'Arrêt n'est prononcé d'en-haut.

C'est un excellent & singulier préservatif de la malignité des vapeurs de la terre & de l'air, de l'impureté & pourriture : de toute peste, contagion, & corruption; & le Démon, non plus que ses esprits malins, ne pourront avoir aucun accès sur ceux qui auront le bonheur de s'en servir.

C'est ici le triomphe de l'humanité, par le culte, la possession, & la portion vevifique & salutaire de la Sagesse.

Maintenant, bénis le Seigneur notre Dieu,

& le remercie à chaque instant de ta vie, d'un talent si précieux, qu'il te fait la faveur de t'acorder, par la voye de mes ouvertures & révélations de sa bonté signalée.

Consacre le fruit de ton travail à la gloire, & à l'utilité & soulagement de ton prochain, des infirmes nécessiteux, des pauvres de la république Chrétienne, & de tous les affligés du genre humain, par de bonnes œuvres qui répandront sur toi la bénédiction de Dieu; afin qu'au dernier jour, tu ne sois pas trouvé ingrat de tant de bienfaits qu'il t'a donné, par prédilection à une infinité de Sages de la terre, ausquels il n'a point fait la même grace; & que tu ne sois point reprouvé au Tribunal de ce souverain Juge équitable, auquel soient éternellement rendus gloire, honneur, & louange dans les Cieux & sur la terre.

C'est ce que je souhaite, en finissant ma Lettre & mes reflexions simboliquement à quelques Textes qui concluront l'attestation de la vérité que je t'écris pour ta félicité.

Sapiens exultat in factura. Salomon Sap.

In manu artificum opera laudabuntur, Ecclésiastiq. Ch. 9. v. 24.

Execratio autem peccatoribus cultura Dei, Idem. Ch. 1. v. 32.

Nihil melius est, quam latari hominem in opere suo, ut pergat illuc, ubi est vita; Ecclesiaste, Ch. 3. v. 22. & ch. 6. v. 8.

Quia delectasti me, Domine, in factura

tuâ, & in operibus manuum tuarum exalta-
bo, Pseaume 91. v. 5.

Qui operatur terram suam, satiabitur
panibus, Proverbes Ch. 28. v. 19.

Quærit derisor Sapientiam, & non inve-
niet ; perverso huic ex templo veniet perdi-
tio sua, & subito conteretur, nec habebit
ultra medicinam, Proverbes. Ch. 6 v. 15.

Viro, qui corripientem durâ cervice con-
temnit, repentinus ei superveniet interi-
tus, & eum sanitas non sequetur, Proverbes
Ch. 29. v. 1.

Altissimus creavit de terrâ medicinam,
& vir prudens non abhorrebit eam. Ecclésiastiq. Ch. 38. v. 4.

PHILOVITA, ô, Uraniscus.

COSMOCOLA. 1751.

PRÉCEPTES ET INSTRUCTIONS DU PERE ABRAHAM A SON FILS,

Contenant la vraie Sagesse hermétique, traduits de l'Arabe.

Omnia mecum ;
Nosce te ipsum.

I. Mon cher fils, comme le dernier fort de la vie militante de tous les hommes est la mort, dans l'espérance que leurs corps réduits en pourriture & en cendres, doivent un jour reprendre une nouvelle vie glorieuse & immortelle ; je te veux renouveller cette idée, & te convaincre de la vérité, que notre grand Dieu nous a transmise par notre grand Législateur, pour trouver sur terre l'anticipation de cette vie triomphante : cette anticipation se trouve dans la Sagesse : qui l'aime, aime la vie.

II. Il faut donc que tu te mettes dans la voie du Seigneur, si tu veux comprendre ses merveilles, & attirer sur toi la rosée de ses graces, plus précieuses que l'Or & l'Argent, l'Argent, selon notre grand Roi Prophéte.

III. Eléve donc ton cœur au Créateur de toutes choses, & conçois par le discours que je te fais, sa puissance, sa bonté, & sa sagesse infinie, laquelle éclate dans la moindre de ses créatures; mais surtout dans les pierres prétieuses & les métaux philosophiques qui sont au-dessus du Soleil & de la Lune, lesquels tous parfaits qu'ils sont, ne peuvent être sans tache, comme le sont nos admirables Pierres & Métaux, ausquels Dieu compare sa parole sacrée; ce qui nous les doit faire estimer infiniment plus que tous les Astres célestes.

IV. T'ayant donc initié, mon cher fils, dans la plus saine Philosophie, qui est de connoître Dieu, son Verbe, & Saint-Esprit, qui ne font qu'une même Essence, je veux te faire adorer sa bonté, d'avoir donné à l'homme les plus vives lumiéres de son Créateur dans un Art mystérieux qu'il a révélé à ses vrais adorateurs, qu'on appelle Mages, c'est-à-dire parfaits Philosophes en tout genre.

V. Mais garde-toi des opinions erronées de ces faux Rabins & vains Philosophes, selon la science & les élémens ou principes mondains & vulgaires, lesquelles d'une science divine en ont fait une diabolique, condamnée par-tout dans nos Livres sacrés, & par le grand Dieu humanisé, mort &

…ſcité, auquel tu dois être attaché juſqu'au dernier moment de ta reſpiration.

VI. Ce que je t'enſeigne te ſera clairement intelligible, pour avoir foi à tous les miracles décrits par les Sages: apprens à révérer ce Myſtere profond, de trois, un, qui doit être pour toi plus véritable que ce que l'art & la nature te feront connoître par expérience.

VII. Tu trouveras, mon cher enfant, des milliers d'écrits de Philoſophes, de tout tems, de tout âge, de différens pays; mais ne t'arrête qu'à ce que je te dirai: profites-en pour la gloire du Très-Haut, & l'utilité du Prochain; je ſerai le plus bref qu'il me ſera poſſible, pour ne point t'embarraſſer l'eſprit.

VIII. Apprens que tous les corps ſont compoſés de quatre Elémens, Feu, Air, Eau & Terre; ils ſont toujours mêlés dans eux-mêmes, & dans les corps qu'ils conſtituent; ſelon qu'ils dominent plus ou moins dans ces corps, leur eſpéce eſt différente, ce qui va à l'infini.

IX. L'Eau eſt proprement le premier Elément, qui donne la naiſſance à tous corps créés à produire, ou à être produits; l'Art avec la Nature peut aider à la production: ce qui fait que les Philoſophes en produiſent un, qui peut parfaire un métal imparfait en un parfait. Si la Nature n'a pas fait Or, ce qu'on appelle Saturne, l'Art le peut faire; il faut pour cela composer un sel qui ait cette qualité & cette vertu; ce sel se fait de l'Or, ou de l'Argent conjoints à l'eau argentine; il faut tirer cette eau primitive & céleste du corps où elle est, & qui s'exprime par sept lettres selon nous *, signifiant la semence premiere de tous les êtres, & non spécifiée ni déterminée dans la maison d'*Aries* pour engendrer son fils.

X. C'est à cette eau que les Philosophes ont donnés tant de noms, l'appellant premiérement Essence divine, puis Esprit de vie, Vinaigre, Huile, Feu, Souffre, Terre, Sel, Mercure, Argent-vif; c'est le dissolvant universel, la vie & la santé de toute chair.

XI. Les Philosophes disent que c'est dans cette Eau que le Soleil & la Lune se baignent, & qu'ils se résoudent eux-mêmes en eau, leur premiere origine; c'est par cette résolution qu'il est dit qu'ils meurent, mais leurs esprits sont portés sur les eaux de cette mer, où ils étoient ensevelis.

XII. Cet esprit, comme un Phénix renaissant de ses cendres, se revêt d'un corps noir, blanc & rouge, à l'aide du feu élémentaire qui agit continuellement, mais par dégrés sur cette premiere matiere, laquelle voulant se dégager de la corruption se réu-

* Nota. En Grec on l'exprime par sept lettres, en Latin par cinq, qui sont propres à sa nomination & à sa qualité.

nit au plus haut de la Spére criſtaline, d'où elle eſt obligé de deſcendre par les vapeurs des corps putrifiés, qui lui ôtent peu à peu ſa volatilité, & la forcent de prendre corps avec eux; les Philoſophes appellent cela ſublimation, trituration, aſcenſion, diſtillation, imbibition, incération; cette roſée arroſe la terre, pour qu'elle produiſe un fruit précieux dans ſon tems.

XIII. Cette roſée circulante dans le vaiſſeau philoſophique, démontre les agréables couleurs de l'Iris, par les différentes réfractions de la lumiére ſur les nuages vaporeux, qui s'élévent de la terre: l'œil & les ſens ſont ravis d'admiration de ces Phénoménes.

XIV. L'Or & l'Argent n'ont point, à proprement parler, de ſemences; & lorſque ces Philoſophes diſent qu'il faut extraire la ſemence de leur Or & de leur Argent, on ne doit entendre autre choſe, que de les réduire dans la même forme que ſe réduiſent les végétaux qui portent une ſemence, laquelle ſe réſout dans la terre en eſpéce d'eau gluante, ce qui arrive à leur Soleil & Lune, ſemés dans notre eau, qui eſt comme leur terre & leur matrice.

XV. L'on dit alors que ces corps ſont pourris & réduits dans leur premiere nature, tels qu'ils étoient d'abord dans le ſein de la mine, ou par compoſition homogéne, imprégnée de certains ſels & ſouftres, ils deviennent corps solides, doux & dociles sous la main de l'homme, incapables d'être détruits que par l'eau argentine, qui ne mouille point, & que la Nature produit dans le sein de la mere universelle des végétaux & minéraux, dont l'Artiste toute fois la tire par l'Acier magique.

XVI. Quoiqu'on dise, mon fils, qu'il y a d'autres maniéres de résoudre ces corps en leur premiere matiére, tiens-toi à celle que je te déclare, comme je l'ai connue par expérience, & selon que nos Anciens nous l'ont transmis ; car je ne suis point du tout du sentiment de ces prétendus illuminés, qui veulent que toutes les Sentences des Sages se rapportent à leurs matiéres chimériques, ne concevant point que la Parabole peut s'expliquer à l'infini, quoiqu'elle n'ait qu'un sens véritable, qui renferme en secret un trésor intarissable.

XVII. Tu dois donc concevoir que les corps peuvent être détruits, c'est-à-dire changés de forme, sans cesser de subsister ; & que leurs parties peuvent se rejoindre à d'autres corps, pour les rendre plus parfaits ; de-là vient qu'un corps opaque peut devenir transparent, comme tu sçais que le verre se fait de la Pierre, qui est un corps au travers duquel on ne peut voir la lumiére, & qu'un corps transparent & frangible peut être rendu solide, résistant au marteau sans se briser, & même devenir ductible, comme nos ancêtres nous l'ont appris dans l'éxemple du verre rendu malléable.

XVIII. Il est certain qu'on ne peut nier selon le raisonnement de la bonne Physique que l'art ne puisse rendre un métal plus parfait qu'il ne l'a été par la Nature, d'autant mieux que l'expérience le confirme depuis plusieurs siécles ; mais laissant ces habiles raisonneurs errer dans leurs sentimens, contente-toi, mon fils, d'exercer ton admiration sur ce que la pratique te démontrera; il faut que tu sois constant, doux & patient, en suivant la Nature.

XIX. Lorsque tu commenceras d'opérer, souviens-toi que la chaleur du ventre du Bélier échauffe doucement le Roi & la Reine dans leur lit nuptiale, où ils dormiront paisiblement pendant quarante jours au moins, & quelquefois cinquante ; au bout de ce tems il sortira de leurs corps une vapeur sulfureuse, qui couvrira la surface de la terre, ce souffre s'épaississant de jour en jour formera un nuage, qui n'est autre chose que la résolution des corps royaux dans leur premier être. L'esprit de la terre s'en voyant offusqué, & voulant triompher de la défaite de ceux qui l'avoient engendré dans le sein de Cibel, s'élévera jusqu'aux voûtes du Palais, qu'il parcourera jusqu'à ce qu'il soit forcé lui-même de descendre sur les prétieuses cendres des corps détruits, qui par les vapeurs piquantes qu'ils exhalent, attirent avec eux le pur sang de leur vainqueur.

XX. Il tâchera plusieurs fois de se relever, mais enfin il sera contraint d'expirer avec eux, ils ne feront plus qu'une substance putride, noirâtre & fœtide; c'est là que les Anciens ont donné sujet à exercer la subtilité des esprits curieux, qui ne peuvent comprendre le sens de leurs allusions énigmatiques : ce qui les fait errer est le défaut d'application à la connoissance de la riche Nature.

XXI. Nos Mages appellent notre Eau, Dragon, Lion, Crapeau, Serpent, Pithon ; & ils disent que c'est le venin qu'il porte qui tue le Roi, & qu'ensuite le corps mort, semblable à Appollon, tue de ses flèches le Serpent Piton ; ils nomment cette putréfaction des trois corps, la tête du Corbeau.

XXII. Voilà donc la couleur noire, par où doit passer la Pierre, & cela arrive au commencement du quatriéme Signe. Laisses agir la chaleur qui ayant réduit tout le Composé en cendre, la calcinera peu à peu : continues le feu ajoutant un troisiéme fil à ta méche, jusqu'à ce que tout devienne blanc; ce qui sera au bout de trois autres Signes, & cette matiere effacera la neige par son éclat : tu peus alors t'en servir pour rendre tous les corps des métaux semblables à l'Argent.

XXIII. Alors si tu veux parvenir au rouge, qui arrivera au bout de trois autres signes, il faut que tu augmentes un quatriéme fil pour acquérir le Rubis céleste ; observe que ces files d'augmentation sont ceux de la temperie de la cuisson continuée, qui acquiert des forces & des dégrés par addition journaliere & future à ceux du passé : il en est ainsi des Saisons & Quatre-Temps de l'année ; mais sur-tout souviens-toi d'avoir la patience en partage.

XXIV. Lorsque tu posséderas cette Pierre empourprée, tu pourras par elle, si tu es prudent, prolonger & conserver tes jours en parfaite santé, même transmuer tous ces vils métaux en Or très-pur ; enfin tu auras en ta main les clefs de la Nature, ses plus riches & vertueux trésors : par leur moyen tu pourras tout délier & ouvrir, tout lier & fermer.

XXV. Si ton sel blanc, ou rouge n'est pas fusible, ajoutes-y de ton essence, & que le tout soit mol comme la premiere masse, la passant par tous les dégrés de chaleur, comme tu as fait dans l'opération précédente ; & réitere jusqu'à ce que ton sel soit devenu comme cire ; loués Dieu dans ton cœur, le priant instamment de te donner les lumieres nécessaires pour en user avec prudence.

XXVI. Mon fils, comprénant ce petit abrégé, tu pourras aisément concilier les

Philosophes, qui en effet ont possédé la même Sagesse; il n'y a qu'une vérité, mais ses vêtemens sont divers: si l'un nous la présente pompeusement parée de fines pierreries & de l'Or le plus pur, l'autre aussi véridique, la couvre de la fange & du fumier pourri; un troisième s'écrie: ô heureux Sçavans, dont la Science divine trouve dans l'invisible un point indivisible, qui peut seul composer le miracle de l'art.

XXVII. Ces trois bien entendus te déchirent le voile, & te découvrent à la vûe l'aimable vérité; il ne tiendra qu'à toi de suivre ses préceptes, & par elle aisément tu développeras les hieroglifiques & toutes les fictions; tu verras, non sans étonnement, cette Mer rouge agtée, retourner en arriere, te frayant un passage pour la terre promise; tu contempleras ses Serpens, qui s'engloutissans, se détruiront à tes regards effrayés; & Mercure arrosant cette arêne engrossée, les fera reproduire pour en parer sa verge, de laquelle frappant la salade qui lui couvre la tête, tout se confondera dans la premiere terre.

XXVIII. Dans l'Oeuf philosophique tu pourras découvrir ces deux Dragons antiques de la race des Dieux; le feu secret sera manifesté à tes yeux, & la Mer glaciale soudain t'apparoîtra: le rameau d'Or sera en ta puissance; les Lys & les Roses tu cueilleras de tes mains: du fruit des Herperides tranquile possesseur, tu pourras partager le bonheur des Dieux, & boire dans leur coupe à longs traits leur nectar, ou leur ambroisie.

XXIX. Vois, sans étonnement, cet horrible Dragon, qui n'a d'autre pâture que celle de lui-même ; ce Phénix renaissant de ses cendres, & ce Pélican charitable envers ses petits ; dans un même tableau te seront représentées les montagnes fameuses du Vulcain, ainsi que les divers Ouvrages des Cyclopes ; tu y verras aussi les impuissants Titans vaincus par Apollon, Fils luminifere du Soleil.

XXX. Pénétrant le cahos ténébreux, qui forma l'Univers, vois d'un Déluge affreux la terre submergée, renaître en peu de tems Lucide & purifiée ; la vérité toujours terrassa le mensonge : souviens-toi qu'elle est nuë & une, & qu'elle ne peut apparoître qu'aux régards du Sage, car le vulgaire y est aveugle.

XXXI. Réfléchis sur l'Histoire de Jason & celle de Cadmus ; consideres Enée dans les Enfers, le beau Ganimede transporté jusqu'aux Cieux : vois la Mer agitée du Pere de nos Dieux, qui d'une bouillante écume enfante à tes regards la Déesse Venus, mere des Amours à sa suite.

XXXII. Ha ! souviens-toi, cher enfant, de nos Lettres sacrées ; pénétres en le sens, tu trouveras la vie : oui tu pourras t'expliquer, avec un contentement indicible, les raviſſans tableaux du génie des humains; prend ton crayon en main, pour former un point; lui ſeul peut t'inſtruire, puiſqu'il renferme tout.

XXXIII. Extaſié d'admiration ſurnaturelle, conſideres ce point, conçoit ſon centre, vois ſa circonférence, juge de l'étendue, qui joint l'un avec l'autre; heureux, mon fils, ſi le Pere des lumieres, par un rayon de ſon Eſprit divin, & un feu radieux d'intelligence, embraſant ton cœur, te revelle en ſecret la multiplication de ce point par ſon centre.

XXXIV. Ce trine inſéparable, qui a tout procréé, fondement éternel, ſe découvre en toi, Image de ton Dieu; médites ſes Ouvrages, & ſuivant la Nature, vois ſon commencement, ſon progrès, & ſa fin; l'â ravi d'admiration, adores le Tout-puiſſant.

XXXV. Repaſſes en ta mémoire cette ſimple opération, que tu fis ſous mes yeux, cueillant une plante garnie de ſes racines ainſi que de ſa graine, que tu putrifia pour en tirer un ſel volatil; puis conſommant le reſte par l'ardeur des flâmes, il te reſta une cendre précieuſe, qui te rendit un ſel fixe criſtalin; par un moyen uniſſant les deux, ils ne firent plus qu'un; que tu fis jouer avec Vulcain; & retirant ce ſel embraſé, tu vis, ô prodige étonnant! que la peſanteur d'un grain de milliet dans la terre ſemé, te réproduiſit un grand nombre de plantes, ſurpaſſantes de beaucoup en beauté, la première détruite : cette palingénésie ne te prouva-t'elle point la résurrection des végétaux ?

XXXVI. Tu admiras avec moi dans le jeu de la Nature, le germe indestructible à chaque créature : en voyant le miracle de la végétation, tu compris qu'il pourroit conséquemment arriver dans les deux autres régnes, & tu compris aussi le myftére de la réfurrection univerfelle ; tu t'écria foudain, ha ! fi la vile Créature accomplit ce prodige, notre foi pourroit-elle refufer au Créateur fuprême la puiffance & la vertu fouveraine de nous régénérer en des corps plus parfaits, pour jouir à jamais d'une vie éternelle ? Nous, dis-je, ame de fon ame, efprit de fon efprit, que fon amour paternel à créés fes enfans privilégiés les plus puiffans & vertueux, à fon Image & à fa reffemblance.

XXXVII. Sois donc perfuadé que le fel de tous les individus renferme en lui ce vrai germe, propre & vivace, qui peut régénérer & multiplier à l'infini ; ce fel eft la boëte qui renferme le beaume du fouffre, & la liqueur mercurielle, que nous appellons *Phifon*, ou fleuve des eaux vives, circulant dans toute la terre de vie, où naît l'Or de nature ; & de l'expreffion de notre Sçavant Légiflateur, l'Or de cette terre eft très-bon, vrai, parfait & exquis : le fouffre eft un feu plus puiffant que le feu élémentaire, ce qui fait que la forme qu'il renferme ne peut être détruite par lui ; le mercure est le bon compagnon qui fournit tout ce qui est nécessaire à la multiplication.

XXXVIII. Oui, cette porte ouverte te présente un heureux passage pour arriver au sanctuaire de la Nature, fermé par trois clefs différentes; la premiere est de fer, la seconde d'argent très-pur, & la troisiéme est d'or éblouissant; mais sur-tout, souviens-toi de joindre chaque clef à sa propre serrure, pour pouvoir trouver la clef universelle des merveilles du monde.

XXXIX. Si l'Esprit divin t'en procure l'entrée, fléchissant le genouil, adore l'Eternel, Immortel & Tout-Puissant; reçois des mains de la Sagesse, cette Ampoule sacrée, qui rappelle les morts du fond de leurs tombeaux, & dont l'huille empourprée terrasse le Démon jusqu'au profond des Enfers, & confond en un moment l'ignorance aveugle qui périt les humains.

XL. Cher enfant, souviens-toi des leçons de ton pere ; sois sobre & tempéré au milieu des richesses, en soulageant tes freres nécessiteux de cet Esprit de vie : conçois qu'il en faut peu pour conserver les corps, & qu'ils n'ont ame vivante que par lui ; en te donnant la connoissance de cette vérité, j'obéi au Commandement que le Seigneur Dieu nous fait par la bouche de son Prophete *Isaï, c. 38. v. 19.*
Unicuique Deus mandavit de proximo suo,

TRAITÉ DU CIEL TERRESTRE

DE VINCELAS LAVINIUS DE MORAVIE.

IL y a un seul Esprit corporel, que la Nature a premiérement créé, qui est commun & caché, & qui est le Beaume précieux de la vie, qui conserve ce qui est pur & bon, & détruit ce qui est impur & mauvais. Cet Esprit est la fin & le commencement de toute Créature, triple en substance; car il est fait de Sel, de Souffre & de Mercure, ou d'Eau pure, qui d'en-haut coagule, unit, assemble & arrose tous les bas lieux, par un sec onctueux & humide.

Il est propre & disposé à recevoir quelque forme & figure que ce soit; il n'y a que l'Art, qui, par l'aide & par l'entremise de la Nature, le rende visible à nos yeux. Il céle & cache dans son ventre, une force & une vertu infinie: car c'est une chose qui est pleine & remplie des propriétés du Ciel & de la Terre. Elle est Hermaphrodite, & elle donne l'accroissement à toutes choses, se mêlant indifféremment avec elles; parce qu'elle tient renfermée en soi, toutes les semences du Globe Œtheré. Car elle est pleine d'un feu subtil & puissant, & en descendant du Ciel, elle influe & imprime sa force sur les Corps de la terre, & son ventre qui est poreux est tout plein d'ardeur, &

il est le pere de toutes choses. Alors ce ventre se remplit d'un autre Feu vaporeux, & sans cesse il reçoit son aliment de l'humeur radical, qui, dans ce vaste corps, se revêt du corps de l'Eau minérale, ce qu'il fait par la concoction de son Feu chaud.

Cette Eau, qui peut être coagulée, & qui engendre toutes choses, devient une terre pure, qui, par une forte union, tient la vertu des plus hauts Cieux renfermée en soi; & parce que dans cette même terre, elle est unie & conjointe avec le Ciel, c'est pour cela que je lui donne ce beau nom, *le Ciel terrestre.*

De même qu'au commencement, la premiere Nature se servit de la séparation, pour orner & arranger la masse, qui étoit en désordre & en confusion: Ainsi l'Art, qui aime la perfection, doit imiter la Nature. La Nature ôte l'excrément substanciel, où par un limon terrestre qu'elle convertit en Eau, ou par adustion. L'Art se sert de lotion & de digestion, soit par l'Eau, soit par le Feu, & sépare l'ordure & l'impureté, en purifiant & nétoyant l'ame de tout vice. Celui donc qui sçait la maniere de se servir de l'Eau & du Feu, sçait le véritable chemin qui le conduit aux plus hauts secrets de la Nature.

L'Eau, ce grand Corps, cette premiere créature de Dieu, fut remplie d'Esprit dès le commencement, ayant toutes sortes de formes en sémence; & en vivifiant par le mouvement, elle anime tout, & elle produit toutes choses dans la lumiere du Ciel & de la Terre. L'Eau est la nourrice de tout ce qui vit dans ces deux lieux: dans la Terre, c'est une vapeur; dans les Cieux, c'est proprement un Feu, triple en sa substance & premiere matiere; parce que de trois, & en trois, tous les corps procédent, & s'éloignent de la Nature: elle contient un Beaume, qui a pour son pere le Soleil & pour sa mere la Lune. Par l'Air, elle germe dans les lieux bas, & elle cherche les lieux hauts, & fort élevés; la Terre la nourrit dans son ventre chaud, & elle est la cause de toute la perfection.

Le grand Dieu, qui donne la vie à tout, a établi deux remédes pour les Esprits & pour les Corps, c'est-à-dire, deux choses qui les nétoyent & les purifient de leurs impuretés, & c'est la cause pourquoi la corruption dispose & tend à une nouvelle vie. Les Métaux ont ces deux choses en eux; & ces deux choses sont causes de la réparation, & elles participent de la Terre & du Ciel, afin qu'elles unissent & lient ensemble les deux autres extrémités. C'est pourquoi ces deux choses sont descendues du Ciel en terre; & ensuite elles retournent au Ciel, afin qu'elles fassent paroître leur puissance dans la terre. De même que le Soleil dissipe les nuages, & illumine la terre, ainsi cet Esprit étant préparé de cette sorte, & *séparé* de ses nuages,

il

DU CIEL TERRESTRE. 569

il illumine tout ce qui est obscur. Dans cet Esprit, il faut considérer deux formes, dans son suc & dans son venin ; son suc est double qui conserve tous les Corps, par un Sel amer : son venin qui est pareillement double, les consume & les détruit.

Ce sont-là les facultés qui sont renfermées dans le limbe & dans le cahos, qui a les mêmes effets, lorsque l'on le tire de la terre ; mais lorsqu'il est préparé, par la séparation du bon d'avec le mauvais, il fait paroître sa force & sa puissance, sur les parfaits & sur les imparfaits.

J'habite dans les Montagnes & dans la Plaine ; je suis pere avant que d'être fils : j'ai engendré ma mere, & ma mere, ou mon pere, m'a porté dans sa matrice, en m'engendrant, sans avoir besoin de nourrice. Je suis *Hermaphrodite*, & j'ai les deux natures ; je suis victorieux sur tous les forts ; & je suis vaincu par le plus foible & petit, il ne se trouve rien sous le Ciel de si beau, ni qui ait une figure si parfaite.

Il naît *de moi* un *Oiseau* admirable, qui de ses os, qui sont mes os, se fait un petit nid, où volant sans aîles, il se revivifie en mourant, & l'Art surpassant les loix de la Nature, il est à la fin changé en un roi, qui surpasse infiniment en vertu les six autres.

Voilà le vrai Miracle du *Ciel terrestre*, part l'Art du Sage.

Tome IV.   Bbb

DICTIONNAIRE
ABRÉGÉ
DES TERMES DE L'ART

& des anciens Mots, qui ont rapport au Traité de Philalethe, & aux autres Philosophes contenus dans la Bibliothéque Alchymique.

ACIER des Philosophes, c'est un des Termes mystérieux de l'Art. Philalethe l'appelle autrement, *Cabos*, le Cosmopolite dans son Enigme dit, *qu'il se trouve dans le ventre d'Aries*, & dans son Epilogue que l'*Eau pontique qui se congele dans le Soleil & la Lune, se tire du Soleil & de la Lune, par le moyen de l'Acier des Philo'ophes*, qui est un amour mutuel de la chaleur & de l'humide à s'unir, & à attirer à eux leurs semblables.

Accointer, ancien mot, qui signifie hanter & se familiariser avec... d'où vient *Accointance*, familiarité; on le fait venir du Grec ACOITES mari; ou du mot poétique ACOTIS femme.

Accordance, conformité, accord.

ACTIF, agissant, mouvant, opérant.

ADAM, terre rouge, Mercure des Sages, souffre, ame, feu de nature.

Adapter, accommoder; du Latin *Adaptare*.

Administrer, donner, fournir; du Latin *Administro*, je traduit secours.

Adduire, produire, alléguer; du Latin *Adducere*.

AIGLE, sublimation naturelle.

Affermer, affirmations.

Afflamber & *Enflamber*, inciter, enflammer, brûler les fleurs. Il vient de *Flambe* pour *Flamme*, on dit encore *Flamber*; du Latin *Flamma*.

AIRAIN des Philosophes, Terme de l'Art; qui signifie la même chose que l'Or vulgaire, devenu par leur Art, l'Or des Sages, qu'ils appellent autrement Laton.

Albification, blanchissement ou blanchissage, action de blanchir, la Médecine au blanc.

ALCHYMIE, mot composé de l'Article Arabe, *Al* & *Chymie*; *Al*, signifie divin; & *Chymie*, œuvre, opération, facture, faction.

Alégorie, mot grec, qui signifie que les paroles doivent être expliquées autrement que dans leur sens naturel; lorsque l'on dit une chose, & que l'on en entend un autre.

ALMAGRA, c'est le Laton.

AMALGAME, d'où vient *Amalgamation*, est une corrosion du métail par le mélange de l'Argent-vif, que l'on met avec lui; c'est encore une union de différens Corps.

AME, les Philosophes appellent ainsi ce qui de soi est volatil sur le Feu, autrement le feu de nature, où la chaleur naturelle.

Amener, produire raisons amenées, produites alléguées, il vient de *mener*; qui vient du verbe latin *Mino*.

Appareiller, apprêter, *Appareillez*, apprêtez; il vient d'*Apparell*.

ARCHÉE, esprit-moteur, fermentateur.

ARGENT des Philosophes, c'est comme la matrice propre à recevoir le Sperme & la Teinture de l'Or. *Hortulain*, chapitre 4. *Philalethe* l'appelle l'Or blanc, qui est plus crud, & qui est la semence féminine, dans laquelle l'Or meur, autrement appellé le Laton rouge, jette la sienne, pour produire l'Hermaphrodite des Philosophes, *chap.* 1. En un mot, c'est le Mercure des Philosophes.

ARGENT-VIF, est l'Argent-vif, ou le Mercure commun & vulgaire.

Arguer, argumenter, raisonner, prouver ; du latin *Arguere*.

Arse, brûlé ; il vient du latin *Arsus*.

ARIES est l'un des douze signes du Zodiaque, que nous appellons *le Belier ou Mouton*. Le Soleil entrant dans ce signe le 20. du mois de Mars, fait l'Equinoxe du Printems, si fort recommandable pour l'œuvre Hermétique, & que les Philosophes ont déguisé sous tant de figures. *Ventre* ou *Maison d'Aries* est un des termes mystérieux de l'Art. Philalethe dit dans le Chap. 2. que les premiers Philosophes ont cherché & trouvé le Souffre actif caché dans la maison d'Aries. Le Cosmopolite dans son Enigme dit que l'Acier des Philosophes se trouve dans le ventre d'Aries, comme il a été remarqué dans l'explication de ce mot *Acier*. Fabri dans *les Notes* qu'il a fait sur le Traité de l'huile d'Antimoine de Roger Bacon, dit que l'Antimoine est appellé Aries, parce qu'il est attribué à ce signe ; & que l'Eau qui est cachée dans le ventre d'Aries étant l'Eau qui dissout l'Or d'une véritable dissolution ; le Mercure d'Antimoine est par conséquent le vrai dissolvant de l'Or ; parce que c'est l'Eau, qui est cachée dans le ventre d'Aries. Ce qui fait évidemment voir que Fabri n'a jamais rien sçu dans la Philosophie, & qu'il entend & explique mal Roger Bacon vrai Philosophe Hermétique : ainsi font plusieurs Traducteurs, qui ignorent la science Théorique & Pratique de la Philosophie naturelle, & ne comprennent point l'esprit & le sens occulte des termes qui y sont consacrés. L'Auteur du Traité qui a pour titre *Rares expériences sur l'Esprit Minéral*, s'est avisé d'expliquer à la lettre le ventre d'Aries, *la peau de Chamois ou de Mouton*, par laquelle on passe le Mercure pour le nettoyer, ce qui n'est pas assurément d'un homme aussi habile & fin, qu'il le veut paroître.

ATHANOR, mot de l'Art, signifiant un vase oblong,

ayant son couvercle, lequel on met dans un fourneau en forme de tour, & sous lequel l'on entretient un feu continuel dans ce fourneau où il est joint, il vient du mot grec *Athanatos* immortel, parce que le Feu y doit être immortel, & perpétuel.

A tant, ancien mot, qui veut dire *de sorte que*.

Augment, augmentation; du latin *Augmentum*, multiplication.

Aubins, blancs d'œufs servans à certain lut; du latin *Album*.

AYMANT, est un terme mystérieux de l'Art, dont se sont servis le Cosmopolite dans son Enigme, & Philalethe dans le Chap. 4. C'est la sympathie qu'a naturellement chaque Elément à se joindre & adhérer à ce qui est de lui, enfin à ce qui lui est semblable, homogene, ou analogue, vertu que les Physiciens & les Naturalistes non Hermétiques, n'ont jamais connu jusqu'à présent.

B*ailler*, donner, livrer, traduire.

BAIN MARIN, ainsi appellé parce que le Vaisseau que l'on met dedans y baigne, comme dans une Mer. Ce Vaisseau est d'ordinaire un Oeuf, Cucurbite ou Courge de Verre, de Terre ou de Cuivre, où l'on met le compost pour digérer & distiller. Dans la Chymie vulgaire, pour circuler, il faut une autre maniere de Vaisseau, ou du moins ajoûter à la Cucurbite une chappe aveugle, c'est-à-dire, qui soit bouchée. On l'appelle le Bain Marin *le vicaire du ventre de cheval*, ou fumier de cheval entassé & échauffé de lui-même, où l'on met des vaisseaux en digestion, ou pour faire la circulation. Ce Bain se fait dans un chaudron, ou autre Vaisseau, où l'on met la Cucurbite que l'on affermit avec du foin, puis on remplit le chaudron d'eau que l'on fait chauffer ou bouillir, selon que le requiert l'opération, & l'on remplit l'eau qui s'exhale par d'autre eau chaude. Quelques-uns l'appellent Bain Marie, voulant dire qu'il a été inventé par Marie la Prophétesse que l'on croit sœur de Moyse, sous le nom de laquelle nous avons un Traité de Philosophie. Dans l'Alchymie le mot *Marie*, est pris pour l'humide des Eaux marines, ou l'écume superflue de la Mer philosophique, de laquelle écume Marine vient le mot de Bain Marin, parce que l'humide Marin se baigne en elle.

Besoigner, travailler, *besoigne*, travail, opération.

Bethel, Maison du Pain, loge de Cerés.

Cabale, tradition secrette de la Sagesse, ou Philosophie naturelle, de la Science de Dieu & de la Nature.

Caille, présure, ce qui fait cailler, épaissir, coaguler.

Calciner, c'est rendre une chose solide, comme est une pierre, ou un métal, en poudre & en menuës parties, qui se désunissent par la privation de l'humidité qui unit ces parties, & n'en fait qu'un corps. Et cette privation se fait par l'action du feu, ou des Eaux fortes.

Calidité, chaleur ; du latin *caliditas*.

Capricorne, est l'un des douze Signes du Zodiaque, dans lequel le Soleil entrant le 22 Décembre, fait le solstice d'Hyver, qui est le plus court jour de l'année.

Capillaire, ressemblant à des cheveux ; du latin *capillaris*, cercle capillaire dans Flamel.

Catholicon, Médecine des Sages, imprignée du soufre & de la vertu céleste.

Cercle ou roue de la Nature, circulation orbiculaire de l'Esprit invisible universel dans tous les Globes & les Créatures, par conséquent travail continuel, mouvement perpétuel de l'Esprit vivifiant dans les quatre Elémens, que les Sages ont dit la quadrature du cercle.

Chaleur naturelle, matiere des Sages.

Chien d'Arménie, Souffre que l'on appelle autrement Lyon, Dragon sans aîle, Sperme masculin, mâle.

Chienne de Corascene, Mercure, Dragon ailé, Sperme féminin, fémelle.

Circuiant, environnant; du latin *circueo*, ou *circumeo*.

Clerc, sçavent, bon Praticien d'une Science.

Clabaniquement, c'est-à-dire, selon la proportion du Fourneau, du mot Grec Clibanos, qui signifie un Four.

Circuler, tourner en cercle ou en rond, du latin *Circuleo*.

Circulation, c'est une opération, par laquelle on fait circuler une liqueur ou essence dans un vaisseau bien bouché, ou dans deux vaisseaux qui se tiennent, ou qui entrent l'un dans l'autre, ce qui se fait par le moyen de la chaleur ou dans le fumier de cheval échauffé de lui-même, ou dans le Bain marih.

Cloüé, afin que je leur cloüe la bouche, *Trevisan*, que je leur ferme, il vient de *clorré*.

Coagutation, c'est la réduction que l'on fait d'une chôse coulante & fluide, dans une substance solide, par la privation de son eau, ainsi que l'a défini. Geber, *ch.* 52. du 1. *liv.* de sa Somme. Telle est la coagulation du lait.

Coagule, présure, ce qui fait cailler le lait; du latin *coagulum*.

Coaguler, cailler; du latin *coagulare*.

Cocq. Le Cocq, pris pour le Simbole de la Chaleur naturelle, attaché à Mercure qui la lui traduit du Ciel-Astral, dès la pointe Crepusculaire de de l'Aurore matinal.

Colliger, recueillir, ramasser; du latin *colligere*.

Combustion, brûlement, action du feu qui brûle; du latin *combustio*.

Compiler, ramasser, amasser dans un tas, entasser, piller; du latin *compilare*.

Concaves, concavitez.

Conceder, accorder; du latin *concedere*.

Confection, composition, compot, ou cuisson parfaite de la matiere des Sages; du latin, *Confectio*.

Congrégation, assemblée, société; du latin *congregatio*.

Coopérer, travailler conjointement avec quelqu'un; du latin *cooperari*.

COOPÉRATION, travaille qui se fait conjointement avec un autre; du latin *cooperatio*.

CORPS. Les Philosophes appellent Corps, non seulement ce qui a les trois dimensions, largeur, longueur & profondeur; mais tout ce qui peut soutenir le feu, ce qu'ils appellent autrement fixe, comme ils appellent Ame tout ce qui de soi est volatil sur le feu; & Esprit ce qui retient le Corps & l'Ame, & les conjoint & unit ensemble; ensorte qu'ils ne peuvent plus être séparez.

COPULATION, c'est l'action par laquelle le mâle s'accouple avec la femelle.

Coustumiers, qui ont accoutumé.

Crisol, creuset; du latin *Crucibulum*.

Cuider, penser, estimer, avoir opinion que quelque chose que ce soit.

Débouter, c'est bouter ou mettre hors, exclure, renvoyer rudement, chasser.

Deceptes, tromperies; du Latin *deceptio*. Il vient de *decevoir*, tromper, abuser. *Deceveurs* trompeurs, affronteurs.

Décorer, orner, embellir; du latin, *decorare*.

Décoction, chose décuite, quelquefois pris pour cuisson; du Latin, *decoctio*.

Décuire, signifie proprement perdre sa cuisson, réincruder, liquifier, résoudre. Ainsi l'on dit qu'un syrop s'est décuit lorsqu'il a perdu une partie de sa cuisson, & qu'il est devenu plus liquide; du Latin *Decoquere*.

Désespérations, désespoir.

Dûë, matiere dûë, requise, nécessaire.

Devoyer,

Devoyer, ôter du chemin, détourner ; du mot voie, chemin, faire fourvoyer.

Double, copie, *doubler*, copier.

Doublets, affligez ; du Latin *dolens*.

EAU pontique, terme de l'Art, qui signifie le Mercure des Philosophes, qu'ils appellent autrement Vinaigre très-aigre, Feu aqueux, Eau ignée ; Esprit igné & humide ; union de la chaleur naturelle & de l'humide radical, liés par un Sel marin.

Ebulition, action de boüillir.

Elémens, le Feu, l'Air, l'Eau & la Terre, que par leur mixtion dans tous les Corps, les Anciens ont appellez le quadrangle, ou la quadrature ; parce que les Elémens se croisent dans leur cercle, ou la circulation universelle.

Elixir, l'un des noms de la Pierre Philosophale, après sa perfection, ou Pierre humifiée.

Emblême, pour figure, représentation.

Emblématique, pour Enigmatique. Alciar s'est servi de ce mot en ce sens.

Embryon, mot Grec, qui signifie l'Enfant, qui est dans le ventre de la Mere, que les Latins appellent *Fœtus*.

Emender pour amander ; du Latin *Emendare*.

Enflamber. Voyez *Afflambler*.

Enfer, selon les Philosophes, est le fond ou les bas lieux du vase, la terre où se déposent les cadavres, les féces, les immondices, le terrestre, la terre damnée, rejettée, reprouvée.

Engin. Esprit, industrie ; du Latin *Ingenium*, il signifie aussi instrument.

Enquis d'enquérir, rechercher ; du Latin, *Inquirere*.

Ententif pour *attentif* ; d'entendre.

ENTRANT, terme de l'Art, qui signifie pénétrant, ayant ingrès. Les Philosophes disent que leur Magistere est parfait lorsqu'il est fondant, entrant & tingent.

Envie, envieux, jaloux, réservez. Les Philosophes sont envieux, c'est-à-dire, sont jaloux de leur Science, la cachent, la tiennent secrette, & ne la veulent pas faire connoître ; comme au contraire, ils disent qu'ils ne sont pas envieux, & qu'ils parlent sans envie, quand ils parlent ingénuement & sincérement.

Errer, manquer, saillir ; du Latin *Errare*. Erratiques, qui font errer.

Errans, erreux, qui font errer, qui tompent.

Esprit, est dit l'humide radical.

Esprit fœtide, c'est le Souffre.

Essence. Voyez Quinte-essence.

Essensijé, rendu ou fait Essence.

Eudica, c'est-à-dire, les féces ou l'immondice du verre.

Exsiccation, Desseichement ; du Latin *Exsiccatio*.

Extrinseque, extérieur ; du Latin *Extrinsecum*.

Eve, terre blanche, terre de vie ou des vivans, Mercure philosophique, humide radical, esprit.

Fœces, c'est un terme de l'Art qui est un mot Latin, qui signifie crasse, lie, impureté, limon, ordures, l'excrément & les parties les plus grossiéres, impures & étrangéres qui s'affaissent & demeurent au fond, que l'on appelle autrement résidence, principalement d'une liqueur quand elle s'est purifiée ; comme la lie à l'égard du vin, terre damnée.

Faction, action de faire, faction de notre divine Oeuvre, Zachaire ; c'est-à-dire, accomplissement, parachevement, pour faire ; du Latin, *Factio*, ou opération.

Feaux, fidelles ; il vient de *feal*, qui garde la foi, le secret.

Ferment, terme de l'Art du Latin *Fermentum*, qui signifie Levain. On appelle ainsi la partie fixe de la Pierre, & ainsi Fermenter est donner le Ferment ou Levain, & *Fermentation* est l'action par laquelle on fermente.

FIXER, Fixation, terme de l'Art, qui veut dire rendre fixe ; c'est-à-dire, rendre une chose qui est volatile, & qui s'enfuit du feu, en état de le pouvoir souffrir sans s'évaporer, ni sublimer; Geber en sa Somme, chap. 53.

FONDANT, fusible, qui se peut fondre, & réduire en liqueur ; c'est un terme de l'Art. Voyez Entrant.

Fors, horsmis, excepté ; du Latin *foris*, ou *foras*.

Fréquence, abondance ; du Latin, *frequentia*, assemblée de plusieurs, qui se trouvent souvent au même lieu.

Frigidité, froideur ; du Latin *frigiditas*, privation du feu, de la lumiere & de la chaleur.

GErminatif, la vie Germinative. Philalethe, la vie qui germe ou végéte, la vie végétative.

GRAND OEUVRE, l'un des noms de la Pierre Philosophale.

HERMÈS Trismegiste ; sont deux mots Grecs, qui signifient Mercure trois fois, très-grand, ou substance régie par trois principes célestes, & trois principes sublunaires unis.

HERMÉTIQUEMENT ; sceller hermétiquement ; c'est-à-dire, sceller du sceau des Philosophes. Quand l'on fait rougir le bout d'un vaisseau de verre, comme est un Matras, & que l'on le tord avec des pincettes, ou qu'on l'applatit & joint si bien qu'il n'y ait point d'ouverture ; cependant il y a encore le sceau d'Hermès par Hermès, pour lequel sçavoir il faut connoître les Agens. Les Philosophes se servent encore d'un autre sceau, ou lut propre au vase.

HERMAPHRODITE, mot Grec composé d'HERMÈS, qui signifie Mercure, & APHRODITE qui veut dire Venus ; comme qui diroit composé de Mercure, & de Venus. La Fable dit que ce fut le Fils de Mercure & de Venus, qui avoit les membres des deux sexes, & étoit mâle & femelle : Voila pourquoi on appelle ainsi ce qui a les deux sexes, &

Ccc ij

qui est tout ensemble mâle & fémelle. On l'appelle autrement Androgyne, du mot Grec ANDRODUNUS, qui signifie homme & femme, ce qui est attribué au Mercure philosophique; parce qu'il est mâle & fémelle, feu & eau, sec & humide.

HETEROGENE ou Heterogenée, mot Grec, qui signifie une chose dont les parties sont de différentes natures; comme sont les parties qui composent le Corps des végétaux, qui sont l'écorce, le bois, les feuilles, &c. Et celle des animaux, la chair, les os, &c. ou la contrariété régnante des quatre élémens, ou qualités élémentées.

HEVILATH, terre de vie, où naît l'Or magique, très-bon, très-fin.

HOMOGENE, mot Grec, qui signifie une chose de laquelle toutes les parties sont de même nature & espèce, comme toutes les parties de l'Eau sont eau & semblables.

HORUS, Fils d'Isis & d'Osiris.

HUMIDE radical, matiere des Sages.

JA pour *déja*, Trevisan.

IGNÉE, terme de l'Art, qui signifie qui est de Feu; du Latin *Igneus*.

INCOMBUSTILE, qui ne se consume point.

Incombustible, qui ne peut être brûlé, ni consommé par le feu, ainsi les Philosophes appellent leur Soufre incombustible, parce que le feu ne peut agir sur lui.

Indissoluble, qui ne peut être désuni ni séparé; du Latin *Indissolubile*.

Inférer, du Latin *Infero*. Juger, de tirer conséquence de.

Innumérable, du Latin *Innumerabile*. Innombrable, sans nombre.

Inquisiteurs, rechercheurs, du Latin *Inquisitor*.

Insculpé, gravé, du Latin *Insculpium*.

Intrinsèque, intérieur, qui est au-dedans; du Latin *Intrinsecum*.

Investigateurs, chercheurs, ceux qui cherchent; du Latin *nvestigator*.

Iscarifier, couper, trancher, ouvrir.

Isis, figure de la nature essencielle, mere de tout ce qui existe, où l'humide radical universel impreigne de chaleur céleste, son principe moteur, Mercure philosophique.

Labeur, travail; du Latin *labor*, Labourer, travailler, *Labourans*, travaillans.

LAIT de la Vierge, le Mercure philosophique.

Lamines petites lames; du Latin *Lamina*.

Lapils, pierres; du Latin *Lapis*.

Lay, laïque, qui n'a aucun titre dans les Ordres Ecclésiastiques, & qui n'est pas Religieux; du Grec LAOS peuple.

LIBRA, le Signe des Balances, l'un des douze Signes du Zodiaque, dans lequel le Soleil entrant le 22 Septembre, fait l'Equinoxe d'Automne.

Ligature, *conserver le Vaisseau avec sa ligature*, c'est-à-dire le conserver *bien bouché*, en le scellant du sceau d'Hermès, c'est-à-dire, en enfermant Hermes par Hermes, ce qu'on ne pourra comprendre sans connoître le sujet.

Lineaire, du Latin *Linea e*, c'est-à-dire, qui va tout droit, uniment, également, depuis le commencement jusques à la fin : la principale qualité de la ligne, étant d'être par tout unie & droite.

Liquefaction, l'opération par laquelle on réduit en liqueur une chose solide; du Latin *Liquefactio*.

LUNE, terme de l'Art, qui signifie l'Argent, & se marque par un Croissant tourné de droit à gauche. Voyez *Argent*, humide radical.

LUNAIRE, suc de la Lunaire, terme mystérieux des Philosophes. Philalethe dit dans le ch. 19. que c'est la plus pure substance du Soleil purifié, & joint avec le Mercure des Philosophes.

LUT, mot de l'Art; du Latin *Lutum*, c'est le mortier que font les Philosophes pour lutter & enduire, ou encroûter leurs Vaisseaux de verre, afin qu'ils résistent mieux au feu.

MAGISTERE, terme de l'Art, qui signifie le grand Oeuvre; du Latin *Magisterium*, c'est-à-dire, sujet trois fois plus vertueux qu'il n'étoit en son premier état. Magistere est aussi une opération chymique, par laquelle un Corps mixte ou composé est tellement préparé par l'Art Chymique, sans que l'on en fasse aucune extraction, que toutes ses parties homogenées sont conservées & réduites dans un dégré de substance ou de qualité plus noble, par la séparation que l'on fait seulement de ses impuretés extérieures. Beguin, lib. 2. ch. 19. ainsi qu'est le Magistere des Perles, de Coral, &c. si bien que toutes les préparations des Métaux, ne sont que des Magisteres, ou atténuations de leurs Corps subtiliés.

Maintes, plusieurs.

Mais que, pourvû que.

Mâle volonté, mauvaise volonté, comme mâle grace. *Trevisan*.

Marchier, pour Marché. *Zachaire*.

MÉDECINE, c'est-à-dire, force universelle, améliorant & perfectionnant les Corps malades, ou imparfaits.

MER, les Philosophes appellent leur Mercure Mer, parce qu'il est une Eau marine, ayant un Sel-pêtre, c'est-à-dire, une Eau qui se pétréifie.

MERCURE, l'une des sept Planettes qui se marque avec un rond qui a un Croissant au-dessus avec une Croix au-dessous du rond. Il se prend pour l'Argent-vif, tant le commun que celui des Philosophes, c'est-à-dire, que les Philosophes tirent & font, & pour cet effet Philalethe dit au Chap. 1. que c'est un Enfant qu'ils forment, non pas en le créant, mais en le tirant des choses où il est enfermé, par la coopération de la Nature, & par un merveilleux artifice, de sorte qu'il ne se trouve point sur la terre tout prêt & préparé pour l'Oeuvre, comme il est dit dans le chapitre 13. du même Auteur. Ils l'appellent autrement leur Sel, leur Lune, leur Or blanc, la Fémelle, leur Eau pontique, leur Vinaigre très-aigre, qui a la vertu de dissoudre l'Argent & l'Or communs, & de les résoudre en leur Mercure, qui est leur semence. Les Philosophes disent qu'il est Hermaphrodite, c'est-à-dire mâle & fémelle, & qu'il est volatil, c'est pourquoi ils l'appellent le Dragon ailé, mais il devient fixe par le moyen du Souffre des Philosophes, qui est en lui-même, & qu'il revivifie en mourant, & ainsi devient leur Salamandre qui vit dans le feu.

MISTÉRE, secret, énigme, parabole, ignorance d'une chose, sens caché, esprit occulte.

MINE, ou miniere, d'où s'extrait le Mercure des Sages.

Mondifier, mondification, nettoyer; du Latin *Mundificatio*.

Moult, beaucoup; du Latin *Multum*, prononçant *u*, comme *ou*, ainsi que faisoient les Latins.

Mosle, pour moule, *Zachaire*.

MOSZHACUMIA, c'est-à-dire, les féces ou immondices du verre.

Muer, changer, du Latin *Muto*, d'où vient transmuer. On dit que les Oiseaux muent quand ils changent de plumes, ainsi fait le Mercure philosophique à chaque aigle.

Narrer, raconter; du Latin *Narrare*.
Nully, aucune personne. *Trevesin*.

Obliques, de travers; du Latin *Obliquum*.
Occises, tuées; du Latin *Occisum*.

OISEAU D'HERMES, l'Esprit du feu de nature, enclos dans l'humide du Mercure hermétique, Pigeon, ou la chaleur naturelle unie à l'humide radical.

OR, est le plus parfait de tous les Métaux, que les Philosophes appellent Soleil, ils le marquent par un cercle, & un point au milieu pour montrer qu'il est entiérement fixe & parfait. Ils ont leur Or philosophique qu'ils appellent vif. Ils en ont un Rouge, qu'ils appellent leur Laton rouge, Mâle, Souffre, Dragon sans aîle. Et un Or blanc, qui est la Fémelle, le Dragon ailé, leur Mercure. Voyez *Argent* & *Mercure*.

Os d'Adam, Mercure philosophique, Souffre igné.

Osiris, pris pour la chaleur naturelle, jointe à l'humide radical figuré par Isis.

Parabole, mot Grec, qui signifie comparaison, énigme, figure, allégorie, symbole.

Paraboliquement, par comparaison.

Part, la part où, le lieu, l'endroit où, là où, Zachaire.

Passif, patient ce qui reçoit l'action de la chose qui agit.

Péuns, argent; du latin *pecunia*. Trévisan.

Philosophe, sage, mage, adepte, amateur de Sagesse, c'est le nom de ceux qui sçavent la Science de Dieu & de la Nature.

Philosophie, amour de Sagesse; nom que l'on donne à la Science ou Art, qui enseigne à faire la Pierre philosophale.

Planettes, les sept Planettes ont chacune leur couleur, par toutes lesquelles successivement passe l'Oeuvre des Sages.

Phison, fleuve, dont les eaux composées des quatre Elémens liquides, circulent dans toute la terre de vie.

Posé, qu'ils e montrent, encore qu'ils le montrent.

Pratique, action du mot grec PRATTEINE qui veut dire faire, opérer, œuvrer, pratiquer.

Probateur, éprouveur, qui éprouve, du latin *probator*.

Putréfaction, pourriture; du latin *putrefactio*.

Putrifier, pourrir; du latin *putrefacere*.

Quant & lui, avec lui.

Querons, cherchons ; du latin *Quero*. *Trévisan*.

QUINTESSENCE, comme qui diroit cinquième Essence, ou cinquième Être d'une chose mixte. C'est comme l'ame très-subtile tirée de son corps & de la crasse & superfluité des quatre Elémens, par une très-subtile & très-parfaite distillation. *Vistadieus ca Phiof. ch 2* & qui par ce moyen est spiritualisée, c'est-à-dire rendue très-spirituelle, très-subtile & très-pure, & comme incorruptible, ou astralisée, & célestifiée.

Rementevoir, remettre en mémoire, faire ressouvenir.

Receptes, procédés ou mémoires pour faire le grand Oeuvre, ainsi appellés, parce qu'ils commencent comme les ordonnances des Médecins par le mot latin *Recipe*, c'est-à-dire *prends*.

Régir, gouverner, du latin *regere*, de là vient régime ; du latin *regimen*, gouvernement. Ainsi l'on dit le régim du feu, c'est-à-dire la maniere de faire & de conduire le feu.

Regard, au regard d'elle, en comparaison d'elle. *Trévisan*.

Reincruder, redevenir cru, ou faire redevenir cru ; du mot latin barbare *reincrudare*, réincruder, c'est à dire faire retrograder la matiere jusqu'à l'état de son origine, & de la naissance qu'elle reçoit en sortant du ventre des quatre Elémens, ses pere & mere.

REVERBERE, Feu de reverbere, c'est à dire, où la flamme circule & retourne d'en haut sur la matiere, comme fait la flamme dans un four ; c'est un réverbere entier, quand le feu n'a point de passage par haut : & demi, quand le milieu du fourneau est ouvert, & qu'il n'y a que les côtés qui sont fermés ; de sorte que la circulation du feu ne se fait qu'à demi.

ROSE'E, Eau lustrale des Anciens, Rosée céleste, Mercure philosophique, enfans de Bacchus & de Cérès.

ROUGE, terme de l'Art, par lequel les Philosophes appellent la teinture de leur Elixir, lorsqu'elle est dans sa perfection pour donner la véritable couleur de l'Or au Mercure des métaux imparfaits.

RUBIFICATION, rougissement, action par laquelle on rougit quelque chose, ou que l'on la fait devenir rouge; du Latin *rubificatio*.

RUBIFIER, faire rouge: parfaire la Médecine au rouge.

SAGESSE, la Nature essencielle douée de la vertu divine, matière des Philosophes.

SATURNE, l'une des sept Planettes. Les Philosophes appellent de ce nom le plomb. Néanmoins ils ont leur plomb particulier, qu'ils disent qui est plus précieux que l'Or, & que quelques Auteurs ont appellé le Plomb sacré ou le Plomb des Sages, & ont cru que c'étoit l'Antimoine: mais les Philosophes appellent leur Plomb, leur Matiere lorsqu'elle se putrifie; ce qui se connoît par la couleur noire du noir très-noir, dans laquelle se fait l'Eclypse du Soleil & de la Lune, qu'ils appellent boüe ou limon, dans lequel l'ame de l'Or, (qui est appellée la fleur de l'Or en la tourbe) se joint avec le Mercure: de sorte que les Philosophes appellent Saturne ou Plomb, le tombeau où le Roi est enseveli. *Philalethe*, *Chap.* 22.

SATURNIE, végétable, c'est un des termes mystérieux de l'Art dont se sert Philalethe Chap. II, qu'il a pris de Flamel, lequel dans son Sommaire, ou Poëme philosophique, en parle en cette sorte:

L'Herbe triomphante royale,

Laquelle ont nommé minérale,

Anciens Philosophes, & herbale,

Appellée est saturniale.

Cette Saturnie n'est autre chose que la décoction

des quatre qualités élémentées, & le Mercure philosophique, où tout est aqueux & létargique pour venir à végétation.

Sacrements, sermens. Trévisan : du Latin *Sacramentum*.

Sapience, sagesse, perfection & vertu divine dans la Nature, salut, santé, incolumité, sainteté d'ame, d'esprit & de corps.

Sauve, sauf, sans. *Sauve aucune superfluité*. Trévisan. Il vient du Latin *Salvus*, qui signifie santé.

Seine, se ne ressentira. Trévisan pour s'en ressentira.

Sermoner, dire, prêcher, discourir. Il vient de Sermon, & celui du Latin *Sermo*, parole, souffle.

Serpentine, couleur serpentine dans la Tourbe, c'est-à-dire couleur de Serpent, couleur verte, qui est signe de la végétation. Philalethe l'appelle la verdeur désirée, la Fontaine des Amoureux, parlant de cette couleur dit :

Au fonds d'ell' gît le vert Serpent.

Serpent, venin de la corruption terrestre, qui paroît en l'Oeuvre, bien figuré, avant le commencement de la noirceur.

Siccité, sécheresse : du Latin *Siccitas*.

Simples, Zachaire se sert de ce mot pour ce que l'on appelle drogues ou matiéres. Il signifie proprement les Herbes ou Plantes.

Simptôme, symbole, marque, prognostic, figure, image, représentation, indice.

Singulier, particulier : du Latin *Singularis*. De là vient *Singularité*, ce qui est particulier.

Soleil, est le Roi des Planettes, qui leur donne la lumiere : les Philosophes appellent l'Or Soleil. Voyez Or.

Solution est une Opération de l'Art, par laquelle on réduit une chose solide & séche en essence d'eau, où l'on la fait liquide. Geber, Liv. I, Part. IV, Ch. LI.

Solutions, réponses aux raisons, résolutions d'argumens. Il vient de *Soudre*, dont Zachaire se sert pour résoudre.

Souffre, premier & principal des trois premiers principes, qui tient de la nature du feu, & moteur animant ; le second est le Mercure, qui est l'humide, & le troisiéme est le sel, qui est le corps & le lien des deux autres.

Souffreté, disette, pauvreté : il vient de souffrir.

Sophistique, du Grec Sophistet, imposteur, charlatant.

Sophistications, impostures, tromperies. On appelle ainsi les ouvrages des affronteurs Chymistes, qui prétendent par des voyes indirectes blanchir le cuivre, ou graduer l'Argent, & lui donner des teintures superficielles, faire des augmentations d'Or par divers mélanges, & diverses opérations bizarres qu'ils inventent, pour couper la bourse à ceux qui les croyent.

Sperme. Sophisme, mot Grec, qui veut dire semence.

Sublimation est l'élévation faite par la chaleur d'un corps sec en atômes ou parties très-subtiles, qui s'attachent au vaisseau.

Surdomine, prédomine, est plus fort & puissant.

Supernaturelle, surnaturelle au-dessus du pouvoir de la Nature. Zachaire.

Sustentation, soutien, vigueur, force.

Sybilles, Prophétesses, Mages, Philosophes hermétiques très sçavantes, & adeptes dans la Science de la Philosophie naturelle.

Taxer, reprendre, blâmer ; du Latin *Taxare*. Zach.

Telesme, fin, du mot Grec Telos, dans la Table d'Emeraude.

Terre rouge, c'est le Laiton.

Terre foetide, c'est le Souffre de mauvaise odeur.

Tingent, terme de l'Art qui marque une des perfections de l'Elixir des Philosophes, qui pour être accompli doit être en poudre, fondante, pénétrante & tingente au blanc & au rouge. Il vient du Latin *Tingens*.

Théorique, mot Grec, qui signifie spéculation, contemplation.

Trafique pour trafic. Zachaire.

Transfigurer, faire changer de figure.

TRANSMUER, d'où vient transmutation, terme fort usité dans l'Art, pour signifier le changement des Métaux imparfaits en Or par le moyen de l'Elixir, qu'on devroit plutôt appeler perfection des Métaux imparfaits, puisqu'ils ont été faits par la Nature pour parvenir à cette perfection, étant tous composés de même matiere : mais l'impureté de leur matrice, c'est-à-dire du lieu où ils sont formés, les en empêche.

Transverses, voyes transverses, qui vont de travers, qui ne vont droit. *Trévisan*; du Latin *transversus*.

TRITURATION, comme qui diroit broyement, action par laquelle on broye & réduit quelque corps solide en menues parties par la contusion; du mot Latin *triturare*, ce qui produit l'extraction de la quintessence ignée & humide.

Trousse, mocquerie, dérision, tromperie, de l'Espagnol & de l'Italien, *truffa*.

TYRIENNE, couleur Tyrienne, c'est-à-dire couleur de la véritable pourpre, qui est le sang d'un poisson qui se pêchoit dans la Mer du Levant, aux environs de la Ville de Tyr, & nom qu'on donne à la Pierre parfaite au rouge.

VENTRE d'Aries. Voyez Aries, Bélier.

VENUS, est l'une des sept Planettes, que les Philosophes prennent pour le cuivre, lorsque leur matiere est au dégré de cette Planette; elle se marque par un cercle avec une croix au-dessous.

Véridique, qui dit vrai; du Latin *veridicus*.

Vergoxe, honte.

Viatique des Sages, la Médecine universelle dorée, ou l'Elixir au rouge, opérante cures merveilleuses dans les maladies extrêmes & désespérées; celle au blanc, & qu'ils appellent la lunaire, ayant moins de force & de vertu, s'applique dans les maladies moins dangéreuses.

Vilipender, mépriser; du Latin *vilpando*.

VINAIGRE très aigre, c'est un des noms que les Philosophes donnent à leur Mercure, parce qu'il dissout l'Or sans violence. Voyez *Mercure*.

Vivifier, donner la vie; du Latin *vivificare*.

Voirre, ancien mot pour *verre*.

VOLATIL, qui vole, c'est-à-dire, ce qui par la chaleur s'élève en haut; c'est une ressemblance prise des Oiseaux. Les Philosophes disent qu'au commencement leur Mercure est volatil, c'est pourquoi ils l'appellent Dragon volant, parce qu'il se sublime par la chaleur, & emporte avec soi la partie fixe ou le Souffre.

Volatilisation, sublimation, élévation qui se fait d'une matiere au haut du vaisseau par la chaleur.

Voulesist, l'ancien mot pour *voulût*. Zachaire.

UNITÉ, un, union indissoluble des principes inséparables & impartibles.

URINAL, vaisseau de verre où l'on urine, pour moyenner artistement la putréfaction & les opérations nécessaires; Flamel l'employe touchant le vase requis; il s'entend encore de l'œuf philosophique, dit phiole, ampoule, amphore, qui reçoit & contient l'essence catholique de l'œuvre de la Médecine hermétique; le mot est tiré du Latin *urina*.

VULGAIRE, mot de l'Art, qui signifie commun, vulgaire; du latin *Vulgare*.

FIN.

FAUTES A CORRIGER,
survenues dans l'impression.

Page 13. ligne 3. au lieu du mot *ayez*, lisez *avez*.

Page 21. ligne 5. au lieu du nom *d'Espagne*, substituez *d'Espagnet*.

Page 33. ligne derniere, au lieu de *patienc*, mettez *patience*.

Page 45. ligne 4. au lieu de *revifier*, lisez *revivifier*.

Même page, ligne 6. au lieu de l'*Argent*, qui trouble & déplace tout le sens de la pensée, mettez, *l'Agent*.

Même page, ligne 9. au lieu de *vification*, lisez, *vivification*.

Page 71. à la derniere ligne, après le mot *capacité*, ajoûtez *du nid*.

Page 80. ligne 31. au lieu de *souffre*, lisez, *soufle*.

Page 88. ligne 5. au lieu de *Microstome*, mettez, *Microcosme*.

Page 96. ligne 25. au lieu de *Philosopatres*, substituez, *Philosophâtres*.

Page 138. derniere ligne, lisez, *Arsenic*.

Page 150. ligne 3. au lieu *d'incru*, lisez, *issus*.

Page 155. ligne 14. à la place de *alta est*, lisez, *alka est*.

Page 159. ligne 3. de la notte, au lieu de *partient*, lisez, *patient*.

Page 166. avant derniere ligne, au lieu *d'oye*, lisez, *voie*.

Prge 169. ligne 3. au lieu *d'eux*, lisez, *ceux*.

Page 191. ligne 3. au lieu de *provient*, lisez, *proviennent*.

Page 237. ligne 17. après les mots *d'Eau claire*, ajoûtez, *qui*.

Page 280. ligne 30. au lieu *d'implacable*, lisez, *impalpable*.

Page 290. à la 7. ligne, après les mots *céleste*, & ajoûtez, *la terre*.

Page 445. & 446. verſet 117. les Curieux Inveſtigateurs pourront avoir recours au Texte manuſcrit de l'Auteur en cet endroit, pour y retrouver & ſcruter ce que la prudence a fait juger devoir obmettre de ce verſet.

Page 488. ligne 17. au lieu de *fonte*, liſez, *fontaine*.

Même page, ligne 28. à la place de *cbent*, mettez, *cherchent*.

Page 504. ligne 19. après le mot *encore*, ajoûtez, *ne*.

Page 509. ligne 7. après le mot *vulgaire*, ſupprimez le *point*. troublant la phraſe qui précéde & ſuit.

Page 510. ligne 8. au lieu de *otuit*, liſez, *potuit*.

Page 519. ligne 9. au lieu d'*Herpocrates*, liſez, d'*Harpocrates*.

Page 532. ligne 13. à la place du mot *Etudieux*, mettez, *Eſtudieux*.

Page 534. ligne 17. au lieu de *géne*, liſez, *gébemne*.

Même page 534. ligne 27. au lieu de *n'ont*, liſez, *non*.

Page 536. ligne 27. au lieu de *verteux*, liſez, *vertueux*.

Page 538. ligne 2. à la place d'*aprentiſſage*, ſubſtituez, *apprentiſſage*.

Page 540. ligne 16. au lieu de *naure*, liſez, *nature*.

Page 546. ligne premiere, au lieu de *feate*, mettez *faite*, ou *ſommet*.

Page 559. ligne 18. au lieu de *Piton*, mettez, *Pithon*.

Page 561. ligne 17. au lieu d'*Aglée*, liſez, *Agilée*.

Page 571. ligne 16. au lieu d'*Almgrmat on*, liſez, *Amalgammation*.

Page 576. ligne 22. au lieu de *Crſol*, liſez, *Cruſol*.

www.ingramcontent.com/pod-product-compliance
Lightning Source LLC
Chambersburg PA
CBHW060304230426
43663CB00009B/1584